"十三五"国家重点出版物出版规划项目
面向可持续发展的土建类工程教育丛书

高层建筑基础分析与设计

第2版

梁发云　曾朝杰　袁聚云　赵锡宏　董建国　杜　旭　编著

机械工业出版社

本书针对高层建筑基础的特点及其最新发展，系统地介绍了高层建筑基础的分析理论与设计方法。全书共分为 15 章，主要内容包括高层建筑的特点和基础类型、高层和超高层建筑结构体系、高层建筑地基勘察、高层建筑地基模型、天然地基上的高层建筑基础、高层建筑基础结构设计、高层建筑与地基基础共同作用的分析方法、高层建筑桩筏（箱）基础沉降计算理论、带裙房高层建筑与地基基础的共同作用分析、高层建筑基础的变刚度调平设计、高层建筑地基基础共同作用的实测与计算分析、高层建筑地基基础共同作用分析计算实例、高层建筑施工加载过程模拟分析、高层建筑基础设计中的若干概念问题、高层建筑无梁楼盖地下车库设计，各章后均附有思考题。

本书可作为高等学校土木工程专业高年级学生选修课和岩土工程、结构工程专业研究生的教材或参考书，也可作为相关专业师生及土木工程设计、施工从业人员的参考书。

图书在版编目（CIP）数据

高层建筑基础分析与设计/梁发云等编著. —2 版. —北京：机械工业出版社，2021.6

（面向可持续发展的土建类工程教育丛书）

"十三五"国家重点出版物出版规划项目

ISBN 978-7-111-67953-0

Ⅰ. ①高… Ⅱ. ①梁… Ⅲ. ①高层建筑-基础（工程）-高等学校-教材②高层建筑-建筑设计-高等学校-教材 Ⅳ. ①TU47 ②TU972

中国版本图书馆 CIP 数据核字（2021）第 061571 号

机械工业出版社（北京市百万庄大街 22 号 邮政编码 100037）

策划编辑：马军平 责任编辑：马军平

责任校对：陈 越 封面设计：张 静

责任印制：单爱军

北京虎彩文化传播有限公司印刷

2021 年 8 月第 2 版第 1 次印刷

184mm×260mm·24.5 印张·605 千字

标准书号：ISBN 978-7-111-67953-0

定价：79.00 元

电话服务 网络服务

客服电话：010-88361066 机 工 官 网：www.cmpbook.com

010-88379833 机 工 官 博：weibo.com/cmp1952

010-68326294 金 书 网：www.golden-book.com

封底无防伪标均为盗版 机工教育服务网：www.cmpedu.com

第2版前言

近年来我国高层建筑呈现飞跃式发展，世界高层建筑与都市人居学会（CTBUH）的统计资料表明，2018年全世界范围竣工高度200m以上的143幢高层建筑中，中国有88幢，占61.5%，高层建筑建设规模连续多年位居世界之首，目前还有更多的摩天大楼正在规划或建设中。本书第1版于2011年年初出版，距今已10年。高层建筑基础领域出现了一些新的设计理念、设计方法和建造技术，在课堂教学中有必要将这些新的知识及时传授给学生。为了及时反映本学科的前沿成果，本书对第1版内容进行了全面修订。

高层建筑基础对于整个建筑物的安全和使用寿命有着举足轻重的作用和影响。因此，在高层建筑设计过程中，必须要解决好如何既经济合理又安全可靠地分析与设计基础的问题。编者通过分析与高层建筑有关的规范、手册和教材，从本科生和研究生课堂教学的实际需求出发，形成了本书的编写体系。本书内容涵盖了高层建筑基础勘察、设计和施工以及学科的最新发展等内容。本次修订增加了本书编写人员参与的上海中心大厦基础优化分析，以及嵌固端无梁楼盖地下车库的设计分析与风险控制等热点问题，以期体现内容的先进性与实践性。本书的使用对象主要是高年级本科生，在编写时充分考虑了内容与现行教学体系的衔接，知识体系具有较强的系统性，反映了本学科的前沿成果，使得本书既可作为高年级本科生的教材，也可作为研究生或专业设计和研究人员的参考书，有助于他们掌握本行业研究成果，提高他们的工程应用水平。

本书编写的总体思想是阐明高层建筑基础的分析方法和计算原理，重视结合相关规范进行介绍，但不局限或拘泥于规范的条文，强调对相关规范实质精神的理解和把握。本书针对高层建筑基础的主要特点，系统地介绍了高层建筑基础的分析理论与设计方法，其中包括高层建筑基础的特点和基础类型、高层和超高层建筑结构体系、高层建筑地基勘察、高层建筑地基模型、天然地基上的高层建筑基础、高层建筑基础结构设计、高层建筑与地基基础共同作用分析方法、高层建筑桩筏（箱）基础沉降计算理论、带裙房高层建筑与地基基础共同作用分析、高层建筑基础的变刚度调平设计、高层建筑地基基础共同作用实测与计算分析、高层建筑地基基础共同作用分析计算实例、高层建筑施工加载过程模拟分析、高层建筑基础设计中的若干概论问题、高层建筑无梁楼盖地下车库设计，共15章，各章后均附有思考题。

本书由梁发云、曾朝杰、袁聚云、赵锡宏、董建国、杜旭编著，其中第一、三、五、六章由梁发云编写，第二、四、七、八、九、十一、十二章由赵锡宏、董建国、袁聚云编写，第十、十五章由曾朝杰编写，第十三、十四章由曾朝杰、杜旭编写，最后由梁发云对全书进行统稿和定稿。本书的研究工作得到了国家重点研发计划项目（2016YFC0800200）和上海市人才发展资金资助计划（201548）等项目的资助，特此向所有支持本书研究的单位和个人表示衷心的感谢。

　　本书在修订过程中尽可能使内容与现行的国家及相关行业规范或标准保持一致，但有些年代较早的案例难以套用现行规范，特此说明。本书在修订中还借鉴了许多专家、学者在科研、教学、设计和施工中积累的大量资料和研究成果，在此特向文献作者表示衷心的感谢。

　　本书在修订过程中得到了机械工业出版社的大力支持，同济大学地下建筑与工程系研究生袁周驰和张泽旺同学为本书制作了配套的二维码素材，在此一并表示感谢。

　　由于作者水平和能力的局限，加之时间仓促，在修订过程中难免存在一些不妥之处，恳请读者提出宝贵的意见和建议。

编著者

第1版前言

随着社会经济发展和科学技术进步，高层建筑发展十分迅速，建筑高度也在不断增加。高层建筑具有占地面积小、空间资源利用率高、改变城市面貌等优点，可有效缓解城市的人口集中、用地紧张、交通拥挤等问题。

高层建筑基础对于整个建筑物的安全和使用寿命有着举足轻重的作用和影响，因此，在高层建筑设计过程中，必须要解决好基础的分析与设计问题。高层建筑基础的分析与设计是高层建筑整体结构设计中的一个极其重要的环节，这不但涉及整幢建筑的使用功能与安全可靠，还直接关系到投资额度、施工进度以及对周边现有建筑的影响程度，尤其对于地质条件和环境状况比较复杂的情况。

本书针对高层建筑基础的特点，系统地介绍了高层建筑基础的分析理论与设计方法，本书是在汇编赵锡宏教授等多本有关高层建筑基础著作的基础上，根据高层建筑基础课程的教学要求编写而成的。编写的总体思想是阐明高层建筑基础的分析方法和计算原理，并重视结合相关规范进行讲解，但不局限或拘泥于规范的条文，强调对相关规范实质精神的理解和把握。其中包括高层建筑基础的概念、高层和超高层建筑结构体系、高层建筑地基勘察、高层建筑地基模型、天然地基上的高层建筑基础、高层建筑基础结构设计、高层建筑与地基基础共同作用的分析方法、高层建筑桩筏（箱）基础沉降计算理论、带裙房高层建筑与地基基础的共同作用分析、高层建筑基础的变刚度调平设计、高层建筑地基基础共同作用的实测与计算分析、高层建筑地基基础共同作用分析计算实例、高层建筑模拟施工加载计算及基础优化设计应用、高层建筑基础设计中若干概念问题等，共14章。为便于教学使用，各章后均附有思考题。

本书由袁聚云、梁发云、曾朝杰、赵锡宏、董建国编著，其中第一、三、五、六章由梁发云编写，第二、四、七、八、九、十一、十二章由赵锡宏、董建国、袁聚云编写，第十章由曾朝杰编写，第十三、十四章由曾朝杰、杜旭编写。最后由袁聚云和梁发云进行全书的统稿和定稿。

本书在编写中借鉴了许多专家、学者在科研、教学、设计和施工中积累的大量资料和研究成果，由于篇幅所限，本书仅列出主要参考文献，并按教材编写惯例将参考文献在文中一一对应列出，在此特向所有参考文献的作者表示衷心的感谢。

本书在编写出版过程中，得到了机械工业出版社的大力支持，上海联境建筑工程设计有限公司董永胜总工程师对第十三章中的积分方程进行了校核，该公司一级注册结构工程师姜余洋提供了上海中环生活广场基础优化设计实例，同济大学地下建筑与工程系研究生李彦东和符金库同学为本书的文字输入和公式编辑做了大量的工作，在此一并表示衷心的感谢。

本书可作为高等学校土木工程专业高年级学生选修课和岩土工程、结构工程专业研究生的教材，亦可供其他相关专业师生以及从事土木工程设计和施工的技术人员参考。

　　由于作者水平和能力的局限，加之时间仓促，书中不妥之处在所难免，恳请读者提出宝贵的意见和建议。

编著者

二维码清单

名称	图形	名称	图形
第1章 上海国际饭店建造技术简介		第5章 休斯敦独特贝壳广场	
第1章 基础结构内力、建筑物侧向位移与建筑高度的关系		第6章 同济大学图书馆	
第2章 西尔斯大楼建造技术简介		第7章 子结构分析方法的原理	
第2章 金茂大厦建造技术简介		第8章 混合桩型复合地基	
第2章 台北101大楼建造技术简介		第9章 带裙房高层建筑与地基基础的共同作用分析实例	
第3章 十字板剪切试验		第10章 桩基变刚度调平设计	
第4章 柔度矩阵算例		第11章 上海中心大厦地基基础共同作用实测案例	

目　录

第一章

绪 论

【内容提要】　简要介绍高层建筑的定义，回顾国内外高层建筑的发展历史，特别是高层建筑近年来在我国的发展特点和趋势。通过与多层建筑的对比，说明高层建筑的主要特点，并从设计、施工和环境保护等方面出发，指出高层建筑基础工程的特点。介绍高层建筑几种常用的基础类型，结合工程案例，说明高层建筑基础选型的主要技术要求。

■ 第一节　高层建筑的发展历史及其特点

一、高层建筑的定义

顾名思义，高层建筑就是高度大、层数多的建筑。高层建筑是相对而言的，全世界至今没有统一的划分标准，在中国，不同行业的规范或规程对高层建筑的规定也不尽相同。下面介绍几种比较有代表性的关于高层建筑的划分标准。

（1）1972 年在美国宾夕法尼亚州召开的高层建筑国际会议上，将高层建筑划分为四类：第Ⅰ类，9~16 层，高度不超过 50m；第Ⅱ类，17~25 层，高度不超过 75m；第Ⅲ类，26~40 层，高度不超过 100m；第Ⅳ类，40 层以上，高度超过 100m。

（2）根据 JGJ 3—2010《高层建筑混凝土结构技术规程》的规定，高层建筑结构是指 10 层及 10 层以上或房屋高度超过 28m 的住宅建筑，以及房屋高度大于 24m 的其他高层民用建筑结构。

（3）JGJ 6—2011《高层建筑箱形与筏形基础技术规范》未对高层建筑给出明确的定义，而该规范的前身《高层建筑箱形基础设计与施工规程》（JGJ 6—1980）则规定高层建筑的起点为 8 层。

（4）根据 GB 50096—2011《住宅设计规范》的规定，住宅按层数划分，高层住宅的层数为 10 层及以上。

（5）根据 GB 50016—2014《建筑设计防火规范》（2018 年版）的规定，将建筑高度大于 27m 的住宅建筑和建筑高度大于 24m 的非单层厂房、仓库和其他民用建筑定义为高层建筑。

（6）根据 GB 50352—2019《民用建筑设计统一标准》的规定，将建筑高度大于 27m 的

1

住宅建筑和建筑高度大于 24m 的非单层公共建筑，且高度不大于 100m，定义为高层建筑；建筑高度大于 100m 则定义为超高层建筑。

（7）根据 JGJ/T 72—2017《高层建筑岩土工程勘察标准》的规定，高层建筑定义为 10 层及以上的住宅或建筑高度大于 24m 的非单层公共建筑。

从上面所列举的一些规定来看，对于岩土工程勘察和基础工程，可按《民用建筑设计统一标准》和《高层建筑岩土工程勘察标准》的规定，将高层建筑定义为建筑高度大于 27m 或 10 层及以上的住宅建筑，以及建筑高度大于 24m 的非单层公共建筑，并将 30 层以上或建筑高度超过 100m 的建筑物称为超高层建筑（Super High-rise Building）。

二、高层建筑的发展历史

人类自古以来就有向高空发展的愿望和憧憬，在古代就有一些高层建筑的雏形，古代高层建筑多是高耸的塔楼结构，多具有服务于宗教或王公贵族的某种象征性意义。约公元 80 年前后，古罗马帝国的一些城市曾用砖石承重结构建造了 10 层左右的建筑；公元 1000 年前后，意大利曾建造了高达 98m 的塔楼。我国在古代也曾建造了不少的高塔，公元 523 年建造于河南登封市的嵩岳寺塔，为 40m 高的砖砌单筒体结构；公元 1055 年建成于河北定县的料敌塔，为高 82m 的砖砌双筒体结构。这些高塔多为外形封闭的正多边形，这种体形具有较大的刚度，有利于抗风和抗震，结构体系比较合理。

古代高层建筑，由于受当时技术经济条件的限制，不论承重的是砖墙还是筒体结构，墙壁都很厚，使用空间小，建筑物越高，这个问题就越突出。如 1891 年美国芝加哥建造的一幢 16 层砖承重结构，其底部的砖墙厚度达 1.8m。显然，这种小空间的高层建筑不能适应人们生活和生产活动的需要。

现代高层建筑是在 18 世纪后期随着钢铁、水泥和混凝土的相继出现而逐渐发展起来的。1801 年英国建造了 7 层高的曼彻斯特棉纺厂，堪称世界上最早的以铸铁框架作为承重结构的高层建筑。1871 年美国芝加哥发生大火，全市近两万幢建筑物化为灰烬，在随后的重建和城市扩建中，为了提高土地利用率和适应后期发展的需要，逐渐形成了建筑物向高空发展的趋势，芝加哥成为美国高层建筑的发源地。1885 年，芝加哥建造了 10 层、高 55m 的人寿保险公司大楼，它至今被公认为是世界上第一幢具有现代意义的高层建筑，也是世界上第一幢高层钢结构建筑。

高层建筑的大量兴建和不断向高攀升是人类进入 20 世纪以后的事情。高层建筑最多、最具有代表性的当推美国。在美国的高层建筑中，以纽约和芝加哥最有代表性。纽约高层建筑以高耸雄伟的气魄，表达金融精英的社会愿望，而芝加哥高层建筑则以纯洁、简明的格局，显示现实的格调和经济发展的象征，图 1-1 为位于芝加哥密歇根湖畔的高层建筑群。

追溯高层建筑发展历史上的标志性建筑，首先当数 1902 年在美国辛辛那提建造的 16 层的登格尔斯大楼，它是世界上第一幢高层钢筋混凝土建筑。1931 年，纽约建成了著名的帝国大厦，102 层，高 381m，享有"世界最高建筑"的美誉达 40 年之久，从此高层建筑进入了超高层领域。进入 20 世纪 40 年代，美国建造高层建筑的势头因二战而停顿。二战后，美国各地乃至世界各国纷纷建造高层建筑。紧随 1972 年和 1973 年纽约先后建成世界贸易中心一号楼和二号楼（分别高 417m 和 415m）之后，芝加哥于 1974 年建成了西尔斯大厦，110 层，高 443m，一举成为全球第一高楼，此桂冠一直保持了 22 年，直至 1996 年，马来西亚建成

图 1-1 芝加哥密歇根湖畔的高层建筑群

吉隆坡双塔大厦(高451.9m,共88层)。2003年年底结构封顶的中国台北101大厦,以508m的高度(主体结构实际高480m)使仅仅保持7年世界建筑之最的马来西亚双塔大厦宣告让位。2004年9月21日开始动工,2010年1月4日竣工启用的哈利法塔(Khalifa Tower),原名迪拜塔(Dubai Tower),位于阿拉伯联合酋长国迪拜市,169层,总高828m,比上海中心大厦足足高出196m,是目前世界上最高的建筑物。

　　高层建筑在世界各地发展迅速,建筑高度不断刷新,我国高层建筑发展虽然起步较迟,但发展步伐很快。我国现代高层建筑发展的起点可以追溯到20世纪20年代,1923年上海建成了10层高的字林西报大楼,即今中山东路桂林大楼,它是我国第一座现代高层建筑。随后,上海、广州等沿海城市相继建造了数十座10层以上的高楼,其中最高的是建于1934年的上海国际饭店,地上22层,地下2层,地面以上高82.5m,当时号称"远东

上海国际饭店
建造技术简介

第一高楼";其次是同年建成的上海百老汇大厦,即今上海大厦,高21层。1949年中华人民共和国成立后,在头20年中,我国的高层建筑建设开始了新的起点,但当时发展不快,层数也不高。其中较著名的建筑物有北京的民族饭店(12层)、民族文化宫(13层)、民航大楼(16层)等。进入20世纪60年代后,我国高层建筑的发展加快,层数逐渐升高,著名的北京饭店新楼(17层,高80m)、广州宾馆(28层,高87.6m)、上海宾馆(27层,高91.5m)、广州白云宾馆(32层,高112m)等相继建成。其中广州宾馆是首座高度超过上海国际饭店的高楼。1976年建成的广州白云宾馆是我国首座高度逾百米的高层建筑。改革开放后,随着国民经济持续高速发展,高层建筑以惊人的速度迅猛发展,全国各大中城市无处不建高楼。1990年建成的北京京广中心,57层,高208m,是我国首座高度逾200m的高层建筑。1996年建成的广州中天广场,80层,高322m,是我国首座高度逾300m的高层建筑。1998年建成的上海金茂大厦,88层,高420.5m,是我国首座高度逾400m的高层建筑。2008年建成的上海环球金融中心,高492m,101层。2008年11月开工建设的上海中心大厦,由地上121层主楼、5层裙房和5层地下室组成,总高度达632m,整幢大厦于2016年3月竣工,建成后的上海中心大厦成为中国第一高楼及世界第二高楼。

据有关资料报道，截至 2005 年年底，上海 18 层以上的高层建筑有 4000 多幢，排名世界第一，到 2010 年前又建成了 1000 幢左右的高层建筑。

截至 2019 年年底，中国 150m 以上高楼数量占到了世界的 1/3，居第一位。目前中国 200m 以上的高楼数量为 895 座，其中 300m 以上的 94 座，400m 以上的 12 座，500m 以上的 6 座，600m 以上的 1 座。其中 2018 年全世界范围内竣工的高度 200m 以上的 143 座高层建筑中，中国有 88 座，占 61.5%，高层建筑建造规模连续 23 年居世界首位，而且有更多的高层建筑正在规划和建设中。

随着高层建筑的大量建造和广泛使用，人们对迅速崛起的高楼大厦有了警觉和异议，高楼带来的安全、交通、采光及空气质量等问题日益严重，部分隐患难以消除，而且高度超过 300m 的摩天大楼已经失去了节约用地的经济意义。此外，由于高层建筑荷重巨大，其绝对沉降量影响范围大、作用时间长。上海市的实测沉降资料表明，高容量的高层建筑对地质环境的影响非常显著。在 1977—1985 年，上海市的地面平均沉降速度为 6.8mm/年，而在 1985—1990 年，高楼林立的陆家嘴地区地面平均沉降速度则增至 12~15mm/年，其中高层建筑等城市工程建设对中心城区地面沉降量的影响上升到约占总影响量的 30%（其余 70% 是由于城市地下水的过分开采等引起），如不采取措施，据此推断每 10 年累计沉降量可达 0.12~0.15m，约等于一级台阶的高度。上海市为此实施了较为严格的地下水开采限制及回灌地下水等措施，近年来，上海地区的平均沉降速度下降至约 6mm/年。因此，必须从正反两个方面来看待日益发展的高层建筑。

有鉴于此，国家住房和城乡建设部和国家发展改革委于 2020 年 4 月联合发文要求加强城市与建筑风貌的管理，强调城市与建筑风貌是城市外在形象和内质精神的有机统一，体现城市文化素质，需要贯彻落实"适用、经济、绿色、美观"新时期建筑方针，治理"贪大、媚洋、求怪"等建筑乱象。其中特别强调严格限制各地盲目规划建设超高层"摩天楼"，一般不得新建 500m 以上建筑，各地因特殊情况确需建设的，应时行消防、抗震、节能等专项论证和严格审查，审查通过的还需上报国家住房和城乡建设部、国家发展改革委复核，未通过论证、审查或复核的不得建设。并要求按照《建筑设计防火规范》，严格限制新建 250m 以上建筑，确需建设的，由省级住房和城乡建设部门会同有关部门结合消防等专题论证进行建筑方案审查，并报住房和城乡建设部备案。各地新建 100m 以上建筑应充分论证、集中布局，严格执行超限高层建筑工程抗震设防审批制度，与城市规模、空间尺度相适宜，与消防救援能力相匹配。中小城市要严格控制新建超高层建筑，县城住宅要以多层为主。

三、高层建筑的主要特点

现代高层建筑是随着社会经济发展、科学技术进步和人们生活需要而逐渐发展起来的。高层建筑具有占地面积小，节省公用设施投资，改变城市面貌等优点，满足了城市因人口集中、用地紧张及商业竞争引起的需求。

当建筑物高度增加时，水平荷载（风荷载及地震作用）对结构起的作用将越来越大。除了结构内力将明显加大外，结构侧向位移增加更快，这是高层建筑与多层建筑受力的主要区别。图 1-2 表示的是基础结构内力（轴力 N，弯矩 M）、建筑物侧向位移（Δ）与建筑高度（H）的关系，由该图可看出，基础结构弯矩和基础侧向位移都随高度的增加成指数曲线上升。

高层建筑相对于多层建筑具有以下的一些主要特点：

（1）建造高层建筑可以在相同的建设场地中，以较小的占地面积获得更多的建筑面积，可部分解决城市用地紧张和地价高涨的问题。设计精美的高层建筑还可以增加城市景观。但过于密集的高层建筑会造成城市热岛效应或影响建筑物周边区域的采光。

（2）随着建筑物高度的增加，其刚度也相应地增大，对其稳定性，特别是对整体倾斜的要求就更为严格。同时，存在主楼与低层裙房之间的沉降差等问题。

（3）随着建筑物高度的增加，不仅竖向荷载随之增大，而且风荷载和地震荷载引起的倾覆力矩成倍增长。因此，高层建筑的分析和设计比一般多层建筑复杂得多，侧向荷载（风荷载和地震作用）是高层结构的控制因素。

（4）由于竖向交通和防火等要求，使得高层建筑造价和运行成本加大。据2000年的有关资料报道，上海金茂大厦每天的运营成本在100万元左右；而当年在建设上海环球金融中心期间，投资方为争得"世界第一高楼"之名，不惜以超过10亿日元/m的代价，把设计高度从466m增加到492m，整幢大楼的造价也从750亿日元飙升至1050亿日元，约为金茂大厦5.6亿美元总投资金额的2倍。

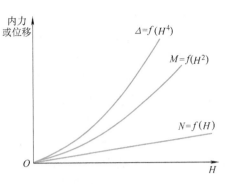

图 1-2　基础结构内力、建筑物侧向位移与建筑高度的关系

基础结构内力、
建筑物侧向位移
与建筑高度的关系

■ 第二节　高层建筑基础工程的主要特点

高层建筑基础对整个建筑物的安全和寿命有着举足轻重的影响，其造价和工期分别占建筑物土建总造价和总工期的1/3左右。国内外也不乏高层建筑因其基础处理不当，造成整个建筑物突然倾覆的事例。如南美洲某高层建筑，设计时未查明地质情况，致使设计时桩长不足，未达到坚硬土层，桩基承载力也不足，结果当结构施工到顶尚未装修时便开始倾斜，几天后，整个大楼一夜之间倾覆于地面。由于基础工程事故而造成不同程度损失的工程实例，更是不胜枚举。如上海某宾馆，地基为深厚软土，采用振冲碎石桩加固地基，基础形式为箱形基础，由于这种加固方法在软土中的设计理论尚不够成熟，对施工质量与加固效果还缺乏完善的检测手段，加之施工管理不严，偷工减料，该高层建筑刚刚建成便产生不能允许的沉降与倾斜，裙房局部挤压损坏，不得不采取昂贵的措施再次加固地基。

一般建筑物基础工程的传统概念，在高层建筑中已被构成地下空间的基础结构所代替。高层建筑基础工程包括基础结构和基坑工程两大密切相关的部分，这是高层建筑基础工程的基本特点。高层建筑基础工程主要具有以下几方面的特点：

（1）高层建筑的地基基础必须能提供足够的竖向承载力和水平向承载力。高层建筑的重量随着层数的增加而增加，其基础承受的竖向荷载大而集中。例如，50层的钢筋混凝土结构，其基底总压力往往可达1MPa。与此同时，风荷载和地震作用引起的倾覆力矩成倍增长。因此，高层建筑要求地基和基础结构必须能承受较大的竖向和水平向荷载，以确保建筑物在风荷载和地震作用下具有足够的稳定性，并使建筑物的沉降和倾斜控制在允许范围内。

（2）为了满足稳定性和利用地下空间的要求，高层建筑的基础一般具有较大的埋置深度，甚至超过 20m（上海环球金融中心最大挖深约 26m，上海中心大厦最大挖深超过 31m）。基坑开挖将直接导致土体沉降与位移，并引起路面、管线、房屋损坏；而降水措施（如井点降水）也可能导致土体沉降与位移。基础结构的埋置深度越大，基坑开挖深度相应也增加，于是带来了复杂的基坑工程问题。另外，由于地下空间的开发利用日益受到重视，高层建筑基础的埋深还有不断加深的趋势。因此，高层建筑的深基坑开挖问题成了高层建筑基础工程设计和施工方案的重要组成部分。

（3）高层建筑常建于城市建筑物和人口密集之处，在软土地区往往要打长桩，而长桩施工对周围环境的影响范围大。为了防止打桩产生的噪声和振动影响周围居民的生活，防止沉桩挤土危及邻近的建构筑物、道路交通和地下管线设施，必须采取经济合理且有效的防护措施。

（4）基础结构大，则混凝土施工难度也相应增大，如何组织大体积混凝土的一次性浇筑施工，以及对可能产生的温度裂缝、收缩裂缝进行预防和控制，是高层建筑基础工程的重要课题。例如，上海中心大厦的基础底板混凝土浇筑量达到 $6 \times 10^4 m^3$，是目前世界民用建筑领域一次性连续浇筑量最大的基础底板工程。如果混凝土产生裂缝，将影响其抗渗、抗侵蚀性能，危及基础结构或地下室的正常使用和长期寿命。

（5）高层建筑基础工程的造价和施工工期在建设总造价和总工期中所占的比例，与上部结构形式和层数、基础结构形式、桩型及地质复杂程度和环境条件等因素有关。对于钢筋混凝土结构和一般的地质条件，采用箱形基础和筏形基础的高层建筑，其基础工程的费用占建筑总造价的 10%~20%，相应的施工工期占建筑总工期的 20%~25%；采用桩基的高层建筑，以上两项的比例分别为 20%~30% 和 30%~40%。

多层建筑常用的基础形式、设计理论与施工方法不能简单地照搬用于高层建筑，其中任何一方面考虑不周或不当，都将导致不良，甚至造成严重的后果。轻则产生过大的沉降、倾斜和不均匀沉降，造成结构局部损坏或影响使用功能；重则导致整个建筑的倾覆或破坏。

总之，基础工程的设计与施工对高层建筑本身及其周围环境的安全至关重要，基础工程的造价与工期对高层建筑总造价与总工期有着举足轻重的影响。

■ 第三节　高层建筑基础类型与适用性

高层建筑基础的合理选型是整体结构设计中的一个重要环节，它不但涉及整幢建筑的使用功能与安全可靠，还直接关系到投资额度、施工进度以及对周边现有建筑物的影响程度。正如上节所提到的，基础的经济技术指标对高层建筑的总造价有很大的影响，在整个工程造价中占有较高的比例，尤其是在地质状况比较复杂的情况下。

一、高层建筑基础类型

高层建筑常用的基础类型主要有十字交叉条形基础、筏形基础、箱形基础、桩筏基础、桩箱基础等。

（一）十字交叉条形基础（Cross-shaped Strip Foundation）

1. 基础形式

十字交叉条形基础为在柱网下纵横双向设置的钢筋混凝土条形基础，如图1-3所示。

2. 适用范围

通常在下列情况下宜采用十字交叉条形基础：

（1）上部结构传来的荷载不是太大，柱网较为均匀，柱距较小且各柱荷载差异较小时。

（2）地基土质均匀，地基土承载力很高且压缩性较小时。

（3）建筑物无地下室要求时。

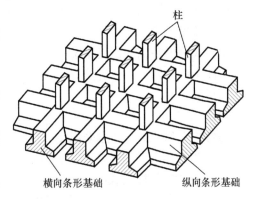

图1-3 十字交叉条形基础

（二）筏形基础（Raft Foundation）

1. 基础形式

若上部结构传来的荷载很大，当十字交叉条形基础不能提供足够的底面积时，可将条形基础的底面扩大为满堂基础，称为筏形基础。它类似一块倒置的楼盖，比十字交叉条形基础具有更大的整体刚度，有利于调整地基的不均匀沉降，能够较好地适应上部结构荷载分布的变化。特别对于有地下室的房屋或大型贮液结构，如水池、油库等，筏形基础是一种比较理想的基础结构形式。筏形基础可在6层住宅中使用，也可在50层以上的高层建筑中使用，如美国休斯敦市的52层壳体广场大楼就是采用天然地基上的筏形基础，厚度为2.52m。

筏形基础通常分为平板式和梁板式两种类型。平板式筏形基础是一块等厚度的钢筋混凝土平板（图1-4a），筏板厚度的确定比较困难，目前在设计中一般是根据经验确定，可按每层50~70mm确定筏板厚度（筏板厚度不得小于200mm），对于高层建筑，当考虑上部结构的刚度时，筏板厚度通常小于根据经验方法所确定的厚度；当柱荷载较大时，可按图1-4b局部加大柱下板厚或设墩基以防止筏板被冲剪破坏。若柱距较大，柱荷载相差也较大时，板内也会产生较大的弯矩，此时宜在板上沿柱轴纵横向设置基础梁（图1-4c、图1-4d），即形成梁板式筏形基础，这时板的厚度虽比平板式小得多，但其刚度较大，能承受更大的弯矩。在这两种筏形基础的方案选择时，应注意它们各自的适用范围及其优缺点。

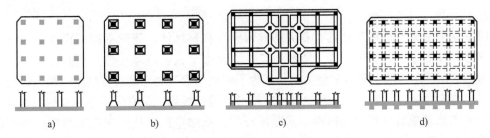

a) b) c) d)

图1-4 筏形基础

a)、b) 平板式 c)、d) 梁板式

梁板式筏形基础由于其自身平面内的梁、板抗弯刚度相差悬殊，所以基础的主要抗力构件是基础梁。因此基础梁的截面高度与配筋都很大，而筏板主要起扩散基底压力和基底防水的作用。梁板式筏形基础的优点是基础的混凝土用量要比平板式筏形基础少，其缺点是所需的基础截面高度比相应的平板式筏形基础大，梁的钢筋用量多。梁板式筏形基础一般只适用于柱网布置比较规则、柱下荷载比较均匀的框架结构。

平板式筏形基础的优点是基础截面高度小，具有较大的整体刚度，其内力与弯曲变形的整体挠曲率都比较小，节省挖方和降水的工作量，施工进度快；其缺点是混凝土的用量比梁板式筏形基础大。

2. 适用范围

通常在下列情况下考虑采用筏形基础：

（1）当采用十字交叉条形基础不能满足建筑物的允许变形和地基承载力要求时。

（2）当建筑物柱距较小，而柱荷载很大，将基础连成整体才能满足地基承载力要求时。

（3）在风荷载或地震作用下，欲使基础有足够的刚度和稳定性时。

（三）箱形基础（Box Foundation）

1. 基础形式

当上部结构荷载较重，底层墙柱间距较大，地基承载力相对较低，采用筏形基础不能满足要求时，可采用箱形基础。箱形基础是由钢筋混凝土底板、顶板和纵横交错的隔墙组成的一个空间的整体结构。常规式箱形基础如图1-5a所示；为了加大箱形基础的底板刚度，也可采用套箱式箱形基础（图1-5b）。

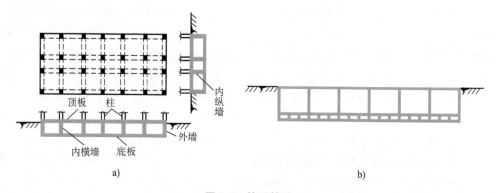

图1-5 箱形基础

a）常规式 b）套箱式

2. 受力特点与适用性

（1）箱形基础比筏形基础具有更大的抗弯刚度和整体性。箱形基础可视作绝对刚性基础，其相对弯曲通常小于0.33‰，能够抵抗并协调由于软弱地基在较大荷载作用下产生的不均匀变形，所产生的沉降通常较为均匀，为了避免箱形基础出现过度的整体横向倾斜，应尽量减小荷载的偏心，采用箱形基础悬挑或箱形基础底板悬挑可有效减小荷载的偏心。

（2）箱形基础有很好的补偿性。其埋深较深，基础空腹，从而卸除了基底处原有的地基自重压力，因此可大大减小作用于基础底面的附加应力，并减少建筑物的沉降，所以这种基础又称为补偿基础。

（3）箱形基础有较好的抗震效果。箱形基础与上部结构有较好的嵌固性连接，基础埋置又较深，大大降低了建筑物的重心，增加了建筑物的整体性，有利于建筑物抗震。

必须指出，箱形基础的材料消耗量较大，施工技术要求高，还会遇到深基坑开挖带来的问题和困难。是否采用箱形基础，应与其他可能的地基基础方案进行技术经济比较后再确定。此外，随着城市人口、建筑和汽车的迅速增长，高层建筑的地下室往往都被用来作为地下车库和设备机房的使用空间，所以设计人员越来越倾向于采用筏形基础，而不愿意选择纵横隔墙较多的箱形基础。

（四）桩、桩筏和桩箱基础（Pile Foundation、Piled Raft Foundation、Piled BoxFoundation）

桩基础是高层建筑常用的基础形式，具有承载能力大、能抵御复杂荷载、能较好地适应各种地质条件的优点，尤其对于软弱地基上的高层建筑，桩基础是理想的基础形式之一。对于高层建筑，根据应用场合的不同，桩基础可能具有以下的一些主要作用：

（1）桩基可以具有很高的竖向承载力，承担高层建筑的全部或大部分的竖向荷载。

（2）桩基具有很大的竖向刚度，容易保证地基变形和建筑物的倾斜不超过允许范围。

（3）桩基具有很大的侧向刚度和整体抗倾覆能力，能够抵御风和地震作用产生的水平荷载和力矩，保证高层建筑的抗倾覆稳定性。

桩基础具有以上显著优点，可以单独使用，也可以与筏形基础或箱形基础结合使用，形成桩筏或桩箱基础，在实际工程应用中取得良好的经济技术效益。

二、高层建筑基础选型的技术要求

在进行高层建筑基础的方案选型时，一般都需要考虑以下几个方面的要求：

（1）上部结构竖向体系的荷载传递特征及地下室使用功能的要求。

（2）地基承载力和桩承载力应满足基底附加压力的要求。

（3）地基土持力层及其下卧层的整体稳定性（尤其是在地震作用时）。

（4）基础总沉降量和差异沉降量的控制。

（5）地下水位及其防水要求。

（6）基础施工中可能对周边现有建筑物带来的不利影响。

（7）基础的工程造价、施工难度与工期等因素对综合经济效益的影响。

要做好高层建筑基础的方案选型工作，应对上部结构体系、使用功能、地理环境条件、施工条件及周边环境等因素进行综合考虑。并结合该领域的最新理念与发展，通过多种基础方案的分析比较和反馈优化，才能选择出既安全可靠又经济合理的基础形式。

三、实例——法兰克福商业银行大楼基础方案选型

德国法兰克福商业银行大楼由英国奥雅纳工程顾问公司（Ove Arup & Partners）负责结构设计。法兰克福市整体坐落在30~40m厚的黏土地基上，黏土层下面是很厚的多孔岩层，由石灰岩、白垩砂和粉砂所组成，里面含有孔隙。由于多孔岩层的不确定性，该城市以前所有的建筑物都未将其基础设计支承在这种多孔岩层的地基上。因此，最初的地质勘探报告按常规建议将商业银行大楼的三角形平面做成整体基础坐落在法兰克福黏土层上。

该公司进行方案投标时曾提出平板式桩筏基础和桩箱基础两种方案，由于整栋大楼（地上61层、地下3层）的所有荷载都集中作用在这个三角形建筑平面的三个角筒下面，而不是均匀分散直接作用在整个建筑物的地基上，初步估算平板式桩筏基础的板厚要6m左右，所

以当时比较看好的是桩箱基础方案。一是箱形基础的整体性好，刚度大，可以通过三层楼高的地下室内、外墙所组成的箱形基础进行内力重分配，将上部荷载转换分散到整个箱形基础的底面；二是3层共14.5m深的地下室基坑开挖，对黏土地基起到了很大的卸载和补偿作用，即相当于卸去了260kPa的土压力，使地基承载力充分满足了支承该大楼的条件；三是初步估算下来，箱形基础的底板厚度为2.5m，比平板式桩筏基础的板厚减少了58%左右。该公司设计中标后，在初步设计阶段的反馈、优化过程中，设计人员发现箱形基础内网格状布置的内墙虽能将上部三个角筒传下来的荷载转换分散到整个箱形基础底板下面的地基土上，但却很难发挥这三层地下室的使用功能。除非在这些内墙上开大量的洞口，但这又会大大地削弱箱形基础的结构受力性能，而桩箱基础的造价也不低。最后，设计人员与业主商量，共同确认没有必要完全按法兰克福的常规做法来进行该大楼的基础设计，废弃了这种传力途径复杂、使用功能不佳，且造价不菲的箱形基础方案。

在经过多方面的比较后，结构设计人员最终提出了一种传力途径简捷、明确、成本较低的新方案，即在三个角筒的正下方分别设计成群桩承台，并将桩直接嵌固支承在黏土层下面的岩层上。为此，对现场的多孔岩层做了详细的勘探与分析，桩长只需40~50m。这样，不但从三个角筒传下来的荷载可直接由其正下方的群桩来直接承担，还达到使竖向荷载合力作用点与群桩承载力合力点重合的最佳受力状态。废弃了诸多的地下室内隔墙，开敞了内部空间，充分发挥了地下室的使用功能，并降低了成本，如图1-6所示。更详细的介绍可参见文献[40]。

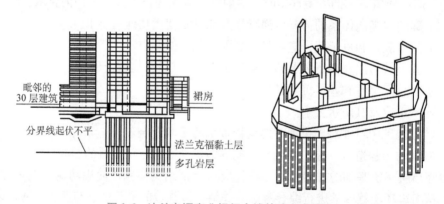

图1-6　法兰克福商业银行大楼基础方案优化

总之，基础方案的分析、比较与选择对高层建筑来讲是必需的。设计人员只有因地制宜，进行多种可行方案的分析比较，才能选择出相对适宜的基础形式。安全可靠、经济合理和技术先进是高层建筑基础选型的基本要求。

思　考　题

1. 简述高层建筑发展历史与经济社会的关系。
2. 高层建筑的受力和变形特点是什么？这些特点对于高层建筑基础设计与施工有何影响？
3. 简述高层建筑基础的主要特点，并结合典型工程案例加以说明。
4. 简要分析高层建筑基础常见形式的适用条件。

5. 高层建筑基础选型的主要技术要求有哪些？并结合典型工程案例加以说明。

6. 查阅相关资料，结合经济、技术和环境保护等要求，谈谈对目前我国高层建筑快速发展的看法。

7. 以法兰克福商业银行大楼为例，试提出其他可能的基础优化建议。

8. 查阅相关资料，简述目前世界最高的 10 幢高层建筑的基础类型。

第二章

高层和超高层建筑结构体系

【内容提要】 概述高层和超高层建筑结构设计的主要控制因素，介绍高层和超高层建筑结构体系的特点，并简单讨论高层和超高层建筑结构体系的选型问题。在阐述高层和超高层建筑结构体系的特点时，以有代表性的著名高层和超高层建筑的上部结构设计实例为主，同时兼顾地基基础条件，以达到正确选择和设计高层建筑结构体系的目的。

■ 第一节 概 述

通常把超过 10 层的建筑称为高层建筑，在国际上把高度超过 100m 或 30 层以上的高层建筑称为超高层建筑。一般高层建筑通常采用框架结构、框架-剪力墙结构和剪力墙结构，也可采用框架-筒体结构。随着建筑高度的不断增大，这些结构已不能适应时代的需要。新的结构形式（如框架-筒体结构、筒中筒结构和成束筒结构等）已成为超高层建筑的主要结构体系。一些高度超过 200m 或 50 层以上的超高层建筑，在结构体系中还非常重视巨型柱的作用。

在科技高速发展的今天，先进的结构理论、高效的计算技术、独特的试验设备、新型的施工技术及高强轻质的建筑材料，为建筑高度的进一步突破创造了有利条件，而人们对建筑高度的激烈竞争，更促使了世界建筑高度排行榜的更新换代。建筑高度的竞争既显示了各个国家的经济实力，又显示了人类智慧的高度发挥。

为了正确设计高层和超高层建筑的结构体系，必须对高层和超高层结构设计的控制因素有足够的认识。本章首先概括阐述高层和超高层建筑结构设计的控制因素，然后介绍高层和超高层建筑结构体系的特点，最后，简单讨论高层和超高层建筑结构体系的选择问题。

■ 第二节 高层和超高层建筑结构设计的控制因素

对于一般高层建筑，可按照 GB 50009—2012《建筑结构荷载规范》中的有关规定确定结构荷载。但是，该规范对于风荷载的规定是基于低空（8~12m）风速观测数据、多层建筑和一般高层建筑的单体模型风洞试验研究成果以及工程经验得出的，当用于超过 200m 以上的超高层建筑时，可能就不适合了。例如，美国 SOM（Skidmore，Owings and Merrill）建筑设计事务所和 LERA(Leslie E. Robertson Associates)对上海金茂大厦和上海环球金融中心的结构设计所采用的风荷载明显小于我国规范的计算结果。下面针对高层和超高层建筑结构设计的控制因素进行讨论。

1. 风荷载

对于高层和超高层建筑设计,风荷载的确定是相当重要的,尤其是超高层建筑,第一个主要控制因素就是风荷载。例如,台北 101 大楼的设计,除了参考当地有关规范外,还委托加拿大的 Rowan Williams Davies & Irwin(RWDI)公司风洞试验室研究该大楼的风力设计荷载,以 1:500 比例制作现场半径为 600m 的风场环境模型,输入风力,模拟实际的建筑物受力情况。其中各个角度的风速高度分布特性是以 1:3000 的地形模型中进行边界层风洞试验(Boundary layer tunnel test),然后得到大气边界层风速分布。结构体的模型采用高频率力平衡模式(高频动态天平测力技术)(High-frequency force-balance),结构的基本风压是由应变计所测到的弯矩、扭力和剪力的分布曲线回归统计获得,并且配合结构动力特性计算结构体的加速度反应,然后再将这些数据提供给设计单位作为设计风力的依据。

位于迪拜市的世界第一高楼哈利法塔,对风荷载也进行了大量研究和分析工作。例如,在加拿大 RWDI 公司的 2.4m×1.9m 和 4.9m×1.4m 的风洞中展开广泛的风洞试验和其他风荷载研究。风洞试验项目包括刚性模型天平测力试验(Rigid-model force balance tests)、全气动弹性模型试验(Full aeroelastic model study)、定域压力测试(Localized pressure study)、人行道风环境研究(Pedestrian wind environment studies)。试验时采用的大多是 1:500 的模型,然而,在人行道风环境研究中采用更大的 1:250 的模型,目的在于用空气动力学的方法来分析风速。由于在空气动力模型中和天平测力试验结果中发现雷诺数的依赖性(比例效应),决定对更大的刚性模型进行高雷诺数的试验,塔楼的上部分采用 1:50 的比例。试验在加拿大渥太华国家研究中心的 9m×9m 的风道中进行,风速可达 55m/s,风统计数据对于(塔楼的)预测的反应程度和(风)重现期之间建立联系起着重要作用。为了确定上层风况(Wind regime),广泛利用地面风数据、气球(探测风)数据和区域性大气模型方法得到的计算机模拟结果。

上述这些宝贵资料和研究方法,对我国规范的修订很有借鉴作用。

2. 地震力

地震力的预测,目前尚很困难。即使是地震频繁的日本地区,对地震虽已进行多年的深入研究,但也几乎无法预测何时何地会发生地震。因此,对待地震应倍加重视。

对于地震地区,除了风力外,还必须考虑地震。例如,台北 101 大楼,地处板块交错运动频繁区域,除了风力,还必须进行地震设计,更重要的是在大楼设计的前期过程中,对建筑场地以下 200m 的断层进行了深入研究,经过多方面的考察与研究,并耗费大量人力物力与时间,终于弄清该断层属于非活动断层。在大楼即将完成的关键时刻,恰巧遇到中国台湾大地震,大楼平安无恙,岿然不动,这是一个宝贵的经验。

但需注意,高层建筑的主楼不一定受地震力控制,而裙房等可能受地震力控制。例如,迪拜的哈利法塔,根据场地特定的反应谱分析表明,塔楼的结构设计主要不是受地震荷载的控制,其钢筋混凝土裙房的结构和塔楼的钢螺旋形结构设计的控制因素却主要是地震荷载。

3. 地基基础

对于高层建筑,地基基础起着非常重要的作用。由于风荷载、地震力以及静荷载极大,而且一般柱的跨度也大,荷载往往要达数 10 万 kN。例如,上海金茂大厦,总荷载超过

300 万 kN，混凝土巨型柱荷载达 10 万 kN；又如，台北 101 大楼，建筑物总垂直荷载超过 400 万 kN。因此，高层建筑对地基基础往往有很高的要求。在上海这样深厚的软弱地基，毫无疑义，高层建筑必须采用桩筏基础或桩箱基础。台北 101 大楼利用深度不大的岩基，采用现浇混凝土桩穿过上覆软弱黏土层，主楼桩基平均入岩深度 23.3m；而高雄的 85 层东帝士大楼，岩层在地面 100m 以下，利用岩层上面常见的层状冲积土，采用框格式地下连续墙（Barrette）；新加坡来福士城（Raffle City）的 72 层、42 层、32 层的高楼群，由于地层条件好而采用了筏形基础。

对于高层和超高层建筑，可以采用多种基础方案，包括组合基础方案，在进行各种方案比较时，应根据当地的地基条件、上部结构的特性、建筑功能的要求、抗震要求、建筑材料的供应、施工条件、工程环境、基础造价以及工期的要求等，选择一个安全可靠、技术先进和经济合理的方案。

4. 业主要求

对于高层和超高层建筑设计，还有一个不可忽略的控制因素就是业主的要求。业主通常对建筑物提出艺术、功能和经济方面的要求，有关建筑艺术将在本章第四节的工程实例中加以阐述。

此外，施工技术条件和建筑材料等在一定条件下也可能成为控制因素。要满足建筑艺术、功能和经济的要求，有赖于建筑师、结构工程师和岩土工程师三方面的密切配合。

■ 第三节　高层和超高层建筑的结构体系

早在我国的《阿房宫赋》中就记载：五步一楼，十步一阁……人们梦想着"空中楼阁"。早在 20 世纪的八九十年代，日本的科技人员已经构思出高 1000m 的空中楼阁模型，向人们表示他们的雄心壮志。当时人们还觉得不可思议，现在已逐渐成为现实，在建造技术上已无困难。

高层和超高层建筑结构体系主要有框架结构体系、剪力墙结构体系、框架-剪力墙结构体系、筒体结构体系、混合结构体系和悬挂结构体系等。

对于一般的高层建筑，通常采用框架结构、框架-剪力墙结构和剪力墙结构体系。例如，上海消防大楼，上部结构为剪力墙结构，32 层，高 101m，基础为桩箱基础，由于桩的位置对准剪力墙，即桩仅沿墙下布置，因此，箱形基础的底板厚度只有 60cm，节省投资，沉降量不到 5cm。一般的高层建筑也可采用框架-筒体结构体系。又如，上海兰生大酒店，26 层，高 94.5m，主楼为钢筋混凝土框筒结构，5 层裙房，最大沉降量不到 5cm。

随着建筑高度的不断增长，超高层建筑越来越多，原先适用于一般高层建筑的结构体系已不能适应时代的需要。从结构角度分析，适用于 30~40 层的高层建筑的结构体系，其刚度、抗剪、抗扭、抗风和抗震能力已不能适应超高层建筑高度的要求，因此框架-筒体结构（图 2-1）、筒中筒结构（图 2-2）和成束筒结构（图 2-3）已成为当代超高层建筑的主要结构体系。

1. 框架结构体系

在框架结构体系中，竖柱的面积较小，构件本身占面积不多，因此能形成较大的空间，建筑布置灵活，使用面积可以加大，适用于层数不多的高层建筑。

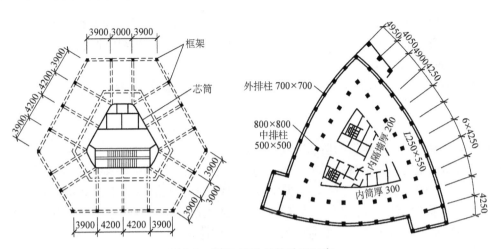

图 2-1 框架-筒体结构外形示意

2. 剪力墙结构体系

剪力墙结构实际上是把框架结构的承重柱和柱间的填充墙合二为一，成为一个宽而薄的矩形断面墙。剪力墙承受楼板传来的垂直荷载和弯矩，还承受风力或地震作用产生的水平力。剪力墙在抗震结构中也称为抗震墙。其强度和刚度都比较高，且有一定的延性；结构传力直接均匀，整体性好，抗震能力也较强，是一个多功能高强度的结构体系。因此，剪刀墙结构体系可用于 15 层以上的高层建筑住宅和旅馆，如 53 层的上海世茂滨江花园就是采用剪力墙结构。

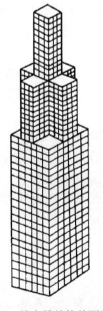

图 2-2 筒中筒结构外形示意

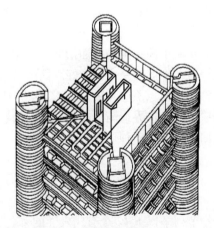

图 2-3 成束筒结构外形示意

3. 框架-剪力墙结构(简称框剪结构)体系

框剪结构就是在框架结构中设置一些剪力墙。剪力墙可以单片分散布置，也可以集中布置。剪力墙主要用于抵抗水平荷载，并承受绝大部分水平荷载，其布置是否合理直接影响结构的安全和经济。在我国，框剪结构体系基本上用于20层以内的高层建筑，也有超过20层的，如29层的上海宾馆。

上述三种结构体系一般不适用于超高层建筑。另外，悬挂结构体系也不适用于超高层建筑。

4. 筒体结构体系

筒体结构就是把高层建筑的墙体围成一个竖向井筒式的封闭结构，结构刚度很大，具有较大的抗剪和抗扭能力，抗震性能也较好。但是，由于核心筒的平面尺寸受到限制，侧向刚度有限，高度一般不能超过40层。20世纪60年代开始，发展成为框筒结构，其平面尺寸比较大，可用于40层以上的结构。随着高层建筑的发展，层数越来越多，尤其是电梯间的设置，自然形成一种内核心筒，发展成为筒中筒结构体系。

筒体结构可分为框筒结构、筒中筒结构、多筒结构等。

1）框筒结构。在高层建筑中，利用电梯间等形成的内筒体与外墙做成密排柱结合的结构成为单筒结构。实质上，这就是框筒结构，如美国52层的独特贝壳广场（One Shell Plaza）（见本章第四节实例1）。

2）筒中筒结构。一般来说，对于50层以上的高层建筑，框筒结构难于满足要求，此时需要采用刚度很大的筒中筒结构体系，即内外筒的双筒体结构。美国110层的世界贸易中心就是钢筒中筒结构，而中国香港52层的康乐中心大厦是钢筋混凝土筒中筒结构。

内筒与外筒通常采用密肋楼板连接，使每层楼板在平面内的刚度非常大，当采用钢筋混凝土楼板时，其跨度可达8～12m，当采用钢结构时，其跨度可达约15m。加大内外筒的间距，不仅有利于建筑平面布置，而且可以加大内外筒的受力。因此，筒中筒结构的侧向刚度很大，在水平荷载作用下侧向变形小，抵抗水平荷载产生的倾覆弯矩和扭转力矩的能力也很强。

3）多筒结构。对于超高层建筑，一般均采用多筒结构体系，如三重筒体结构、群筒结构、成束筒结构和组合筒结构，这种结构体系的刚度特别大，抗震能力也特别强。

有关超高层建筑的结构体系详见本章第四节的工程实例。

至于筒中筒结构的平面形状，一般采用正方形，也可以采用矩形，以长宽比 $L/B \leqslant 1.5$ 为宜，这种平面的受力性能好。筒中筒结构的平面形状还可采用正三角形和正多边形，但是正三角形的角点不应有尖角，否则会产生应力集中，所以应把角点削成弧形，如德国商业银行塔楼。目前世界最高大楼——迪拜的哈利法塔，采用的是 Y 形平面形状。由此可见，基础平面可以采用多种形式，不拘一格。

■ 第四节　高层和超高层建筑的工程实例

本节列举以下12个有代表性的著名工程实例，以资借鉴，有助于正确设计高层和超高层建筑结构体系和地基基础。

一、实例1——美国独特贝壳广场（One Shell Plaza）

美国独特贝壳广场建造于1970年，位于美国德克萨斯州休斯敦市，是一座高217.6m、

52 层的办公大楼，是当时最高的钢筋混凝土大楼。休斯敦的地基在 600 多米内主要是黏土，要求结构体系必须使整个建筑物最为经济，建筑物(包括基础)全部采用轻质混凝土。

　　这座大楼的结构体系为：上部结构采用钢筋混凝土筒中筒(图 2-4)，由间距 1.83m(6ft)外柱的混凝土框筒和剪力墙内墙筒组成(图 2-5)，这种体系在当时是剪力墙与框架共同作用结构的发展。楼板结构采用密肋楼板(图 2-6)，混凝土外框柱外面为玻璃帷幕，这样使得整个建筑别有风格，尤为美观。

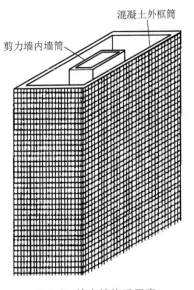

图 2-4　筒中筒体系示意

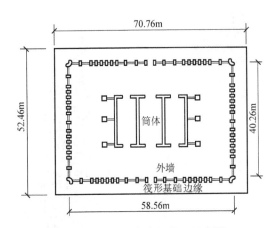

图 2-5　独特贝壳广场的平面布置

　　基础采用筏形基础(图 2-7)。埋深为 18.3m，筏板厚 2.52m，该筏板从大楼的四边各伸出 6.1m，整个筏板的尺寸为 70.76m×52.46m。

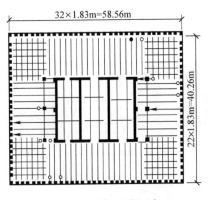

图 2-6　楼板结构示意

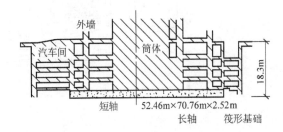

图 2-7　筏形基础的剖面

　　风荷载采用休斯敦地区飓风的风力，沿整个建筑物高度的作用力为 1.95kPa(40lbf/ft^2)，在风荷载作用下产生的摆动量限制在高度的 1/600。

　　这座大楼不但设计成功，而且采用轻质混凝土把原设计的 35 层变成 52 层，获得了很高的经济效益。应予指出：现场监测很成功，为编制美国相关设计标准做出了贡献。

二、实例2——美国西尔斯大楼(Sears Tower)

1974年在美国芝加哥建成高443m(加上天线达500m)、110层的西尔斯大楼(图2-8),成为当时世界最高的建筑。

大楼由9个标准方形钢筒体(22.9m×22.9m)组成。该结构由SOM建筑设计事务所设计,大楼结构工程师为出生于达卡的美籍建筑师法兹勒汗(Fazlur Khan)。建造到51层减少2个筒体,到66层再减少2个筒体,到91层又再减少3个筒体,到顶部变成2个筒体(图2-9)。这种独特结构的确引人入胜。它是多筒结构中的巨型结构,每一个筒体都是单独筒体,本身具有很好的刚度和强度,能够单独工作。

西尔斯大楼建
造技术简介

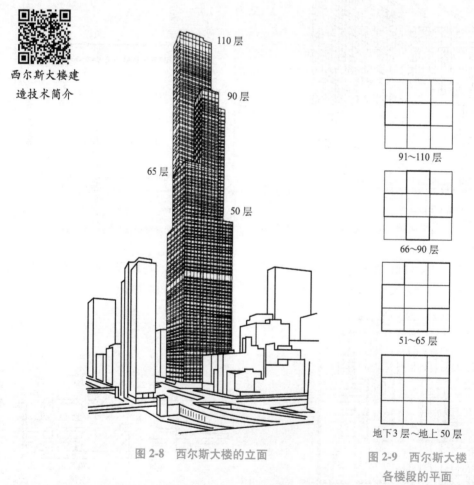

图2-8 西尔斯大楼的立面

图2-9 西尔斯大楼
各楼段的平面

必须指出:这种逐步减少的单筒结构,最好对称于建筑物的平面中心,以减少偏心。同时,这种把上部结构的某些单筒适当减少,可减小高层建筑上部的受风面积,并且扰乱大气气流,使产生的涡流对高层建筑的摇摆振动减小,从而有效地减小由于风力而产生的侧向移动。因此,多筒结构往往采用这种自下而上逐步减少筒体数量的方法,使得高层建筑的结构体系更加合理和经济。

三、实例3——中国香港中国银行大楼（Bank of China Tower）

中国香港中国银行大楼是一座高369m、70层的超高层建筑，1989年建成（图2-10）。该大楼采用5根型钢混凝土巨型柱及8片平面支撑组成的巨型支撑结构体系。大楼的底部平面为52m×52m的正方形，以对角线划分成四个三角形区，由下往上每隔若干层减少一个三角形区，经过三次变化，到上部楼层只保留一个三角形区直到顶部（图2-11）。这样，其建筑艺术具有独特的风格，把建筑结构与建筑艺术相结合，这是按照贝聿铭建筑大师的建筑造型构思的产物。

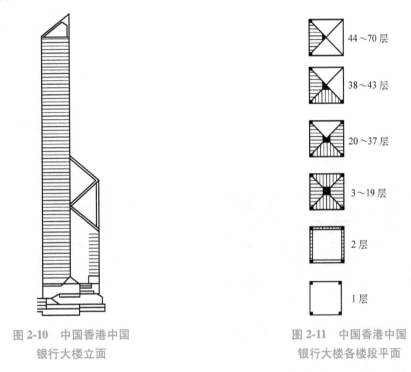

44～70层

38～43层

20～37层

3～19层

2层

1层

图2-10　中国香港中国
银行大楼立面

图2-11　中国香港中国
银行大楼各楼段平面

中国香港中国银行大楼与实例2的西尔斯大楼相比，两大楼平面同是正方形，但是由下往上变化不同，前者减少三角形区，后者则减少正方形筒，达到结构外形美观目的各有千秋。

该大楼的四个型钢混凝土巨型角柱和中间巨型柱承担大楼的大部分荷载。

大楼的基础由多种形式组成，如图2-12所示。四个巨型角柱直接由四个巨型沉箱基础支承。其直径（扩孔后）分别为7.2m、8.2m、9.5m和10.5m。沉箱基础深入至离地面20余米以下的微风化花岗岩，地基设计强度为5MPa。此外，大楼的地下室结构由89根钻孔桩支承，中央剪力墙结构由16根人工挖孔桩支承。为抵抗风力引起的上拔力和地下水产生的浮力，人工挖孔桩和大楼周边地下连续墙的底部设置77根竖直锚杆深入至地面下20～50m岩层。

四、实例4——马来西亚石油大厦（Petronas Twin Tower）

石油大厦是一座高452m、88层的双塔大楼，位于马来西亚首都吉隆坡，1998年建成，当时是世界第一高楼（图2-13）。这是一座钢与钢筋混凝土的混合结构，基本上属于标准塔形，与下文实例6的上海金茂大厦外形类似。双塔大楼之间采用横向结构联系，既能加强刚度，又使外形美观。

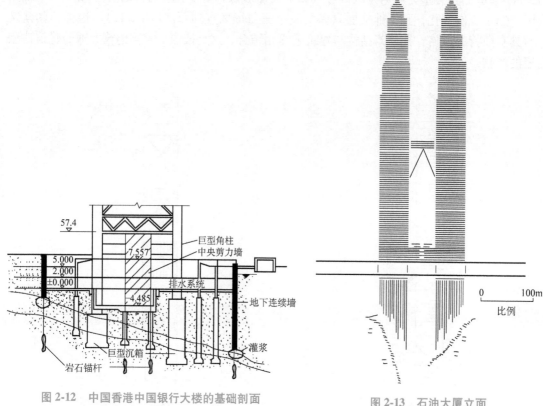

图2-12　中国香港中国银行大楼的基础剖面

图2-13　石油大厦立面

该大楼采用墙式或连续墙（Barrette）桩基，桩基平面图如图2-14所示。

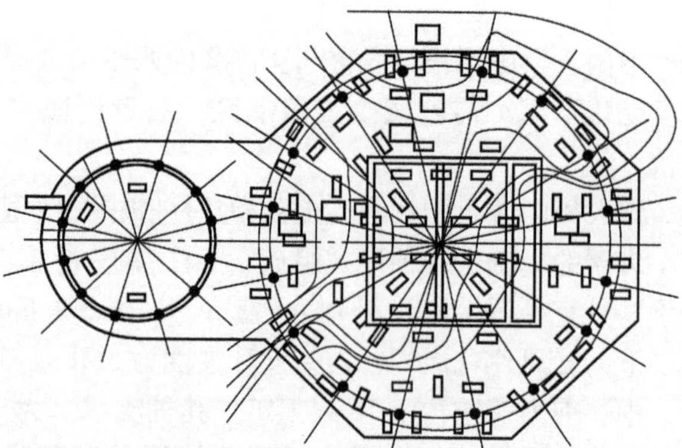

五、实例5——德国商业银行大楼（Commerzbank Tower）

德国高299m、59层的商业银行大楼建造在法兰克福美茵河畔（Frankfurt am Main）的商业中心，直接靠近已有的高103m的商业银行大楼（图2-15）。1997年建成的商业银行大楼是当时欧洲最高的大楼，该大楼为钢框筒结构（Steel Frame with Virendeel Frame），具有刚度大、开敞面积特点的特殊建筑设计。

图2-14　石油大厦的桩基平面

大楼基础平面为近似圆角的等边三角形（图2-16），曲线形的边长约为60m。在三角形的角端有三个筒体，高度不同，有竖向承重构件。筒体用空腹梁（Virendeel）框架，跨长超过40m 进行连接。每个筒体有两个巨型柱，平面尺寸为 7.70m×1.2m；大楼的荷载主要集中在6 个巨型柱上，占荷载的 59%，而 3 个厅柱和 12 个内柱分别承担大楼荷载的 17% 和 24%。

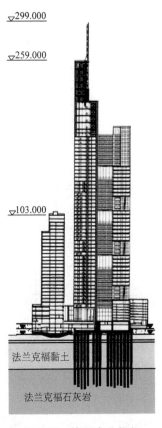

图 2-15　德国商业银行
大楼剖面

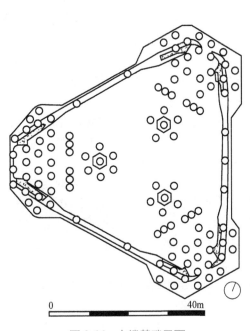

图 2-16　大楼基础平面

基础为三角形，筏板厚 4.45m，面积为 2690m²。筏板下有 111 根大直径望远镜式的钢筋混凝土灌注桩，长度 37.6~45.6m。顶部 23m 范围内直径为 1.8m，逐步降低到下面的直径为 1.5m。地下水位在地面下 5~6m。桩主要集中在塔楼的三个核心筒下面，少量布置在周围墙下面。桩的布置尽可能靠近大楼柱。桩传递大楼上部结构、下部结构的荷载通过相当弱的法兰克福黏土到坚硬的下卧层法兰克福石灰岩，桩埋置在法兰克福石灰岩中的平均长度为 8.8m。当取大楼总荷载为 1634MN 时，则在 2690m² 面积上的基底压力约为 600kPa，桩平均承受 14.72MN。

应予指出：塔楼基础设计取决于减少塔楼和周围建筑物的沉降要求，以保证正常使用。塔楼荷载由上部结构通过塔楼下部结构的连接构件体系传到桩。巨型柱位于环绕塔楼周围的高 12m 和厚 3m 的结构内，支承在二楼下的底板上。该大楼采用共同作用理论分析，并且进行现场测试研究验证。

六、实例 6——上海金茂大厦（Jinmao Building）

金茂大厦位于上海浦东陆家嘴金融贸易区，与东方明珠电视塔、上海环球金融中心（高度 492m，101 层）及上海中心大厦相邻。它是一座高 420.50m、88 层的综合性大楼，裙房 6 层。1998 年建成时为当时中国第一高、世界第四高的超高层建筑（图 2-17）。

主楼的上部结构采用钢筋混凝土核心筒与钢结构外框架结合的混合结构体系。主要由核心筒、外框架、巨型钢桁架和楼板组成。

核心筒的平面为八角形，外包尺寸为 27m×27m。53 层以下有井字形内墙，分隔成九格；53 层以上无中间隔墙，为一个空心钢筋混凝土筒。

外框架在主楼四侧各有两根截面为 1.5m×5.0m 的巨型劲性钢筋混凝土柱，由框架钢柱与钢梁与其相连，形成环抱核心筒的外框架。

巨型钢桁架是超高层建筑内筒与外框之间传递水平力与协调变形的重要构件，分别设在 24～26 层、51～53 层和 85～87 层。三道桁架从外框的巨型柱伸入到钢筋混凝土核心筒内壁，形成刚度很大的抗侧力体系。

主楼的基础为桩筏基础（图 2-18），八角形，相当于

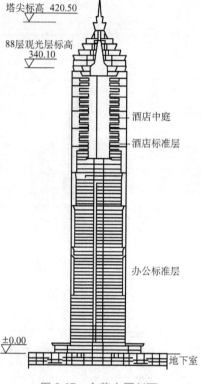

图 2-17　金茂大厦剖面

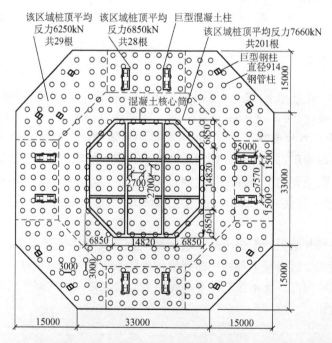

金茂大厦建造技术简介

图 2-18　金茂大厦基础平面

59.32m×59.32m 的方形基础。筏板厚 4m，桩基为入土 82.5m、直径 914mm 的钢管桩，429根。桩位呈八角形分布，桩距有 2.7m 和 3.0m 两种，是典型的群桩。

因此，整个大楼和桩筏基础是一个共同作用的刚度很大的整体结构。

在建筑艺术方面，总建筑师史安钧（Adrian D. Smith）借鉴中国古塔，取其宝塔神韵，试图创造一个举世无双的建筑形象。的确，金茂大厦的外形很自然地令人想起中国古代的塔。

七、实例 7——高雄东帝士 85 层超高层大楼（T & C Tower）

高雄东帝士大楼是一座高 347.6m、85 层的超高层大楼，位于中国台湾省高雄市，双翼裙房均为 35 层，地面以上的建筑面积约为 52m×120m，地下室 5 层。大楼立面如图 2-19 所示。采用二个正方形筒串连（Triple Tube in Series）结构。把大楼内 8 个 10m×10m 电梯间的四角形结构视作巨型柱（Mega Column），作为 3 个大方形筒体结构的立柱，支撑大楼的大部分荷载，使荷载对称且较为均布。中央有 4 个电梯间，每间 4 个角各有 1 根立柱，每根柱的静载约 60000kN，活载为 30000kN；两侧有 4 个电梯间，每个角的柱的静载约为 36000kN，活载超过 20000kN。其余次要柱的静载在 10000~20000kN，活载为 6000~10000kN。

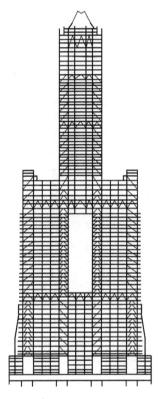

图 2-19 高雄东帝士大楼剖面

高雄东帝士 85 层超高层大楼的基础选择是一个重要问题，底面积约为 11926m²（160m × 80m），结构物总荷载为 5050000kN，平均荷载为 420kPa。开挖基坑深度约为 23m，地下水在地表下约 2m，浮力为 210kPa。这样，开挖土的总重力为 5540000kN，也就是说，结构物的总荷载略小于开挖土重力。在地表下 65m 以内为土层主要为松散至中度密实砂性土及粉土质砂与砂质粉土交互层，因此，理论上可考虑补偿式的筏形基础。但是，经过方案的比较，采用框格式（Barrette）地下连续墙，深度为 44.5m，基础平面如图 2-20 所示。

八、实例 8——上海恒隆广场（Henglong Plaza）

2002 年建成的恒隆广场是一座高 288m、66 层的纯钢筋混凝土大楼，是世界上第三个纯混凝土高层建筑的里程碑。第一个里程碑就是 1967 年建成的芝加哥湖端大厦，高 196m，70层。第二个里程碑当推 1976 年建成的芝加哥水塔广场大厦，高 262m，74 层。

恒隆广场由主楼 T_1 和主楼 T_2 组成，位于上海南京西路闹市区（图 2-21）。主楼 T_1 是一幢高 288m、66 层的多功能综合大楼，地下室 4 层，裙房 5 层，地下室 3 层，是市区最高的纯钢筋混凝土框筒结构（图 2-22），形状似船。结构柱和梁的截面非常大。圆柱的直径为 3000mm，方柱为 2600mm×2600mm，梁的截面为 2650mm×2200mm。

主楼 T_2 是一座高 226m、45 层的大楼，地下室 3 层，与主楼 T_1 连接，形成英文字母 H 形，象征"恒"，永久的含义。

主楼 T_1 的基础为桩箱基础，埋深为 18.95m，底板厚度为 3.3m，基础平面形状为梯形，面积为 3622.82m²（图 2-21），相当于 60.19m×60.19m，总荷载为 4240000kN，基础底面平均压力为

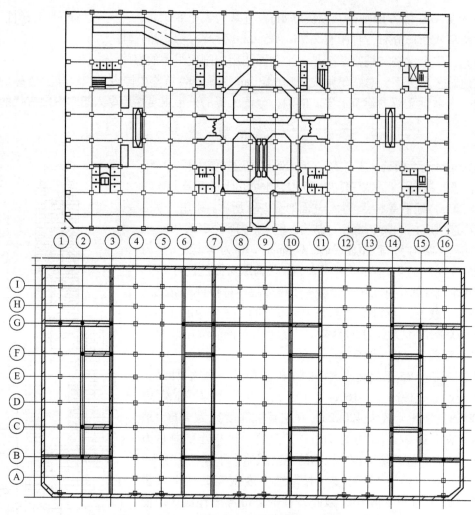

图 2-20　高雄东帝士大楼基础平面

（上下图分别为大楼和基础平面）

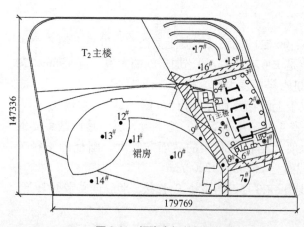

图 2-21　恒隆广场总平面

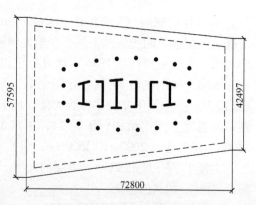

图 2-22　主楼基础平面

1170kPa。箱形基础下有849根直径为800mm，长度为81.5m(有效长度为65.3m)的就地灌注桩。对17根灌注桩进行静载试验，经过综合分析，取单桩的设计承载力为5000kN。

该大楼具有建筑高度高，混凝土结构庞大，常规混凝土含钢量高(450kg/m³)，灌注桩长的特点。

九、实例9——台北101大楼(Taipei International Financial Center)

台北101大楼(台北国际金融中心大楼)位于中国台湾省台北市区，2004年建成，成为世界高层建筑之最(图2-23)。裙房6层，主楼面积约为98.4m×90m。

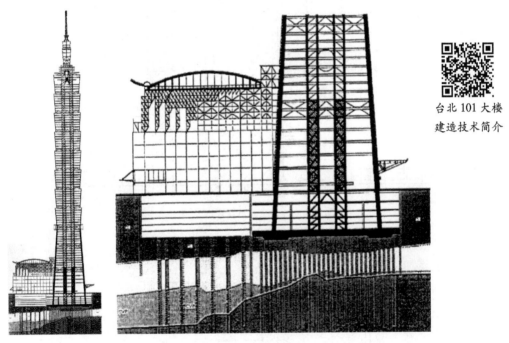

台北101大楼建造技术简介

图2-23　台北101大楼立面

该大楼采用正方对称的巨型框架(Mega Frame)结构，以期在风力或地震力作用下获得最稳定的设计。在最大荷载下，主要由东南西北侧的中央部位共16根型钢混凝土(Steel Reinforced Concrete,SRC)巨型柱以及中央管状核心结构的电梯间承担(图2-24和图2-25)。每侧四根柱的总荷载约450000kN。以两根5.6m×1.8m和两根2.7m×0.9m的SRC巨型柱支承在厚4.7m和平面约为40m×16m的筏板上，通过筏板将荷载传递到其下51根深入岩层15~30m的大直径灌注桩。

该大楼共有桩380根，直径均为1.5m，桩的设计荷载为10000~14500kN，深入岩层15~30m，在地面以下的桩长为62~81m，基坑开挖深度约为22.8m。大楼总重400余万kN，面积为8530m²，基底压力约500kPa。

该大楼在即将建成的关键时刻，遇到大地震，却岿然不动。该大楼不但设计成功，施工方法也很成功。主楼采用顺作法，而裙房采用逆作法，减少两楼相互影响，有利于缩短施工期限。

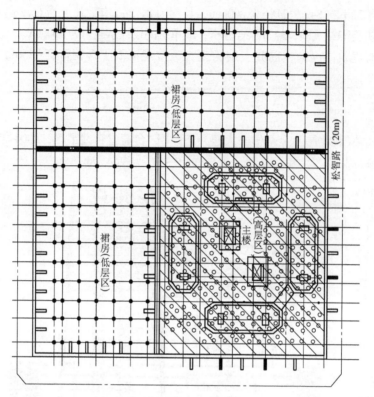

图 2-24 台北 101 大楼平面

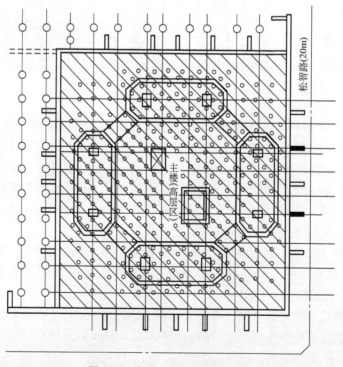

图 2-25 台北 101 大楼基础平面

台北 101 大楼为中国台湾建筑史上空前巨大的工程，集合了全球各地的专业经验，设计出坚实结构、抗风、耐震、防灾、环保与节省能源设施，不仅是建筑史上的里程碑，更是展现人类科技、艺术、经济、人文合而为一的极致表现，堪称是科技与艺术结合的典范。

十、实例 10——上海百联世茂国际广场（Brilliance Shimao International Plaza）

百联世茂国际广场地处上海市中心最繁华的南京路步行街起点，为浦西地区一标志性建筑（图 2-26）。总建筑面积约 135500m²；地下 3 层，主塔楼为超五星级酒店，平面呈等腰直角三角形，地上 60 层，屋面高度 246m，屋面装饰杆高 87m，总高度 333m。12 层以上外框巨型柱外移 1.5m，37 层斜边外框柱及 51 层角柱有两次逐渐内收，形成变化丰富的立面造型（图 2-27）。

图 2-26　百联世茂国际广场

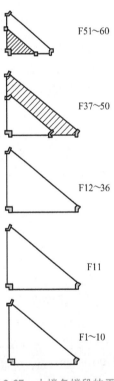

F51～60

F37～50

F12～36

F11

F1～10

图 2-27　大楼各楼段的平面

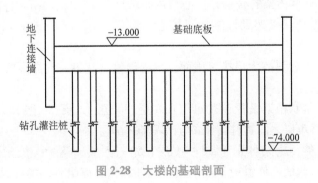

图 2-28　大楼的基础剖面

结构抗震设防烈度7度，基本风压0.65kPa。塔楼采用巨型SRC框架和钢筋混凝土核心筒结构体系。外框巨型柱为钢骨混凝土，核心筒为钢筋混凝土，12层以上巨型框架间填充次框架，次框架采用钢框架。分别于11层、28层和47层避难层兼设备层设3道巨型腰桁架和8道伸臂桁架，形成3道刚性加强层。

主楼采用桩筏基础，埋深16m。底板角柱下厚度为4m，其余筏厚为3m。采用钻孔灌注桩，直径850mm，有效桩长58m，单桩试桩竖向承载力特征值为10000kN，主楼共布桩363根。地下室采用地下连续墙两墙合一结构形式，连续墙深度27m，墙厚1~1.2m，如图2-28所示。

这样的结构体系，再加上桩筏基础，上部结构和下部结构构成一个整体，保证共同作用。

十一、实例11——上海环球金融中心（Shanghai World Financial Center）

上海环球金融中心是高492m、101层的超高层建筑（图2-29和图2-30），位于陆家嘴金融贸易区，旁边就是高420.5m、88层的金茂大厦。2008年建成后，成为当时中国最高的大楼。该大楼地上101层，地下3层；裙房地上5层，地下3层。总建筑面积为377300m²。这是一座多功能的大楼：6层以下为商店和美术馆，6~78层为办公区，79~89层为酒店，98~101层为观光区。

该楼采用周边剪力墙、交叉剪力墙和翼墙组成的传力体系，使主楼核心筒和巨型柱组成整体巨型结构。具体为：

1）巨型柱体系。由A型及B型巨型柱组成，A型巨型柱位于各层，维持不变；B型巨型柱从43层开始，每一根分叉为2根倾斜柱，一直伸到92层，形成大楼西北及东南立面逐层收缩的形态。

2）混凝土核心筒。1~6层为核心筒的基础部分，墙体厚度为2100~1620mm，6层以上的混凝土核心筒平面沿建筑高度有三次改变，具体变化层为57层、60层和79层。在设置伸臂桁架的楼层，核心筒内暗埋环状桁架，79~91层为环状桁架劲性结构，核心筒高度至91层。

图2-29 上海环球金融中心
（2007年9月14日结构封顶照片）

3）巨型斜撑。巨型斜撑为焊接箱截面，内灌混凝土。每一斜撑高度范围12层，从6层开始设置一直到顶层。

4）带状桁架。带状桁架设置于避难层（18层、30层、42层、54层、66层、78层和88层）周边，用以承受各避难层之间边柱传来的全部竖向荷载。

5）伸臂桁架。伸臂桁架分别于28~31层、52~55层、88~91层设三道，桁架为三层高，构件为焊接箱形截面。伸臂桁架体系使巨型柱和核心筒组合，增加大楼的抗弯刚度。

6）楼层结构体系。核心筒外围结构采用钢梁及钢柱框架，在钢梁上的楼板采用普通混

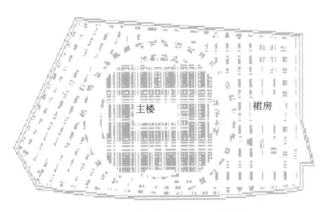

图 2-30　上海环球金融中心平面

凝土与压型钢板组合楼盖。

7）地基土。基坑开挖深度一般为 18.35m，电梯井在中部，深达 25.89m，面积约 2116m²，基底离承压水层顶只有 1.91m。

8）基础。基础为桩筏基础，厚度一般为 4.0~4.5m，底板混凝土总量为 38900m³。桩为长达 80m、直径为 700mm 的钢管桩，主楼桩数共 1117 根。

十二、实例 12——迪拜哈利法塔（Dubai Khalifa Tower）

哈利法塔位于阿联酋迪拜市，为美国 SOM 建筑设计事务所设计，2010 年 1 月 4 日竣工启用。大楼有 169 层，总高 828m，比上海中心大厦足足高出 196m，是目前世界上最高的建筑。该座大楼面积为 280000m²，5~37 层为酒店，45~108 层可提供 700 套的私人公寓，是一幢集商店、酒店、住宅和办公于一体的综合性多用途的建筑物，该大楼的外形好像是一艘指向太空的巨型宇宙飞船。

大楼的结构体系可描述为一个"扶壁"型的核心筒，如图 2-31 和图 2-32 所示。它的特点表现在：

1）中心六边形的钢筋混凝土核心墙类似于一个闭合管，可以提供抗扭力。中心六边形的墙由翼墙和锤形墙支撑，它们的作用类似于梁上的腹板和翼缘，能够抵抗风所产生的剪力和弯矩。

核心筒的筒侧的每个翼又有自己的高性能混凝土核心筒和周边柱群，翼和翼之间通过六边形中心筒相互支撑，使塔楼具有极大的抗扭刚度，把所有公共中心筒和柱单元连成一座具有没有结构传递性的建筑物。

2）大楼以螺旋上升的方式层层缩进，每次缩进改变塔楼的宽度，使得风向混乱，由于在每个缩进层风会遇到不同的建筑形状，使得风旋涡无法形成。

3）大楼的平面设计为 Y 形结构，除了保持结构简单和形成结构性，还可减少施加在塔楼上的风力。

4）钢筋混凝土塔楼的结构设计主要受风力控制，地震荷载不是控制因素，而在钢筋混凝土裙房的结构和塔楼的钢螺旋形结构设计中，地震荷载是控制因素。

5）桩筏基础，桩伸进岩层，上下部结构整体性强，共同作用使得大楼抗风、抗地震能力增强。

这样的结构特点能把上部结构的钢筋混凝土墙体、连系梁、楼板、筏板、桩和螺旋形钢结构组成共同作用体系。

图 2-31 哈利法塔

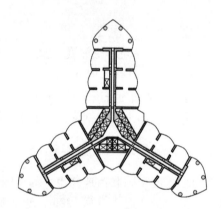

图 2-32 哈利法塔平面

■ 第五节 高层和超高层建筑的结构体系选择

对于一般高层建筑的结构体系，多数采用框架结构、框架-剪力墙结构、剪力墙结构，也有根据需要采用框架-筒体结构，相应基础可以采用多种基础方案。

对于超高层建筑，框架-筒体结构、筒中筒结构和成束筒结构及混合结构成为主要结构体系。从第四节 12 个有代表性的著名实例可见，超高层建筑结构体系具有明显的特点：高度高、刚度大、荷载大、外观美。除高度外，具体表现在：

1）巨型柱为主要承重结构，巨型柱的荷载极大，超过 10 万 kN，与核心筒连成一个整体，刚度大，抗风、抗地震能力强。

2）结构外形多为塔形，或为螺旋形（锥形），既美观，又可减少风力。

3）基础平面一般为矩形、方形（包括上海金茂大厦和上海环球金融中心的削角的八边形）和三角形（包括迪拜哈利法塔的 Y 形），也有圆形的。巨型柱对称布置，利于抗风、抗地震，受力均匀。

应予指出：超高层建筑的基础主要采用桩基，即使迪拜哈利法塔的基础压力估计超过 1500kPa，而且基础落在基岩上，为安全起见，也采用直径 1.5m，长约 43m 的钻孔灌注桩，而单靠桩周的摩擦承载力也有很高的安全度。又如高雄高帝士 85 层大楼，理论上完全可以采用补偿式筏形基础，但经方案比较，还是采用框格式地下连续墙，深度为 44.5m。不过，新加坡来福士城的地基很好，72层的大楼也采用筏形基础。因此，是选择桩基础还是选择筏形基础，要视具体地质条件，经过综合考虑确定。总之，要使整个上部结构与地基基础连成整体，保证共同作用，才能保证超高层建筑的安全。

因此，在选择高层和超高层结构体系时，结构工程师、建筑师和岩土工程师要密切配合，综合考虑高层和超高层建筑结构设计的四个控制因素：风力、地震力、地基基础和业主要求，对各种方案进行比较和筛选，方能选择一个结构先进，外形美观，方便施工，既安全，又经济的方案。

■ 第六节　超高层建筑的阻尼器设置

对于超过400m的超高层建筑，为了抗风、抗震的需要，往往需要安装阻尼器，在台北101大楼和上海环球金融中心均安装了阻尼器，下面简单进行讨论和介绍。

1. 台北101大楼的阻尼器

台北101大楼在87层至92层之间装有被动式风阻尼系统（Tuned Mass Damper），直径5.5m的实心钢球，总质量达680t（图2-33），这样，运用物理学反作用原理，可大幅度降低大楼遭受强风振动的影响，可承受17级强风（60m/s以上的风速）及地震力500Gal（5m/s²）的摇晃力量。

图2-33　台北101大楼的阻尼器

2. 上海环球金融中心的阻尼器

上海环球金融中心在90层安装2台长宽各为9m，质量为150t的风阻尼器（图2-34），它们能使强风施加在建筑物上的加速度（重力）降低40%，也可降低强震对建筑物顶部的冲击。按照我国的标准，超高层建筑应具有抵抗40m/s（超过12级台风）以上的抗风能力。同时，可防止共振现象，在高472m的观光阁上漫步也不受影响。

3. 其他超高层建筑的阻尼器

安装风阻尼器无疑有抗风和抗震的作用。在迪拜哈利法塔，控制大楼设计的主要因素是风力，为减少重现期的峰值加速度，进行大比例的风洞试验，经过多次调整塔楼的方向和形

图 2-34 上海环球金融中心的阻尼器

状，改进结构以及深入研究当地风统计数据，将峰值加速度从最初 37milli-g（milli-$g = g/1000$，g 为重力加速度），逐渐减少为 19milli-g，最后降低到小于 12milli-g。塔楼形状的多次调整大大降低了风与大楼的共振作用。风对大楼最重要的动力作用是漩涡脱落（属横向风振），而漩涡脱落的速率与风速、建筑物宽度及截面形状有关。哈利法塔的楼层（面积）变化，使得漩涡脱落频率有很大的变化，漩涡脱落与塔楼的自振几乎无关，即漩涡脱落与塔楼无法形成共振现象。另外，塔楼为混凝土结构，其质量大，又可降低风荷载使塔楼产生的加速度。同时，混凝土的固有阻尼也大于钢。这样，哈利法塔可不必安装阻尼器。

思 考 题

1. 试述我国以及国际上对于高层建筑和超高层建筑的主要划分标准。
2. 简述超高层建筑结构体系的主要特点和结构选型依据。
3. 试述超高层建筑结构设计的主要控制因素。
4. 简述高层建筑和超高层建筑采用的主要结构形式，并说明各自的适用范围。
5. 超高层建筑安装阻尼装置的主要目的是什么？
6. 为什么迪拜哈利法塔可以不设置阻尼器？

第三章

高层建筑地基勘察

【内容提要】 结合相关规范的技术规定，阐明高层建筑地基勘察的主要目的和基本要求，详细介绍天然地基、桩基、基坑开挖和支护工程以及地震区高层建筑勘察工作的布设原则和方法，简要介绍和地基勘察工作密切相关的室内试验和原位测试方法，以及地基检验与现场监测的基本方法。

■ 第一节 地基勘察的基本要求

地基土的物理力学性质复杂多变，高层建筑的地基勘察十分重要。高层建筑具有高度高、重量大和基础埋置深等特点，因此，高层建筑对基础稳定性、地基承载力、地基变形及不均匀沉降都有着较为严格的规定。同时，需要对由于深基坑施工和降水对邻近建筑和地下设施所产生的影响，进行细致的研究。

因此，通过地基勘察探明建筑场地的地质条件、地下水情况和地基土的性状，对于保证高层建筑的安全、工程质量及节约建设投资是十分必要的。为在高层建筑岩土工程勘察中贯彻国家技术经济政策，合理统一技术标准，促进岩土工程技术进步，住房和城乡建设部批准发布了（JGJ/T 72—2017）《高层建筑岩土工程勘察标准》，用于对高层建筑地基基础和基坑工程做出工程评价。

一、地基勘察的主要目的

（1）查明建筑场地内及其邻近地段有无影响工程稳定性的不良地质现象，有无古河道和人工地下设施等存在提出治理方案建议。主要包括以下内容：

1）断裂。大的断裂构造的位置、规模和类型，包括断裂的活动性。

2）地震液化。在强震区场地分布有饱和砂土或饱和粉土时，应判别其地震液化的可能性和液化程度。

3）岩溶与土洞。岩溶（喀斯特）是可溶性岩石在水的溶（浸）蚀作用下产生的各种地质作用、形态和现象的总称。可溶岩包括碳酸盐类岩石及石膏、岩盐、芒硝等可溶性岩石。由于岩石溶解形成洞穴，其顶板变形、塌落可造成地基失稳。

土洞是在有覆盖土的岩溶发育区，在特定的水文地质条件下，使岩溶面以上的土体遭到流失而形成的土中洞穴。土洞是岩溶的一种特殊形态，由于其发育速度快、分布密集，因而对建筑地基的影响较岩洞大。

4）滑坡。斜坡上的岩土沿坡内一定的软弱带（或面）作整体地向前向下移动的现象称为滑坡。滑坡会造成工程建筑的失稳和破坏。

5）泥石流。泥石流是洪水侵蚀山体夹带大量泥、砂、石块等固体物质，沿着陡峻的山间沟谷下泄的特殊洪流。泥石流是山区特有的一种自然现象，由短时间内暴雨激发而形成，通常暴发突然，来势凶猛，对工程具有极大的破坏力。

6）崩塌。陡坡上的岩体或土体在重力或有其他外力作用下，突然向下崩落的现象称为崩塌。大型崩塌会摧毁建筑物并造成人员伤亡和巨大的物质损失。

7）采空区。采空区根据开采现状可分为老采空区、现采空区和未来采空区三类。采空区是地下矿层采空后形成的。对建筑物的危害是采空区上覆岩层失去支撑，使平衡条件破坏造成地表塌陷或变形，以致地面建筑物产生不允许的变形或破坏。如果地表倾斜可使高层建筑发生倾斜。

8）地裂缝。由于地质构造、过量抽取地下水等原因造成的地裂缝，会造成工程建筑的破坏。目前在一些城镇中发现的地裂缝，比较典型的如西安、大同、邯郸等城市，已构成一种地质灾害，对建筑物有相当大的破坏作用。

（2）查明建筑场地的地层结构、均匀性及各岩土层的工程性质。

1）地层结构是指岩层或土层的成因、形成的年代、名称、岩性、颜色、主要矿物成分、结构和构造、地层的厚度及其变化、沉积顺序等。

2）岩土层的工程性质主要指各个地层的物理性质，包括重度、天然含水率、密度、液限、塑限等指标，以及土的透水性、压缩性、抗剪强度等。

（3）查明地下水类型、埋藏情况、季节性变化度和对建筑材料的腐蚀性。

1）地下水的基本类型按地下水的埋藏条件可分为土层滞水、潜水和承压水三类。各类地下水如图3-1所示。

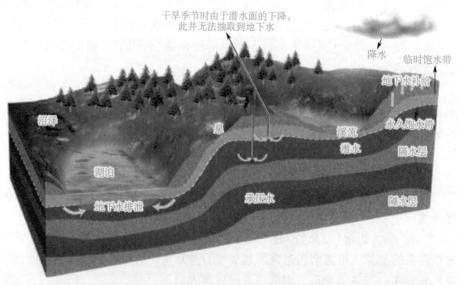

图3-1 地下水基本类型示意

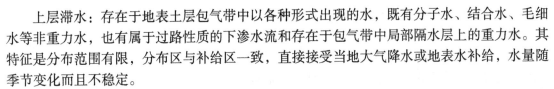

上层滞水：存在于地表土层包气带中以各种形式出现的水，既有分子水、结合水、毛细水等非重力水，也有属于过路性质的下渗水流和存在于包气带中局部隔水层上的重力水。其特征是分布范围有限，分布区与补给区一致，直接接受当地大气降水或地表水补给，水量随季节变化而且不稳定。

潜水：埋藏在地表以下第一个稳定隔水层以上具有自由水面的重力水。其特征是有隔水底板（不透水层），无隔水顶板；能在水平方向流动；由大气降水、地表水和凝结水补给，当与承压水有联系时，承压力也能补给潜水。

承压水：存在于两个隔水层之间的有压地下水。其特征是上下都有隔水层；具有明显的补给区、承压区和泄水区，补给区与泄水区距离很远；具有压力；一般埋藏深，不易被污染。

2）在建筑地基内有地下水存在时，地下水的水位变化对地基的稳定性，地下室的防水、防潮和抗浮，以及基础的施工都有很大的影响，因此，地基勘察时查明地下水的变化幅度是很重要的。

3）地下水含有各种化学成分，当某些成分含量过多时，对建筑材料包括混凝土、砖石和钢铁材料等产生腐蚀性危害，腐蚀性与环境地质条件及物理风化条件密切相关。

（4）在抗震设防区，应划分对建筑抗震有利、一般、不利和危险的地段，判明场地土类型和建筑场地类别，查明场地内有无可液化土层。

1）选择建筑物场地时，应按表3-1划分对建筑抗震有利、一般、不利和危险地段，划分的主要依据是建筑场地的地质、地形和地貌条件。

表3-1 有利、一般、不利和危险地段划分

地段类别	地质、地形、地貌
有利地段	稳定基岩，坚硬土，开阔、平坦、密实、均匀的中硬土等
一般地段	不属于有利、不利和危险的地段
不利地段	软弱土，液化土，条状突出的山嘴，高耸孤立的山丘，陡坡、陡坎，河岸和边坡的边缘，平面分布上成因、岩性、状态明显不均匀的土层（如故河道、疏松的断层破碎带、暗埋的塘浜沟谷和半填半挖地基），高含水量的可塑黄土，地表存在的结构性裂缝等
危险地段	地震时可能发生滑坡、崩塌、地陷、地裂、泥石流等及发震断裂带上可能发生地表位错的部位

2）场地土类型可根据地面下20m范围内的土层类型评定，土层类型主要决定于土层刚度（即土的软硬程度），可根据土层剪切波速(v_s)按表3-2划分。

表3-2 场地土类型划分与剪切波速范围

场地土类型	土层剪切波速/(m/s)	场地土类型	土层剪切波速/(m/s)
岩石	$v_s>800$	中软土	$250 \geqslant v_s>150$
坚硬土或软质岩石	$800 \geqslant v_s>500$	软弱土	$v_s \leqslant 150$
中硬土	$500 \geqslant v_s>250$		

3）建筑场地覆盖层厚度的确定应符合以下要求：一般情况下，应按地面至剪切波速大于500m/s且其下卧多层岩土的剪切波速均不小于500m/s的土层顶面的距离确定；当地面5m以下存在剪切波速大于相邻上层土剪切波速2.5倍的土层，且其下卧岩土的剪切波速均

不小于400m/s时，可按地面至该土层顶面的距离确定；剪切波速大于500m/s的孤石、透镜体，应视同周围土层；土层中的火山岩硬夹层，应视为刚体，其厚度应从覆盖土层中扣除。

4）高层建筑场地类别问题是工程界关注的重要问题之一，按理论和实测，一般土层的加速度随着距离地面的深度逐渐减小，日本规范规定地下20m处的场地土加速度为地面加速度的1/2~1/3。我国规范也有对高层建筑修正场地类型或折减地震力建议。场地分类的目的是为了考虑场地条件对设计反应谱的影响，以利于采取合理的设计参数和抗震构造措施。场地类别是综合考虑场地土类型和覆盖层厚度两个因素按地震效应划分的，具体可划分为四类，其中Ⅰ类分为I_0、I_1两个亚类见表3-3。

表3-3 场地类别与其覆盖层厚度的划分 （单位：m）

岩石的剪切波速或土层等效剪切波速/（m/s）	场 地 类 别				
	I_0	I_1	Ⅱ	Ⅲ	Ⅳ
$v_{se}>800$	0				
$800 \geqslant v_{se}>500$		0			
$500 \geqslant v_{se}>250$		<5	≥5		
$250 \geqslant v_{se}>150$		<3	3~50	>50	
$v_{se} \leqslant 150$		<3	3~15	15~80	>80

注：表中v_{se}为土层等效剪切波速，取地面下20m或覆盖层厚度范围内各土层的v_s，按土层厚度加权的平均值。

二、岩土工程勘察设计的三个阶段

岩土工程勘察应根据不同设计阶段对勘察内容的要求分阶段进行，主要分为下列三个勘察阶段。对于复杂场地，复杂地基及特殊土地基，应根据筏形与箱形基础设计、地基处理或施工过程中可能出现的岩土工程问题进行施工勘察或专项勘察。

（1）可行性研究勘察阶段。可行性研究勘察也称为选址勘察，主要通过搜集资料、工程地质测绘和必要的勘探工作，对拟建场地的稳定性和适宜性做出评价。

（2）初步勘察阶段。初步勘察应满足初步设计或扩大初步设计的要求，为确定建筑总平面布置、主要建筑物的地基基础设计方案提供岩土工程勘察资料。

（3）详细勘察阶段。详细勘察应满足施工图设计的要求，为各个建筑物或建筑群提出地基和基础设计、地基处理、不良地质现象的防治等具体方案的论证和建议，提供设计所需的岩土工程资料和岩土技术参数。

三、岩土工程勘察报告的主要内容

高层建筑岩土工程勘察报告应包括的主要内容如下：

1）拟建建筑物的概况和对勘察的要求。

2）勘察方法和勘察工作量，并附勘探点平面布置图。

3）场地地形、地貌概况。

4）地层、土质概述，附工程地质柱状图和剖面图，岩土物理、力学性质统计表。

5）场地水文地质条件、地下水埋藏条件和变化幅度。当基础埋深低于地下水位时，应就施工降水方案和对相邻建筑物的影响提出建议并提供有关的技术参数（如水头高度、渗透系数等）。

6）岩土参数的分析和选用。

7）地基、基础设计方案的具体建议，如果有基坑开挖问题，必要时应提出基坑支护方案。

8）对施工和监测提出具体建议。

■ 第二节　高层建筑地基勘察方法

本节主要介绍高层建筑详细勘察阶段的勘察工作布设原则和方法。

一、天然地基勘察

1. 勘探点的平面布置

（1）对于高层建筑天然地基，勘探点应按照建筑物的体形、上部荷载分布变化的情况及场地地层土质的复杂程度布置，在确定其平面位置和间距的大小时，要达到能比较清楚地了解建筑物纵横两个方向地层土质的均匀性和变化情况。

（2）勘探点的间距一般为 15~35m，可按收集到的建筑场地附近的地质资料取值。当预计场地的地层情况简单时，勘探点可采用较大的间距，反之，则采用较小的间距。

（3）勘探点要沿着建筑物周边布置，并且在转角处应该布点，这是因为高层建筑对地基不均匀造成的整体倾斜要求十分严格。因此，在确定勘探点的位置时，要做到尽可能了解建筑物边缘和角点的地层土质变化情况。

（4）在层数或荷载变化较大的部位要布置勘探点，以便在进行地基变形计算时，能取得准确的地层和岩土计算参数的数据和资料。

（5）对于每幢单独的塔式高层建筑，除在四角要布置勘探点外，在中心点也应布置勘探点，单幢高层勘探点不少于 5 个，其中控制性勘探点数量不少于勘探点总数的 1/3，且不少于 2 个，目的是便于达到比较准确的地基变形计算分析。

2. 勘探点的深度

（1）对于高层建筑天然地基，控制性勘探点的深度应大于地基压缩层的深度。一般性勘探点可浅于控制性勘探点，以能够控制地基主要受力土层为原则。

（2）地基压缩层是指建筑物基础下一定深度范围内由于地基附加压力产生较大压缩的土层。而大于该深度的土层，因其压缩量很小而在实际应用时可以忽略不计。

（3）国内外一些高层建筑实测的地基压缩层深度表明，压缩层深度与基础宽度的比值，对软土为 1.5~2.0；对一般黏性土和粉土为 1.0~1.5；对密实的砂土、碎石土为 0.6~1.0。

（4）控制性勘探点的深度可按下式估算

$$d_c = d + a_o \beta b \tag{3-1}$$

式中　d_c——控制性勘探点的深度；

　　　d——基础埋置深度；

　　　b——基础底面宽度，对于圆形或环形基础，按最大直径计算，对于不规则形状基础，按面积等代成方形面积宽度或圆形面积直径计算；

　　　β——与高层建筑层数或基底压力有关的经验系数，对地基基础设计等级为甲级的高层建筑可取 1.1，对地基基础设计等级为甲级以外的高层建筑可取 1.0；

　　a_c——与土层有关的经验系数。

（5）一般性勘探点的深度可按下式估算

$$d_g = d + a_g \beta b \qquad (3-2)$$

式中　d_g——一般性勘探点的深度；

　　　　a_g——与土层有关的经验系数。

经验系数 a_c、a_g 可按表 3-4 取用。

表 3-4　经验系数 a_c、a_g

经验系数	岩 土 类 别				
	碎石土	砂土	粉土	黏性土	软土
a_c	0.5~0.7	0.7~0.8	0.8~1.0	1.0~1.5	1.5~2.0
a_g	0.3~0.4	0.4~0.5	0.5~0.7	0.7~1.0	1.0~1.5

注：1. 取值应考虑土的密度、地下水位等条件，表中范围值对同类土，地质年代老、密实或地下水位深者取小值，反之取大值。

　　2. 取值时应考虑基础宽度，当 $b > 60\text{m}$ 时取小值；$b \leqslant 20\text{m}$ 时取大值；b 为 20~50m 时取中间值。

二、桩基工程勘察

1. 勘探点间距

（1）对于端承桩，勘探点间距一般为 12~24m，当相邻两勘探点的桩端持力层顶面标高相差大于 1m 时，应适当加密勘探点。

（2）对于摩擦桩，勘探点间距一般为 20~30m，当遇到土层的性质或状态在水平方向分布变化较大，或存在可能影响成桩质量的土层时，应适当加密勘探点。

（3）对于大直径桩（$d \geqslant 800\text{mm}$），当地质条件复杂时，宜在每个桩位上布置一个勘探点。

2. 勘探点的深度

（1）对于端承桩，控制性勘探点深度应达到桩端持力层顶面以下不少于 3m，一般性勘探点深度应达到桩端持力层顶面以下不少于 0.5m。

（2）对于摩擦桩，控制性勘探点深度应超过预计桩长 3~5m，一般性勘探点深度应超过预计桩长 1~2m；当需要计算群桩的变形时，将群桩视为实体基础时，控制性勘探点的深度应达到地基压缩层计算深度或取桩尖以下 1.5~2.0 倍基础底面宽度。若在此深度内遇到坚硬土层时，可终止勘探。

三、基坑开挖与支护工程的勘察

（1）勘察范围。根据基坑开挖深度和场地的岩土工程条件确定，一般在开挖边界外及开挖深度的 1~2 倍范围内布置勘探点。对于软土，勘察范围还应适当扩大，这是因为这部分土体的应力状态要受基坑开挖和降水的影响而产生不同程度的变形。

（2）勘探点的间距和深度。勘探点的间距依地层在水平方向的变化情况而定，一般为 15~30m。勘探点的深度应满足下列各种极限状态的分析评价范围和提供计算参数的要求：

1）边坡土体的整体失稳。

2）由于支护结构的嵌固深度不足而造成的被动抗力不够导致的失稳破坏。

3）地下水冲刷或管涌造成的失稳破坏。

4）锚杆的抗拉失效。

5）由于支护结构的位移和变形导致邻近建筑物和设施的正常使用受到影响。

（3）岩土工程勘察应查明场地的地层结构和岩土特性，并根据设计需要提供有关土层的不固结不排水或固结不排水抗剪强度指标，还应评价由于施工降水和开挖造成的应力、应变和地下水条件的改变对土体的影响。

（4）应查明基坑开挖范围及邻近场地的地下水特征，包括地下水的类型、水位、流速、流向，含水层的分布规律，地层的渗透系数等，并分析在施工过程中发生管涌的可能性，提出施工降水或隔水的措施。

（5）勘察时还要对场地周围已有的建筑物和地下设施进行调查，调查内容包括建筑物的结构形式、基础形式和埋置深浅、结构现状以及对基坑施工产生的振动、地下水变化和土体变形的承受能力的评估，各类地下设施，如煤气、热力管道、地下电缆、上下水管线等的埋深、分布、性状，为采取保护措施提供依据。

四、强震区的地基勘察

（1）强震区是指抗震设防烈度等于或大于 7 度的地区，强震区在发生强烈地震时会因强烈地面运动造成场地、地基的失稳或失效，包括液化、震陷、滑坡、崩塌、地裂、不均匀沉降、地基承载力下降等，并将导致建筑物的破坏。因此，对于强震区建筑，应通过岩土工程勘察预测场地和地基可能发生的各种震害，并针对不同情况提出合理的工程措施。

（2）岩土工程勘察首先要确定场地土的类型和建筑场地类别。

1）场地土类型应根据土层的剪切波速按表 3-2 划分。场地覆盖层厚度应按地面至剪切波速大于 500m/s 的土层或坚硬顶面的距离确定。确定覆盖层厚度时，仅在该层面以下各土层的剪切波速皆大于 500m/s 时才视为坚硬顶面，薄的硬夹层和孤石应包括在覆盖层之内。为确定场地土的类型，每一幢高层建筑一般应有 1~2 个波速测试孔，在钻孔内波速测点的间距宜取 1~2m。

2）建筑场地类别应根据场地土类型和场地覆盖层厚度按表 3-3 划分。场地分类的目的是为了考虑场地条件对设计反应谱的影响，以便采取合理的设计参数和抗震构造措施。分类标准应主要考虑土层的动力放大作用和滤波特性，根据国内外震害和层状土理论分析的结果，认为场地类别的划分可主要依据表层刚度和覆盖层厚度。由于建筑场地一般大体相当于厂区、居民点或自然村的区域范围，故对于单幢建筑物采用桩基或深基础能否改变建筑场地类别的问题，目前一般不予考虑。

（3）对地基进行液化判别。当建筑物地基土为饱和且密实度较差的粉细砂和粉土时，勘察时应判别地基土在地震时是否可能发生液化。当初步判别认为地基土有可能液化时，需进一步采用标准贯入试验按式(3-3)和式(3-4)进行判别，判别的深度范围在地面下 15m 以内，当有成熟经验时，也可采用其他的判别方法。

$$N_{63.5} < N_{cr} \tag{3-3}$$

$$N_{cr} = N_0\beta\big[\ln(0.6d_s + 1.5) - 0.1d_w\big]\sqrt{\frac{3}{\rho_c}} \qquad (3\text{-}4)$$

式中　$N_{63.5}$——饱和土标准贯入试验锤击数实测值(未经杆长修正);

　　　N_{cr}——液化判别标准贯入试验锤击数临界值;

　　　N_0——液化判别标准贯入锤击数基准值,按表3-5采用;

　　　d_w——地下水位深度(m);

　　　d_s——饱和土标准贯入点深度(m);

　　　ρ_c——黏粒含量百分率,当小于3或为砂土时,应采用$\rho_c=3$;

　　　β——调整系数,设计地震第一组取0.80,第二组取0.95,第三组取1.05。

表3-5　液化判别标准贯入锤击数基准值 N_0

设计基本地震加速度/g	0.10	0.15	0.20	0.30	0.40
N_0	7	10	12	16	19

当符合式(3-3)时,可判定该土层为可液化土层。

关于判别地基液化时勘探点的布设,每一幢高层建筑一般不应少于2个进行标准贯入试验的勘探点,并对饱和砂土或粉土层每隔1m做一次试验,勘探点深度应大于液化判别深度且不浅于地表以下15m。

凡判定为可液化土层,应按GB 50011—2010《建筑抗震设计规范(2016年版)》的规定确定液化指数和液化等级,并提出抗液化处理措施。

■ 第三节　室内试验指标与原位测试指标

根据岩土参数获得的方法不同,将试验指标分为室内试验指标和原位测试指标。

一、室内试验指标

1. 土的抗剪强度参数

土的抗剪强度参数对地基承载力计算、地基稳定性分析、放坡稳定分析及挡土结构土压力的计算等都是必须提供的指标。目前有多种测定土的抗剪强度指标的室内试验仪器,常用的是直接剪切仪和三轴压缩仪。

1) 直接剪切仪(直剪仪)。直剪仪具有操作简单,可以在较短时间内进行数量较多试验的优点。但其存在的缺点也很突出,如剪切面固定、剪切面上剪力分布不均匀及不能控制土样的排水条件等,因此,只有在有经验的地区和对不重要的建筑才可使用。

2) 三轴压缩(剪力)仪。三轴压缩试验具有受力状态明确,大小主应力可以控制,剪切面不固定,排水条件可以控制,除抗剪强度指标外,还可测定孔隙水压力及体积变化、侧压力系数等优点。其缺点是仪器构造和试验操作比较复杂,对试样的均匀性和数量尺寸都要求较高,试验成果资料整理的工作量较大等。

剪切试验的方法按试验时试样排水条件的不同,三轴试验可分为不固结不排水剪(UU)试验、固结不排水剪(CU)试验、固结排水剪(CD)试验。为了在直剪试验中能考虑这类实际需要,可通过快剪、固结快剪和慢剪三种试验方法,来近似模拟土体在现场受剪的排水条件。各种剪切试验方法的适用范围见表3-6。

表 3-6　各种剪切试验方法的适用范围

试 验 方 法	适 用 范 围
不固结不排水剪 UU	透水性较差的饱和黏性土地基，施工速度快
固结不排水剪 CU	施工速度较慢，在施工期间对地基土有一定固结作用；施工速度虽然较快，但地基土的超固结程度较高时
固结排水剪 CD	施工速度非常缓慢，排水条件好的地基

（1）直剪试验方法。

1）快剪。对试样施加竖向压力后，立即以 0.8mm/min 的剪切速率，快速施加水平剪力使试样剪切破坏。从加荷到剪坏一般在 3~5min 内完成，适用于渗透系数小于 10^{-6} cm/s 的细粒土。得到的抗剪强度指标用 c_q、φ_q 表示。

2）固结快剪。先对试样施加竖向压力，让试样充分排水，待固结稳定后，再以 0.8mm/min 的剪切速率施加剪力，直至剪坏，一般在 3~5min 内完成，适用于渗透系数小于 10^{-6} cm/s 的细粒土。得到的抗剪强度指标用 c_{cq}、φ_{cq} 表示。

3）慢剪。先对试样施加竖向压力，让试样充分排水，待固结稳定后，再以小于 0.02mm/min 的剪切速率缓慢施加水平剪力，直至试样剪切破坏，在施加剪力的过程中，试样内始终不产生孔隙水压力。得到的抗剪强度指标用 c_s、φ_s 表示。

（2）三轴试验方法。

1）不固结不排水剪试验。试样在施加周围压力和随后施加偏应力直至剪坏的整个试验过程中都不允许排水，这样从开始加压直至试样剪坏，土中的含水率始终保持不变，孔隙水压力也不可能消散。可以测得土的总应力抗剪强度指标 c_u、φ_u。

2）固结不排水剪试验。在施加周围压力 σ_3 时，将排水阀门打开，允许试样充分排水，待固结稳定后关闭排水阀门，然后施加轴向压力，使试样在不排水的条件下剪切破坏，在受剪过程中同时测定试样中的孔隙水压力。由于不排水，试样在剪切过程中没有任何体积变形。可以测得土的总应力抗剪强度指标 c_{cu}、φ_{cu} 和有效应力抗剪强度指标 c'、φ'。

3）固结排水剪试验。在施加周围压力和随后施加轴向压力直至剪坏的整个试验过程中都将排水阀门打开，并给予充分的时间让试样中的孔隙水压力能够完全消散。可以测得土的有效应力抗剪强度指标 c_d、φ_d。

2. 土的压缩性指标

建筑物的荷载通过基础传给地基，地基土在附加压力的作用下必然会产生变形，从而引起基础的沉降。为了保证建筑物的安全和正常使用，设计时就必须将地基变形控制在允许范围之内。为进行地基的变形计算，必须通过试验取得土的压缩性指标，这里仅介绍通过室内试验得到的土的压缩性指标，而在现场得到的土的压缩性指标将在原位测试指标中介绍。

（1）土的压缩模量 E_s。土的压缩模量 E_s 可由室内固结试验（也称为压缩试验）求得，固结试验在固结仪（又称为压缩仪）内进行，是在完全侧限条件下测定的。与弹性材料的弹性模量相似，土的压缩模量也是应力和应变的比值，土的压缩模量不仅反映土的弹性变形，也同时反映土的残余变形，而且在压缩过程中是一个随压力变化的数值。

土的压缩模量是指土在完全侧限条件下，在受压方向上的应力 σ_z 与相应的应变 ε_z 的比

值，即

$$E_s = \frac{\sigma_z}{\varepsilon_z}$$ (3-5)

当用压缩模量 E_s 进行沉降计算时，固结试验的最大应力值应大于预计的有效土自重应力与附加应力之和。压缩系数和压缩模量的计算应取土的有效自重应力至有效自重应力与附加应力之和的应力段。

（2）土的弹性模量 E。土的弹性模量是土的法向应力与相应的弹性应变之比，由于土的弹性应变远小于土的总应变，所以土的弹性模量远大于压缩模量。

测定土的弹性模量室内试验方法有静力方法和动力方法两类。

1）静力方法：在室内可用无侧限压缩试验和不排水三轴剪切试验经过反复加荷-卸荷求得。在现场可用载荷试验取荷载板卸荷时的回弹量作为弹性变形，或取反复加卸荷时的变形求得弹性模量。

2）动力方法：可用波速法、共振柱法、振动三轴剪力仪法求得。

（3）回弹再压缩模量 E_s'。在计算基础最终沉降量需考虑深基坑开挖时卸荷和再加荷对地基变形的影响时，应在固结仪内进行回弹再压缩试验求得回弹再压缩模量。具体做法是将土样先加荷至相当于基底土的自重应力 p_0，得到压缩曲线 1（图 3-2），然后卸荷至零，得到回弹曲线 2，再继续加荷得再压缩曲线 3，根据曲线 3 的斜率可计算得出土的回弹再压缩模量。

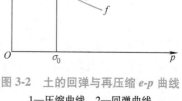

图 3-2　土的回弹与再压缩 e-p 曲线
1—压缩曲线　2—回弹曲线
3—再压缩曲线

当缺少回弹再压缩试验资料时，也可利用经验公式（3-6）来确定回弹再压缩模量 E_s'

$$E_s' = kE_s$$ (3-6)

式中　E_s——土的压缩模量；

k——折算系数，见表 3-7、表 3-8。

表 3-7　折算系数 k 的经验值（砂土）

土的名称	孔隙比 e			
	0.45	0.55	0.65	0.75
粉　砂	2.0	3.0	4.0	5.0
细　砂	2.0	2.5	3.0	4.0
中　砂	1.5	2.0	2.5	
粗、砾砂	1.5	2.0	2.5	

（4）土的泊松比 ν。土的泊松比（又称为侧膨胀系数）是土侧向应变和竖向应变的比值，它与土的静止侧压力系数 K_0 有一定关系，可按材料力学的原理推导，见式（3-7）、式（3-8）。

$$K_0 = \frac{\nu}{1-\nu}$$ (3-7)

表 3-8　折算系数 k 的经验值（黏土）

土的名称	液性指数 I_L	孔隙比 e			
		≤0.5	0.5~0.8	0.8~1.1	>1.1
粉质黏土	≤0.25	1.5	2.0	2.5	3.0
	0.25<I_L≤0.75	2.5	2.0	2.5	3.0
	0.75<I_L≤1.0	2.0	2.5	3.0	3.5
黏土	≤0.25	2.0	2.5	2.5	3.0
	0.25<I_L≤0.75	2.0	2.5	3.0	3.5
	0.75<I_L≤1.0	2.5	3.0	3.5	4.0
粉土	0~1.0	1.5	2.0	2.5	3.0

注：表3-7、表3-8摘引自苏联规范《建筑物与构筑物地基》。

$$\nu = \frac{K_0}{1+K_0} \tag{3-8}$$

土的泊松比不便从试验直接测定，故常先测定土的静止侧压力系数 K_0，然后按式（3-8）推算得出。土的静止侧压力系数 K_0 是土体在无侧向变形条件下，侧向有效应力与竖向有效应力之比，可用三轴仪或侧压力仪测得。

当无试验资料时，K_0 和 ν 可参照表3-9选用。

表 3-9　K_0 和 ν 的经验值

土的种类和状态		K_0	ν
碎石土		0.18~0.25	0.15~0.20
砂土		0.25~0.33	0.20~0.25
粉土		0.33	0.25
粉质黏土	坚硬状态	0.33	0.25
	可塑状态	0.43	0.30
	软塑及流塑	0.53	0.35
黏土	坚硬状态	0.33	0.25
	可塑状态	0.53	0.35
	软塑及流塑	0.72	0.42

二、原位测试指标

室内试验首先必须现场取样，这样就会产生扰动；有的土（如砂土）取得原状土样十分困难。所以现场测试土的有关参数是工程中常用的方法。现场原位试验主要有平板载荷试验、十字板剪切试验（图3-3）、静力触探和旁压试验、标准贯入试验、动力触探、波速试验及地下水指标检测。

（1）平板载荷试验是用一定尺寸的载荷板在指定土层上逐级加载，同时测量相应沉降量。确定一级建筑物或有特殊要求建筑物的地基承载力和变形计算参数，应进行平板载荷试验。建筑物安全等级按 GB 50007—2011《建筑地基基础设计规范》划分。

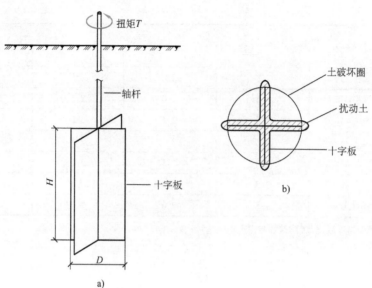

图 3-3　十字板剪切试验

a）仪器简图　b）截面图

（2）十字板剪切试验是将十字形钢板插入土中，施加扭矩达到最大值 T_{max} 时，十字板在土中被扭动，通过这个扭矩计算土的抗剪强度。确定软土地基的抗剪强度，宜进行十字板剪切试验。这种试验可用于软到硬黏土，对于饱和的软黏土，它测得的抗剪强度 τ_f 相当于不排水强度 c_u。

（3）静力触探是将金属探头用静力压入土中，测定探头所受到的阻力，通过以往试验资料和理论分析，得到比贯入阻力与土的某些物理力学性质间的关系，定量地确定土的某些指标，如砂土的密实度、黏土的不排水强度、土的压缩模量、地基承载力及单桩的侧阻力和端阻力等。静力触探形式很多，大型的必须在现场用机械操作。

（4）动力触探是用一定重量的击锤，从一定高度自由落下，击打插入土中的探头，测定使探头贯入土中一定深度所需的锤击数，以此锤击数确定被测土的物理力学性质。按使用土层不同，动力触探可分为标准贯入试验（SPT）、轻型触探试验和重型触探试验。当需要查明黏性土、粉土、砂土的均匀性、承载力及变形特征时，或需判明粉土和砂土的密实度和地震液化的可能性时，宜进行标准贯入试验。当需查明碎石土的均匀性和承载力时，宜进行重型或超重型动力触探。

（5）波速试验是依据弹性波在岩土体内的传播理论，测定剪切波（S波）和压缩波（P波）在地层中的传播时间，根据已知的相应传播距离，计算出地层中波的传播速度，并可间接推导出岩土体在小应变条件下的动力参数。

波速测试资料在工程上的应用还是比较广的，主要有：

1）计算地基土的动弹性模量、动切变模量、动体积模量等弹性参数。

2）划分土的类型和建筑场地类别。

3）计算建筑场地地基卓越周期。

4）判别砂土地基液化。

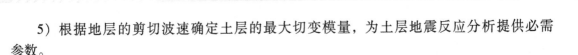

5）根据地层的剪切波速确定土层的最大切变模量，为土层地震反应分析提供必需参数。

因为地层波速与岩土的密实度、结构等物理力学指标密切相关，而波速测试的测试效率高，掌握的数据面广，成本相对较低，将波速法与载荷试验、静力触探、标准贯入试验等结合使用，是提高工程勘察效率的有效手段。

（6）地下水指标检测。通常还应查明建筑场地的地下水位，包括实测的上层滞水、潜水和承压水水位、季节性变化幅度及地下水对建筑材料的腐蚀性，对基坑工程提供降水设计的参数及对降水方法提出建议等。

■ 第四节　地基检验与现场监测

一、地基检验

（一）地基检验的重要性

为了保证工程的质量和安全，在地基基础施工阶段必须对地基勘察的成果和方案建议进行验证核查。通过对基坑的直接检查和测试或通过试桩情况可以验证地基勘察报告与基础设计是否正确，如果发现问题应及时进行修正，情况复杂时要进行施工阶段的补充勘察，当发现与原勘察成果差别显著时，应修改设计或采取必要的处理措施。地基基础属于隐蔽工程，为了不留隐患，检验工作非常重要。

（二）天然地基的基槽检验

1. 检验的内容与方法

1）核对基坑的位置、平面形状和尺寸、槽底标高是否符合设计图样和文件。

2）检验槽底土质，可采用直接观察并结合轻便触探试验的方法。当持力层为碎石土时，可不进行轻便触探试验。

3）必须注意防止槽底土质扰动，如施工超挖、践踏扰动、冰冻、遭水浸泡等。

4）必要时应补充勘探测试工作。

2. 基槽处理

当发现局部异常土质、坑穴、古井时，应按其部位、范围、深度结合基础结构、持力层土质、地下水等情况进行挖除换填、短桩加固、调整基底面积或加强基础刚度等方法处理。

（三）桩基的检验

1. 钢筋混凝土预制桩的检验

1）核对预制桩施工的位置，桩的规格、数量、质量，施工机械是否符合设计文件。

2）进行试打，验证施工机械的能量、桩端持力层的标高、进入持力层的深度、最终贯入度。

3）根据预制桩施工记录，检查所有工程桩是否符合设计要求。

2. 钢筋混凝土灌注桩的检验

1）核对灌注桩施工的平面位置、桩孔数量、孔径及垂直度。

2）核查成孔质量，在成孔过程中有无塌孔和缩径，以及孔底虚土厚度。

3）核查钢筋笼的制作，混凝土的强度等级、浇筑量。

4）当地质条件复杂时，应采用可靠的动测法对成桩质量进行检测，检测数量根据具体情况由设计人员确定。

3. 大直径桩($d>0.8\mathrm{m}$)灌注桩的检验

1）核对桩的平面位置、数量、尺寸。

2）成孔后，有专人逐孔检查桩位偏差、桩孔尺寸、垂直度、桩端持力层土质、进入持力层深度和孔底虚土清除的情况。

3）孔底虚土的检查应分两次进行，第一次在桩孔完成后，第二次在放入钢筋笼和浇筑混凝土以前，孔底虚土均应清干净。

4）对成桩质量可采用动测法或钻取混凝土芯进行检验。

（四）地基处理的检验

1）核查所选用地基处理方案的适用性，必要时应预先进行一定规模的试验性施工。

2）对换填垫层的处理方案，应分层检验垫层的质量，每夯压完一层，应检验该层的平均压实系数，符合设计要求后，才能继续施工。

3）检验垫层的质量，可用环刀法、灌砂法或触探试验法进行。

4）对水泥粉煤灰碎石桩(CFG桩)等加固处理方案，应在有代表性的场地进行现场试验和测试，以检验设计参数和处理效果。

5）对复合地基应检测桩体的强度和桩身结构的完整性，并进行单桩或多桩复合地基的载荷试验，以检测复合地基的承载力。

二、现场监测

为了保证一些重大高层建筑施工的安全和正常使用，需要在施工阶段甚至延续到使用时期进行必要的现场监测。此外，对于地基基础工程采用新技术、新方法和有特殊要求的建筑物，在缺乏必要的经验时也应进行现场监测，以便总结工程经验，推动地基基础工程的技术发展和提高。现场监测主要包括基底回弹和建筑物沉降观测、深基开挖和支护的监测、地下水的监测。

（一）基底回弹和建筑物沉降观测

沉降观测和基底回弹观测的主要目的：

1）监测建筑物在施工期间和使用期间的性状。

2）验证沉降计算方法及地基基础设计方法的正确性，为改进设计和确定建筑物允许沉降量积累资料。

3）根据已发生的沉降量预估将来某时刻的沉降量或反求地基的模量。

沉降观测必须保证水准基点稳定可靠，水准基点宜设置在基岩或低压缩性土层上，并应位于建筑物所产生的压力影响范围以外。在一个观测区内，水准基点不应少于3个。观测点的布置应结合地基情况并以能全面反映建筑物的沉降变形为准，测点的结构应便于观测，并采取妥善的防护措施，避免施工和使用期间受损。一般宜设专人采用精密水平仪和铟钢尺观测，以保证观测的精度。

当基坑开挖较深，卸荷回弹再压缩量可能占基础总沉降量的比重较大时，宜进行基坑回弹量的观测。

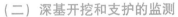

（二）深基开挖和支护的监测

在基坑开挖及地下工程施工过程中，应对基坑岩土性状、支护结构变位和周围环境条件的变化进行监测，以便及时发现事故预兆并采取适当措施，避免基坑工程事故的发生。

现场监测的内容主要包括：

1）基坑底部及周围土体的位移、变形及裂缝。

2）支护结构的水平和垂直位移和开裂变形。

3）支护结构的桩、墙内力，锚杆拉力，支撑轴力。

4）地下水位的变化。

5）基坑周边距离不超过 2~3 倍开挖深度范围内的建筑物和地下管线的变形和开裂情况。

观测数据应及时整理，分析沉降、位移等观测项目，应绘制随时间变化的关系曲线，对变形和内力的发展趋势做出评价。当观测数据达到报警值时，必须立即通报有关单位和人员。

（三）地下水的监测

由于高层建筑地下室的埋深日益增大，且有时与大面积的地下建筑连成一体，对于低层裙房和纯地下建筑的部分，当地下水位较高时，抗浮的问题比较突出。地下室抗浮设防水位是高层建筑勘察的主要内容之一，抗浮水位定得过高，可能工程费用浪费很大；定得过低，如果发生地下室上浮破坏，后果也很严重。因此，为保证建筑物的安全和正常使用，应对地下水位、地下水压力进行监测。此外，研究深基坑施工降水对工程的影响时，也需要对地下水位、孔隙水压力等进行监测。

1. 地下水监测的主要内容

1）地下水位升降变化幅度及其与地表水、大气降水的关系。

2）对深地下室、地下建筑物进行地下水压力和孔隙水压力的监测。

3）施工降水对周围环境的影响。

4）潜蚀作用、管涌现象和基坑突涌对工程的影响。

5）当工程可能受地下水腐蚀时，应进行水质监测。

2. 地下水的监测方法

1）地下水位变化的动态监测可采用水井、地下水天然露头或地下水长期观测孔进行。

2）地下水压力、孔隙水压力可采用测压计或钻孔测压仪。

3）用化学分析法监测水质，其采样次数全年不宜少于 4 次，并应进行化学全分析。

思　考　题

1. 高层建筑基础地基勘察的重要性主要体现在哪几个方面？

2. 简述建筑场地类别的划分方法。

3. 高层建筑地基勘察时有哪些问题应特别注意？

4. 简要比较各种剪切试验方法的适用范围。

5. 常用的原位试验方法有哪些？分别用于测试何种指标？

6. 简述天然地基基槽检验的主要内容。

7. 简要分析高层建筑基础设计中地下水的影响。

第四章

高层建筑地基模型

【内容提要】 高层建筑基础分析时需要合理地选择地基模型，本章主要介绍目前在高层建筑基础分析与设计中常用线弹性地基模型、非线弹性地基模型和弹塑性地基模型，并对这些模型的优缺点进行比较分析。最后简要介绍了地基的柔度矩阵和刚度矩阵，以及地基模型选择时需要考虑的因素。

■ 第一节 概 述

当土体受到外力作用时，土体内部就会产生应力和应变，地基模型（也称土的本构模型）是描述地基土在受力状态下应力和应变之间关系的数学表达式。从广义上说，地基模型是描述土体在受力状态下的应力、应变、应变率、应力水平、应力历史、加载率、加载途径及时间、温度等之间的函数关系。

合理地选择地基模型是高层建筑基础分析与设计中的一个重要问题，它不仅直接影响基底反力（接触应力）的分布，而且影响着基础和上部结构内力的分布。因此，在选择地基模型时，首先必须了解每种地基模型的适用条件，要根据建筑物荷载的大小、地基性质及地基承载力的大小合理选择地基模型，并考察所选择模型是否符合或接近所建场地的地基特性。选用的地基模型应尽可能准确地反映土体在受到外力作用时的主要力学性状，同时要便于运用已有的数学方法和计算手段进行分析。随着人们认识的发展，曾先后提出过不少地基模型，然而，由于土体性状的复杂性，想用一个普遍适用的数学模型来描述地基土工作状态的全貌是很困难的，各种地基模型实际上都有一定的局限性。

在高层建筑基础分析与设计中，通常采用线弹性地基模型、非线弹性地基模型和弹塑性地基模型等，本章主要介绍这三类地基模型。

■ 第二节 线弹性地基模型

线弹性地基模型假定，地基土在荷载作用下，其应力与应变的关系为直线关系（图4-1），可用广义胡克定律表示，即

$$\boldsymbol{\sigma} = \boldsymbol{D}_e \boldsymbol{\varepsilon} \tag{4-1}$$

式中　$\boldsymbol{\sigma}=(\sigma_x\ \sigma_y\ \sigma_z\ \tau_{xy}\ \tau_{yz}\ \tau_{zx})^{\mathrm{T}}$；

　　　$\boldsymbol{\varepsilon}=(\varepsilon_x\ \varepsilon_y\ \varepsilon_z\ \gamma_{xy}\ \gamma_{yz}\ \gamma_{zx})^{\mathrm{T}}$；

　　　$\boldsymbol{D}_e$——弹性矩阵。

$$\boldsymbol{D}_e=\frac{E}{(1+\nu)(1-2\nu)}\begin{bmatrix}1-\nu & \nu & \nu & 0 & 0 & 0\\ \nu & (1-\nu) & \nu & 0 & 0 & 0\\ \nu & \nu & (1-\nu) & 0 & 0 & 0\\ 0 & 0 & 0 & \frac{1-2\nu}{2} & 0 & 0\\ 0 & 0 & 0 & 0 & \frac{1-2\nu}{2} & 0\\ 0 & 0 & 0 & 0 & 0 & \frac{1-2\nu}{2}\end{bmatrix} \tag{4-2}$$

式中　E——材料的弹性模量；

　　　ν——材料的泊松比。

最简单和常用的三种线弹性地基模型为文克勒（Winkler）地基模型、弹性半空间地基模型、分层地基模型。文克勒地基模型和弹性半空间地基模型正好代表线弹性地基模型的两个极端情况，常用的分层地基模型也属于线弹性地基模型。

一、文克勒地基模型

文克勒地基模型假定地基是由许多独立的且互不影响的弹簧所组成的，即假定地基任一点所受的压力 p 只与该点的地基变形 s 成正比，而 p 不影响该点以外的变形（图4-2）。其表达式为

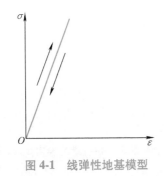

图4-1　线弹性地基模型

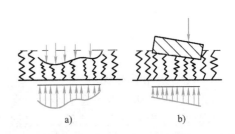

图4-2　文克勒地基模型
a）绝对柔性基础　b）绝对刚性基础

$$p=ks \tag{4-3}$$

式中　k——地基基床系数，表示产生单位变形所需的压力（$\mathrm{kN/m^3}$）；

　　　p——地基上任一点所受的压力（kPa）；

　　　s——荷载 p 作用点位置上的地基变形（m）。

这个假定是文克勒于1867年提出的，故称文克勒地基模型。该模型计算简便，只要 k 值选择得当，可获得较为满意的结果，故在地基梁、板及桩的分析中广泛采用这种地基模型，如台北101大楼采用的就是广义文克勒地基模型。但是，文克勒地基模型在理论上不够

严格，忽略了地基中的剪应力，按这一模型，地基变形只发生在基底范围内，而在基底范围外没有地基变形，这与实际情况是不符的，使用不当会造成不良后果。

表4-1是不同地基土的基床系数k参考值。基床系数k可根据不同地基分别采用现场载荷板试验、室内三轴试验或室内固结试验获得。

表4-1 基床系数 k 参考值

地基土种类与特征		$k/(10^4\mathrm{kN/m^3})$	地基土种类与特征	$k/(10^4\mathrm{kN/m^3})$
淤泥质土、有机质土或新填土		0.1~0.5	黄土及黄土类粉质黏土	4.0~5.0
软弱黏性土		0.5~1.0	紧密砾石	4.0~10
黏土及粉质黏土	软塑	1.0~2.0	硬黏土或人工夯实粉质黏土	10~20
	可塑	2.0~4.0	软质岩石和中、强风化的坚硬岩石	20~100
	硬塑	4.0~10	完好的坚硬岩石	100~150
松砂		1.0~1.5	砖	400~500
中密砂或松散砾石		1.5~2.5	块石砌体	500~600
密砂或中密砾石		2.5~4.0	混凝土与钢筋混凝土	800~1500

二、弹性半空间地基模型

弹性半空间地基模型将地基视为均匀的、各向同性的弹性半空间体。当集中荷载P作用在弹性半空间体表面上时(图4-3)，根据布西奈斯克(Boussinesq)公式可求得位于距离荷载作用点为r的点i的竖向变形为

$$s = \frac{P(1-\nu^2)}{\pi E_0 r} \tag{4-4}$$

式中　E_0、ν——地基土的变形模量(kPa)和泊松比。

从式(4-4)可知，当r趋于零时，会得到竖向位移s为无穷大的结果，这显然与实际是不符的。在均布荷载作用下，矩形面积中点O的竖向位移(图4-4)，可对式(4-4)进行积分求得

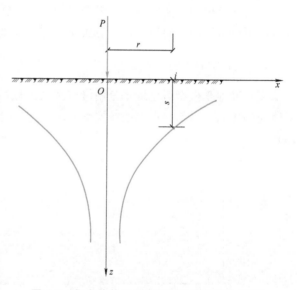

图4-3　集中荷载 P 作用在弹性半空间体表面
O 点时 i 点的竖向位移

$$s = 2\int_0^{\frac{a}{2}} 2\int_0^{\frac{b}{2}} \frac{\frac{P}{ab}(1-\nu^2)}{\pi E_0 \sqrt{\zeta^2+\eta^2}} \mathrm{d}\zeta \mathrm{d}\eta$$

$$= \frac{P(1-\nu^2)}{\pi E_0 a} \cdot F_{\mathrm{ii}} \tag{4-5}$$

式中　P——在矩形面积$a\times b$上均布荷载p的合力(kN)；

E_0、ν——地基土的变形模量(kPa)和泊松比。

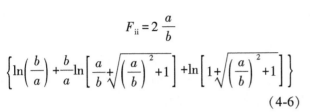

$$F_{ii} = 2\frac{a}{b}$$

$$\left\{ \ln\left(\frac{b}{a}\right) + \frac{b}{a}\ln\left[\frac{a}{b} + \sqrt{\left(\frac{a}{b}\right)^2 + 1}\right] + \ln\left[1 + \sqrt{\left(\frac{a}{b}\right)^2 + 1}\right]\right\}$$

$$(4\text{-}6)$$

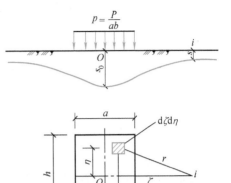

对于荷载面积以外任意点的变形，同样可以利用布西奈斯克公式通过积分求得，不过计算烦琐，此时可按式(4-4)以集中荷载计算。

弹性半空间地基模型虽然具有扩散应力和变形的优点，比文克勒地基模型合理些，但是它的扩散能力往往超过地基的实际情况，造成计算的沉降量和地表沉降范围都较实测结果为大，同时未能反应地基土的分层特性。一般认为造成这些差异的主要原因是地基的压缩层厚度是有限的，而且即使是同一种土层组成的地基，其模量也是随深度而增加的，因而是非均匀的。

图 4-4　在矩形均布荷载 p 作用下矩形面积中点 O 的竖向位移

三、分层地基模型

分层地基模型即是我国地基基础规范中用以计算地基最终沉降量的分层总和法(图4-5)。按照分层总和法，地基最终沉降量 s 等于压缩层范围内各计算分层在完全侧限条件下的压缩量之和，即

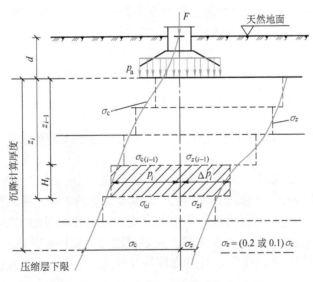

图 4-5　分层总和法计算地基最终沉降量

$$s = \sum_{i=1}^{n} \frac{\bar{\sigma}_{zi}}{E_{si}} H_i \qquad (4\text{-}7)$$

式中　H_i——基底下第 i 分层土的厚度；

　　　E_{si}——基底下第 i 分层土对应于 $p_{1i} \sim p_{2i}$ 段的压缩模量；

$\bar{\sigma}_{zi}$——基底下第 i 分层土的平均附加应力；

n——压缩层范围内的分层数。

分层地基模型能较好地反映地基土扩散应力和变形的能力，能较容易地考虑土层非均质性沿深度的变化和土的分层，通过计算表明，分层地基模型的计算结果比较符合实际情况。但是，这个模型仍是弹性模型，未能考虑土的非线性和过大的地基反力引起地基土的塑性变形。

■ 第三节　非线弹性地基模型

线弹性模型假设土的应力和应变为线性比例关系，这显然与实测结果是不吻合的。室内三轴试验测得的正常固结黏土和中密砂的应力-应变关系曲线通常如图4-6所示。

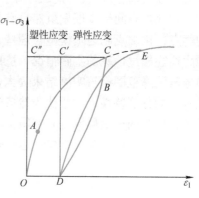

图 4-6　土体非线性变形特性

从图 4-6 中可以看到，若从初始状态 O 点加载，得到加载曲线 OAC。其中 OA 为直线阶段，在此阶段可认为土的变形是线弹性的；而在 A 点以上，土体将产生部分不可恢复的塑性变形。若加载至 C 点，然后完全卸载至 D 点，则得到的卸载曲线为 CBD，再从 D 点加载，得到再加载曲线 DBE。再加载曲线最终将与初始加载曲线 OAC 的延长线重合。因此，从 O 点加载至 C 点，引起的轴向应变可分为可恢复的弹性应变 $C'C$ 和不可恢复的塑性应变 $C''C'$。

图 4-6 表明，土体的应力与应变的关系通常总是表现为非线性、非弹性的。从图 4-6 中还可以看出，土体的变形还与加载的应力路径密切相关，加荷与卸荷的变形特性有很大差异。一般说来，土体的这些复杂变形特性用弹塑性地基模型模拟较好，但是弹塑性模型运用到工程实际较为复杂，因此常采用的是非线弹性地基模型，它能够模拟发生屈服后的非线性变形的形状，但是非线弹性地基模型忽略了应力路径等重要因素的影响。尽管如此，非线弹性地基模型还是被广泛用于高层建筑基础分析与设计中，并得到较为满意的结果。非线弹性模型与线弹性模型的主要区别在于前者的弹性模量与泊松比是随着应力变化的，后者则不变。

非线性地基模型一般是通过拟合三轴压缩试验所得到的应力-应变曲线而得到的。应用较为普遍的是邓肯（Duncan）和张（Chang）等人于 1970 提出的方法，通常称为邓肯-张模型。

1963 年，康德尔（Konder）提出土的应力与应变的关系为曲线形，邓肯和张根据这个关系并利用摩尔-库仑强度理论导出了非线弹性地基模型的切线模量公式。该模型认为在常规三轴试验条件下土的加载和卸载应力-应变曲线均为双曲线，可用下式表达

$$\sigma_1 - \sigma_3 = \frac{\varepsilon_1}{a + b\varepsilon_1} \tag{4-8}$$

$$a = \frac{1}{E_i} \tag{4-9}$$

$$b = \frac{1}{(\sigma_1 - \sigma_3)_{ult}} \tag{4-10}$$

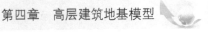

式中 $\sigma_1-\sigma_3$——偏应力（σ_1 和 σ_3 分别为土中某点的最大和最小主应力,最小主应力也称周围应力）；

$\quad\quad\quad\varepsilon_1$——轴向应变；

$\quad\quad a$、b——试验参数。对于确定的周围应力 σ_3，其值为常数；

$\quad\quad\quad E_i$——初始切线模量；

$(\sigma_1-\sigma_3)_{ult}$——偏应力的极限值，即当 $\varepsilon_1\to\infty$ 时的偏应力值。

邓肯和张通过分析推导，得到计算地基中任一点的切线模量 E_t 的公式为

$$E_t=\frac{\partial(\sigma_1-\sigma_3)}{\partial\varepsilon_1}=E_i\left[1-b(\sigma_1-\sigma_3)\right]^2$$

$$=E_i\left[1-\frac{(\sigma_1-\sigma_3)}{(\sigma_1-\sigma_3)_{ult}}\right]^2 \tag{4-11}$$

定义破坏比

$$R_f=\frac{(\sigma_1-\sigma_3)_f}{(\sigma_1-\sigma_3)_{ult}}=b(\sigma_1-\sigma_3)_f \tag{4-12}$$

式中 $(\sigma_1-\sigma_3)_f$——破坏时的偏应力，砂性土为 $(\sigma_1-\sigma_3)-\varepsilon_1$ 曲线的峰值，黏性土取 $\varepsilon_1=$15%～20%对应的$(\sigma_1-\sigma_3)$值，如图4-7所示。

对于破坏时的偏应力$(\sigma_1-\sigma_3)_f$，根据摩尔-库仑破坏准则可表示为黏聚力 c 和内摩擦角 φ 的函数，即

$$(\sigma_1-\sigma_3)_f=\frac{2c\cos\varphi+2\sigma_3\sin\varphi}{1-\sin\varphi} \tag{4-13}$$

同时，根据不同的周围应力 σ_3 可以得到一系列的 a 值和 b 值，分析 σ_3 和 $E_i=\dfrac{1}{a}$ 的关系可得到

$$E_i=Kp_a\left(\frac{\sigma_3}{p_a}\right)^n \tag{4-14}$$

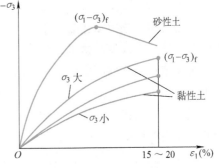

图4-7 破坏时的偏应力值

把式(4-12)～式(4-14)代入式(4-11)，得

$$E_t=Kp_a\left(\frac{\sigma_3}{p_a}\right)^n\left[1-\frac{R_f(1-\sin\varphi)(\sigma_1-\sigma_3)}{2c\cos\varphi+2\sigma_3\sin\varphi}\right]^2 \tag{4-15}$$

式中 K、n、c、φ、R_f——确定切线模量 E_t 的 5 个试验参数；

$\quad\quad\quad p_a$——单位与 σ_3 相同的大气压力。

同理，邓肯和张还建立了在室内常规试验条件下轴向应变 ε_1 与侧向应变 ε_3 的关系（图4-8）

$$\varepsilon_1=\frac{\varepsilon_3}{f+d\varepsilon_3} \tag{4-16}$$

式中 f、d——试验参数。

于是得到切线泊松比为

$$\nu_t=\frac{\partial\varepsilon_3}{\partial\varepsilon_1}=\frac{f}{(1-\varepsilon_1 d)^2}=\frac{\nu_i}{(1-\varepsilon_1 d)^2} \tag{4-17}$$

式中　ν_i——初始切线泊松比，$\nu_i=f$。

初始切线泊松比可用下式表示

$$\nu_i = G - F \lg\left(\frac{\sigma_3}{p_a}\right) \quad\quad (4\text{-}18)$$

通过式(4-15)，可消去式(4-17)中的 ε_1，并将式(4-18)代入式(4-17)，从而得到切线泊松比 ν_t 为

$$\nu_t = \frac{G - F \lg\left(\dfrac{\sigma_3}{p_a}\right)}{(1-A)^2} \quad\quad (4\text{-}19)$$

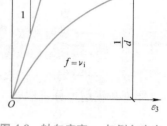

图 4-8　轴向应变 ε_1 与侧向应变 ε_3 的关系(邓肯-张模型)

式(4-19)中的 A 为

$$A = \frac{(\sigma_1-\sigma_3)d}{Kp_a\left(\dfrac{\sigma_3}{p_a}\right)^n\left[1-\dfrac{R_f\ (1-\sin\varphi)\ (\sigma_1-\sigma_3)}{2c\cos\varphi+2\sigma_3\sin\varphi}\right]} \quad\quad (4\text{-}20)$$

因此，确定切线泊松比 ν_t 还需要增加 G、F、d 这三个试验参数。

非线弹性地基模型归纳起来集中反映在式(4-15)和式(4-19)中。在计算时，切线模量 E_t 所需的 5 个试验常数 K、n、c、φ 和 R_f 可用常规三轴试验获得。

实践表明，该模型在荷载不太大的条件下(即不太接近破坏的条件下)可以有效地模拟土的非线性应力应变。这是因为当土中应力水平不高，即周围应力 $\sigma_3 \leqslant 0.8\text{MPa}$ 时，c 和 φ 近似为定值；而当周围应力 $\sigma_3 > 0.8\text{MPa}$ 时，φ 值随着周围应力的增加而降低，此时如果仍然采用低应力水平下测得的 c 和 φ 来确定切线模量 E_t 就不太合适了。

最后必须指出，非线弹性地基模型虽然使用较为方便，但是该模型忽略了土体的应力途径和剪胀性的影响，它把总变形中的塑性变形也当作弹性变形处理，通过调整弹性参数来近似地考虑塑性变形。当加载条件较为复杂时，非线弹性地基模型的计算结果往往与实际情况不符。为此，国外从 20 世纪 60 年代起开始重视具有普遍意义的弹塑性模型研究，并提出了许多种弹塑性模型，其中最重要的有适合黏性土的剑桥(Cambridge)模型和适合砂性土的拉德-邓肯(Lade-Duncan)模型等。

■ 第四节　弹塑性地基模型

一、塑性增量理论

塑性增量理论假定土的应变可分成可恢复的弹性应变 $\boldsymbol{\varepsilon}^e$ 和不可恢复的塑性应变 $\boldsymbol{\varepsilon}^p$ 两部分(图 4-9)。于是总应变 $\boldsymbol{\varepsilon}$ 可表示为

$$\boldsymbol{\varepsilon} = \boldsymbol{\varepsilon}^e + \boldsymbol{\varepsilon}^p \quad\quad (4\text{-}21)$$

式中　$\boldsymbol{\varepsilon}$——总应变矢量；

$\boldsymbol{\varepsilon}^e$——弹性应变矢量；

$\boldsymbol{\varepsilon}^p$——塑性应变矢量。

若以增量形式表示，则有

$$\delta\boldsymbol{\varepsilon} = \delta\boldsymbol{\varepsilon}^e + \delta\boldsymbol{\varepsilon}^p \tag{4-22}$$

弹性应变增量可用广义胡克定律求得，即

$$\begin{bmatrix} \delta\varepsilon_x^e \\ \delta\varepsilon_y^e \\ \delta\varepsilon_z^e \\ \delta\varepsilon_{yz}^e \\ \delta\varepsilon_{zx}^e \\ \delta\varepsilon_{xy}^e \end{bmatrix} = \frac{1}{E}\begin{bmatrix} 1 & -\nu & -\nu & 0 & 0 & 0 \\ -\nu & 1 & -\nu & 0 & 0 & 0 \\ -\nu & -\nu & 1 & 0 & 0 & 0 \\ 0 & 0 & 0 & 2(1+\nu) & 0 & 0 \\ 0 & 0 & 0 & 0 & 2(1+\nu) & 0 \\ 0 & 0 & 0 & 0 & 0 & 2(1+\nu) \end{bmatrix}\begin{bmatrix} \delta\sigma_x \\ \delta\sigma_y \\ \delta\sigma_z \\ \delta\sigma_{yz} \\ \delta\sigma_{zx} \\ \delta\sigma_{xy} \end{bmatrix} \tag{4-23}$$

式中 E、ν——卸载再加荷的模量和泊松比。

上式用矩阵形式表示可简写成

$$\delta\boldsymbol{\varepsilon}^e = \boldsymbol{D}_e^{-1}\delta\boldsymbol{\sigma} \tag{4-24}$$

式中，$\boldsymbol{D}_e$ 的含义见式(4-2)。

塑性应变增量 $\delta\boldsymbol{\varepsilon}^p$ 可以采用塑性应变增量理论计算，这个理论包括三个部分：关于屈服条件或屈服面理论；关于流动规则理论；关于加工硬化（或软化）定律理论。进而得到一个可用于弹塑性应力-应变分析的弹塑性模量矩阵 $\boldsymbol{D}_{ep}$。

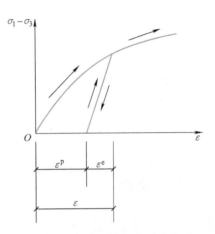

图 4-9 土的弹塑性应力-应变关系

（一）屈服条件与破坏条件

通过不同应力组合的材料强度试验，可求得材料的破坏条件。对于各向同性材料破坏条件，可写成三个应力不变量 I_1、I_2、I_3 或 J_1、J_2、J_3 的函数，例如

$$f^*(I_1, I_2, I_3) = k_f \tag{4-25}$$

式中 k_f——经验常数。

若将这个条件画在主应力 σ_1、σ_2、σ_3 为三个坐标轴的主应力空间，就可以得到一个面，这个面称为破坏面。

对于加工硬化材料，屈服应力是随着荷载的提高与变形量的增大而提高的，故屈服面不是一个固定面，而是不断扩大的，甚至从一种形式变成另一种形式。破坏面可以认为是屈服面的极限状态，不应该把破坏面和屈服面两者等同起来。通常认为，当应力变化跨过屈服面时，变形将包括弹性变形与塑性变形两部分。

屈服面与任一个平面的交线就是屈服轨迹。

图 4-10a 所示为一种最简单的圆锥形屈服面，图 4-10b 所示为它在 π 平面（主应力空间内通过坐标原点且以 $\sigma_1 = \sigma_2 = \sigma_3$ 的等倾线为外法线的平面）上的屈服轨迹。

（二）流动规则

流动规则（也称正交定律）是确定塑性应变增量方向的一条规定。可以认为任何加工硬化（或软化）材料在不同应力状态下含有不同的塑性能量 W_p，把主应力空间含有同量塑性能的点连起来，就会形成一个面，称为塑性势面，可用函数 $g(W_p)$ 表示，即

$$g = g(J_1, J_2, J_3) \tag{4-26}$$

流动规则规定塑性应变增量 $\delta\varepsilon_{ij}^p$ 与应力 σ_{ij} 之间存在如下的关系，即

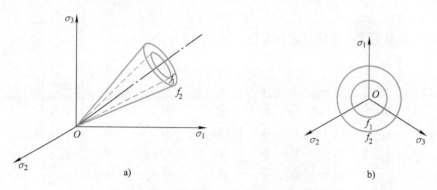

图 4-10 圆锥形屈服面及其在 π 平面上的屈服轨迹

a) 三维主应力空间的屈服面 b) π 平面上的屈服轨迹

$$\delta\varepsilon_{ij}^{p} = (d\lambda)\frac{\partial g}{\partial \sigma_{ij}} \qquad (4\text{-}27)$$

式中 $d\lambda$——一个确定塑性应变大小的试验参数。

写成矩阵形式为

$$\delta\boldsymbol{\varepsilon}^{p} = d\lambda \frac{\partial \boldsymbol{g}}{\partial \boldsymbol{\sigma}} \qquad (4\text{-}28)$$

（三）加工硬化规律

加工硬化规律认为材料的应力状态正处在某一个屈服面上。这个屈服面可用下式表示

$$f(J_1, J_2, J_3) = k \qquad (4\text{-}29)$$

式中 k——硬化参数，可当作塑性能 W_p 的函数，即

$$k = F(W_p) = F\left(\int \sigma_{ij}\,\delta\varepsilon_{ij}^{p}\right) \qquad (4\text{-}30)$$

式（4-27）中的 $d\lambda$ 也是 W_p 的函数，注意到

$$f = k = F(W_p)$$

令

$$d\lambda = hdf = hF'dW_p \qquad (4\text{-}31)$$

其中，h 假定是应力的函数，通过推导可知

$$h = \cfrac{1}{\sigma_{ij}\cfrac{\partial g}{\partial \sigma_{ij}} \cdot F'} \qquad (4\text{-}32)$$

写成矩阵形式为

$$h = \cfrac{1}{\boldsymbol{\sigma}^{T}\cfrac{\partial \boldsymbol{g}}{\partial \boldsymbol{\sigma}} \cdot F'} = \frac{1}{A} \qquad (4\text{-}33)$$

根据 Euler 齐次函数定理，当 g 为 n 阶齐次方程时，有

$$\sigma_{ij}\frac{\partial g}{\partial \sigma_{ij}} = ng \qquad (4\text{-}34)$$

故式（4-32）可写成

$$h = \frac{1}{ngF'} \qquad (4\text{-}35)$$

代入式(4-31)，有

$$d\lambda = \frac{dW_p}{ng} = \frac{df}{ngF'}$$　　　　(4-36)

代入式(4-27)，则有

$$\delta\varepsilon_{ij}^p = \frac{dW_p}{ng} \cdot \frac{\partial g}{\partial\sigma_{ij}}$$　　　　(4-37)

或

$$\delta\varepsilon_{ij}^p = \frac{df}{ngF'} \cdot \frac{\partial g}{\partial\sigma_{ij}}$$　　　　(4-38)

式(4-38)就是塑性增量应变-应力关系式。通常 f 及 g 都是先假定，再通过与试验结果比较来验证假定是否合适。塑性势面若假定与屈服面重合，即 $g=f$，则这种规律称为相适应的流动规则；若 $f \neq g$，则称为不相适应的流动规则。

（四）弹塑性应力应变的普遍关系

将式(4-24)和式(4-28)代入式(4-22)，可得

$$d\varepsilon = D_e^{-1}d\sigma + d\lambda\frac{\partial g}{\partial\sigma}$$　　　　(4-39)

则有

$$D_e d\varepsilon = d\sigma + d\lambda D_e\frac{\partial g}{\partial\sigma}$$　　　　(4-40)

由式(4-36)得

$$df = d\lambda(ngF')$$

写成矩阵形式为

$$\left(\frac{\partial f}{\partial\sigma}\right)^T d\sigma - ngF'd\lambda = 0$$　　　　(4-41)

解式(4-40)和式(4-41)，可求得 $d\lambda$ 和 $d\sigma$

$$d\lambda = \left(\frac{\partial f}{\partial\sigma}\right)^T D_e d\varepsilon\left[ngF' + \left(\frac{\partial f}{\partial\sigma}\right)^T D_e\left(\frac{\partial g}{\partial\sigma}\right)^{-1}\right]$$　　　　(4-42)

$$d\sigma = D_e d\varepsilon - \frac{D_e\frac{\partial g}{\partial\sigma}\left(\frac{\partial f}{\partial\sigma}\right)^T D_e d\varepsilon}{ngF' + \left(\frac{\partial f}{\partial\sigma}\right)^T D_e\frac{\partial g}{\partial\sigma}}$$　　　　(4-43)

或写成

$$d\sigma = D_{ep}d\varepsilon$$　　　　(4-44)

式中　D_{ep}——弹塑性矩阵，为

$$D_{ep} = D_e - \frac{D_e\frac{\partial g}{\partial\sigma}\left(\frac{\partial f}{\partial\sigma}\right)^T D_e}{ngF' + \left(\frac{\partial f}{\partial\sigma}\right)^T D_e\frac{\partial g}{\partial\sigma}}$$　　　　(4-45)

若塑性势函数 g 不是 n 阶齐次函数的形式，则式(4-45)中的 ngF' 项可用 $A = \sigma^T\frac{\partial g}{\partial\sigma}F'$

代替。

式(4-44)和式(4-45)是弹塑性模型最普遍的应力-应变关系式,它适用于具有不相适应的流动规则特性的地基。如令式(4-45)中 $g=f$,则可适用于具有相适应的流动规则特性的地基。

二、剑桥模型和修正的剑桥模型

剑桥模型(Cambridge Model)是英国剑桥大学罗斯科(Roscoe)等人为正常固结黏土和弱超固结黏土创建的弹塑性应力-应变关系的地基模型。下面概述剑桥模型以及修正的剑桥模型。

(一) 物态边界面

试验结果表明,正常固结的饱和重塑黏土的孔隙比 e 和它所受的力 p 与 q 之间存在一定的关系。如图4-11所示,这种关系用 p-q-e 空间坐标示出,就能得到一个面,称为"物态边界面"。图4-11中的 $ACEF$ 就是这个面的一部分。图中 AC 线是在 e-p 平面上的原始三向等固结线,简称VICL线,即是在 $p=\sigma_1=\sigma_2=\sigma_3$ 条件下的 e-p 曲线。图4-11中的 EF 空间曲线称临界物态线,简称CSL线,在此线上各点代表一种临界状态,到达该状态,土将发生很大的剪切变形,而应力 p 与 q、体积或孔隙比 e 却保持不变,也可以说是达到了土的破坏状态了,此状态线是通过实验获得的。正常固结饱和黏土和较松的砂,在剪切时只发生收缩而无剪胀现象,它们存在的状态是处在VICL线和CSL线这两条线所包括的"物态边界面"的部分范围内。

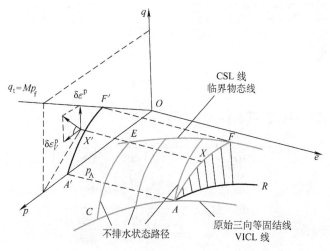

图4-11 物态边界面

原始三向等固结线(VICL线)的方程式为

$$e=e_{a0}-\lambda\ln p \qquad (4-46)$$

式中 e_{a0}、λ——试验常数。

原始三向等固结的卸荷和重复加荷曲线方程式为

$$e=e_k-k\ln p \qquad (4-47)$$

式中 e_k、k——试验常数。

临界物态线（CSL 线）在 p-q 平面上投影公式为

$$q_t = Mp_f \tag{4-48}$$

在 e-p 平面上的投影为

$$e = e_{aM} - \lambda \ln p \tag{4-49}$$

式中 M、e_{aM}——试验常数。

比较式(4-46)和式(4-49)，可见 VICL 线与 CSL 线在 e-$\ln p$ 平面上将成为两根互相平行的直线，它们的坡度为 λ。

（二）弹性能与塑性能

单位体积土在 p 与 q 的应力作用下若发生体积应变 $\delta\varepsilon_V$ 和剪应变 $\delta\varepsilon$，能量变化为

$$\delta W = \delta E = p\delta\varepsilon_V + q\delta\varepsilon \tag{4-50}$$

而

$$\delta W = \delta W_e + \delta W_p \tag{4-51}$$

其中

$$\delta W_e = p\delta\varepsilon_V^e + q\delta\varepsilon^e \tag{4-52}$$

$$\delta W_p = p\delta\varepsilon_V^p + q\delta\varepsilon^p \tag{4-53}$$

式中 δW_e——可恢复的弹性能；

δW_p——不可恢复的弹性能。

上面的附标 e、p 分别表示弹性与塑性。

剑桥模型的补充假定：

（1）假定 1：$\delta\varepsilon_V^e$ 可从三向等压固结试验中得到的回弹曲线求得

$$\delta e^e = \frac{-k}{p}\delta p$$

$$\delta\varepsilon_V^e = \frac{-\delta e^e}{1+e} = \frac{k}{1+e} \cdot \frac{\delta p}{p}$$

因

$$\delta e = \delta e^e + \delta e^p$$

故

$$\delta e^p = \delta e - \delta e^e = \delta e + \frac{k}{p}\delta p \tag{4-54}$$

所以

$$\delta\varepsilon_V^p = \frac{-\delta e^p}{1+e} = \frac{-1}{1+e}\left[\delta e + \frac{k}{p}\delta p\right] \tag{4-55}$$

或

$$\delta\varepsilon_V^p = \delta\varepsilon_V - \delta\varepsilon_V^e = \delta\varepsilon_V - \frac{k}{1+e} \cdot \frac{\delta p}{p} \tag{4-56}$$

（2）假定 2：所有切应变都是不可恢复的，即 $\delta\varepsilon^e = 0$，故

$$\delta\varepsilon^p = \delta\varepsilon$$

这样式(4-52)成为

$$\delta W_e = p\delta\varepsilon_V^e = \frac{k}{1+e}\delta p \tag{4-57}$$

（3）假定 3：全部塑性能 δW_p 等于 $Mp\delta\varepsilon$，即

$$\delta W_p = Mp\delta\varepsilon \tag{4-58}$$

这样，由式(4-50)、式(4-51)、式(4-57)和式(4-58)，可得能量方程为

$$p\delta\varepsilon_V + q\delta\varepsilon = \frac{k\delta p}{1+e} + Mp\delta\varepsilon \tag{4-59}$$

（三）屈服轨迹

剑桥模型假定土是加工硬化材料，并认为符合相适应的流动规则，所以假定它们的塑性势面和屈服面是重合的，在 p-q 平面上塑性势线和屈服轨迹也是重合的。图 4-12 中的 VSC 曲线就表示经过 S 点的屈服轨迹在 p-q 平面上的投影。

剑桥模型理论假定在同一屈服轨迹上 $\varepsilon_V^p =$ 常数，即

$$\delta\varepsilon_V^p = 0$$

由式（4-54）和式（4-55）可知

$$\delta e^p = 0 = \delta e + \frac{k}{p}\delta p$$

将上式积分得

$$e = e_k - k\ln p \tag{4-60}$$

式（4-60）说明屈服轨迹在 e-p 平面上的投影必须落在一根三向等固结回弹曲线上[见式（4-47）]。

利用正交定律，在屈服轨迹上任一点 S 处应满足

$$\delta p\delta\varepsilon_V^p + \delta q\delta\varepsilon^p = 0 \tag{4-61}$$

由补充假定 3 及式（4-56），代入式（4-61）得

$$\delta p \cdot \delta\varepsilon_V - \frac{k}{1+e} \cdot \frac{\delta p}{p} \cdot \delta p + \delta q \cdot \delta\varepsilon = 0 \tag{4-62}$$

从式（4-59）能量方程得

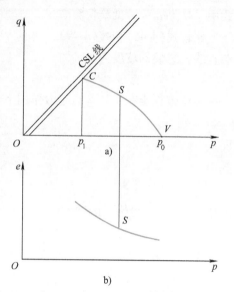

图 4-12　屈服轨迹在 p-q 平面上的投影

$$\delta\varepsilon_V = \frac{-q}{p}\delta\varepsilon + \frac{k\delta p}{(1+e)p} + M\delta\varepsilon \tag{4-63}$$

将式（4-63）代入式（4-62），得

$$\frac{\delta q}{\delta p} - \frac{q}{p} + M = 0 \tag{4-64}$$

解以上方程得

$$\frac{q}{Mp} + \ln p = C \tag{4-65}$$

式中　C——积分常数。

若此轨迹经过原始三向等固结线 VICL 线上的一点 $V(p_0,0,e_0)$ 则

$$C = \ln p_0 \tag{4-66}$$

若经过 CSL 线上的一点 $C(p_x,q_x,e_x)$，则

$$C = \frac{q_x}{Mp_x} + \ln p_x \tag{4-67}$$

如此，屈服轨迹方程式可写成

$$N = \frac{q}{p} = M\ln\frac{p_0}{p} \tag{4-68}$$

或

$$N = \frac{q}{p} = M\left(\ln\frac{p_x}{p} + I\right) \tag{4-69}$$

式(4-68)和式(4-69)为屈服轨迹在 $p\text{-}q$ 平面上投影的公式,这两式与式(4-60)一起就充分确定了屈服轨迹在 $p\text{-}q\text{-}e$ 空间的位置与形式。

(四) 物态边界面的形式

屈服轨迹沿着 VICL 线或 CSL 线移动所产生的曲面是屈服面,即前述的物态边界面。令轨迹沿 VICL 线移动,可以证明物态边界面的公式为

$$N=\frac{q}{p}=\frac{M}{\lambda-k}[e_{a0}-e-\lambda\ln p] \qquad (4\text{-}70)$$

同理,令轨迹沿 CSL 线移动,也可证明物态边界面公式的又一形式

$$N=\frac{q}{p}=\frac{M}{\lambda-k}[e_{aM}+\lambda-k-\lambda\ln p] \qquad (4\text{-}71)$$

因为式(4-70)和式(4-71)必须相等,故 e_{aM} 必须满足下列条件

$$e_{aM}=e_{a0}-\lambda+k \qquad (4\text{-}72)$$

(五) 应力-应变关系公式

将式(4-70)微分,可得 $\delta e=-\left[\frac{\lambda-k}{Mp}(\delta q-N\delta p)+\frac{\lambda}{p}\delta p\right]$,故

$$\delta\varepsilon_V=\frac{\lambda}{1+e}\left[\frac{1-k/\lambda}{Mp}(\delta q-N\delta p)+\frac{\delta p}{p}\right] \qquad (4\text{-}73)$$

再用能量方程式(4-59)可得

$$\delta\varepsilon=\frac{\lambda-k}{(1+e)Mp}\left[\frac{\delta q}{M-N}+\delta p\right] \qquad (4\text{-}74)$$

式(4-73)及式(4-74)是应力-应变增量关系公式。同样可写出应力-应变增量关系公式另外两个表达式

$$\begin{cases}\delta\varepsilon_V=\frac{1}{1+e}\left[\frac{\lambda-k}{M}\delta N+\lambda\frac{\delta p}{p}\right]\\[2mm]\delta\varepsilon=\frac{\lambda-k}{1+e}\left[\frac{p\delta N+M\delta p}{Mp(M-N)}\right]\end{cases} \qquad (4\text{-}75)$$

$$\begin{cases}\delta\varepsilon_V=\frac{\lambda}{1+e}\left[\frac{\delta p}{p}+\left(1-\frac{k}{\lambda}\right)\frac{\delta N}{\psi+N}\right]\\[2mm]\delta\varepsilon=\frac{\lambda-k}{1+e}\left[\frac{\delta p}{p}+\frac{\delta N}{\psi+N}\right]\frac{1}{\psi}\end{cases} \qquad (4\text{-}76)$$

式中　$\psi=\dfrac{\delta\varepsilon_V^p}{\delta\varepsilon}=-\dfrac{\delta q}{\delta p}=M-N$。

由上述三组应力-应变增量关系公式可知,只要通过常规三轴试验确定三个土的试验常数 λ、k、M,就可以用剑桥模型的理论来确定土的弹塑性应力-应变关系。

(六) 修正的剑桥模型

实践证明,若 $N=\dfrac{q}{p}$ 值较小,根据剑桥模型所得的计算应变值一般偏大;如果 N 值较大,则计算值与实测值就很接近。另外,计算的静止土压力 K_0 值也偏大。为了改进原来的地基模型,提出了"修正的剑桥模型"。后者修改了剑桥模型假定,提出新的假定

$$\delta W_{\text{p}} = p \left[(\delta \varepsilon_V^{\text{p}})^2 + (M \delta \varepsilon^{\text{p}})^2 \right]^{\frac{1}{2}} \tag{4-77}$$

新模型的屈服轨迹公式为

$$\frac{p}{p_0} = \frac{M^2}{M^2 + N^2} \tag{4-78}$$

物态边界面公式为

$$\frac{e_{a0} - e}{\lambda \ln p} = \left(\frac{M^2}{M^2 + N^2} \right)^{\left(1 - \frac{k}{\lambda}\right)} \tag{4-79}$$

$$\psi = \frac{\delta \varepsilon_V^{\text{p}}}{\delta \varepsilon} = \frac{M^2 - N^2}{2N} \tag{4-80}$$

$$\delta \varepsilon_V^{\text{p}} = \frac{\lambda - k}{1 + e} \left(\frac{2N \delta N}{M^2 + N^2} + \frac{\delta p}{p} \right) \tag{4-81}$$

$$\delta \varepsilon_V = \frac{1}{1 + e} \left[(\lambda - k) \frac{2N \delta N}{M^2 + N^2} + \lambda \frac{\delta p}{p} \right] \tag{4-82}$$

$$\delta \varepsilon = \delta \varepsilon^{\text{p}} = \frac{\lambda - k}{1 + e} \left(\frac{2N}{M^2 - N^2} \right) \left(\frac{2N \delta N}{M^2 + N^2} + \frac{\delta p}{p} \right) \tag{4-83}$$

与实测结果比较,修正的剑桥模型的计算值一般过小,但总的情况好于剑桥模型。

三、拉特-邓肯模型

下面介绍拉特-邓肯(Lade-Duncan)于1975年根据真三轴的砂土的试验结果提出的砂土模型,这个模型在上海高层建筑基础分析中已做了一些应用和探讨。

拉特和邓肯两人根据砂料的真三轴压缩试验的资料,提出一个数学模型。该模型假定砂的破坏条件为

$$f^* = \frac{I_1^3}{I_3} = K_1 \tag{4-84}$$

$$I_1 = \sigma_1 + \sigma_2 + \sigma_3 = \sigma_x + \sigma_y + \sigma_z \tag{4-85}$$

$$I_3 = \begin{vmatrix} \sigma_1 & 0 & 0 \\ 0 & \sigma_2 & 0 \\ 0 & 0 & \sigma_3 \end{vmatrix} = \begin{vmatrix} \sigma_x & \tau_{xy} & \tau_{xz} \\ \tau_{yx} & \sigma_y & \tau_{yz} \\ \tau_{zx} & \tau_{zy} & \sigma_z \end{vmatrix} \tag{4-86}$$

式中　I_1、I_3——第一应力不变量和第三应力不变量。

拉特-邓肯采用的加工硬化条件为

$$f = \frac{I_1^3}{I_3} = K \tag{4-87}$$

不同的 K 值产生的屈服面是一些锥体,它们和 π平面相交形成的曲线如图4-13所示。

流动规则为

$$\delta \varepsilon_{ij}^{\text{p}} = d\lambda \frac{\partial g}{\partial \sigma_{ij}} \tag{4-88}$$

塑性势函数 g 采用类似破坏条件的形式

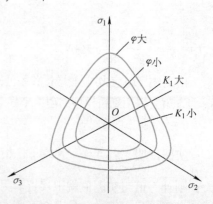

图4-13　拉特-邓肯 π 平面屈服轨迹

$$g = I_1^3 - K_2 I_3 \tag{4-89}$$

式（4-89）中参数 K_2 值，假定对于某一个定值 f 时是常数。在 π 平面上，塑性势面和破坏面有相同的形状。从式(4-88)和式(4-89)可以得到塑性应变与应力间的关系为

$$\begin{Bmatrix} \delta\varepsilon_x^p \\ \delta\varepsilon_y^p \\ \delta\varepsilon_z^p \\ \delta\varepsilon_{yz}^p \\ \delta\varepsilon_{zx}^p \\ \delta\varepsilon_{xy}^p \end{Bmatrix} = d\lambda \cdot K_2 \begin{Bmatrix} 3I_1^2/K_2 - \sigma_y\sigma_z + \tau_{yz}^2 \\ 3I_1^2/K_2 - \sigma_x\sigma_z + \tau_{xz}^2 \\ 3I_1^2/K_2 - \sigma_x\sigma_y + \tau_{xy}^2 \\ 2\sigma_x\tau_{yz} - 2\tau_{xy}\tau_{zx} \\ 2\sigma_y\tau_{zx} - 2\tau_{xy}\tau_{yz} \\ 2\sigma_z\tau_{xy} - 2\tau_{yz}\tau_{zx} \end{Bmatrix} \tag{4-90}$$

式中　$d\lambda$、K_2——与土性有关的试验参数，其值分别表示塑性应变增量的绝对大小与相对大小。

由式(4-90)可知，该模型考虑了砂土的剪胀性。根据式(4-90)，令 $\delta\varepsilon_x^p$ 和 $\delta\varepsilon_z^p$ 之比值为 ν^p，即

$$\nu^p = -\frac{\delta\varepsilon_x^p}{\delta\varepsilon_z^p} = \frac{\dfrac{3I_1^2}{K_2} - \sigma_y\sigma_z + \tau_{yz}^2}{\dfrac{3I_1^2}{K_2} - \sigma_x\sigma_y + \tau_{xy}^2} \tag{4-91}$$

式中　ν^p——塑性泊松比，也就是在破坏时横向塑性应变增量和竖向塑性应变增量之比值。

由式(4-91)得

$$K_2 = \frac{3I_1^2(1+\nu^p)}{(\sigma_x\sigma_y - \tau_{xy}^2)\nu_p + \sigma_y\sigma_z - \tau_{yz}^2} \tag{4-92}$$

硬化规律指出

$$f = K = F(W_p) \tag{4-93}$$

从试验资料分析可求得不同 σ_3 值的一组 $f-W_p$ 曲线(图 4-14)，且第二主应力 σ_2 对试验曲线影响甚微。这样，从常规三轴试验求取 f 与 W_p 的关系可用下式表示

$$f - f_t = \frac{W_p}{\alpha + \beta W_p} \tag{4-94}$$

式中　f_t——试验常数，不同周围应力 σ_3 得到的一组 $f-W_p$ 曲线延伸的交点；

　　α、β——试验参数。

将式(4-94)微分后可得

$$dW_p = \frac{\alpha df}{[1 - \beta(f-f_t)]^2} \tag{4-95}$$

根据塑性增量理论

$$d\lambda = \frac{dW_p}{ng} \tag{4-96}$$

因 $n=3$，故

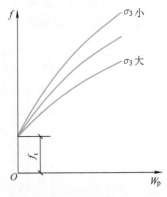

图 4-14　应力水平 f 与塑性功 W_p 的关系

$$d\lambda = \frac{dW_p}{3g} \tag{4-97}$$

将式(4-95)代入式(4-97)，并注意到 $g=I_1^3-K_2I_3$，得

$$d\lambda = \frac{\alpha df}{3(I_1^3-K_2I_3)[1-\beta(f-f_t)]^2} \tag{4-98}$$

把 $d\lambda$ 和 K_2 的表达式代入式(4-90)，即可求得应变增量与应力水平、应力增量的确定关系。

拉特-邓肯地基模型不是采用现场土样，因此该模型不能直接用于高层建筑基础的分析计算。同济大学高层建筑地基基础课题组针对拉特-邓肯地基模型的缺陷，用上海地区现场原状土进行了弹塑性地基模型的试验研究，提出了上海土弹塑性地基模型，并已运用于上海高层建筑基础的分析计算。

■ 第五节　地基的柔度矩阵和刚度矩阵

在对高层建筑基础进行分析时，需要建立地基的柔度矩阵或刚度矩阵，下面叙述地基柔度矩阵和刚度矩阵的概念。

把整个地基上的荷载面积划分为 m 个矩形网格(图4-15)，任意网格 j 的面积为 F_j，分割时注意不要使网格面积 F_j 相差太大。在任意网格 j 的中点作用着集中荷载 R_j，整个荷载面积反力列矢量记作 $\boldsymbol{R}$：$\boldsymbol{R}=(R_1 \quad R_2 \cdots R_i \cdots R_j \cdots R_m)^T$。

各网格中点的竖向位移记作位移列矢量 $\boldsymbol{s}$：
$\boldsymbol{s}=(s_1 \quad s_2 \cdots s_i \cdots s_j \cdots s_m)^T$。

反力列矢量 $\boldsymbol{R}$ 和位移列矢量 $\boldsymbol{s}$ 的关系如下

$$\boldsymbol{s}=f\boldsymbol{R} \tag{4-99}$$

或

$$\boldsymbol{K}_s \cdot \boldsymbol{s}=\boldsymbol{R} \tag{4-100}$$

式中　f——地基柔度矩阵；

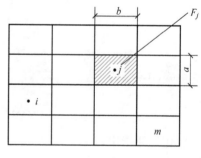
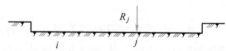

图4-15　地基网格的划分

　　　$\boldsymbol{K}_s$——地基刚度矩阵，$\boldsymbol{K}_s=f^{-1}$。

式(4-99)和式(4-100)可详细写成

$$\begin{pmatrix} s_1 \\ s_2 \\ \vdots \\ s_i \\ \vdots \\ s_j \\ \vdots \\ s_m \end{pmatrix} = \begin{pmatrix} f_{11} & f_{12} & \cdots & f_{1i} & \cdots & f_{1j} & \cdots & f_{1m} \\ f_{21} & f_{22} & \cdots & f_{2i} & \cdots & f_{2j} & \cdots & f_{2m} \\ \vdots & \vdots & & \vdots & & \vdots & & \vdots \\ f_{i1} & f_{i2} & \cdots & f_{ii} & \cdots & f_{ij} & \cdots & f_{im} \\ \vdots & \vdots & & \vdots & & \vdots & & \vdots \\ f_{j1} & f_{j2} & \cdots & f_{ji} & \cdots & f_{jj} & \cdots & f_{jm} \\ \vdots & \vdots & & \vdots & & \vdots & & \vdots \\ f_{m1} & f_{m2} & \cdots & f_{mi} & \cdots & f_{mj} & \cdots & f_{mm} \end{pmatrix} \begin{pmatrix} R_1 \\ R_2 \\ \vdots \\ R_i \\ \vdots \\ R_j \\ \vdots \\ R_m \end{pmatrix} \tag{4-101}$$

$$\begin{pmatrix} k_{11} & k_{12} & \cdots & k_{1i} & \cdots & k_{1j} & \cdots & k_{1m} \\ k_{21} & k_{22} & \cdots & k_{2i} & \cdots & k_{2j} & \cdots & k_{2m} \\ \vdots & \vdots & & \vdots & & \vdots & & \vdots \\ k_{i1} & k_{i2} & \cdots & k_{ii} & \cdots & k_{ij} & \cdots & k_{im} \\ \vdots & \vdots & & \vdots & & \vdots & & \vdots \\ k_{j1} & k_{j2} & \cdots & k_{ji} & \cdots & k_{jj} & \cdots & k_{jm} \\ \vdots & \vdots & & \vdots & & \vdots & & \vdots \\ k_{m1} & k_{m2} & \cdots & k_{mi} & \cdots & k_{mj} & \cdots & k_{mm} \end{pmatrix} \begin{pmatrix} s_1 \\ s_2 \\ \vdots \\ s_i \\ \vdots \\ s_j \\ \vdots \\ s_m \end{pmatrix} = \begin{pmatrix} R_1 \\ R_2 \\ \vdots \\ R_i \\ \vdots \\ R_j \\ \vdots \\ R_m \end{pmatrix} \tag{4-102}$$

式中　f_{ij}——柔度系数，指在网格 j 处作用单位集中力在网格 i 的中点引起的变形；当 $i=j$ 时，其为单位集中力在本网格中点产生的变形。

地基模型不同，节点分布位置不同，柔度系数 f_{ij} 的计算方法和结果也不同，因此，地基柔度矩阵 f 和地基刚度矩阵 K_s 反映了不同地基模型在外力作用下界面的位移特征。

柔度矩阵算例

■ 第六节　地基模型的选择

在高层建筑基础设计计算中，如何选择合适的地基模型是一个比较困难的问题，这涉及材料性质、荷载施加、整体几何关系和环境影响等方面，甚至对于同一个工程，从不同角度分析时，也可能要采用不同的地基模型。从工程应用出发，在选择地基模型时，需考虑的因素主要有：

1）土的变形特征和外荷载在地基中引起的应力水平。

2）土层的分布情况。

3）基础和上部结构的刚度及其形成过程。

4）基础的埋置深度。

5）荷载的种类和施加方式。

6）时效的考虑。

7）施工过程（开挖、回填、降水、施工速度等）。

当基础位于无黏性土上时，采用文克勒地基模型还是比较适当的，特别是当基础比较柔软，又受有局部（集中）荷载时。当基础埋深较大，土又比较紧密（如密砂）时，除采用基床系数经深度修正的文克勒地基模型外，也可采用分层地基模型。应指出的是，一般认为文克勒地基模型与实际情况不符，但文克勒地基模型比较简单，计算方便，并得到一系列可直接使用的解析解。例如，对于位于软弱黏性土上的建筑物，当上部结构和基础的刚度不是很大（框架结构等），仍可采用文克勒地基模型；但对于剪力墙结构等上部结构，则基础刚度大大增加，文克勒地基模型就未必适用了；即使是框架结构，若后砌填充墙刚度很大，也可能影响到地基模型的选择。

当基础位于黏性土上时，一般应采用弹性空间地基模型或分层地基模型，特别是对有一定刚度的基础，基底平均反力适中、地基土中应力水平不高、塑性区开展不大时。当地基土呈明显层状分布、各层之间性质差异较大时，则必须采用分层地基模型。但当塑性区开展较大，或是薄压缩层地基时，文克勒地基模型又有了其适用性。总的说来，若能采用考虑非线性影响的地基模型可以认为是较好的选择。

当高层建筑位于压缩性较高的深厚黏土层上时，还应考虑到土的固结与蠕变的影响，此时应选择能反映时效的地基模型，特别是重要建筑物，应引起注意。

岩土的应力-应变关系是非常复杂的，想要用一个普遍都能适用的数学模型来全面描述岩土工作性状的全貌是很困难的，在选择地基模型时，可参考下列几条原则进行：

（1）任何一个地基模型，只有通过实践的验证，也就是通过计算值与实测值的比较，才能确定它的可靠性。例如，地基模型是通过某种试验的结果提出来的，可以进行其他种类的试验来验证它的可靠性，也可以通过对具体工程的计算值与实测值的比较来进行验证。

（2）所选用的地基模型应尽量简单，最有用的地基模型其实是能解决实际问题的最简单的模型。例如，如果采用布西奈斯克解答和压缩模量估算出来的地基沉降的精度，已能满足某项工程的需要，就无须采用复杂的弹塑性模型来求得更精确的解答。

（3）所选择的地基模型应该有针对性。不同的土和不同的工程问题，应该选择不同的、最合适的模型，同时应注意到地基模型的地区经验性。对某地区、某种有代表性的地基土，如果在长期实践中，就某种模型及其参数的取值得到规律性的认识，并且计算结果与实测结果对比有较好的相关性，则可认为这种模型对该地区、该类土是适宜的。

（4）对于复杂的工程问题，应该采用不同的地基模型进行反复的比较。任何模型都有它的局限性，不同模型的相互补充和比较是十分重要的，由于参数不同，比较的出发点应建立在建筑物平均沉降的基础上，这是因为建筑物的平均沉降是一个客观的数值，所以不论何种模型，其计算所得的平均沉降应彼此相当。

思 考 题

1. 何谓地基模型？有代表性的地基模型有哪几种？

2. 试述非线弹性地基模型的参数及其确定方法。

3. 试述弹塑性地基模型中弹性应变增量的确定方法。

4. 塑性应变增量可以用塑性应变增量理论去计算，这个理论包括几个部分？

5. 试述土的屈服轨迹及屈服面的确定方法。

6. 试写出文克勒地基模型、弹性半无限体地基模型和分层地基模型的柔度矩阵。

7. 试述选择地基模型需考虑的主要因素和原则。

8. 如图 4-16 所示，某地基表面作用 $p = 100kPa$ 的矩形均布荷载，基础的宽 $b = 3m$，长 $l = 6m$，试写出弹性半空间地基模型的地基柔度矩阵，并分别给出绝对刚性基础下的地基反力分布和绝对柔性基础下的沉降分布特性（矩形荷载面积等分为 9 个网格单元，变形模量 $E_0 = 5.0MPa$，泊松比 $\nu = 0.3$）。

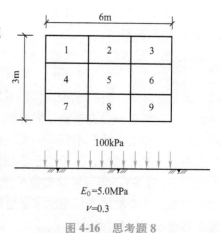

图 4-16 思考题 8

第五章

天然地基上的高层建筑基础

【内容提要】　简要介绍了地基承载力的确定方法和确定原则。高层建筑箱形基础或筏形基础的基础埋置深度和荷载偏心率都有相应要求，在确定基础埋置深度时应考虑建筑物的高度、体形、地基土性质、抗震设防烈度等因素，并满足抗倾覆和抗滑移的要求。介绍了按土的压缩模量和土的变形模量计算高层建筑最终沉降的方法，并对高层建筑整体倾斜进行计算和验算。

高层建筑地基基础设计既要保证建筑物的安全使用，又要做到经济合理，方便施工。高层建筑地基基础设计应按工程地质条件、使用要求、建筑结构布局、荷载分布等条件进行基础选型。无论选定何种地基基础，设计基本原则都要求：基础底面压力应小于地基允许承载力值；建筑物的沉降应小于允许变形值；避免地基滑动，防止建筑物的失稳。

休斯敦独特
贝壳广场

结合基础埋深要求，选择土质较好、均匀性好并有一定厚度的地层，经检验在确认其具备作为主要持力层的条件时，才可考虑采用天然地基。我国地域辽阔，已建成的高层建筑采用天然地基的箱形基础或筏形基础为数不少，积累了相当多的成功经验。工程实践表明，天然地基上的箱形基础或筏形基础在高层建筑中有着广泛应用的前景。

■ 第一节　地基承载力与基础埋置深度

一、地基承载力确定

确定地基承载力的方法有经验查表法、原位测试法和理论公式计算法。

1. 经验查表确定地基承载力

在总结工程实践经验的基础上，以载荷试验为依据，将大量室内试验资料经过对比统计分析，建立土的物理力学指标与各类土的承载力基本值f_0之间的关系，并编制相应的地基承载力基本值表(表5-1和表5-2)。

地基承载力基本值表是收集各地载荷试验资料，经回归分析并结合经验修正后编制的，使用时均以指标的平均值查取，试验样品的数量及试验结果的离散程度的影响均没有反映。

为此，还应从经验方程的方差与指标的变异系数和试验样品数等，通过概率统计来考虑对地基承载力基本值的修正，将从表中查出的地基承载力基本值 f_0 乘以小于 1 的回归修正系数 ψ_f（ψ_f 的计算可参见相关地基规范规定），得到地基承载力标准值 f_k，即

$$f_k = \psi_f f_0 \tag{5-1}$$

表 5-1　黏性土承载力基本值　　　　　　　　　　（单位：kPa）

第一指标孔隙比	第二指标液性指数 I_L					
e	0	0.25	0.50	0.75	1.00	1.20
0.5	475	430	390	(360)		
0.6	400	360	325	295	(265)	
0.7	325	295	265	240	210	170
0.8	275	240	220	200	170	135
0.9	230	210	190	170	135	105
1.0	200	180	160	135	115	
1.1		160	135	115	105	

注：括号内的值仅用于内插时使用。

表 5-2　沿海地区淤泥和淤泥质土承载力基本值　　　　　　　　　　（单位：kPa）

天然含水量 w(%)	36	40	45	50	55	65	75
f_0/kPa	100	90	80	70	60	50	40

注：对于内陆淤泥和淤泥质土，可参照使用。

再经过对基础深度和宽度影响修正后，即可得到地基承载力设计值 f（软土地区对宽度不作修正）。

高层建筑的基础设计在拟定基础方案时，若无地基承载力的直接测试资料，查表法所提供的地基承载力可作为初始验算的依据。当为大基础提供地基承载力时，应考虑大基础的特点，需要评价基底下作为主要持力层的各层土的承载力，还应考虑下卧层承载力大小的影响。

2. 现场载荷试验确定地基承载力

载荷试验是原位测试中确定地基承载力最为常用的一种方法。载荷试验曲线特性明显，典型的 $p\text{-}s$ 曲线可分成三个阶段（图 5-1）：Oa 称为压密阶段（直线变形段），ab 称为局部剪切阶段，bc 称为整体剪切破坏阶段。

在压密阶段内，荷载与变形成正比，土中各点切应力均小于土的抗剪强度，土体处于弹性平衡状态，a 点相应的荷载称为临塑荷载 p_{cr}，临塑荷载 p_{cr} 实质上是土体处于弹性与塑性的临界值；在局部剪切阶段，$p\text{-}s$ 不再保持线性关系，沉降的速率随荷载增加而增大，这一阶段基础边缘下地基土局部范围内的剪应力达到土的抗剪强度而出现塑性区；随着荷载继续增加，塑性区逐渐扩大，直至土中形成连续的滑动

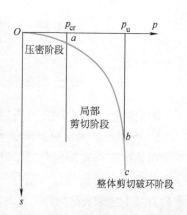

图 5-1　载荷试验曲线

面，土体逐渐趋于不稳定状态及至开始破坏，此时所对应的荷载称为极限荷载 p_u。在整体剪切破坏阶段，即使荷载不再增加，荷载板也会急剧下沉，地基变形不断开展，土体自底板四周隆起，地基失稳而破坏。

p-s 曲线所显示的各阶段荷载临界值 p_{cr} 和 p_u，可作为确定地基承载力的依据，依此推求地基承载力设计值 p。若认为地基承载力还可以挖掘潜力，也可依据塑性区开展的深度 $b/4 \sim b/3$（b 为压板宽度）为标准确定地基承载力设计值。此外，可以用控制变形量，即以相对变形 s/b 作为标准来确定地基承载力设计值。

应注意的是，p_{cr} 和 p_u 的量值是随荷载板尺寸大小而异的，有尺寸效应问题。荷载板尺寸越大，变形越大，而此时 p_{cr} 和 p_u 也越大，因此根据载荷试验 p-s 曲线确定地基承载力不应忽视尺寸效应。

现场原位测试方法除载荷试验常用外，尚有其他方法，如标准贯入、旁压仪测试、动力触探、静力触探等。

3. 理论公式确定地基承载力

计算地基承载力的理论公式有很多种，主要可分为假定刚塑体计算极限承载力的公式和考虑弹塑性影响（允许局部塑性区开展）计算允许承载力的公式两大类。

（1）极限承载力。当地基土达到承载能力极限状态时，其压力-变形曲线的性状并不都是相同的，这主要与基础埋深、荷载施加速率和土的压缩性等有关。魏锡克提出了地基破坏的三种基本类型，如图5-2所示。

当基础埋深不大，地基为低压缩性土，荷载不急剧施加且不会引起土体积的变化时，地基中将发生整体剪切破坏。当基础埋深较大，或者地基中存在着高压缩性土，加荷速率可以产生土体压缩变形或者是冲击荷载时，就可能产生冲剪破坏。当处在两者之间的情况，则可能产生局部剪切破坏。

虽然土的压力-变形曲线是非线性的，但由于在理论计算中目前尚不能很好解决压缩性地基破坏模型和土的力学模型，所以现有的理论公式都是假设土为刚塑性体（在剪切破坏以前不显出塑性变形，而在剪切破坏后表现为压力不变条件下的塑性流动），按弹塑性平衡

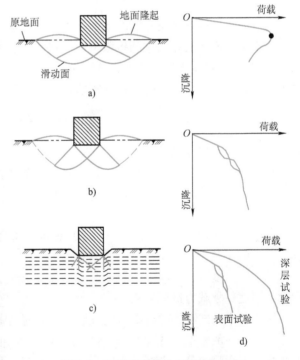

图5-2　浅基础地基的主要破坏形态

a）整体剪切破坏　b）局部剪切破坏　c）冲剪破坏

d）不同破坏形态的荷载-沉降曲线

问题求解，因此考虑的是整体剪切破坏。对于局部剪切破坏，则在上述解答的基础上，考虑由于压缩性影响引起的折减。

当地基中达到极限平衡发生整体剪切破坏时，作用在地表上的荷载即为极限荷载。关于

极限承载力的理论公式，首先是在 1920 年，由普朗特尔根据塑性极限平衡理论推导出无重力介质（$\gamma = 0$）的极限承载力公式。然后，在此基础上，太沙基考虑到基础底面摩擦力对地基变形的约束作用，修正了普朗特尔解得的滑动面形状，推导出极限承载力公式。

汉森研究了水平荷载对滑动面的影响，提出了倾斜荷载作用下滑动面的形状及相应的极限承载力公式。魏锡克对汉森提出的极限承载力公式又做了改进。

满足上述变形的地基极限条件，并不总是具有相同的破坏特征。如前述典型试验曲线反映有地表隆起显示整体剪切破坏状态，另外有的略有隆起而表现为局部剪切破坏，有的完全没有隆起迹象而出现冲剪（或称刺入）破坏特征。产生不同破坏特征的原因很多，但最主要的是土的压缩性和加荷速率，在理论上还没有建立能考虑地基受压缩变形过程而破坏的力学模型，也就是局部破坏和冲剪破坏条件下地基极限承载力计算并未解决。现有的许多极限承载力计算公式都建立在整体剪切破坏的假定上，因此应用这类公式时应予以注意。

最早的极限承载力公式是普朗德尔（Prandtl）1920 年根据塑性极限平衡理论研究坚硬物体压入较软而均匀的各向同性材料介质，且在不计介质重力条件下导出沿曲面发生滑动的数学方程，后来引用到计算地基极限承载力，所得公式为

$$f_u = (\gamma_0 d + c\cot\varphi)\tan^2\left(\frac{\pi}{4} + \frac{\varphi}{2}\right)e^{\pi\tan\varphi} - c\cot\varphi \tag{5-2}$$

这些公式的推导都是先对均质地基中心荷载条件下的条形基础假定滑动面的形状，并认为在全部滑动面上土体均达到极限平衡，然后分别考虑由于基础底面下的土的自重、土的黏聚力 c 和基础两侧超载 q 的作用下所引起的土抗力。根据脱离体的静力平衡条件求解，然后叠加得出地基极限承载力的理论计算值，它们的基本形式是

$$f_{vu} = cN_c + qN_q + \frac{1}{2}\gamma b N_\gamma \tag{5-3}$$

式中　　f_{vu}——地基土极限承载力的竖向分力；

N_c、N_q、N_γ——地基承载力系数，为土的内摩擦角 φ 的函数；

　　q——基础两侧超载，一般为 $\gamma_m d$，γ_m 为基础埋深范围内的土体重度。

由上可知，极限承载力的通式包括有三项。第一项 cN_c，反映了土的黏聚力的作用；第二项 qN_q，反映了基础两侧超载（一般指基础埋深范围内的土体重力 $\gamma_m d$）的作用；第三项 $\gamma b N_\gamma$，反映了基础底面下滑动土体深度范围内的土体重力的作用，具体反映为基础的宽度与地基土的重度。这三项中的承载力系数都是土的内摩擦角 φ 的函数。上述这些因素的变动都会对地基承载力造成影响。

由于各个公式在推导时所做的假设、考虑的因素是不同的，由此得出的承载力系数的值也不相同。一般来说，各种方法所给出的 N_c 和 N_q 值都相差不大，但所给出 N_γ 值的差别却相当大，究竟哪个公式更接近于"真值"，目前还没有解决。至于考虑到基础形状并非条形而需加的形状修正系数，各个公式都有自己的经验修正方法。

由于极限承载力公式的推导中采用应力叠加的原理解决 $c \neq 0$、$q \neq 0$ 和 $\gamma \neq 0$ 的情况，而叠加是在 $\varphi \neq 0$ 的条件下进行的，虽然不妥，但导致的误差却偏于安全，由此这些公式沿用至今。

计算所得地基极限承载力必须除以安全系数才能作为地基设计计算中采用的地基承载力特征值 f_a，但安全系数的取值又是一个较为复杂的问题，它与上部结构的类型、荷载的性质与组合、建筑物的安全等级、抗剪强度指标的试验方法与取值、是否考虑破坏形态而做折减

等都有关，并要和当地在工程实践中采用该式所得到的经验等综合考虑后确定，安全系数一般为 2~3，这样使所得值的变化范围很大。

（2）允许状态计算公式——临塑荷载 p_{cr} 及临界荷载 $p_{1/4}$ 公式。当上部荷载超过地基土应力-应变曲线上第一拐点（比例界限）时，基础两侧边缘将出现塑性区并不断向深部发展。如假定上部为均布的柔性荷载，两侧埋深上的土体重力也按均布荷载考虑（图 5-3），根据弹性理论中的平面问题计算地基中的附加应力，并按库仑破坏条件验算各点的剪应力。当剪应力等于或大于抗剪强度时，则该点位于塑性区内，如此即可求出对应于塑性区开展到基础底面两侧边缘下相当于基础底面宽度 1/4 的深度时相应的临界荷载 $p_{1/4}$，并可将其拟合成类似上述极限承载力通用公式的形式。

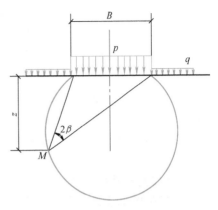

图 5-3　地基临界荷载示意

GB 50007—2011《建筑地基基础设计规范》[一]用式（5-4）作为计算地基承载力特征值 f_a。当偏心距 e 小于或等于 0.033 倍基础底面宽度时，根据土的抗剪强度指标确定地基承载力特征值可按式（5-4）计算，并应满足变形要求。

$$f_a = M_b \gamma b + M_d \gamma_m d + M_c c_k \qquad (5\text{-}4)$$

式中
f_a——由土的抗剪强度指标确定的地基承载力特征值；

M_b、M_d、M_c——承载力系数，按表 5-3 确定；

b——基础底面宽度，大于 6m 时按 6m 取值，对于砂土小于 3m 时按 3m 取值；

c_k——相应于基底下 1 倍短边宽度的深度内土的黏聚力标准值。

表 5-3　承载力系数 M_b、M_d、M_c

土的内摩擦角标准值 $\varphi_k/(°)$	M_b	M_d	M_c	土的内摩擦角标准值 $\varphi_k/(°)$	M_b	M_d	M_c
0	0	1.00	3.14	22	0.61	3.44	6.04
2	0.03	1.12	3.32	24	0.80	3.87	6.45
4	0.06	1.25	3.51	26	1.10	4.37	6.90
6	0.10	1.39	3.71	28	1.40	4.93	7.40
8	0.14	1.55	3.93	30	1.90	5.59	7.95
10	0.18	1.73	4.17	32	2.60	6.35	8.55
12	0.23	1.94	4.42	34	3.40	7.21	9.22
14	0.29	2.17	4.69	36	4.20	8.25	9.97
16	0.36	2.43	5.00	38	5.00	9.44	10.80
18	0.43	2.72	5.31	40	5.80	10.84	11.73
20	0.51	3.06	5.66				

注：φ_k 为基底下 1 倍短边宽深度内土的内摩擦角标准值。

○　本书如未做特别说明，《建筑地基基础设计规范》均指此版。

在《建筑地基基础设计规范》的前身 TJ 7—1974《工业与民用建筑地基基础设计规范》编制时，已利用大量载荷试验的成果与该计算公式对比，发现在 $\varphi=24°$ 以后，载荷试验得到的地基承载力比计算公式得到的地基承载力都有所提高。由于比较是在取宽度 $b=3m$ 的条件下进行的，故规定对于砂土，小于 3m 时按 3m 取值。另一方面，当基础宽度增大时，公式的计算值增大很快，对此宜慎重选用，而基础宽度增大，也必然导致沉降量和差异沉降量增大，对上层结构带来不利的影响，为此又规定了当基础底面宽度大于 6m 时，按 6m 取值。

由于该公式是在条形基础、均布荷载、均质土的条件下推导出的，当受到较大的水平荷载而使合力的偏心距过大时，地基反力分布将很不均匀。因此《建筑地基基础设计规范》对该公式的应用，相应增加了一个限制条件为：荷载合力的偏心距 e 应小于或等于 0.033 倍基础底面宽度。

《建筑地基基础设计规范》对宽度 b 的调整做出限制，规定不大于 6m。现代高层建筑的箱形基础或筏形基础具有几十米基础宽度是相当普遍的，此时若按折减后的修正系数修正地基承载力，其增值仍十分可观。工程实践表明，宽度限制为 6m 还是适宜的；对于很宽的基础，宽度 b 放宽限制也不宜大于 10m。在软土地区用理论公式计算时，不宜计入宽度影响的作用。在《建筑地基基础设计规范》中，取消了查表法确定承载力，而有些行业规范仍保留查表法承载力的方法，但需注意，采用查表法确定承载力设计值时一般不做宽度修正。

对于按极限状态确定地基承载力的理论公式，基础宽度因素对提高承载力的影响同样颇大，经实践检验，一般几十米宽的基础即便取安全系数 $K=3$，所取得的承载力设计值往往比按塑性状态公式计算所取得的承载力设计值还要大很多。因此在 JGJ/T 72—2017《高层建筑岩土工程勘察规程》中对两种类型公式的计算，推荐选用其中的低值。

高层建筑在考虑上部结构荷载、地层土质、基础埋深要求等因素的前提下，总要选择较好的持力层作为天然地基。由于箱形基础或筏形基础的基础面积和深度比较大，基底压力因基底面积的扩展而变小，而基础宽度和深度效应的发挥又使地基承载力有所提高。因此，在非软土地区，地基承载力易于满足基底压力要求，甚至有较多储备。应强调，高层建筑与一般中、低层建筑不同，在地基承载力满足设计要求后，尚应十分重视地基变形的验算，而中、低层建筑确定地基承载力时已包含考虑地基允许变形的因素。

二、基础埋置深度确定

在确定高层建筑的基础埋置深度时，应考虑建筑物的高度、体形、地基土质、抗震设防烈度等因素，并应满足抗倾覆和抗滑移的要求。抗震设防区天然地基上的箱形和筏形基础，其埋深不宜小于建筑物高度的 1/15；当桩与箱形基础底板或筏板连接的构造符合 JGJ 6—2011《高层建筑箱形与筏形基础技术规范》第 5.4.5 条的规定时，桩箱或桩筏基础的埋置深度（不计桩长）不宜小于建筑物高度的 1/18。

例 5-1　某建筑物高 28m，位于城市市区，为抗震设防区，按采暖设计。拟采用筏形基础，基底压力平均值为 120kPa。地基土为黏性土，属冻胀土，标准冻深为 2.6m，考虑基础下允许残留一定厚度的冻土层，试确定基础的最小埋深。

解：（1）先计算设计冻深 z_d。根据地基土为黏性土，查《建筑地基基础设计规范》表 5.1.7-1，得土的类别对冻深的影响系数 $\psi_{zs}=1.00$；根据地基土为冻胀土，查《建筑地基基础设计规范》表 5.1.7-2，得土的冻胀性对冻深的影响系数 $\psi_{zw}=0.90$；根据地基土位于城市市区，查《建筑地基基础设计规范》表 5.1.7-3，得环境对冻深的影响系数 $\psi_{ze}=0.90$，设计冻深为

$$z_d=z_0\psi_{zs}\psi_{zw}\psi_{ze}=2.6m\times1.0\times0.9\times0.9=2.11m$$

（2）按采暖设计和基底压力平均值为 120kPa 的条件，查《建筑地基基础设计规范》附录 G 表 G.0.2，得基础底面下允许残留冻土层的最大厚度

$$h_{max}=(0.65m+0.7m)\div2=0.67m$$

（3）考虑基础下允许残留一定厚度的冻土层时基础的最小埋深为

$$d_{min}=z_d-h_{max}=2.11m-0.67m=1.44m$$

（4）由于系抗震设防区，筏形基础的埋置深度不宜小于建筑物高度的 1/15，即

$$d\geqslant28m\times\frac{1}{15}=1.9m$$

故本建筑的基础最小埋深为 1.9m。

三、基底压力与地基承载力验算

（1）箱形和筏形基础底面的压力值，可按下列公式计算：

1）当受轴心荷载作用时

$$p_k=\frac{F_k+G_k}{A} \tag{5-5}$$

式中 p_k——轴心荷载作用下，相应于荷载效应标准组合时基础底面平均压力值；

       F_k——相应于荷载效应标准组合时上部结构传至基础顶面的竖向力值；

       G_k——基础自重和基础上的土重之和，在计算地下水位以下部分时，应取土的有效重度（扣除浮力）；

       A——基础底面面积。

2）当受偏心荷载作用时

$$\frac{p_{kmax}}{p_{kmin}}=\frac{F_k+G_k}{A}\pm\frac{M_k}{W} \tag{5-6}$$

式中 M_k——作用于矩形基础底面的力矩；

       W——基础底面边缘抵抗矩；

       p_{kmax}——相应于荷载效应标准组合时基础底面边缘的最大压力值；

       p_{kmin}——相应于荷载效应标准组合时基础底面边缘的最小压力值。

（2）基础底面压力应符合下列公式的要求：

1）当受轴心荷载作用时

$$p_k\leqslant f_a \tag{5-7a}$$

2）当受偏心荷载作用时

$$p_{kmax}\leqslant1.2f_a \tag{5-7b}$$

式中 f_a——地基承载力特征值，按《建筑地基基础设计规范》确定。

3）对于非抗震设防的高层建筑箱形和筏形基础，尚应符合下式要求

$$p_{kmin}\geqslant0（不出现拉应力） \tag{5-7c}$$

（3）对于抗震设防的建筑，箱形和筏形基础的基础底面压力除应符合上面(1)及(2)的

要求外，尚应按下列公式进行地基土抗震承载力的验算：

$$p_{aE} \leqslant f_{aE} \tag{5-8a}$$

$$p_{max} \leqslant 1.2f_{aE} \tag{5-8b}$$

$$f_{aE} = \xi_a f_a \tag{5-8c}$$

式中　p_{aE}——相应于地震作用标准组合时基础底面地震效应组合的平均压力值；

　　　p_{max}——相应于地震作用标准组合时基础底面地震效应组合的边缘最大压力值；

　　　f_{aE}——调整后的地基土抗震承载力特征值；

　　　ξ_a——地基土抗震承载力调整系数，按表5-4取值。

表5-4　地基土抗震承载力调整系数

岩土名称和性状	ξ_a
岩石，密实的碎石土，密实的砾、粗、中砂，$f_k \geqslant 300kPa$ 的黏性土和粉土	1.5
中密、稍密的碎石土，中密和稍密的砾、粗、中砂，密实和中密的细、粉砂，$150kPa \leqslant f_k < 300kPa$ 的黏性土和粉土	1.3
稍密的细、粉砂，$100kPa \leqslant f_k < 150kPa$ 的黏性土和粉土，新近沉积的黏性土和粉土	1.1
淤泥、淤泥质土、松散的砂、填土	1.0

注：f_k 为地基土承载力的标准值。

在地震作用下，对于高宽比大于4的高层建筑，基础底面下不宜出现零应力区；对于其他建筑，当基础底面边缘出现零应力时，零应力区的面积不应超过基础底面积的15%；与裙房相连且采用天然地基的高层建筑，主楼基础底面不宜出现零应力区。

■ 第二节　地基稳定性验算

JGJ 6—2011《高层建筑箱形与筏形基础技术规范》[⊖]对箱形基础或筏形基础的基础埋置深度和荷载偏心率都有相应要求。该规范规定，在确定高层建筑基础埋置深度时应考虑建筑物的高度、体形、地基土质、抗震设防烈度等因素，并满足抗倾覆和抗滑移的要求。天然地基上的箱形基础或筏形基础埋深不宜小于建筑物高度的1/15，桩箱或桩筏基础的埋深（不计桩长）不宜小于建筑物高度的1/18。建筑物的重心和基础平面的形心应尽量重合，当不能重合时偏心距不宜大于 0.1ρ（$\rho = W/A$；W 为与偏心距方向一致的基础底面抵抗矩，m^3；A 为基底面积，m^2）。在满足上述要求情况下，一般能保证建筑物的稳定性。但上述规定的前提是必须满足抗滑移和抗倾覆的要求。特别是强震区、强台风区，建筑物承受较大水平荷载的作用；或者受条件所限基础埋深或荷载偏心距不能满足上述要求时，就必须进行地基稳定性验算。

一、水平荷载作用下防止滑移

设作用于箱形或筏形基础顶部的水平荷载（风荷载、地震荷载或其他荷载）为 Q，箱形或

⊖ 本书未做特别说明时，《高层建筑箱形与筏形基础技术规范》均指此版。

筏形基础侧壁填土能可靠传递被动土压力和摩擦力的高度 $h_0 \leqslant D$，计算简图如图5-4所示。

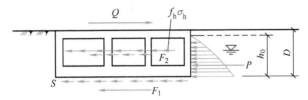

图5-4　抗水平滑移验算简图

水平剪力 Q 由垂直于剪力方向侧壁的主动土压力与被动土压力的合力 P、基底摩擦力合力 F_1、侧壁（平行于剪力方向）摩擦力合力 F_2 之和来平衡，于是应满足

$$KQ \leqslant F_1 + F_2 + P \qquad (5-9)$$

式中　K——安全系数，取 $1.2 \sim 1.5$。

F_1、F_2 按下式计算

$$F_1 = A_1 S, \quad F_2 = f_h \sigma_h A_2 \qquad (5-10)$$

式中　A_1——基底面积；

A_2——平行于剪力方向的两侧壁有效面积（$A_2 = 2bh_0$）；

S——地基土抗剪强度，饱和软土 $S = \dfrac{1}{2}q_u$（q_u 为土的无侧限抗压强度），一般土 $S = c_{cu} + p\tan\varphi_{cu}$（$c_{cu}$、$\varphi_{cu}$ 为固结不排水抗剪强度试验指标，p 为基底平均压力）；

f_h——土与混凝土之间摩擦系数，据试验或经验取值，也可参照现行建筑地基基础设计规范中关于挡土墙设计时按墙面平滑与填土摩擦的情况选值；

σ_h——静止土压力，$\sigma_h = K_0 \sigma_v$，其中 σ_v 为有效上覆土压力，K_0 为静止土压力系数，可按理论值 $K_0 = \dfrac{\nu}{1-\nu}$ 或经验值取用。

二、偏心、水平荷载作用下防止建筑物倾覆

高层建筑的重心应尽量与其基础平面的形心重合，不能重合时设计应尽量使偏心距 $e \leqslant 0.1\dfrac{W}{A}$（$W$、$A$ 意义同前），这样有利于稳定，但是当承受较大水平荷载时，为防止整体倾覆需按以下不同情况进行稳定性验算。在强震区、强风区，水平荷载多来自地震力或风力，其施力方向并不能确定，当竖向总荷载存在偏心情况，应以不利的荷载组合情况验算，计算简图如图 5-5 所示。

1. 水平荷载作用下（竖向荷载偏心距 $e=0$）

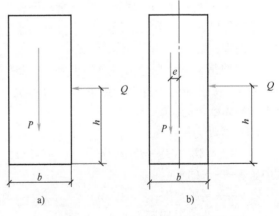

图5-5　防止建筑物倾覆计算简图
a）水平荷载　b）偏心水平荷载

$$M_r = P\frac{b}{2}, \quad M_c = Qh \tag{5-11}$$

2. 偏心和水平荷载作用下(竖向荷载偏心距 $e>0$，即便 $e \leqslant 0.1\rho$ 时也应与水平力矩叠加)

$$M_r = P\frac{b}{2}, \quad M_c = Qh + Pe \tag{5-12}$$

式中　M_r——抗倾覆力矩标准值；

$\quad\quad\ M_c$——倾覆力矩标准值；

$\quad\quad\ P$——竖向总荷载标准值($P = F + G$)；

$\quad\quad\ Q$——水平总荷载标准值。

抗倾覆稳定性安全系数 K 不宜小于 1.5，即

$$K = \frac{M_r}{M_c} \geqslant 1.5 \tag{5-13}$$

三、防止地基整体滑动、建筑物倾覆

在竖向和水平荷载共同作用下，地基内又存在软土或软土夹层时，需进行地基整体滑动稳定性验算。

地基整体滑动形成的滑裂面在空间通常形成一个弧形面，对于均质土可简化为平面问题的圆弧面。地基整体滑动稳定性取决于最危险滑动面上诸力对滑动中心所产生的抗滑力矩 M_r 与滑动力矩 M_0 的比值。丧失稳定状态，$M_0 > M_r$；极限平衡状态，$M_0 = M_r$；稳定状态，$M_0 < M_r$。因此，地基达到整体稳定的安全系数 K 为

$$K = \frac{M_r}{M_0} \tag{5-14}$$

K 一般取 1.2~1.30。

地基整体滑动稳定性验算方法，一般采用极限平衡理论的圆弧滑动条分法。如图 5-6 所示，基础受到的竖向荷载为 P，水平荷载为 Q，埋深为 d。其稳定性分析步骤如下：

（1）地面是水平的，假定最危险滑动圆弧通过基础外侧底边，滑动的圆心位于将滑动土体平分的垂直线上。

（2）将滑动土体划分为等分的土条，土条宽度为 b，并忽略土条自重产生的滑动力和抗滑力对整体稳定的影响。

（3）滑动力矩计算。

$$M_0 = (P - \gamma db)x + Qz \tag{5-15}$$

式中　γ——土的重度；

$\quad\quad\ b$——基础宽度；

$\quad\quad\ x$——荷载 P 距圆心的水平距离；

$\quad\quad\ z$——水平荷载 Q 距圆心的垂直距离；

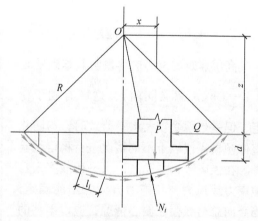

图 5-6　地基整体滑动稳定性验算简图(圆弧滑动条分法)

$P-\gamma db$——仅考虑滑动土体的附加荷载。

（4）抗滑力矩计算。抗滑力矩包括滑动面上摩阻力和黏聚力合力产生的力矩。

基底压力在相应土条宽度 b_i 范围内滑动面上产生的法向力合力为

$$N_i = p_i b_i \cos\alpha_i \tag{5-16}$$

此时摩阻力为

$$\tau_i = N i \tan\varphi_i = p_i b_i \cos\alpha_i \tan\varphi_i \tag{5-17}$$

式中　p_i——i 土条处压力的平均值；

　　　α_i——通过 i 土条 N_i 作用线与滑弧交点的半径 R 与垂直线的交角；

　　　φ_i——地基土的内摩擦角。

沿滑动面土的黏聚力发生的抗滑力为

$$C = \sum c_i l_i \tag{5-18}$$

式中　c_i——土条内土的黏聚力；

　　　l_i——土条内滑弧长度。

则抗滑力矩为

$$M_r = R(\Sigma p_i b_i \cos\alpha_i \tan\varphi_i + \Sigma c_i l_i) \tag{5-19}$$

地基整体滑动安全系数为

$$K = \frac{R(\Sigma p_i b_i \cos\alpha_i \tan\varphi_i + \Sigma c_i l_i)}{(P-\gamma db)x + Qz} \geqslant 1.2 \sim 1.3 \tag{5-20}$$

■ 第三节　地基变形计算与验算

高层建筑箱形基础和筏形基础的最终沉降量可按土的压缩模量和土的变形模量两种方法分别进行计算。整体倾斜也是高层建筑的一个重要控制因素，必须控制高层建筑的整体倾斜在规范所允许的范围之内。因此，本节首先介绍高层建筑最终沉降量的两种计算方法，然后介绍高层建筑整体倾斜的计算与验算。

一、采用压缩模量的最终沉降量计算方法

当采用土的压缩模量计算高层建筑箱形和筏形基础的最终沉降量 s 时，可按下式计算

$$s = \sum_{i=1}^{n} \left(\psi' \frac{p_c}{E'_{si}} + \psi_s \frac{p_0}{E_{si}} \right) (z_i \bar{\alpha}_i - z_{i-1} \bar{\alpha}_{i-1}) \tag{5-21}$$

式中　ψ'——考虑回弹影响的沉降计算经验系数，无经验时取 $\psi' = 1$；

　　　ψ_s——沉降计算经验系数，按地区经验采用，当缺乏地区经验时，可按《建筑地基基础设计规范》的有关规定采用；

　　　p_c——基础底面处地基土的自重压力标准值；

　　　p_0——长期效应组合下的基础底面处的附加压力标准值；

　E'_{si}、E_{si}——基础底面下第 i 层土的回弹再压缩模量和压缩模量，按规范的试验要求取值；

　　　n——沉降计算深度范围内所划分的地基土层数；

$\overline{\alpha}_i$、$\overline{\alpha}_{i-1}$——基础底面计算点至第 i 层、$i-1$ 层底面范围内平均附加应力系数；

z_i、z_{i-1}——基础底面至第 i 层、$i-1$ 层底面的距离。

式（5-21）在计算中考虑了地基土回弹的影响因素，因此该式由两部分组成，第一部分为回弹再压缩地基沉降变形 s_1，第二部分为附加压力引起的地基沉降变形为 s_2。

高层建筑在施工开挖基坑时，地基土受力性状发生改变，相当于卸除该深度土自重压力 p_c 的荷载，卸载后地基即发生回弹变形。然后，建筑物从砌筑基础直至建成投入使用期间，地基处于逐步加载受荷的过程中。当外荷小于或等于 p_c 时，地基沉降变形 s_1 是由地基回弹转化为再压缩的变形。当外荷大于 p_c 时，除上述回弹再压缩地基沉降变形 s_1 外，还由于附加压力（$p_0=p-p_c$）产生地基固结沉降变形 s_2。基础埋置深的建筑物地基的最终沉降变形都应由 s_1+s_2 两部分组成，如按分层总和法计算地基最终沉降，见式（5-21）。

由于建筑物基础深度不同，地基的回弹再压缩变形 s_1 在量值上也有较大差别。一般浅基础的埋深小，其回弹再压缩变形值 s_1 甚小，计算沉降时可以忽略不计。如此考虑就是《建筑地基基础设计规范》中提出的仅以附加压力 p_0 计算沉降的方法，也就是式（5-21）中的 s_2 沉降部分。

高层建筑箱形基础和筏形基础由于基础埋置较深，因此地基回弹再压缩变形 s_1 往往在总沉降中占重要地位，甚至有些高层建筑若设置 3~4 层（甚至更多层）地下室时，总荷载 p 有可能等于或小于 p_c。这样的高层建筑地基沉降变形将仅由地基回弹再压缩变形决定。由此看来，对于高层建筑箱形基础和筏形基础，在计算地基最终沉降变形中 s_1 部分的变形不但不应忽略，而应予以重视和考虑。

1. 回弹再压缩模量 E'_s 和压缩模量 E_s 的确定方法

回弹再压缩模量 E'_s 可通过室内回弹再压缩试验确定（图 5-7），其压力的施加应模拟实际加卸荷的应力状态。

压缩模量 E_s 可通过室内压缩（固结）试验确定，所施加的最大压力值应大于土的自重压力与预计的附加压力之和。压缩模量的计算应取自重压力至自重压力与附加压力之和的压力段。

2. 地基沉降计算经验系数的确定方法

（1）沉降计算经验系数 ψ_s。

沉降计算经验系数 ψ_s 一般应按地区经验采用；由于该系数仅用于对 s_2 部分的沉降进行调整，为与《建筑地基基础设计规范》相协调，在缺乏地区经验时，ψ_s 值可按该规范有关规定采用。

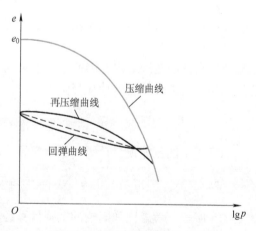

图 5-7 土的回弹—再压缩曲线

各部门规范均规定一般按地区沉降观测资料及建筑经验确定，如缺乏资料，可采用参考值。《建筑地基基础设计规范》中的参考值与压缩模量 E_s 及基底附加压力 p_0（或桩端土平面附加应力）有关，见表5-5。

（2）计算经验系数 ψ'。地基沉降回弹再压缩变形部分 s_1 的经验系数 ψ' 也应按地区经验确定。但目前有经验的地区和单位较少，尚须不断积累，目前暂可按 $\psi'=1.0$ 考虑。

表 5-5　沉降计算经验系数 ψ_s

基底附加压力	$\overline{E}_s/\mathrm{MPa}$				
	2.5	4.0	7.0	15.0	20.0
$p_0 \geq f_{ak}$	1.4	1.3	1.0	0.4	0.2
$p_0 \leq 0.75 f_{ak}$	1.1	1.0	0.7	0.4	0.2

注：$\overline{E}_s$ 为沉降计算深度范围内各分层压缩模量的当量值，按下式计算：$\overline{E}_s = \dfrac{\sum A_i}{\sum \dfrac{A_i}{E_{si}}}$，式中，$A_i$ 为第 i 层土附加应力面

积，$A_i = p_0(z_i \overline{\alpha}_i - z_{i-1} \overline{\alpha}_{i-1})$；$f_{ak}$ 为地基承载力特征值（未做深宽修正值）；表列数值可内插。

3. 土层压缩量的计算方法

如图 5-8 所示，按地基土的天然分层面划分计算土层，引入土层平均附加应力的概念，通过平均附加应力系数，将基底中心以下地基中 $z_i \sim z_{i-1}$ 深度范围的附加应力按等面积原则化为相同深度范围内矩形分布时的分布应力大小，再按矩形分布应力情况计算土层的压缩量。

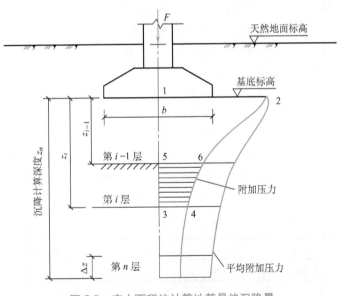

图 5-8　应力面积法计算地基最终沉降量

二、采用变形模量的最终沉降量计算方法

当采用土的变形模量计算高层建筑箱形和筏形基础的最终沉降量 s 时，可按下式计算

$$s = p_k b \eta \sum_{i=1}^{n} \frac{\delta_i - \delta_{i-1}}{E_{0i}} \tag{5-22}$$

式中　p_k——长期效应组合下的基础底面处的平均压力标准值；

　　　b——基础底面宽度；

δ_i、δ_{i-1}——与基础长宽比 L/b 及基础底面至第 i 层土和第 $i-1$ 层土底面的距离深度 z 有关的无因次系数，可按《高层建筑箱形与筏形基础技术规范》附录 B 确定；

　　　　　E_{0i}——基础底面下第 i 层土的变形模量，通过试验或地区经验确定；

　　　　　η——修正系数，可按表5-6确定。

表 5-6　修正系数 η

$m=\dfrac{2z_n}{b}$	$0<m\leqslant 0.5$	$0.5<m\leqslant 1$	$1<m\leqslant 2$	$2<m\leqslant 3$	$3<m\leqslant 5$	$5<m\leqslant\infty$
η	1.00	0.95	0.90	0.80	0.75	0.70

1. 关于计算荷载 p_k

一般地基沉降变形计算是以附加压力作为计算荷载的，为了使沉降计算与实际变形接近，采用总荷载 p_k 作为地基沉降计算压力的建议，对于大基础是适宜的。对于高层建筑箱形及筏形基础的地基沉降计算，采用总荷载作为计算压力较采用附加压力合理些，这是因为一方面近似考虑了深埋基础(或补偿基础)计算中的复杂问题，另一方面也近似解决了大面积开挖基坑坑底的回弹再压缩问题。

2. 沉降计算深度 z_n

按土的变形模量进行沉降计算时，沉降计算深度 z_n 可按下式计算

$$z_n=(z_m+\xi b)\beta \tag{5-23}$$

式中　z_m——与基础长宽比有关的经验值，按表5-7确定；

　　　ξ——折减系数，按表5-7确定；

　　　β——调整系数，按表5-8确定。

表 5-7　z_m 值和折减系数 ξ

L/b	$\leqslant 1$	2	3	4	$\geqslant 5$
z_m	11.6	12.4	12.5	12.7	13.2
ξ	0.42	0.49	0.53	0.60	1.00

表 5-8　调整系数 β

土　类	碎　石	砂　土	粉　土	黏 性 土	软　土
β	0.30	0.50	0.60	0.75	1.00

3. 变形模量 E_0

采用原位载荷试验资料算得的变形模量 E_0，基本上解决了试验土样扰动的问题。土中应力状态在载荷板下与实际情况比较接近。因此，有关资料指出，在地基沉降计算公式中采用原位载荷试验所确定的变形模量最理想。其缺点是试验工作量大，时间较长。目前我国采用旁压仪确定变形模量，或根据标准贯入试验及触探资料，间接推算与原位载荷试验建立关系以确定变形模量，也是一种有前途的方法。

三、两种沉降计算方法的比较与选用

在 JGJ 6—1980《高层建筑箱形基础设计与施工规程》中，地基沉降变形计算方法采用分层

总和法，并乘以沉降计算经验系数，由于高层建筑实测沉降观测资料较少，而且这些资料主要来自北京与上海等地，因此，计算沉降量与实际情况相差较多。有时由于计算沉降量偏大，导致原来可以采用天然地基的高层建筑，不适当地采用了桩基础，造价提高，造成浪费。

现行《高层建筑箱形与筏形基础技术规范》除采用室内压缩模量计算沉降量外，还提出了按变形模量计算沉降的方法。设计人员可以根据工程的具体情况，特别是实测数据情况，选择其中任一种方法进行沉降计算。

相对而言，采用变形模量计算的弹性理论法更接近实际地基的应力与变形状态，这一方法以弹性理论为依据，考虑了地基中的三向应力作用、有效压缩层、基础刚度、形状及尺寸等因素对基础沉降变形的影响，给出了在均布荷载下矩形刚性基础沉降变形的近似解及条形刚性基础沉降变形的精确解，在具备较准确的变形模量 E_0 数据时，计算结果与实测结果比较接近。

四、基础整体倾斜的计算与验算

确定整体倾斜允许值的主要依据是：保证建筑物的稳定和正常使用；不会造成人们的心理恐慌。

1. 整体倾斜计算

箱形和筏形基础的整体倾斜值，可根据荷载偏心、地基的不均匀性、相邻荷载的影响和地区经验进行计算。

在偏心荷载作用下，刚性基础产生的倾斜、基底倾斜（倾角）可由弹性力学公式求得：

圆形基础　$\alpha_T = \tan\theta = \dfrac{1-\nu^2}{E} \cdot \dfrac{6pe}{d^3}$　　（5-24）

矩形基础　$\alpha_T = \tan\theta = \dfrac{1-\nu^2}{E} \cdot 8K\dfrac{pe}{b^3}$　（5-25）

式中　e——合力的偏心距；

　　　　K——计算系数，可按基础长宽比 l/b 由图 5-9 查得。

2. 整体倾斜验算

箱形和筏形基础的允许沉降量和允许

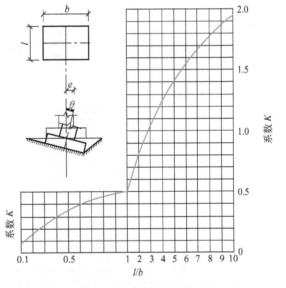

图 5-9　绝对刚性基础倾斜计算系数 K 值

整体倾斜值应根据建筑物的使用要求及其对相邻建筑物可能造成的影响按地区经验确定。但横向整体倾斜的计算值 α_T，在非抗震设计时宜符合下式的要求

$$\alpha_T = \frac{B}{100H_g} \qquad (5-26)$$

式中　B——箱形或筏形基础宽度；

　　　　H_g——建筑物高度，指室外地面至檐口高度。

五、地基变形允许值

建在非岩石地基上的一级高层建筑，均应进行沉降观测；对重要和复杂的高层建筑，尚宜进行基坑回弹、地基反力、基础内力和地基变形等观测。表5-9列出了不同建筑物的地基变形允许值，从表中可见，地基的变形允许值对于不同类型的建筑物、不同的建筑物结构特点和使用要求、不同的上部结构及不同的结构安全储备，都有不同的要求。

表 5-9　建筑物的地基变形允许值

变　形　特　征		地基土类别	
		中、低压缩性土	高压缩性土
框架结构		0.002L	0.003L
砌体墙填充的边排柱		0.0007L	0.001L
当基础不均匀沉降时不产生附加应力的结构		0.005L	0.005L
单层排架结构（柱距为6m）柱基的沉降量/mm		（120）	200
桥式起重机轨面的倾斜 （按不调整轨道考虑）	纵向	0.004	
	横向	0.003	
多层和高层建筑基础的倾斜	$H_g \leqslant 24m$	0.004	
	$24m < H_g \leqslant 60m$	0.003	
	$60m < H_g \leqslant 100m$	0.0025	
	$H_g > 100m$	0.002	
体型简单的高层建筑基础的平均沉降/mm		200	
高耸结构基础的倾斜	$H_g \leqslant 20m$	0.008	
	$20m < H_g \leqslant 50m$	0.006	
	$50m < H_g \leqslant 100m$	0.005	
	$100m < H_g \leqslant 150m$	0.004	
	$150m < H_g \leqslant 200m$	0.003	
	$200m < H_g \leqslant 250m$	0.002	
高耸结构基础的沉降量/mm	$H_g \leqslant 100m$	400	
	$100m < H_g \leqslant 200m$	300	
	$200m < H_g \leqslant 250m$	200	

注：1. 本表数值为建筑物地基实际最终变形允许值。

2. 有括号者仅适用于中压缩性土。

3. L为相邻柱基的中心距离。

4. H_g 为自室外地面起算的建筑物高度。

5. 倾斜指砌体承重结构沿纵向6~10m内基础两点的沉降差与其距离的比值。

思　考　题

1. 高层建筑基础设计的基本原则是什么？

2. 地基承载力各类常见确定方法的比较。

3. 简述地基抗滑移的计算方法。

4. 比较本章介绍的两种最终沉降量计算方法的优缺点。

5. 简要分析箱形基础沉降计算为何要考虑地基回弹影响，以及如何考虑地基回弹影响？

6. 地基土变形模量的确定方法。

7. 简述高层建筑基础埋深应考虑的主要因素。

第六章

高层建筑基础结构设计

【内容提要】 简要介绍了高层建筑筏形和箱形基础设计的一般规定，然后分别介绍了筏形基础和箱形基础的基本概念、特点、应用条件及相应的构造要求。针对筏形基础计算时的主要内容，分别介绍筏板底面尺寸和板厚的确定方法、地基反力计算方法、筏板的内力计算及配筋。最后简要介绍了箱形基础的地基反力确定及结构受力计算方法。

■ 第一节 一 般 规 定

高层建筑筏形和箱形基础的平面尺寸，应根据地基土的承载力、上部结构的布置及荷载分布等因素确定。当为满足地基承载力的要求而扩大底板面积时，扩大部位宜设在建筑物的宽度方向（图 6-1）。

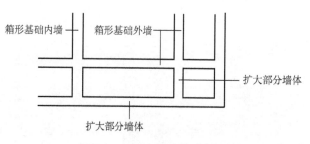

图 6-1 扩大底板面积的部位

对于单幢建筑物，在均匀地基的条件下，箱形和筏形基础的基底平面形心宜与结构竖向荷载重心重合。当不能重合时，在荷载效应准永久组合下，偏心距 e 宜符合下式要求

$$e \leqslant 0.1 \frac{W}{A} \tag{6-1}$$

式中 W——与偏心距方向一致的基础底面边缘抵抗矩；

A——基础底面积。

高层建筑的地下室采用箱形或筏形基础，且地下室四周回填土为分层夯实时，上部结构的嵌固部位可按下列原则确定：

（1）单层地下室为箱形基础，上部结构为框架、剪力墙或框剪结构时，上部结构的嵌固部位可取箱形基础的顶部(图 6-2a)。

(2) 采用箱形基础的多层地下室、采用筏形基础的地下室,以及对于上部结构为框架、剪力墙或框剪结构的多层地下室,当地下室的层间侧移刚度大于或等于上部结构层间侧移刚度的 1.5 倍时,地下一层结构顶部可作为上部结构的嵌固部位(图 6-2b、c),否则应认为上部结构嵌固在箱形基础或筏形基础的顶部。当上部结构为框架或框剪结构时,其地下室墙与主体结构墙之间的最大间距 d 尚应符合表 6-1 的要求。

表 6-1　地下室墙与主体结构墙之间的最大间距 d

非抗震设计	抗震设防烈度		
	6,7 度	8 度	9 度
$d \leqslant 50m$	$d \leqslant 40m$	$d \leqslant 30m$	$d \leqslant 20m$

(3) 对于上部结构为框筒或筒中筒结构的地下室,当地下一层结构顶板整体性较好,平面刚度较大且无大洞口,地下室的外墙能承受上部结构通过地下一层顶板传来的水平力或地震作用时,地下一层结构顶部可作为上部结构的嵌固部位(图 6-2b、c)。

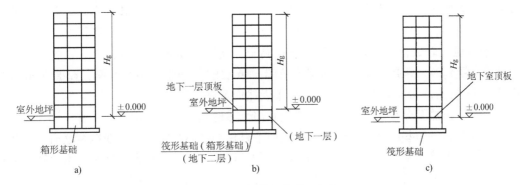

图 6-2　上部结构的嵌固部位

基础混凝土应符合耐久性要求。箱形基础的混凝土强度等级不应低于 C25,筏形基础和桩箱、桩筏基础的混凝土强度等级不应低于 C30。当采用防水混凝土时,防水混凝土的抗渗等级应根据表 6-2 选用,且其抗渗等级不应小于 P6。对重要建筑宜采用自防水并设架空排水层方案。

表 6-2　防水混凝土的抗渗等级

埋置深度 d/m	设计抗渗等级	埋置深度 d/m	设计抗渗等级
$d<10$	P6	$20 \leqslant d<30$	P10
$10 \leqslant d<20$	P8	$d \geqslant 30$	P12

第二节　筏　形　基　础

一、概述

(一) 基本概念

筏形基础是发展较早的一种基础形式,当钢筋混凝土被用于建筑物基础时,开始较多使用的是条形基础、独立柱基础和交叉梁基础，由于建筑物荷载越来越大或地基承载力较低，基座所占基础平面的面积越来越大，当达到 3/4 以上时，人们发现采用整板式基础更经济，于是就产生了筏形基础。在许多国外的文献里，Raft Foundation 或 Mat Foundation 都是指筏形基础，而且把与建筑物平面投影尺度相近的整体基础都包括在这个范畴之内，其中也包括一般的箱形基础。因此，在使用《高层建筑箱形与筏形基础技术规范》时应当注意，因为该规范对箱形基础有严格的定义。

《高层建筑箱形与筏形基础技术规范》定义筏形基础为"柱下或墙下连续的平板式或梁板式钢筋混凝土基础"，从这个定义来看，筏形基础的范围要比箱形基础大得多，使用上也灵活得多。可以说箱形基础难以满足的基础结构，往往可以采用筏形基础。

从力学的角度来看，筏形基础是用作支承荷载和扩散荷载的基础结构，要求具有一定的刚度和强度。其刚度一般介于刚性板和柔性板之间，为有限刚度板。

（二）特点

天然地基基础方案是高层建筑最为经济的基础方案，国外有关资料分析表明，天然地基基础的造价仅为桩基方案的 17%～67%。在国外经济发达国家，高层、超高层建筑在选择基础方案时，天然地基基础方案往往是首选方案，其中又以筏形基础应用最多。如美国有些城市对桩基的应用有一定限制，美国休斯敦市城区的表层土属于有裂隙的膨胀土，在地面下 7～30m 有一层比较致密的超固结砂质黏土或黏土，其下又是正常固结黏土，岩层则埋藏很深。该市高层建筑多采用了深开挖的筏形基础，56 层的共和银行中心大厦、72 层的联合银行塔楼及 75 层的德州商业银行大厦都采用了天然地基筏形基础。

在我国，虽然至今在高大建筑物上直接利用天然地基还十分谨慎，但随着设计经验的丰富和水平的提高，一些设计人员进行了大胆但不盲目的探讨与实践。如在地基软弱的天津和杭州，直接在天然地基上建成了 15 层的天津三多里高层住宅和 10 层的杭州华家饭店。这些成功的实例，不但取得了巨大的经济效益，而且具有重大的学术价值。

筏形基础能够成为高层建筑常用的基础形式，是因为它具有如下一些特点：能充分发挥地基承载力；基础沉降量比较小，调整地基不均匀沉降的能力比较强；具有良好的抗震性能；可以充分利用地下空间；施工方便；在一定条件下是经济的。

（三）应用条件

高层建筑与一般建筑一样，往往可以采用多种基础方案。但是从诸多方案中选择技术先进、可靠且经济合理的最优方案，却要考虑许多因素。所以是否采用筏形基础，应是多种基础方案进行比较的结果。影响方案选择的因素主要有上部结构特点、地基土质条件、建筑功能要求、抗震要求、材料及施工条件、工程环境、基础造价、工期。

另外，地区性的习惯做法，也会影响基础形式的选择。如深圳市 1996 年 6 月 30 日前竣工和在建的 18 层以上的高层建筑工程总计 430 项，753 幢，其中采用各种形式的桩基为 403 项，筏形基础为 15 项，箱形基础为 2 项，桩箱或桩筏基础为 8 项，出现这样的比例，就不仅仅是以技术经济条件来衡量的结果了。

（四）筏形基础类型

筏形基础较常用的类型如图 6-3 所示。

平板式筏形基础使用较普遍，施工简便，且有利于地下室空间的利用。其缺点是当柱荷载很大、地基不均匀即差异沉降较大时板的厚度较大。柱下板底加墩式和柱下板面加墩式主要是为了增强板的局部抗冲剪能力。

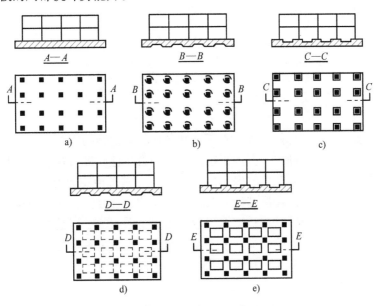

图 6-3　筏形基础常用类型

a）平板式　b）柱下板底加墩式　c）柱下板面加墩式
d）梁板式（板底设梁）　e）梁板式（板顶设梁）

　　板底加墩式有利于地下室的利用，板面加墩式则施工较方便。板底加墩式，基槽挖成图 6-4 所示的平滑圆弧形较好，可以避免钢筋或钢筋网弯曲。

　　梁板式筏形基础是由短梁、长梁和筏板组成的双向板体系，与平板式相比具有材耗低、刚度大的特点，其应用十分广泛。板底设梁的方案有利于地下室

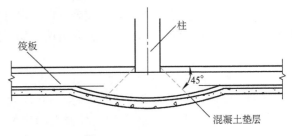

图 6-4　板底局部加厚

空间的利用，但地基开槽不但施工麻烦，而且破坏了地基的连续性，扰动了地基土，导致地基承载力降低。板顶设梁的方案便于施工，但不利于地下室空间的利用。因此，选择方案时应考虑综合因素。

（五）预应力技术在筏形基础中的应用

　　长期以来，由于上海地质条件较为复杂，建筑物采用的筏形基础一般都相当厚，如金茂大厦（88 层）、新锦江饭店（43 层）基础的混凝土底板厚度达到 4m，贵都大饭店（28 层）为 3m，海仑宾馆（35 层）为 2.8m。由于一般的高层建筑筏形基础厚度为 1.0~3.0m，因此，一幢具有一定体量的高层建筑的基础混凝土量往往要上万立方米，这么大体积的混凝土不仅造成材料的浪费，而且增加很大的地基土方开挖量和围护成本，非常浪费。

　　近年来上海开始在筏形基础中采用预应力技术，利用预应力来平衡桩土地下水反力，使基础底板的厚度大大降低。某 50 层的高层建筑，采用预应力筏板后，基础底板的厚度从 3m 降为 1.8m，仅混凝土用量就节省了近 2300m³，其经济效益非常惊人。上海徐家汇附近的一

个地下车库，采用预应力无梁底板，板厚仅为 350mm。高层建筑预应力基础的共同作用设计理论和方法尚在探索之中。

二、筏形基础的构造要求

筏形基础的选型、偏心距、上部结构嵌固位置已在本章第一节中做了介绍，下面主要介绍筏形基础几何尺寸的确定等构造要求。

（一）筏形基础几何尺寸的确定

严格地说，筏形基础的几何尺寸应根据地基条件、上部结构体系、墙和柱的布置、荷载大小等条件通过计算分析来确定。但由于筏形基础的力学性质极为复杂，目前国内外许多工程师对于筏形基础的设计都采取了较保守的简化方法，其理由主要是：计算分析费工费时，且结果的可靠性仍难以确定；筏形基础采取相对保守的设计方案所增加的花费，相对于整个工程而言是可以接受的；额外的花费增加了附加的安全系数，因而是可取的。

随着设计经验和研究水平的提高，筏形基础的设计会越来越合理。下面按梁板式筏形基础和平板式筏形基础分别介绍筏板几何尺寸确定的构造要求。

1. 梁板式筏形基础

《高层建筑箱形与筏形基础技术规范》规定，梁板式筏形基础的板厚不应小于 400mm，且板厚与板格的最小跨度之比不宜小于 1/14。当需要扩大筏形基础底面积时，应优先考虑沿建筑物宽度方向扩展。对基础梁外伸的梁板式筏形基础，底板伸出的长度，以基础梁外皮起算横向不宜大于 1200mm，纵向不宜大于 600mm。

由于筏形基础的实际力学状态较难分析，而且其刚度相对箱形基础要小得多，因此必须重视构造要求。对于地下室底层柱，剪力墙与梁板式筏形基础的基础梁的连接构造必须符合下列规定：

1）当交叉基础梁的宽度小于柱截面的边长时，交叉基础梁连接处应设置八字角，柱角和八字角之间的净距不宜小于 50mm，如图 6-5a 所示。

2）当单向基础梁与柱连接时，柱截面的边长大于 400mm，可按图 6-5b、c 采用；柱截面的边长小于或等于 400mm，可按图 6-5d 采用。

3）当基础梁与剪力墙连接时，基础梁边至剪力墙边的距离不宜小于 50mm（图 6-5e）。

2. 平板式筏形基础

平板式筏形基础的厚度应能满足受冲切承载力的要求，尤其要注意边柱和角柱下板的抗冲切验算，板的最小厚度不宜小于 500mm，对平板式筏形基础，扩大基础面积的原则同梁板式筏形基础，其挑出长度从柱外皮算起，横向不宜大于 1000mm，纵向不宜大于 600mm。

（二）筏形基础抗冲切的构造要求

筏形基础的冲切问题比弯曲和剪切问题更为复杂，对其破坏机理的试验研究和理论分析至今还未得到令人满意的结果，影响筏形基础抗冲切强度的主要因素有：

1）基础材料的特性与质量，包括混凝土强度和配筋率等。

2）冲切荷载的加荷面积、形状与筏板厚度。

3）地基土的性状与边界约束条件。

计算时应考虑作用在冲切临界截面重心上的不平衡弯矩所产生的附加剪力。内柱冲切临界截面示意图如图 6-6 所示，距柱边 $h_0/2$ 处冲切临界截面的最大切应力 τ_{max} 应按下列公式

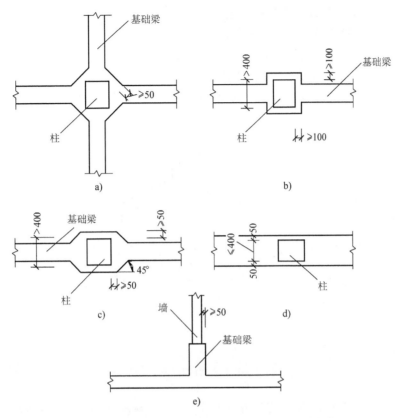

图 6-5　基础梁与地下室底层柱或剪力墙连接的构造

计算

$$\tau_{\max} = \frac{F_l}{u_m h_0} + \alpha_s \frac{M_{\mathrm{unb}} C_{AB}}{I_s} \tag{6-2}$$

$$\tau_{\max} \leqslant 0.7 \ (0.4 + 1.2/\beta_s) \ \beta_{\mathrm{hp}} f_t \tag{6-3}$$

$$\alpha_s = 1 - \frac{1}{1 + \dfrac{2}{3}\sqrt{\dfrac{c_1}{c_2}}} \tag{6-4}$$

式中　F_l——相应于荷载效应基本组合时的冲切力，对内柱取轴力设计值与筏板冲切破坏锥体内的地基反力设计值之差，对边柱和角柱，取轴力设计值与筏板冲切临界截面范围内的地基反力设计值之差，地基反力值应扣除底板及其上填土自重；

u_m——距柱边缘不小于 $h_0/2$ 处的冲切临界截面的最小周长；

h_0——筏板的有效高度；

M_{unb}——作用在冲切临界截面重心上的不平衡弯矩；

C_{AB}——沿弯矩作用方向，冲切临界截面重心至冲切临界截面最大剪应力点的距离；

I_s——冲切临界截面对其重心的极惯性矩；

β_s——柱截面长边与短边的比值，当 $\beta_s < 2$ 时取 2，当 $\beta_s > 4$ 时取 4；

β_{hp}——受冲切承载力截面高度影响系数，当 $h \leqslant 800\mathrm{mm}$ 时取 1.0，当 $h \geqslant 2000\mathrm{mm}$ 时取

0.9，其间按线性内插层取值；

f_t——混凝土轴心抗拉强度设计值；

c_1——与弯矩作用方向一致的冲切临界截面的边长；

c_2——垂直于c_1的冲切临界截面的边长；

α_s——不平衡弯矩通过冲切临界截面上的偏心剪力传递的分配系数。

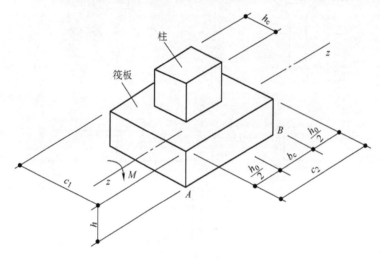

图 6-6　内柱冲切临界截面示意

当柱荷载较大，等厚度筏板的受冲切承载力不能满足要求时，可在筏板上面增设柱墩或在筏板下局部增加板厚或采用抗冲切箍筋来提高受冲切承载能力。

而对于平板式筏形基础上的内筒（图 6-7），其周边的冲切承载力可按下式计算

$$\frac{F_l}{u_m h_0} \leq 0.7\beta_{hp}f_t/\eta \qquad (6-5)$$

式中　F_l——相应于荷载效应基本组合时的内筒所承受的轴力设计值与内筒下筏板冲切破坏锥体内的地基反力设计值之差，其中地基反力值应扣除底板及其上填土的自重；

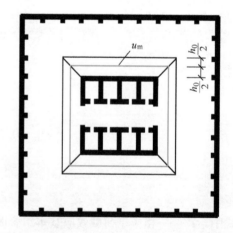

u_m——距内筒外表面$h_0/2$处冲切临界截面的周长；

h_0——距内筒外表面$h_0/2$处筏板的有效高度；

η——内筒冲切临界截面周长影响系数，取 1.25。

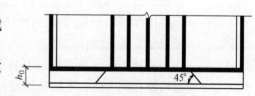

图 6-7　筏板受内筒冲切的临界截面位置

当需要考虑内筒根部弯矩的影响时，距内筒外表面$h_0/2$处冲切临界截面的最大剪应力

可按式(6-2)计算，此时最大剪应力应符合下式规定 $\tau_{max} \leqslant 0.7\beta_{hp}$

平板式筏板除满足受冲切承载力外，尚应按下式验算柱边缘处筏板的受剪承载力

$$V_s \leqslant 0.7\beta_{hs}f_tb_wh_0 \tag{6-6}$$

式中　V_s——距内筒或柱边缘 h_0 处，扣除底板及其上填土自重后，相应于荷载效应基本组合的基底平均净反力产生的筏板单位宽度剪力设计值；

b_w——筏板计算截面单位宽度；

β_{hs}——受剪承载力截面高度影响系数，当 $h_0<800mm$ 时取 $800mm$，当 $h_0>2000mm$ 时取 $2000mm$，其间按线性内插法取值；

h_0——距内筒或柱边缘 h_0 处筏板的有效高度。

（三）筏形基础抗弯的构造要求

抗弯计算是筏形基础弯曲内力计算的主要内容。较合理的筏形基础设计方案，取决于所采用的抗弯计算方法是否能较准确地反映实际状态。

筏形基础的强度除了混凝土外，主要取决于抗弯钢筋的配置。最常见的是在筏板的顶面和底面采取连续的双向配筋。对于平板式筏形基础，柱下板带中在柱宽及其两侧各 0.5 倍板厚的有效宽度范围内的钢筋配置量不应小于柱下板带钢筋的一半，且应能承受冲切临界截面重心上的部分不平衡弯矩 M_P 的作用。M_P 按下式计算

$$M_P = \alpha_m M \tag{6-7}$$
$$\alpha_m = 1 - \alpha_s$$

式中　M——作用在冲切临界截面重心上的不平衡弯矩；

M_P——板与柱之间的部分不平衡弯矩；

α_s——不平衡弯矩通过冲切临界截面上的偏心剪力来传递的分配系数；

α_m——不平衡弯矩传至冲切临界截面周边的弯曲应力系数。

筏板配筋率一般为 0.5%～1.0%。当板厚小于 300mm 时单层配筋，板厚等于或大于 300mm 时双层配筋。受力钢筋不宜小于 $\phi8mm$，间距 100～200mm，当有垫层时，钢筋保护层的厚度不宜小于 35mm。筏板的分布钢筋，取 $\phi8～\phi10mm$，间距 200～300mm。筏板配筋不宜粗而疏，以有利于发挥筏板的抗弯和抗裂能力。

筏板的配筋除符合计算要求外，纵横方向支座钢筋尚应分别有 0.15% 和 0.10% 的配筋率连通；跨中则按实际配筋率全部贯通。筏板悬臂部分下的土体若可能与筏板脱离时，应在悬臂上部设置受力钢筋。当双向悬臂挑出但肋梁不外伸时，宜在板底布置放射状附加钢筋。

（四）筏形基础的其他构造要求

1）筏形基础的边角区域是刚度和强度的薄弱环节，因此，应对边角区域采取加强措施，或者增加辐射状钢筋，或者增大配筋量，或者增加厚度。

2）筏形基础的施工缝或后浇带等垂直接缝，应布置在剪力较小的部位。

3）为了减小板厚，可在柱下采取增加弯起钢筋的措施来抵抗冲切作用。

三、筏形基础计算

高层建筑筏形基础计算一般包括以下内容：确定筏板底面尺寸和板厚，确定筏形基础的地基反力，筏板的内力计算及配筋。

（一）筏形基础底面积和板厚确定原则

在根据建筑物的使用要求和地质条件选定筏板的埋置深度后，其基底面积按地基承载力确定，一般还应验算地基变形。为了避免基础发生太大倾斜和改善基础受力状况，在确定平面尺寸时，可以通过改变底板在四边的外挑长度来调整基底形心，使其尽量与结构长期作用的竖向荷载合力作用点重合，以减少基底截面所受的偏心力矩，避免过大的不均匀沉降。

筏板厚度应根据抗剪和抗冲切强度验算确定。初拟尺寸时可根据上部结构开间和荷载大小凭经验确定，也可根据楼层层数按每层50mm估算，但不得小于构造要求。

（二）筏板基础的地基反力

当上部结构刚度较大（如剪力墙体系、填充墙很多的框架体系），且地基压缩模量 $E_s <$ 4MPa时，筏形基础下的地基反力可按直线分布考虑；如果上部结构的荷载是比较均匀的，则地基反力也可取均匀反力。对筏板厚度大于 $L/6$（L 为承重横向剪力墙开间或最大柱距）的筏板且上部结构刚度较大时，筏形基础下的地基反力仍可按直线分布确定；当上部结构荷载比较匀称时，筏形基础反力也可视为均匀的。为了考虑整体弯曲的影响，在板端1~2开间内的地基反力应比均匀反力增加10%~20%。若不满足上述条件，则按照弹性板法确定地基反力。

（三）筏形基础的稳定性和沉降问题

像其他形式的基础一样，筏形基础必须满足以下的要求：具有抵抗剪切破坏的足够安全系数；不会产生过大的沉降。

1. 稳定性

（1）确定地基承载力。从整体稳定性角度来看，筏形基础是一个大基础，所以确定地基承载力的原理可适用于筏形基础；对于粗粒土，大的筏形基础的地基极限承载力是很大的；对于黏性土，必须确定深埋土层的抗剪强度参数，以便分析深埋土层破坏的安全系数。

（2）处理措施。如果筏形基础深层抗剪破坏的安全系数不足，而把板扩大以减小压力，这样的方法通常不起作用且不经济。在这种情况下，深基础能够给出一个令人满意的解答；也可采用增大地基土抗剪强度的方法，如对黏性土预加荷载，以及对粒状土进行压实。

2. 沉降

影响筏形基础沉降的因素主要有筏形基础相对于地基土压缩性的相对刚度（实际上是筏板连同上部结构的相对刚度）、地基土的类别、压缩层的深度、地基土的均匀性及施工方法。所有这些因素对筏形基础的挠度都有很大影响，应该慎重地估计这些因素对总沉降的综合影响。

（四）筏板内力计算

1. 简化计算方法

（1）刚性板法。刚性板法是目前国内用得最多的简化方法。《高层建筑箱形与筏形基础技术规范》规定：当地基比较均匀、上部结构刚度较好，且柱荷载及柱间距的变化不超过20%，且平板式筏基板的厚跨比或梁板式筏基梁的高跨比不小于1/6时，筏形基础可仅考虑局部弯曲作用，计算筏形基础的内力时，基础反力可按直线分布，按倒楼盖法进行计算。

倒楼盖法是将基础视为倒置的楼盖，以柱子或剪力墙为支座、地基静反力为荷载，按普通钢筋混凝土楼盖来计算。对于框架结构下的平板式筏形基础，基础板就可按无梁楼盖计算。平板在纵横两个方向划分为柱上板带和柱间板带，并近似地取地基反力为板带上的荷载(图6-8),其内力分析和配筋计算与无梁楼盖相同。对于框架结构下的带梁式筏形基础,在按倒楼盖法计算时,其计算简图与柱网的分布和肋梁的布置有关。如柱网接近方形,梁仅沿柱网布置(图6-9a),则基础板为连续双向板,梁为连续梁。如基础板在柱网间增设了肋梁(图6-9b),基础板应视区格大小按双向板或单向板进行计算,梁和肋均按连续梁计算。

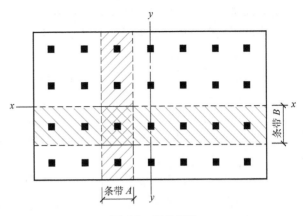

图 6-8　刚性板法

刚性板法的具体计算步骤如下:

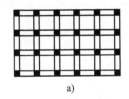 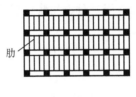 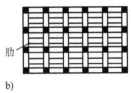

a)　　　　　　　　　　　　　　b)

图 6-9　筏形基础的肋梁布置

a) 梁沿柱网布置　b) 柱网间增设肋梁

1) 首先求板的形心,将其作为 Oxy 坐标系的原点 O(图6-10)。

2) 按下式求板底反力分布

$$p = \frac{\sum P}{A} \pm \sum P \frac{e_x x}{I_y} \pm \sum P \frac{e_y y}{I_x} \quad (6-8)$$

$$p_{\substack{max \\ min}} = \frac{\sum P}{A} \pm \sum P \frac{e_x}{W_y} \pm \sum P \frac{e_y}{W_x} \quad (6-9)$$

式中　$\sum P$——刚性板上总荷载,求筏形基础内力时不计板自重,故 p 为净反力;

　　　I_x、I_y——基底对 x 轴、y 轴的惯性矩;

　　　W_x、W_y——基底对 x 轴、y 轴的抵抗矩。

3) 在求出基底净反力后(不考虑整体弯曲,但在端部1~2开间内将基底反力增加

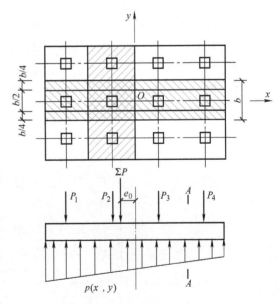

图 6-10　无梁楼盖式筏板

10%~20%),可按互相垂直的两个方向做整体分析。根据静力平衡条件,在板任一截面上总剪力等于一边全部荷载和地基反力的代数和;总弯矩等于作用于截面一边的力矩和。例如,对截面 A—A(图6-9),取左边部分时,由 $\sum Q = 0$ 和 $\sum M = 0$,可求出截面 A—A 上的内力。

虽然由上述静力平衡原理可以确定整个板截面上的剪力与弯矩,但要确定这个截面上的

应力分布却是一个高度超静定的问题。在板截条的计算中，由于独立的板带没有考虑相互间的剪力影响，梁上荷载与地基反力常常不满足静力平衡条件，可通过调整反力得到近似解。弯矩分布可采用分配法，即将计算板带宽度 b 的弯矩按宽度分为三部分，中间部分的宽度为 $b/2$，两个边缘部分的宽度为 $b/4$，把整个宽度 b 上的 2/3 弯矩值作用于中间部分，边缘各承担 1/6 弯矩（图 6-10）。

应当指出，采用筒中筒结构、框筒结构、整体剪力墙结构的高层建筑浅埋筏形基础或具有多层地下结构的深埋筏形基础，由于结构整体刚度很大，可近似地按倒楼盖法计算内力，忽略筏形基础整体弯矩的影响。

刚性板的简化计算方法要求板上的柱距相同或比较接近且小于 1.75λ（λ 为特征系数），相邻柱荷载相对均匀，荷载的变化不超过 20%。采用这种方法求得的内力一般偏大，但方法简单、计算容易，且高层建筑中的筏形基础，其板的厚度一般都比较大，多数的筏板能符合刚性基础板的要求，所以设计人员常用这种方法来计算基底的反力。

上述特征系数 λ 可采用下式计算

$$\lambda = \sqrt[4]{\frac{k_0 b}{4 E_h J}} \tag{6-10}$$

式中　　b——筏形基础条带的宽度，即相邻两行柱的中心距（图 6-10）；

　　　　E_h——混凝土的弹性模量；

　　　　J——宽度为 b 的条带的截面惯性矩；

　　　　k_0——地基上的基床系数。

对于梁板式筏形基础，可将地基反力按 45°线划分范围（图 6-11），阴影部分作为传递到横向肋梁上的荷载，其余部分作为传递到纵向肋梁上的荷载，然后按多跨连续梁分别计算纵向和横向肋梁的内力，这就是所谓的"倒梁法"。但是倒梁法求出的支座反力与原柱荷载不同，两者存在一个差值，可以用"调整倒梁法"进行调整，直到支座反力与原柱荷载趋于一致。

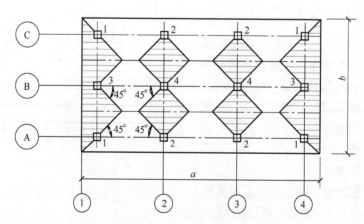

图 6-11　筏形基础肋梁上荷载的分布

梁板式筏形基础计算步骤如下：

1）先计算基底反力，一般认为此基底反力是板上荷载。

2）将板上荷载沿板角45°线划分范围，把梁所承担区域或其他集中力的所有荷载分配给相应肋梁(次梁也用此法计算)。

3）按连续梁计算相应梁的内力(可使用"调整倒梁法")。

4）若梁间板为矩形，按单向板计算板的内力；若梁间板为正方形，按双向板计算板的内力。

（2）近似弹性板分析法。近似弹性板分析法是美国 ACI 推荐的方法，当筏形基础刚度不够大，不能采用倒楼盖法即刚性板法时，可采用近似弹性板法。计算步骤如下：

1）按冲切或常规刚性法确定板厚。

2）按下式计算筏板的抗弯刚度 D

$$D = \frac{Et^3}{12(1-\nu^2)} \tag{6-11}$$

式中　E——混凝土的弹性模量；

ν——混凝土的泊松比；

t——板厚。

3）按下式计算有效刚度半径 l（柱的影响范围约为 $4l$）

$$l = \sqrt{\frac{D}{k_s}} \tag{6-12}$$

式中　k_s——地基基床系数。

4）按下式计算任意点的径向和切向弯矩、剪力和挠度

$$M_r = -\frac{P}{4}\left[Z_4 - \left(\frac{1-\nu}{x}\right)Z_3'\right] \tag{6-13a}$$

$$M_t = -\frac{P}{4}\left[Z_4 + \left(\frac{1-\nu}{x}\right)Z_3'\right] \tag{6-13b}$$

$$Q = -\frac{P}{4l}Z_4' \tag{6-13c}$$

$$w = \frac{Pl^2}{4D}Z_3 \tag{6-13d}$$

式中　P——柱荷载；

x——间距比 r/l，如图 6-12 所示；

Z_i、Z_i'——图 6-12 中的系数；

M_r、M_t——板单位宽度上的径向和切向弯矩；

Q——板单位宽度上的剪力；

w——挠度。

5）按下式将径向弯矩和切向弯矩转换成直角坐标

$$M_x = M_r \cos^2\theta + M_t \sin^2\theta \tag{6-14a}$$

$$M_y = M_r \sin^2\theta + M_t \cos^2\theta \tag{6-14b}$$

6）当基础板的边缘位于影响半径之内时，应进行修正。计算在影响半径之内垂直于板边缘的弯矩和剪力时，假定板是无穷大的，然后在板的边缘施加方向相反、大小相等的弯矩和剪力。其计算可采用弹性地基上梁的计算方法。

7）刚性梁墙可以作为通过墙分布到基础板上的线荷载来处理。此时，可把板分割成正交于墙的一些单位宽度的截条，同样采用弹性地基上梁的计算方法来计算。

8）最后，把每一个单独柱子和墙体所算得的所有弯矩和剪力叠加，就得到总弯矩和总剪力。

2. 数值计算方法

（1）有限差分法。采用有限差分法分析筏形基础的基本理论是弹性地基上的薄板理论，计算时用一组有限差分方程代替弹性地基上薄板的偏微分方程，做数学上的近似分析。对于等厚度矩形板，当计算网格划分较细时，求得的结果从理论上讲是比较精确的。

将筏形基础假设为计算网格的各节点由独立弹簧支撑的弹性薄板，由静力平衡条件可求得其基本微分方程式为

$$\frac{\partial^4 w}{\partial x^4} = 2\frac{\partial^4 w}{\partial x^2 \partial y^2} + \frac{\partial^4 w}{\partial y^4} = \frac{q-kw}{D} \tag{6-15}$$

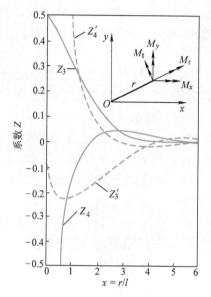

图 6-12　剪力、弯矩和挠度系数

式中　$w(x,y)$——板的挠度；

$\quad\quad q(x,y)$——作用在板上的面荷载；

$\quad\quad\quad k$——基床系数；

$\quad\quad\quad D$——板的抗剪刚度，$D = E_c h^3 / [12(1-\nu_c^2)]$；

$\quad\quad\quad h$——板的厚度；

$\quad\quad\quad E_c$——板材料的弹性模量；

$\quad\quad\quad \nu_c$——板材料的泊松比。

板单位宽度上的弯矩 M_x、M_y 和扭矩 M_{xy}、M_{yx} 为

$$M_x = -D\left(\frac{\partial^2 w}{\partial x^2} + \nu_c \frac{\partial^2 w}{\partial y^2}\right) \tag{6-16a}$$

$$M_y = -D\left(\frac{\partial^2 w}{\partial y^2} + \nu_c \frac{\partial^2 w}{\partial x^2}\right) \tag{6-16b}$$

$$M_{yx} = M_{xy} = -D(1-\nu_c)\frac{\partial^2 w}{\partial x \partial y} \tag{6-16c}$$

板单位宽度上包括剪力 Q_x、Q_y 和扭矩在内的等效总剪力为

$$v_x = Q_x - \frac{\partial M_{xy}}{\partial y} = -D\left[\frac{\partial^3 w}{\partial x^3} + (2-\nu_c)\frac{\partial^3 w}{\partial x \partial y^2}\right] \tag{6-17a}$$

$$v_y = Q_y - \frac{\partial M_{yx}}{\partial x} = -D\left[\frac{\partial^3 w}{\partial y^3} + (2-\nu_c)\frac{\partial^3 w}{\partial y \partial x^2}\right] \tag{6-17b}$$

上述方程可以采用差分方法进行求解。

对一个给定的筏形基础，网格中每个支点可列出一个差分方程，求解这些联立方程，就可求得所有点的挠度。这些联立方程可用计算机很快地求解。

（2）有限单元法。有限差分法不适用于计算弯厚度板、带肋筏板和形状不规则的板，而这些板采用有限单元法则很容易解决。这里介绍网格结构的直接单元法（图6-13）。该法由王足嘉（Chu-Kia Wang）于1970年提出。该法的适应性很强，各种不同类型的筏形基础均可计算，尤其是分析梁板式筏形基础较为理想，还可用于分析十字交叉梁基础。采用该法是将筏形基础化成梁单元进行求解（图6-14）。

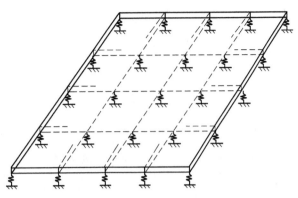

图6-13　板及地基的有限单元划分模式

四、工程案例

中国建筑科学研究院和山西省电力勘测设计院对太原第二热电厂四期工程主厂房天然地基筏形基础，进行了从方案、设计直至工程实测的全面研究工作。作为天然地基筏形基础的实测研究项目，该项目具有工程项目大、试验项目全的特点，可以说是当时国内外较为罕见的工程实例。

（一）工程简介

太原第二热电厂四期工程扩建两台200MW空冷供热机组，1990年10月开始初步设计，1991年11月进行施工图设计，同年12月28日正式开工，1994年8月第一台机组投产发电，同年12月第二台机组投产发电，工程总投资13亿元。该工程主厂房横向为框排架体系，汽机房跨度为33m，除氧煤仓间为一单跨五层框架结构，跨度为15m，高度为44m。除氧煤仓间纵向为框架-剪力墙体系，柱距为9m，总长为154.2m，两机之间设有伸缩缝。由于除氧煤仓间各楼层上布置有除氧器、煤斗及各种设备和管道，致使Ⓑ-Ⓒ轴列框架柱脚荷载达14000kN以上。主厂房框排架结构体系如图6-15所示。

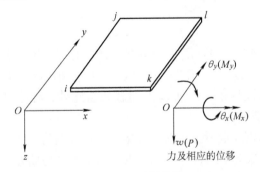

图6-14　矩形板单元

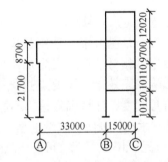

图6-15　主厂房框排架结构体系

拟建厂房位于太原市北郊，距市区约15km，厂区15km²范围内出露地层均为第四系松散沉积层，根据勘探结果，地层分为四大层，其中第Ⅲ、Ⅳ层各有3个亚层。各层土的物理力学性质指标见表6-3。扩建场地地下水位为-4.10~3.10m，年变幅1.20~1.50m，厂区地震基本烈度为8度，中软场地，B类场地土，无可液化地层。

表6-3　地基土的物理力学性质指标

序号	层底深度/m	土层名称	天然含水率 $w(\%)$	天然孔隙比 e	饱和度 $S_r(\%)$	塑性指数 I_p	液性指数 I_L	压缩模量 E_s/kPa	黏聚力 c/kPa	内摩擦角/(°)	天然密度/(g/cm³)	承载力 f_k/kPa
Ⅰ	1.30	杂填土	/	0.830	/	/	/	/	/	/	/	80
Ⅱ	4.80	黄土（粉土）	28.6	0.767	96.0	8.4	0.69	6096	23.8	22.5	1.88	120
Ⅲ₁	17.80	粉土	26.8	0.734	99.6	8.1	0.65	12550	29.1	23.7	1.95	195
Ⅲ₂	28.81	粉质黏土	29.2	0.662	97.5	10.1	0.63	9795	39.7	20.8	1.95	220
Ⅲ₃	32.81	粉土	24.0	0.662	99.9	8.6	0.43	10070	47.6	19.9	2.01	240
Ⅳ₁	33.80	粉土	/	/	/	/	/	/	/	/	/	180
Ⅳ₂	38.70	砾石	/	/	/	/	/	/	/	/	/	340
Ⅳ₃	/	卵石	/	/	/	/	/	/	/	/	/	500

大型火力发电厂基础及地基处理的费用占土建投资不小的比例，因此选择安全、经济合理的地基基础方案具有很大的经济意义。首先考虑天然地基方案，根据场地土较软、承载力较低、荷载较大等特点，选用梁板式筏形基础。梁板式筏形基础不但可省材料，而且整体性好，刚度大，能承受较大荷载及调整地基的不均匀沉降，有利于抗震。此外，天然地基筏形基础施工简单，质量容易保证，工期短，有利于整个工期的提前，经济效益及社会效益十分显著。根据工艺布置要求及土层特性，基础埋深定为-6.0m。按GBJ 7—1989《建筑地基基础设计规范》方法计算，最大沉降量 $s=20.7$cm，纵向差异沉降为5‰。绝对沉降及差异沉降均超标，天然地基方案遇到困难。根据Ⓑ、Ⓒ轴荷载较大及设备运行对厂房绝对沉降和差异沉降的要求，又拟订了另外两种基础方案进行综合评判：

（1）钢筋混凝土预制桩。桩尖持力层设在Ⅲ₃层粉土上，桩尖下属中—低压缩性土层，厚约11m，承载力标准值 $f_k=230$kPa。采用桩长20m左右的摩擦桩，截面尺寸40cm×40cm，单桩承载力 $N=900$kN，经变形验算，绝对沉降及差异沉降均满足要求。该方案比较可靠，但缺点是造价高，工期长。

（2）复合地基方案。采用长度15m，直径40cm的碎石桩加固Ⅲ₁层粉土。由于取材容易，故造价相对较低。因为加固效果与土层性质密切相关，另外施工工艺和施工质量也直接影响加固效果，需要通过试验方可提供设计依据，所以工期较长。此外，如不考虑基础自身刚度，计算沉降差仍不能满足规范要求。

经济技术比较表明，天然地基、复合地基和钢筋混凝土预制桩方案的造价分别为626万元、835万元、1060万元。可见天然地基筏形基础方案的优势是明显的。为了不轻易放弃最经济有利的方案，于是进行了进一步的计算分析工作。中国建筑科学研究院分别采用有限单元法筏形基础计算程序和沉降计算程序对Ⓑ、Ⓒ轴筏形基础进行了计算分析，最终结论认为采用天然地基筏形基础是可行的，具有较大的经济效益，并且施工简便。采用考虑土的实际应力应变扩散能力计算方法得到的绝对沉降为12cm，差异沉降小于2‰，满足规范要求，并在有关专家组成的论证会上，通过了天然地基筏形基础方案。

由于采用了天然地基筏形基础方案，不但为国家节省了巨额的建设资金，而且缩短工期三个多月，若考虑提前发电其经济效益更是可喜。还需指出，在主厂房采用天然地基筏形基础方案的影响下，原准备采用桩基方案的锅炉房、冷却塔基础也采用了天然地基方案，又节省了几百万元资金。

（二）现场实测成果与计算分析

太原第二热电厂主厂房天然地基筏形基础方案虽然被确定采用，但这突破规范的方案总存有一定的风险，因此强调应加强该基础工程的现场实测研究。

（1）地基反力。对基础工程而言，地基反力最能反映地基与基础共同作用的力学特征，地基反力的分布状态直接影响基础内力与基础沉降变形的大小与分布形式，因此对地基反力的测试与研究历来被基础工程与土力学专家和学者所重视。该工程总共埋设了 80 个压力盒。由于工程现场地基土质均匀，为压力盒的测试提供了理想的条件，压力盒的测试结果比较成功，实测结果介于文克勒地基和弹性半无限地基模型之间。

（2）钢筋应力。钢筋应力计在实际工程中的测试结果一般很少出现超过 50MPa 的情况，这主要是因为基础的刚度设计一般都偏大，基础配筋量一般也较大，而基础的变形一般又都较计算值小得多，因此基础内力远小于计算值，钢筋应力一般都在混凝土板出现裂缝，混凝土退出抗拉状态时才可能出现大值。

（3）基础沉降。由沉降实测结果可知，本工程筏形基础沉降量平均约为 4cm，差异沉降 1cm 左右，挠曲变形很小，因此弯曲应力不会很大。本工程筏形基础的体积配筋率为 $1.2\%(95kg/m^3)$，该筏形基础的整体刚度较大，基础混凝土自身的抗弯能力很强。因此，实测钢筋应力很小。表 6-4 列出发电机组运行半年时钢筋应力计的实测值。

表 6-4　钢筋应力计的实测值

应力计编号	钢筋应力/MPa	应力计编号	钢筋应力/MPa
6	50.96	13	51.63
9	14.64	31	−20.98
10	13.52	33	−37.76
12	−26.18		

钢筋应力的实测结果表明，筏形基础仍处于弹性工作状态，混凝土的抗拉强度还远未达到其极限值，没有出现开裂现象。同时也说明，今后设计类似基础时，基础截面尺寸、配筋量都可适当减少。

五、计算算例

例 6-1　一幢建造在 6 度抗震设防区的 9 层办公楼，层高为 3.8m，室内外高差 0.5m，上部结构采用现浇框架结构，柱网布置如图 6-16 所示；地质勘察报告提供的地基土质情况见表 6-5。试确定筏形基础的埋深、面积和板厚。（注：上部框架结构的荷载值可按表 6-6 的经验值估算）

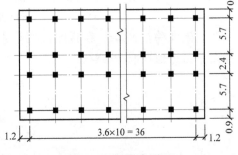

图 6-16　柱网布置图

表 6-5 土质情况表

土层名称	土层厚度/m	E_s/MPa	承载力设计值/kPa	土层名称	土层厚度/m	E_s/MPa	承载力设计值/kPa
耕土	1.0			细砂	2.4	9.0	
粉土	0.8	5.5	130	中砂	2.5	10.0	
粉土	2.8	4.0	130	粗砂	3.0	18.0	
粉质黏土	4.0	7.0	120	黏土		9.0	

表 6-6 结构单位面积重力荷载估算

结 构 类 型	墙体类型	重力荷载（包括活荷载）/kPa
框架	轻质填充墙	10~12
	机制砖填充墙	12~14
框架-剪力墙	轻质填充墙	12~14
	机制砖填充墙	14~16
剪力墙，筒体	混凝土墙体	15~18

解： （1）基础埋深。筏形基础的埋深，在抗震设防区，当采用天然地基时不宜小于建筑物地面以上高度的 1/15，但对于非抗震设计的建筑物或抗震设防烈度为 6 度时，筏形基础的埋深可适当减少，为此当室内外高差为 0.5m 时，筏形基础的埋深 H_1 可取

$$H_1 = \frac{1}{15} \times (3.8 \times 9 + 0.5)\,\mathrm{m} = 2.3\,\mathrm{m}$$

（2）筏板面积的确定。筏板面积的大小与上部结构的荷载和地基承载能力有关。本例地基承载力设计值由地质勘察报告提供，在 2m 深处粉土层有 $f = 130\mathrm{kPa}$。上部框架结构的荷载值可根据高层建筑结构设计计算荷载的取值方法，按表 6-6 提供的经验数值估算，取 12kPa 计算，即

中柱
$$P_{中} = 12 \times 3.6 \times \left(\frac{2.4 + 5.7}{2}\right) \times 9\,\mathrm{kN} = 1574.6\,\mathrm{kN}$$

边柱
$$P_{边} = 12 \times 3.6 \times \frac{5.7}{2} \times 9\,\mathrm{kN} = 1108.1\,\mathrm{kN}$$

上部结构传至基础顶面处的竖向力设计值为

$$\sum P = (1574.6 + 1108.1) \times 2 \times 10\,\mathrm{kN} = 53654.0\,\mathrm{kN}$$

当基础埋深 h 取 2m，筏板面积取 A 时，筏板自重和筏板上覆土的重力（筏板和覆土的混合重度 γ 可近似地取 20kN/m³）可取

$$G = h\gamma A$$

于是，筏板的面积可由下式确定

$$A = \frac{\sum P + G}{f} = \frac{\sum P + h\gamma A}{f}$$

$$A = \frac{\sum P}{f - h\gamma} = \frac{53654.0}{130 - 2 \times 20}\,\mathrm{m}^2 = 596.2\,\mathrm{m}^2$$

筏板平面尺寸初选时考虑在纵向两端各外挑边跨开间的 1/3（即 1.2m），横向两端各外挑 0.9m。于是，筏板平面尺寸为

纵向　　　　　　　　　　　$L=(3.6\times10+1.2\times2)\text{m}=38.4\text{m}$

横向　　　　　　　　　　　$B=(5.7\times2+2.4+0.9\times2)\text{m}=15.6\text{m}$

面积　　　　　　　　　　　$A=LB=38.4\times15.6\text{m}^2=599.0\text{m}^2>596.2\text{m}^2$

（3）筏板厚度的确定。筏形基础可以设计成平板式，也可以设计成梁板式，当上部结构为框架结构且荷载分布不均匀时，一般宜选用梁板式的筏形基础，梁沿纵横柱网布置。当上部框架的荷载不大且又比较均匀时，也可选用平板式的筏形基础。

当选用平板式筏形基础并视其为刚性板时，在 $E_0\leqslant4\text{MPa}$ 时，筏板厚度 h 宜取大于或等于 $1/6$ 的开间，即有

$$h\geqslant\frac{1}{6}\times3.6\text{m}=0.6\text{m}$$

当选用平板式筏形基础并视其为弹性薄板时，筏板厚度可按建筑物楼层层数每层取 50mm 来初步确定，且不小于构造要求，本例建筑物为9层，故可选取筏板厚度为 $0.05\text{m}\times9=0.45\text{m}$。

当选用带梁式筏形基础时，梁的宽度至少应大于该方向柱截面边长 50mm，而梁的高度应视上部柱距和荷载的大小而定。在高层民用建筑设计时，一般取柱距的 $1/6\sim1/4$ 为梁的初选高度。本例系办公用房，荷载不大，且仅为9层高度，故初选高度范围可适当减少，于是可初选主框架下的基础梁高度 H 为

$$H=\left(\frac{1}{6}\sim\frac{1}{5}\right)\times5.7\text{m}=(0.95\sim1.14)\text{m}$$

可取 $H=1.1\text{m}$。

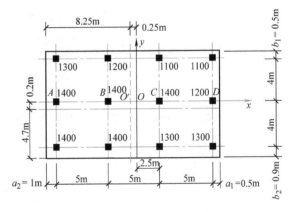

例 6-2　已知基础埋深 1.4m，地基基床系数 $k=1500\text{kN/m}^3$，地基承载力设计值 $f=130\text{kPa}$，基础混凝土弹性模量 $E=2.6\times10^7\text{kPa}$，柱网尺寸及荷载如图6-17所示，板厚 0.4m，运用刚性板法计算框架结构下的平板式筏形基础内力。

图 6-17　柱网尺寸及荷载

解：（1）决定底板尺寸外荷载合力对柱网中心 O' 的偏心距。

$$\sum P=(1100\times2+1200\times2+1300\times3+1400\times5)\text{kN}=15500\text{kN}$$

$$e_x=\frac{1300\times7.5+1200\times2.5+1400\times2\times7.5+1400\times2.5\times2-1100\times(2.5+7.5)}{15500}\text{m}+$$

$$\frac{-1400\times2.5-1200\times7.5-1300\times(2.5+7.5)}{15500}\text{m}=0.274\text{m}$$

$$e_y=\frac{1400\times2\times4+1300\times2\times4-1100\times2\times4-1200\times4-1300\times4}{15500}\text{m}=0.18\text{m}$$

先选定筏板外排尺寸 $a_1=b_1=0.5\text{m}$，再按合力作用点尽量通过底板形心，定出 $a_2=1\text{m}$，$b_2=0.9\text{m}$。

筏形基底面积 A 为

$$A = (1+5\times3+0.5)\times(4\times2+0.5+0.9)\,\mathrm{m}^2 = 155\mathrm{m}^2$$

按地基承载力验算底板面积

$$A = \frac{\sum P + G}{f} = \frac{15500 + 20\times1.4\times155}{130}\,\mathrm{m}^2 = 153\mathrm{m}^2 < 155\mathrm{m}^2$$

$\sum P + G$ 对柱网中心 O' 的偏心距为

$$e'_x = \frac{15500\times0.274 + 20\times1.4\times155\times0.25}{15500 + 20\times1.4\times155}\,\mathrm{m} = 0.269\mathrm{m}$$

$$e'_y = \frac{15500\times0.18 + 20\times1.4\times155\times0.2}{15500 + 20\times1.4\times155}\,\mathrm{m} = 0.184\mathrm{m}$$

$\sum P + G$ 对基底形心 O 点的偏心距

$$e_{ox} = (0.269 - 0.25)\,\mathrm{m} = 0.019\mathrm{m}$$

$$e_{oy} = (0.2 - 0.184)\,\mathrm{m} = 0.016\mathrm{m}$$

$$p_{\min}^{\max} = \frac{\sum P + G}{A} \pm \frac{(\sum P + G)e_{ox}}{I_y}x \pm \frac{(\sum P + G)e_{oy}}{I_x}y$$

$$= \left(\frac{19840}{155} \pm \frac{19840\times0.019}{\frac{1}{12}\times9.4\times16.5^3}\times8.25 \pm \frac{19840\times0.016}{\frac{1}{12}\times16.5\times9.4^3}\times4.7\right)\mathrm{kPa}$$

$$= (128 \pm 0.88 \pm 1.31)\,\mathrm{kPa} \begin{cases} 130\mathrm{kPa} < 1.2f \\ 126\mathrm{kPa} > 0 \end{cases}$$

$$p = \frac{\sum P + G}{A} = 128\mathrm{kPa} < f$$

（2）确定板带计算简图。按柱网中心划分板带（相邻柱荷载及相邻柱距之差小于20%）。

1）沿 x 轴的中间板带：沿 x 轴方向，可划分中间板带 A-B-C-D（图6-18），板带宽4m，厚0.4m，此板带的截面惯性矩为

$$J_x = \frac{1}{12}\times4\times0.4^3\mathrm{m}^4 = 0.0213\mathrm{m}^4$$

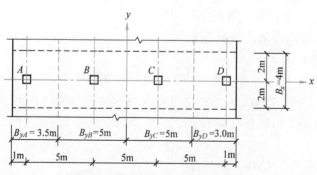

图6-18　沿 x 轴的中间板带划分

2）沿 y 轴方向板带：沿 y 轴方向，可划分板带 A、板带 B、板带 C 和板带 D。

板带 A　$B_{yA} = 3.5\mathrm{m}$，$J_{yA} = \frac{1}{12}\times3.5\times0.4^3\mathrm{m}^4 = 0.0187\mathrm{m}^4$

板带 B $\quad B_{yB}=5\text{m}$, $J_{yB}=\dfrac{1}{12}\times5\times0.4^3\text{m}^4=0.0267\text{m}^4$

板带 C $\quad B_{yC}=B_{yB}$, $J_{yC}=J_{yB}$

板带 D $\quad B_{yD}=3\text{m}$, $J_{yD}=\dfrac{1}{12}\times3\times0.4^3\text{m}^4=0.016\text{m}^4$

各板带的弹性特征系数为

$$\lambda_x=\sqrt[4]{\frac{k_xB_x}{4E_\mathrm{h}J_x}}=\sqrt[4]{\frac{1500\times4}{4\times2.6\times10^7\times0.0213}}=0.228$$

$$\lambda_{yA}=\sqrt[4]{\frac{kB_{yA}}{4E_\mathrm{h}J_{yA}}}=\sqrt[4]{\frac{1500\times3.5}{4\times2.6\times10^7\times0.0187}}=0.228$$

$$\lambda_{yB}=\lambda_{yC}=0.228$$

$$\lambda_{yD}=\sqrt[4]{\frac{1500\times3}{4\times2.6\times10^7\times0.016}}=0.228$$

3）分配节点荷载。

节点 A

$$P_x=\frac{B_x\lambda_{yA}}{B_x\lambda_{yA}+4B_{yA}\lambda_x}\times1400\text{kN}$$
$$=\frac{4\times0.228}{4\times0.228+4\times3.5\times0.228}\times1400\text{kN}=311\text{kN}$$

节点 B、节点 C

$$P_x=\frac{B_x\lambda_{yB}}{B_x\lambda_{yB}+B_{yB}\lambda_x}\times1400\text{kN}=\frac{4\times0.228}{4\times0.228+5\times0.228}\times1400\text{kN}=622\text{kN}$$

节点 D

$$P_x=\frac{B_x\lambda_{yD}}{B_x\lambda_{yD}+4B_{yD}\lambda_x}\times1200\text{kN}$$
$$=\frac{4\times0.228}{4\times0.228+4\times3\times0.228}\times1200\text{kN}$$
$$=300\text{kN}$$

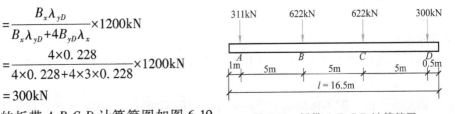

图 6-19 板带 A-B-C-D 计算简图

沿 x 方向的板带 A-B-C-D 计算简图如图 6-19 所示。

板带内力计算与柱列下条形基础相同，其他板带均可按此法确定出计算简图并求出各板带内力，具体求解从略。

第三节 箱形基础

一、概述

同济大学图书馆

箱形基础（Box Foundation）是高层建筑常用的一种基础形式，它是由底板、顶板、外围挡土墙及一定数量内隔墙所构成的单层或多层钢筋混凝土结构，具体构造如第一章所述。箱形基础适用于高层框架、剪力墙及框架剪力墙结构，其主要优点如下：

1）基础刚度大、整体性好、传力均匀。

2）能够较好地适应局部软硬不均匀地基，有效调整基底反力。

3）基底面积和基础埋深都较大，施工时挖去了大量的土方，减轻了原有的地基自重应力，从而提高了地基承载力，减小了建筑物的沉降。

4）基础埋深较大，箱形基础外壁与四周土壤间的摩擦力增大，增强了阻尼作用，有利于提高基础的抗震性能。

5）箱形基础的底板及其外围墙形成的整体有利于防水，还具有兼作人防地下室的优点。

箱形基础由于其构造上的局限性，也存在着一些问题。由于内隔墙相对较多，支模和绑扎钢筋都需要时间，因而施工工期相对较长；其使用功能也因内隔墙较多而受到一定的影响；箱形基础由于埋深较大，一般还会面临深基坑开挖等施工问题。

我国对箱形基础的研究始于20世纪50年代后期的北京民族文化宫，首次在国内使用了有限压缩层的分层总和法计算沉降。20世纪70年代中期，我国高层建筑逐渐增多，考虑到平战结合，箱形基础成为了首选的建设方案，并开展了不少试验研究。20世纪80年代以后，计算机技术的发展，促进了箱形基础分析方法的发展，提出了诸如空间子结构法、双重扩大子结构有限元法等三维分析方法。但是也应当认识到，随着经济建设的发展，人们对于使用空间要求的提高，箱形基础空间分割过多的弊端也日益显现，极大地限制了箱形基础的应用。

二、箱形基础的构造要求

箱形基础的内、外墙应沿上部结构柱网和剪力墙纵横均匀布置，墙体水平截面总面积不宜小于箱形基础外墙外包尺寸的水平投影面积的1/12。

对基础平面长宽比大于4的箱形基础，其纵墙水平截面面积不得小于箱形基础外墙外包尺寸水平投影面积的1/18。

箱形基础的高度应满足结构承载力和刚度的要求，其值不宜小于箱形基础长度的1/20，并不宜小于3m。

箱形基础的长度不包括底板悬挑部分。高层建筑同一结构单元内，箱形基础的埋置深度宜一致，且不得局部采用箱形基础。

箱形基础底板厚度应根据实际受力情况、整体刚度及防水要求确定，底板厚度不应小于400mm，且板厚与最大双向板格的短边净跨之比不应小于1/4。

底板除应满足正截面受弯承载力的要求外，尚应满足受冲切承载力的要求（图6-20）。当底板区格为矩形双向板时，底板的截面有效高度 h_0 应符合下式规定

$$h_0 \geq \frac{(l_{n1} + l_{n2}) - \sqrt{(l_{n1} + l_{n2})^2 - \frac{4p_n l_{n1} l_{n2}}{p_n + 0.7\beta_{hp}f_t}}}{4} \tag{6-18}$$

式中　p_n——扣除底板及其上填土自重后，相应于荷载效应基本组合的基底平均净反力设计值（kPa）；

l_{n1}、l_{n2}——计算板格的短边和长边的净长度（m）；

β_{hp}——受冲切承载力截面高度影响系数。

箱形基础的底板应满足斜截面受剪承载力的要求。当底板板格为矩形双向板时，其斜截面受剪承载力可按下式计算

$$V_s \leqslant 0.7\beta_{hs}f_t(l_{n2} - 2h_0)h_0 \qquad (6\text{-}19)$$

式中　V_s——距墙边缘 h_0 处，作用在图 6-21 阴影部分面积上的扣除底板及其上填土自重后，相应于荷载效应基本组合的基底平均净反力产生的剪力设计值（kN）；

β_{hs}——受剪承载力截面高度影响系数。

当底板板格为单向板时，其斜截面受剪承载力按式（6-6）计算，其中 V_s 为支座边缘处由基底平均净反力产生的剪力设计值。

箱形基础墙身厚度应根据实际受力情况及防水要求确定。外墙厚度不小于 250mm；内墙厚度不小于 200mm。

墙体内应设置双面钢筋，竖向和水平钢筋不应小于 $\phi10$mm，间距不应大于 200mm。除上部为剪力墙外，内、外墙的墙顶处宜配置两根不小于 $\phi20$mm 的通长构造钢筋，以作为考虑箱形基础整体挠曲影响的构造措施。

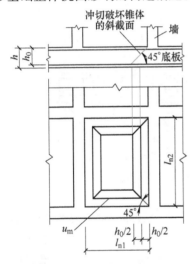

图 6-20　底板的冲切计算示意

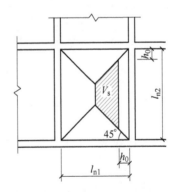

图 6-21　V_s 计算方法的示意

《高层建筑箱形与筏形基础技术规范》采用了 GB 50010—2010《混凝土结构设计规范》中钢筋混凝土板均布荷载斜截面受剪承载力计算公式，这一公式沿用了简支梁均布荷载斜截面受剪切承载力公式。实际上板的受剪承载能力不同于梁的受剪承载能力，四边简支受均布荷载作用的矩形板受剪承载力要高于梁。

三、箱形基础计算

（一）箱形基础的地基反力

1. 地基反力及其分布形式

高层建筑由上部结构和基础两部分构成，建筑物的荷载通过基础传递给地基，在基础底面和与之接触的地基之间产生接触压力，基础作用于地基表面单位面积上的压力称为基底压力。根据作用与反作用原理，地基又给基础底面大小相等的反作用力，这就是地基反力（又

称基底反力）。

实测表明，影响地基反力分布形式的因素较多，如基础和上部结构的刚度、建筑物的荷载分布及其大小、基础的埋置深度、基础平面的形状和尺寸、有无相邻建筑物的影响、地基土的性质（如土的类别、非线性、蠕变性等）、施工条件（如施工引起的基底土的扰动）等。

对于柔性基础，由于其刚度很小，在竖向荷载作用下没有抵抗弯曲变形的能力，随着地基一起变形。因此，地基反力的分布与作用与基础上的荷载分布是一致的，如图6-22所示。柔性基础在均布荷载作用下，其沉降特点是中部大、边缘小。

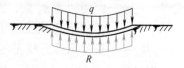

图 6-22 荷载作用下柔性基础
地基反力分布形式

对于刚性基础，受荷后基础不发生挠曲，且地基与基础的变形协调一致。因此，在轴心荷载作用下地基表面各点的竖向变形值相同。理论计算与实测均表明，轴心受荷时刚性基础典型的地基反力分布曲线形式有凹抛物线形、马鞍形、凸抛物线形、倒钟形，如图6-23所示。当荷载较小时，地基反力分布曲线呈凹抛物线或马鞍形；随着荷载的增大，位于基础边缘部分的地基土产生塑性变形区，边缘地基反力不再增大，而荷载增加部分则由中间部分的土体承担，中间部分的地基反力继续增大，地基反力分布曲线逐渐由马鞍形转变为抛物线形；当荷载接近地基土的破坏荷载时，地基反力分布曲线又由抛物线形变成倒钟形。

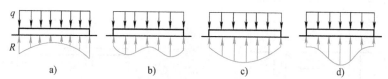

图 6-23 轴心荷载下刚性基础地基反力分布形式
a）凹抛物线形 b）马鞍形 c）凸抛物线形 d）倒钟形

在实际工程箱形基础地基反力测试中，常见的地基反力分布曲线是凹抛物线形和马鞍形，一般难以见到凸抛物线形和倒钟形。主要原因是测试时地基承受的实际荷载很难达到考虑各种因素时的设计荷载值。同时，设计采用的地基承载力也有一定的安全系数，因此，地基难以达到临塑状态。测试还表明，地基反力分布一般是边端大、中间小，反力峰值位于边端附近；基础的刚度越大，反力越向边端集中。

2. 地基反力计算方法

在高层建筑箱形基础内力分析与计算中，地基反力的计算与确定占有重要的地位。因为地基反力的大小及分布形状是决定箱形基础内力的最主要因素之一，它不仅决定内力的大小，在某些情况下甚至可以改变内力（主要是整体弯矩）的正负号。一旦确定了地基反力的大小与分布形状，箱形基础的内力计算问题就迎刃而解了。

正是由于地基反力计算的重要性及复杂性，国内外许多学者对此做了大量研究工作，提出多种计算方法。每种计算方法采用的基本假定或地基计算模型不尽相同，因而计算出的地基反力分布形状差异较大。在计算中，一般采用一种地基计算模型，有时也可根据施工条件和地基土的特性将地基土进行分层，联合使用两种地基计算模型。随着计算机技术的飞速发展，在地基反力计算中考虑影响地基反力的因素也在逐步增加，原来比较复杂的问题变得相对容易。但是，到目前为止，还没有一种能包含各种因素、影响且符合实际情况的地基反力的计算方法。各种方法的出现，也与当时的计算手段有关。

（1）刚性法。这是一种简单、近似的方法，假定地基反力是按直线变化规律分布的，利用材料力学中有关计算公式即可求得地基反力。假定地基反力按直线分布，其力学概念清楚，计算方法简便。但是，实际工程中只有当基础尺寸较小时（如独立柱基、墙下条基），地基反力才近似直线分布。对于高层建筑箱形基础，由于其尺寸很大，地基反力受多种因素的影响而呈现不同的分布情况，并非简单的直线分布。

（2）弹性地基梁法。若箱形基础为矩形平面，可把箱形基础简化为工字形等代梁，工字形截面上、下翼缘宽度分别为箱形基础顶、底板宽，腹板厚度为在弯曲方向墙体厚度的总和，梁高即箱形基础高度，在上部结构传来的荷载作用下，按弹性地基上的梁计算基底反力。

（3）实测地基反力系数法。实测地基反力系数法是将箱形基础底面（包括悬挑部分，但悬挑部分不宜大于 0.8m）划分为 40 区格，纵向 8 格，横向 5 格，如图 6-24 所示。每区格地基反力 p 为

$$p_i = \frac{\sum P}{LB} \times 该区格地基反力系数 \qquad (6-20)$$

式中　$\sum P$——上部结构竖向荷载与箱形基础重力之和；

　　　L、B——箱形基础长、宽。

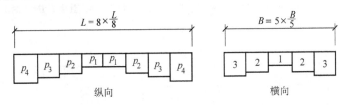

图 6-24　箱形基础各区格划分示意

一般第四纪黏性土和软土地基的地基反力系数分别见表 6-7、表 6-8，砂土地基的地基反力系数见表 6-9。除了规则的矩形基础外，对于黏性土地基上的异形基础地基反力系数，则制定有专门的图表，具体可查阅相关规范。

表 6-7　一般第四纪黏性土地基反力系数

L/B	横向	纵向							
		p_4	p_3	p_2	p_1	p_1	p_2	p_3	p_4
1	4	1.381	1.179	1.128	1.108	1.108	1.128	1.179	1.381
	3	1.179	0.952	0.898	0.879	0.879	0.898	0.952	1.179
	2	1.128	0.898	0.841	0.821	0.821	0.841	0.898	1.128
	1	1.108	0.879	0.821	0.800	0.800	0.821	0.879	1.108
	1	1.108	0.879	0.821	0.800	0.800	0.821	0.879	1.108
	2	1.128	0.898	0.841	0.821	0.821	0.841	0.898	1.128
	3	1.179	0.952	0.898	0.879	0.879	0.898	0.952	1.179
	4	1.381	1.179	1.128	1.108	1.108	1.128	1.179	1.381

（续）

| L/B | 横向 | 纵向 | | | | | | | |
---	---	p_4	p_3	p_2	p_1	p_1	p_2	p_3	p_4
2~3	3	1.265	1.115	1.075	1.061	1.061	1.075	1.115	1.265
	2	1.073	0.904	0.865	0.853	0.853	0.865	0.904	1.073
	1	1.046	0.875	0.835	0.822	0.822	0.835	0.875	1.046
	2	1.073	0.904	0.865	0.853	0.853	0.865	0.904	1.073
	3	1.265	1.115	1.075	1.061	1.061	1.075	1.115	1.265
4~5	3	1.229	1.042	1.014	1.003	1.003	1.014	1.042	1.229
	2	1.096	0.929	0.904	0.895	0.895	0.904	0.929	1.096
	1	1.081	0.918	0.893	0.884	0.884	0.893	0.918	1.081
	2	1.096	0.929	0.904	0.895	0.895	0.904	0.929	1.096
	3	1.229	1.042	1.014	1.003	1.003	1.014	1.042	1.229
6~8	3	1.214	1.053	1.013	1.008	1.008	1.013	1.053	1.214
	2	1.083	0.989	0.903	0.899	0.899	0.903	0.939	1.083
	1	1.069	0.927	0.892	0.888	0.888	0.892	0.927	1.069
	2	1.083	0.989	0.903	0.899	0.899	0.903	0.939	1.083
	3	1.214	1.053	1.013	1.008	1.008	1.013	1.053	1.214

注：表中纵向坐标 p_1、p_2、p_3、p_4 和横向坐标 4、3、2、1 的意义同图 6-24，其中 $L/B = 1$ 时纵向和横向的地基反力系数是相同的。

表 6-8　软土地基的地基反力系数

| 横向 | 纵向 | | | | | | | |
---	p_4	p_3	p_2	p_1	p_1	p_2	p_3	p_4
3	0.906	0.966	0.814	0.738	0.738	0.814	0.966	0.906
2	1.124	1.197	1.009	0.914	0.914	1.009	1.197	1.124
1	1.235	1.314	1.109	1.006	1.006	1.109	1.314	1.235
2	1.124	1.197	1.009	0.914	0.914	1.009	1.197	1.124
3	0.906	0.966	0.811	0.738	0.738	0.814	0.966	0.906

注：表中纵向坐标 p_1、p_2、p_3、p_4 和横向坐标 4、3、2、1 的意义同图 6-24。

表 6-9　砂土地基的地基反力系数

| L/B | 横向 | 纵向 | | | | | | | |
---	---	p_4	p_3	p_2	p_1	p_1	p_2	p_3	p_4
1	4	1.5875	1.2582	1.1875	1.1611	1.1611	1.1875	1.2352	1.5875
	3	1.2582	0.9096	0.8410	0.8168	0.8168	0.8410	0.9098	1.2582
	2	1.1875	0.8410	0.7690	0.7436	0.7436	0.7690	0.8410	1.1815
	1	1.1611	0.8168	0.7436	0.7175	0.7175	0.7436	0.8168	1.1611
	1	1.1611	0.8168	0.7436	0.7175	0.7175	0.7436	0.8168	1.1611
	2	1.1875	0.8410	0.7690	0.7438	0.7436	0.7690	0.8410	1.1875
	3	1.2582	0.9096	0.8410	0.8168	0.8168	0.8410	0.9096	1.2582
	4	1.5875	1.2582	1.1875	1.1611	1.1611	1.1875	1.2582	1.5875

（续）

L/B	横向	纵向							
		p_4	p_3	p_2	p_1	p_1	p_2	p_3	p_4
2~3	3	1.409	1.166	1.109	1.088	1.088	1.109	1.166	1.409
	2	1.108	0.847	0.798	0.781	0.781	0.798	0.847	1.108
	1	1.069	0.812	0.762	0.745	0.745	0.762	0.812	1.069
	2	1.108	0.847	0.798	0.781	0.781	0.798	0.847	1.108
	3	1.409	1.166	1.109	1.088	1.088	1.109	1.166	1.409
4~5	3	1.395	1.212	1.166	1.149	1.149	1.166	1.212	1.395
	2	0.992	0.828	0.794	0.783	0.783	0.794	0.828	0.992
	1	0.989	0.818	0.783	0.772	0.772	0.783	0.818	0.989
	2	0.992	0.828	0.794	0.783	0.783	0.794	0.828	0.992
	3	1.395	1.212	1.166	1.149	1.149	1.166	1.212	1.395

注：表中纵向坐标 p_1、p_2、p_3、p_4 和横向坐标 4、3、2、1 的意义同图 6-24。

地基反力系数表是在一定条件下将原体工程实测和模型试验数据经整理、统计、分析后获得的，在使用该表时一定要注意其适用范围和注意事项：

1）基础的刚度是影响地基反力分布的重要因素之一，地基反力系数表适用整体刚度较好的箱形基础和其他类型的刚性基础。

2）该地基反力系数表适用于建筑物基础下主要受力层范围内地层比较均匀、上部结构及其荷载分布比较均匀对称、基础底板悬挑部分不大于 0.8m 的单幢建筑。

3）基础埋深对地基反力分布有一定影响，基础埋深越大，地基反力越趋向平缓。

4）有相邻建筑的地基反力会比无相邻建筑影响时更均匀平缓，即中部地基反力增加，而端部地基反力有所降低。

5）地基局部不均匀和上部结构荷载及刚度分布不均匀的影响。

（二）箱形基础内力计算

箱形基础在受力时承受着上部结构传来的荷载与不均匀地基反力引起的整体弯曲；同时，其顶、底板还承受着分别由顶板荷载与地基反力引起的局部弯曲。因此，顶、底板的弯曲应力应按整体和局部弯曲的组合来决定，其内力计算是一个比较复杂的问题。实测结果和计算分析表明，箱形基础必须考虑上部结构刚度的影响，即应考虑地基基础与上部结构的共同作用。目前对此类问题的解决主要是通过区分上部结构的不同结构体系来采取不同计算方法的，一般可以分为三种情况来考虑：上部结构为框架结构时，箱形基础内力同时考虑整体弯曲和局部弯曲的两种作用；上部结构为剪力墙结构时，箱形基础内力仅考虑局部弯曲的作用；上部结构为框架-剪力墙结构时，箱形基础内力一般可按局部弯曲进行计算。

1. 上部结构为现浇剪力墙体系

上部结构为现浇剪力墙体系使得整个建筑物刚度很大，箱形基础整体弯曲甚小，可忽略不计。箱形基础可不进行整体弯曲计算，箱形基础的顶、底板可仅按局部弯曲计算。底板按倒楼盖、顶板按普通楼盖计算。若箱形基础兼作人防地下室，则顶板上荷载还需按人防要求取定。

作为考虑整体弯曲的措施，在构造上将局部弯曲计算出来的顶、底板纵横方向的支座钢筋的 1/3~1/2 贯通全跨，且贯通钢筋的配筋率分别不小于 0.15%、0.10%；跨中钢筋按实际配筋全部连通。

2. 上部结构为框架体系

上部结构为框架体系时，与上述情况相比，整体刚度较小，箱形基础整体弯曲应力比较明显。因此，对这种结构体系，箱形基础按局部加整体弯曲计算是比较安全合理的。由于箱形基础本身是一个比较复杂的空间体系，严格分析比较困难，可按以下方法进行简化计算。

（1）框架结构的等效抗弯刚度。计算整体弯曲应力应考虑上部结构的共同作用，按照1953 年梅耶霍夫（Meyerhof）提出的框架结构等效抗弯刚度计算公式，即一层框架的等代抗弯刚度 $E'_B J'_B$ 可按下式计算

$$E'_B J'_B = E_b J_b \left[1 + \frac{k_u + k_l}{2k_b + k_u + k_l} \left(\frac{L}{l} \right)^2 + \frac{1}{2} \times \frac{E_w J_w}{E_b J_b} \left(\frac{L}{h} \right)^2 \right]$$

$$k_u = J_u / h_u, \quad k_l = J_l / h_l, \quad k_b = J_b / L \tag{6-21}$$

$$J_w = bh^3 / 12$$

式中　E_b、J_b——框架梁柱的混凝土弹性模量、梁惯性矩；

　k_u、k_l、k_b——上柱、下柱和梁的线刚度；

　J_u、h_u——上柱截面惯性矩和柱高；

　J_l、h_l——下柱截面惯性矩和柱高度；

　　l——梁跨度；

　　L——上部结构弯曲方向的总长度；

　E_w、J_w——弯曲方向与箱形基础相连的无洞口连续钢筋混凝土墙的弹性模量和截面惯性；

　　h——混凝土墙的总高度；

　　b——混凝土墙的总厚度。

（2）箱形基础的整体弯曲弯矩

1）上部结构等代刚度。对图 6-25 所示的采用箱形基础的框架结构，首层有连续的混凝

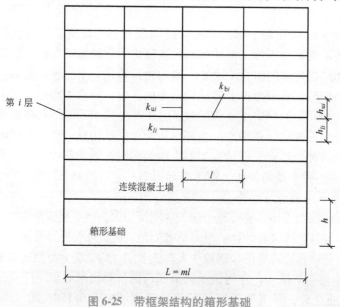

图 6-25　带框架结构的箱形基础

土墙，其上共有 n 层框架。柱距相等，总长 $L = ml$。上部结构的等代抗弯刚度 $E_B J_B$ 的计算公式为

$$E_B J_B = \sum_{i=1}^{n} E_b J_{bi} \left[1 + \frac{k_{ui} + k_{li}}{2k_{bi} + k_{ui} + k_{li}} m^2 \right] + E'_w J'_w \tag{6-22}$$

$$E'_w J'_w = \begin{cases} \dfrac{E_w J_w}{2} \left(\dfrac{L}{h} \right)^2 \beta & （墙身无洞口） \\ E_w J_w & （墙身有小面积洞口） \end{cases} \tag{6-23}$$

式中　β——弯曲方向与箱形基础相连的无洞口连续混凝土墙等代刚度的折减系数，可按表 6-10 取用；

　　　　m——弯曲方向上部结构的节间数；

　　　　n——建筑物层数。

表 6-10　等代刚度折减系数 β 值

L/h	≤3	4	5	6	7	8	9	10	12	14	16
b	0.8	0.65	0.55	0.45	0.40	0.35	0.30	0.25	0.20	0.16	0.14

2）箱形基础等代刚度为

$$E'_g J'_g = E_g J_g \left(1 + \frac{k_{lg}}{2k_{bg} + k_{lg}} m^2 \right) \tag{6-24}$$

式中　E_g、J_g——箱形基础混凝土的弹性模量、截面惯性矩；

　　　　k_{bg}、k_{lg}——线刚度。

3）整体弯曲弯矩。设由基底反力和上部荷载经静定梁分析得到的整体弯矩为 M，则由箱形基础承担的整体弯矩 M_g 为

$$M_g = \frac{E'_g J'_g}{E'_g J'_g + E_B J_B} M \tag{6-25}$$

上部结构承担的整体弯曲弯矩 M_B 为

$$M_B = \frac{E_B J_B}{E'_g J'_g + E_B J_B} M \tag{6-26}$$

（3）局部弯矩及其与整体弯矩叠加。局部弯矩计算时，顶板按实际承受的荷载来计算；底板基底反力按实用反力系数或其他有效方法确定，扣除箱形基础底板自重后，作为计算局部弯矩的荷载。将顶板、底板作为周边固定的双向连续板计算局部弯曲的弯矩值。

对于顶板、底板，将局部弯矩值乘以 0.8 后取用，与整体弯矩进行叠加。其顶板、底板的整体弯曲与局部弯曲的配筋应综合考虑，以充分发挥各截面钢筋的作用。

（三）箱形基础强度计算

1. 顶板与底板

箱形基础顶板、底板厚度除根据荷载与跨度大小按正截面抗弯强度决定外，其斜截面抗剪强度应符合以下要求

$$V_s \leq 0.7 \beta_h f_t b h_0 \tag{6-27}$$

式中　V_s——相应于荷载效应的基本减去刚性角范围内的荷载（刚性角45°），为板面荷载或板底反力与图 6-26 所示阴影部分面积的乘积（kN）；

f_t——混凝土轴心抗拉强度设计值(kPa);

β_h——截面高度影响系数, $\beta_h = \left(\dfrac{800}{h_0}\right)^{1/4}$, 当 $h_0 < 800$mm 时, 取 $h_0 = 800$mm, 当 $h_0 > 200$mm 时, 取 $h_0 = 200$mm;

b——计算所取的板宽(m);

h_0——板的有效高度(m)。

箱形基础底板的冲切强度按下式计算

$$F_j \leqslant 0.6 f_t u_m h_0 \tag{6-28}$$

式中　F_j——基底净反力值(不包括底板自重)乘以图 6-27 所示阴影部分面积 A_1;

f_t——混凝土抗拉强度(kPa);

h_0——板的有效高度(m);

u_m——距荷载边为 $h_0/2$ 处的周长, 如图 6-27 所示。

2. 内墙与外墙

箱形基础的内外墙, 除与剪力墙连接外, 其墙身截面应按下式验算

$$V \leqslant 0.25 \beta_c f_c A \tag{6-29}$$

式中　V——相应于荷载效应的基本组合时的墙身截面承受的剪力(kN);

f_c——混凝土轴心抗压强度设计值(kPa);

A——墙身竖向有效截面面积(m^2);

β_c——混凝土强度影响系数, 对基础所采用的混凝土, 一般为1.0。

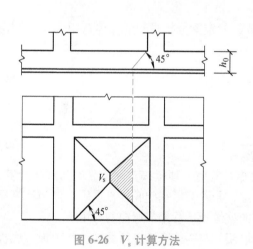

图 6-26　V_s 计算方法

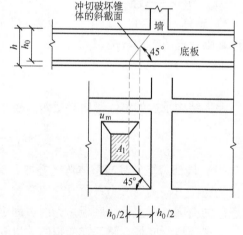

图 6-27　底板的抗冲切计算

对于承受水平荷载的内外墙, 尚需进行受弯计算, 此时将墙身视为顶板、底板都固定的多跨连续板, 作用于外墙上的水平荷载包括土压力、水压力和由于地面均布荷载引起的侧压力, 土压力一般按静止土压力计算。

四、计算算例

例 6-3　按下述要求设计一箱形基础。

已知：上部结构为七层框架，层高为 4m，地基土第一层为淤泥质黏土，$f_k = 100kPa$，$\gamma = 17.5kN/m^3$，地下水位以下 $\gamma_{sat} = 18.5kN/m^3$，$E_{s1\sim2} = 5000kPa$，土层厚 10m；第二层为粉质黏土，$f_k = 200kPa$，$\gamma = 19kN/m^3$，$E_{s1\sim2} = 14000kPa$，地下水位在 $-1.0m$。采用材料为 C20 混凝土，HRB335 级钢筋。

荷载条件：底板和顶板作用荷载 q 分别为 6kPa 和 10kPa，风荷载引起箱形基础顶面形心处作用力矩为 $M_x = 17000kN \cdot m$，$M_y = 8000kN \cdot m$。

解：（1）拟定箱形基础尺寸。

1）箱形基础高度：取 1/8 建筑物高度，即 $1/8 \times 28m = 3.5m$

2）根据构造要求，初步确定底板厚 50cm，顶板厚 30cm，外墙厚 35cm，内墙厚 30cm。埋深取 3.3m。

3）箱形基础底板平面尺寸：由图 6-28b，取

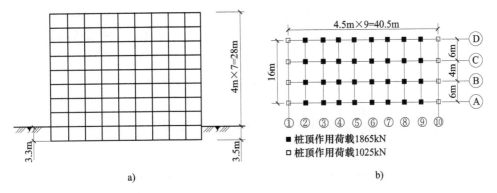

图 6-28　建筑物剖面和箱基平面

a）建筑物剖面　b）箱基平面

$$L = (9 \times 4.5 + 2 \times 0.6)m = 41.7m$$
$$B = (16 + 2 \times 0.6)m = 17.2m$$
$$A = 41.7 \times 17.2 m^2 = 717.2 m^2$$

（2）地基承载力验算。

1）荷载计算。结构对称，故永久荷载及活荷载对称。

框架柱荷载（永久荷载加活荷载）N 为

$$N = (4 \times 1025 + 4 \times 1025 + 8 \times 4 \times 1865)kN = 67880kN$$

箱形基础自重及底板挑出部分上的土重 G 的计算方法如下

$$底板重 = 41.7 \times 17.2 \times 0.5 \times 25kN = 8970kN$$
$$顶板重 = 40.85 \times 16.35 \times 0.3 \times 25kN = 5010kN$$
$$外墙重 = (2 \times 16 + 2 \times 40.5) \times 0.35 \times (3.5 - 0.5 - 0.3) \times 25kN = 2670kN$$
$$内纵墙重 = (40.5 - 0.35) \times 2 \times 0.30 \times (3.5 - 0.5 - 0.3) \times 25kN = 1626kN$$
$$内横墙重 = 8 \times 0.3 \times (16 - 0.35 - 0.3 \times 2) \times (3.5 - 0.5 - 0.3) \times 25kN = 2438kN$$
$$土重 = [(0.6 - 0.175) \times 16.35 \times (3.3 - 0.5) \times 1.8 \times 2 +$$
$$(0.6 - 0.175) \times 41.35 \times (3.3 - 0.5) \times 1.8 \times 2]kN = 2470kN$$
$$G = (8970 + 5010 + 2670 + 1626 + 2438 + 2470)kN = 23184kN$$

因 $q=6\text{kPa}$，底板上堆料重 N_1，为

$$N_1 = [(4.5-0.30)\times(6-0.32)\times18+(4-0.3)\times(4.5-0.3)\times9]\times6\text{kN}$$
$$= 569\times6\text{kN} = 3414\text{kN}$$

因 $q=10\text{kPa}$，顶板上的荷载 N_2，为

$$N_2 = 569\times10\text{kN} = 5690\text{kN}$$

作用于箱形基础顶面形心处力矩（风荷载引起）为

$$M_x = 17000\text{kN}\cdot\text{m}, \quad M_y = 8000\text{kN}\cdot\text{m}$$

地下水对箱形基础浮力 W 为

$$W = 40.85\times16.35\times2.3\times10\text{kN} = 15362\text{kN}$$

基底形心处总荷载：

$$\sum P = N+G+N_1+N_2-W = (67880+23184+3414+5690-15362)\text{kN} = 84806\text{kN}$$
$$M_x = 17000\text{kN}\cdot\text{m}; \quad M_y = 8000\text{kN}\cdot\text{m}$$

2）计算地基反力，验算地基承载力。采用反力系数法计算，将基础底面划分为 $5\times8=40$ 个区格。每区格平均反力为

$$p_i = \frac{\sum P}{LB}\times\text{该区格地基反力系数，反力系数查表6-7。}$$

$$p_i = \frac{84806}{717.2}\times\text{反力系数}(\text{kN}/\text{m}^2)，\text{计算结果见表6-11。}$$

表6-11 地基反力计算结果

横向	纵向							
	p_4	p_3	p_2	p_1	p_1	p_2	p_3	p_4
3	107	114	96	87	87	96	114	107
2	132	141	119	108	108	119	141	132
1	145	155	130	118	118	130	155	145
2	132	141	119	108	108	119	141	132
3	107	114	96	87	87	96	114	107

由力矩引起的反力：

横向

$$p'_{\max} = \frac{17000}{\frac{1}{6}\times41.7\times17.2^2}\text{kPa} = \frac{17000}{2056}\text{kPa} \approx 8.27\text{kPa}$$

纵向

$$p''_{\max} = \frac{8000}{\frac{1}{6}\times17.2\times41.7^2}\text{kPa} = \frac{8000}{4985}\text{kPa} \approx 1.6\text{kPa}$$

$$p = \frac{84810}{717.24}\text{kPa} \approx 118\text{kPa}$$

$$p_{\max} = (118+1.6)\text{kPa} = 119.6\text{kPa}$$

若按基底计算反力考虑，则

$$p_{max} = (145+1.6)\,kPa = 146.6\,kPa$$
$$f = f_k + \eta_b\gamma(b-3) + \eta_b\gamma_p(d-0.5)$$
$$= [100+1.1\times18\times(3.3-0.5)]\,kPa \approx 155.4\,kPa$$
$$1.2f = (1.2\times155.4)\,kPa = 186.5\,kPa$$

所以 $p<f$，$p_{max}\leqslant1.2f$，$p_{min}>0$。

（3）箱形基础内力计算。因上部结构为框架体系，内力计算应分别考虑整体弯曲和局部弯曲，本例题略去横向计算，只给出纵向计算的内力。

1）按纵向整体弯曲计算。将箱形基础简化为工字形梁，在上部荷载和基底净反力作用下，用静力平衡法求出各截面内力。

① 先求基底净反力 p_j

$$p_j = p - 箱形基础自重 + 水浮力$$

如第一格基底净反力为

$$p_{j1} = 107\,kPa - \frac{G+N_1}{LB} + \frac{W}{LB} = (107-37+21.4)\,kPa = 91.4\,kPa$$

各区格基底净反力值见表 6-12。

表 6-12 各区格基底净反力值　　　　　　　　　　（单位:kPa）

横向	纵向							
	p_{j4}	p_{j3}	p_{j2}	p_{j1}	p_{j1}	p_{j2}	p_{j3}	p_{j4}
3	91.4	98.4	80	71.4	71.4	80	98.4	91.4
2	116	125	103	92	92	103	125	116
1	129	139	114	102	102	114	139	129
2	116	125	103	92	92	103	125	116
3	91.4	98.4	80	71.4	71.4	80	98.4	91.4

沿纵向每单位长度上基底净反力：

如第一列

$$p'_j = \frac{2\times(91.4+116)+129}{5}\times17.2\,kN/m \approx 1870\,kN/m$$

同理求出

$$p''_j = \frac{2\times(98.4+125)+139}{5}\times17.2\,kN/m \approx 2020\,kN/m$$

$$p'''_j = \frac{2\times(80+103)+114}{5}\times17.2\,kN/m \approx 1650\,kN/m$$

$$p''''_j = \frac{2\times(71.4+92)+102}{5}\times17.2\,kN/m \approx 1480\,kN/m$$

② 内力计算（图 6-29）

本例计算中计入永久荷载及活荷载。

顶板上活荷载　$q = 10\,kPa\times16\,m = 160\,kN/m$

a. 计算纵向整体弯曲产生的弯矩 $M_整$（现只计算跨中弯矩）。

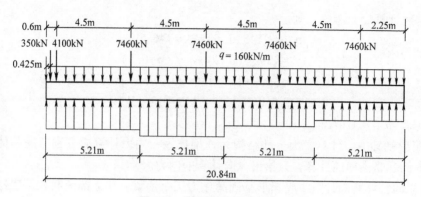

图 6-29 基础结构受力示意

$$M_{整} = \left[1480 \times 5.21 \times \frac{5.21}{2} + 1650 \times 5.21^2 \times \left(1 + \frac{1}{2}\right) + 2020 \times 5.21^2 \times \right.$$

$$\left(2 + \frac{1}{2}\right) + 1870 \times 5.21^2 \times \left(3 + \frac{1}{2}\right) - 160 \times \frac{40.5}{2} \times \frac{40.5}{4} - 7460 \times$$

$$2.25 - 7460 \times (2.25 + 4.5) - 7460 \times (2.25 + 2 \times 4.5) -$$

$$7460 \times (2.25 + 3 \times 4.5) - 4100 \times \frac{40.5}{2} - 350 \times \left(\frac{41.7}{2} - 0.425\right) \right] kN \cdot m$$

$$\approx (20100 + 67200 + 137000 + 178000 - 32800 - 16800 - 50400 -$$

$$83900 - 117500 - 83030 - 7150) kN \cdot m = 10720 kN \cdot m$$

b. 箱形基础所承受的整体弯矩 M_g，考虑上部结构参与工作，按折算刚度法计算。

$$M_g = \frac{E_g J_g}{E_g J_g + E_B J_B} M_{整}$$

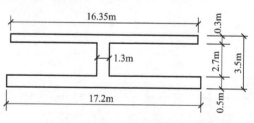

图 6-30 工字形梁截面示意

箱形基础简化为工字形梁（图 6-30），其截面尺寸为上、下翼缘为顶底板宽度及厚度、纵向内外墙厚度之和（1.3m）为腹板厚，截面高即箱形基础高度。

近似计算 J_g 为

$$J_g = \frac{1}{12} \times \left[\left(\frac{16.35 + 17.2}{2}\right) \times 3.5^3 \right] m^4 - \frac{1}{12} \times \left[\left(\frac{17.2 + 16.35}{2} - 1.3\right) \times 2.7^3 \right] m^4$$

$$\approx (60 - 25.4) m^4 = 34.6 m^4$$

上部结构折算刚度（不考虑填充墙刚度，首层无钢筋混凝土墙）

$$E_B J_B = \sum_{i=1}^{n} \left[E_B J_{bi} \left(1 + \frac{k_{ui} + k_{li}}{2k_{bi} + k_{ui} + k_{li}} m^2 \right) \right]$$

式中　　　J_{bi}——第 i 层，梁的截面惯性矩；

k_{ui}、k_{li}、k_{bi}——第 i 层上柱、下柱和梁的线刚度；

m——节间数；

n——层数。

$$k_{ui} = k_{1i} = \frac{J_{ui}}{4} = \frac{1}{4} \times \frac{1}{12} \times 0.5 \times 0.5^3 \text{m}^4 \approx 0.0013 \text{m}^4$$

$$k_{bi} = \frac{J_{bi}}{4.5} = \frac{1}{4.5} \times \frac{1}{12} \times 0.025 \times 0.45^3 \text{m}^4 \approx 0.00042 \text{m}^4$$

$$J_{bi} = \frac{1}{12} \times 0.25 \times 0.45^3 \text{m}^4 \approx 0.0019 \text{m}^4$$

$$E_B J_B = 4 \times 7 \times E_B \times 0.0019 \left(1 + \frac{2 \times 0.0013}{2 \times 0.00042 + 2 \times 0.0013} \times 9^2 \right) \approx 3.3 E_B$$

$$M_g = 10720 \times \frac{34.6 E_g}{34.6 E_g + 3.3 E_B}$$

已知上部结构尺寸为：上、下柱截面50cm×50cm，横梁30cm×60cm，纵梁25cm×45cm，层高4m，开间4.5m。横向每一框架共四根柱，四根梁。

取 $E_g = E_B$，则

$$M_g = 10720 \times \frac{34.6}{37.9} \approx 9790 \text{kN} \cdot \text{m}$$

当纵向整体弯曲时，箱形基础承受的弯矩使箱形基础顶、底板产生轴心压力 N 和轴心拉力 N'（图6-31）。

$$N = N' = \frac{M_g}{H} = \frac{9790}{3.1} \approx 3160 \text{kN}$$

c. 计算局部弯曲产生的弯矩。

底板局部弯曲计算：

荷载为净反力 $p_j = p -$ 箱形基础底板自重+水浮力，见表6-13。

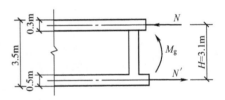

图6-31 纵向弯曲时弯矩 M_g 使箱形基础顶、底板产生轴向力 N 和 N'

表6-13 底板局部弯曲计算净反力 　　　　（单位：kPa）

横向	纵向							
	p_{j1}	p_{j2}	p_{j3}	p_{j4}	p_{j1}	p_{j2}	p_{j3}	p_{j4}
3	116	123	105	96	96	105	123	116
2	141	150	128	117	117	128	150	141
1	154	164	139	127	127	139	164	154
2	141	150	128	117	117	128	150	141
3	116	123	105	96	96	105	123	116

现以跨中部分为例进行计算（图6-32）。

图6-32中间区格净反力取 $p_j = 1/2 \times (96+117) \text{kPa} = 107 \text{kPa}$，边区格取 $p_j = 127 \text{kPa}$，计算简图如图6-33所示。

按双向板计算，支座均为嵌固。

$$\frac{l_x}{l_y} = \frac{4.2}{5.675} \approx 0.74$$

$$M = Kql^2$$

式中 K——系数,可查有关结构设计手册。

纵向跨中弯矩 M_x、横向跨中弯矩 M_y 分别为

$$M_x = 0.0312 \times 107 \times 4.2^2 \text{kN} \cdot \text{m/m} \approx 59 \text{kN} \cdot \text{m/m}$$

$$M_y = 0.019 \times 107 \times 4.2^2 \text{kN} \cdot \text{m/m} \approx 22.5 \text{kN} \cdot \text{m/m}$$

纵向支座弯矩 M_x、横向支座弯矩 M_y 分别为

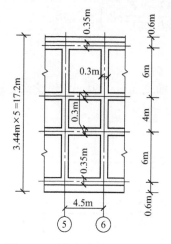

图 6-32 底板局部弯曲计算简图

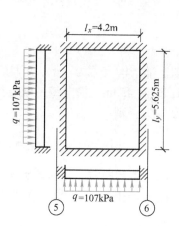

图 6-33 按双向板计算图式

$$M_x' = 0.0723 \times 107 \times 4.2^2 \text{kN} \cdot \text{m/m} \approx 137 \text{kN} \cdot \text{m/m}$$

$$M_y' = 0.0568 \times 107 \times 4.2^2 \text{kN} \cdot \text{m/m} \approx 107 \text{kN} \cdot \text{m/m}$$

顶板局部弯曲计算:

荷载 q=楼面活荷载+楼板自重=$(10+0.3 \times 1 \times 1 \times 25)$kPa=17.5kPa,弯矩计算方法与底板同(略)。

顶、底板配筋时采用的内力为:轴心压力(拉力)加局部弯曲产生的弯矩乘折减系数 0.8。

2)墙体内力计算。控制部位是山墙的边区格,即轴线④~⑧或⑥~⑩间墙体。在静止土压力及水压力作用下按双向板或单向板计算内力。

荷载计算(图6-34):

$$\sigma_{01} = qK_0 = 8 \times 0.5 \text{kPa} = 4.0 \text{kPa}$$

$$\sigma_{02} = qK_0 + \gamma_1 h_1 K_0 = (4 + 17.5 \times 1 \times 0.5) \text{kPa} \approx 12.8 \text{kPa}$$

$$\sigma_{02} = qK_0 + \gamma_1 h_1 K_0 + \gamma_2 h_2 K_0 = (12.8 + 8.5 \times 1.8 \times 0.5) \text{kPa} = 21 \text{kPa}$$

$$\sigma_w = 10 \times 1.8 \text{kPa} = 18 \text{kPa}$$

总侧压力 E 为

$$E = \left(1 \times \frac{4 + 12.8}{2} + 1.8 \times \frac{12.8 + 21 + 18}{2}\right) \text{kN/m} = 55 \text{kN/m}$$

近似按均布侧压力进行计算 $q_m = \frac{55}{2.8} \text{kPa} = 19.6 \text{kPa}$

计算简图如图 6-35 所示。

$$\frac{l_x}{l_y} = \frac{2.7}{5.625} = 0.48 < 0.5$$

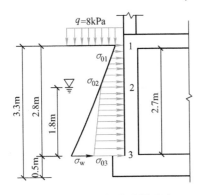

图 6-34　墙体荷载计算图式

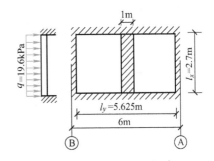

图 6-35　按单向板计算图式

所以按单向板计算内力，即取 1m 板带计算弯矩。

跨中 $\qquad M = \frac{1}{24}ql_x^2 = \frac{1}{24} \times 19.6 \times 2.7^2 \text{kN} \cdot \text{m/m} = 5.95 \text{kN} \cdot \text{m/m}$

支座 $\qquad M = \frac{1}{12}ql_x^2 = \frac{1}{12} \times 19.6 \times 2.7^2 \text{kN} \cdot \text{m/m} \approx 11.9 \text{kN} \cdot \text{m/m}$

内墙无水平荷载，一般只受轴心压力。

箱形基础顶、底板、内外墙截面强度验算及配筋计算均按钢筋混凝土结构设计方法进行（略）。

思 考 题

1. 在地基反力确定方法中，何谓实测地基反力系数法？

2. 何谓筏板分析中的倒楼盖法？

3. 建造在 6 度抗震区的 10 层办公楼，层高为 2.8m，上部采用现浇框架结构，柱网布置如图 6-36 所示，地质勘察报告提供的地基情况见表 6-14。上部框架结构传至基础表面的荷载设计值按 12kN/m^2 估算。

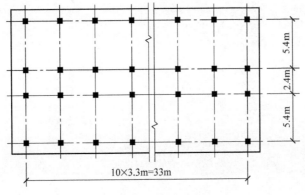

图 6-36　柱网布置

试初步确定：

（1）筏形基础埋深。

（2）筏形基础面积。

（3）筏形基础板厚（按弹性薄板估算）。

表 6-14　地基情况

土层名称	土层厚度/m	承载力设计值/kPa	E_s/MPa
耕土	1.0	/	/
粉土	0.8	100	5.5
粉土	2.8	150	4.0
粉质黏土	4.0	190	7.0

第七章

高层建筑与地基基础共同作用的分析方法

【内容提要】 首先介绍了共同作用分析方法在高层建筑地基基础中应用的必要性，以一个平面框架为例，阐明子结构分析方法的基本原理。然后分别介绍了线弹性地基模型、非线性弹性地基模型和弹塑性地基模型的分析方法，最后介绍了共同作用分析理论在高层建筑应用的工程意义。

■ 第一节 概　　述

高层建筑的上部结构具有较大的刚度，且与地基和基础三者同处于一个完整的共同作用体系。以前由于计算手段的限制，在分析高层建筑的基础结构时，不考虑共同作用，用常规的基础设计方法（忽略上部结构的作用）来设计基础结构。显然，常规的高层建筑基础设计方法是和上部结构、基础、地基三者是一个整体这个事实不相符合的。

近年来，高层和超高层建筑发展很快，如 2004 年建成的台北 101 大楼，2010 年年初竣工启用的高度为 828m 的迪拜哈利法塔，以及 2016 年建成的上海中心大厦。与此同时，高层建筑与地基基础共同作用理论也发展很快，台北 101 大楼和上海环球金融中心的设计已考虑共同作用理论，而且共同作用理论已扩展到基坑工程等。例如，地下连续墙参与共同作用，共同作用理论用于逆作法的设计与施工，桩基负摩擦力的计算及码头的双排桩结构与地基共同作用设计等。高层建筑与地基基础共同作用的现场测试研究也获得许多宝贵的数据。目前，在高层建筑基础设计计算中，把上部结构、基础与地基三者结为一体进行整体分析的思想，已日益受到工程技术人员的重视和采纳。共同作用分析方法考虑上部结构与地基基础之间的相互影响，比较真实地反映建筑物、基础与地基的实际受力状态。然而，整体分析对计算机容量也提出更高的要求，为了减少计算机的存储量问题，目前多数采用子结构法及波前法等。对于高层建筑与地基基础共同作用的整体分析，以子结构法（包括双重与多重子结构法）较为有效。因为它不仅可以解决大型结构与计算机存储量间的矛盾，还可以反映施工期间结构逐层增加，荷载与结构刚度的实际变化对共同作用结果的影响，以及在耦合各个不同结构单元体系等方面，均有独特的长处，对于目前广泛采用的微型计算机来说，更有现实意义。显然，共同作用的分析方法不限于子结构法，还可采用有限元法、有限层元法和半解析半数值法等。

共同作用理论研究，涉及上部结构、基础与地基三者本身特性的结合，由于各自特性实际上均为非线性，互相结合成一个整体进行研究，影响因素很多，确实是一个非常复杂的问题。它表现在建筑物的施工和使用期间，地基变形的变化，建筑物刚度随时间的变化，彼此之间的相互影响，地基的差异变形引起建筑物内部的荷载和应力的重分布，以及在施工期间的施工条件对地基变形和建筑物刚度的影响等。因此，共同作用问题的范围广泛，内容非常丰富。

■ 第二节 子结构分析方法的原理

为了便于阐明子结构分析方法的原理，以一个平面框架结构为例来说明，如图 7-1 所示。现把结构内的结点自由度区分为内结点自由度（以 i 表示）和边界结点自由度（以 b 表示），则结构内的总自由度为 n，即 $n=i+b$。整个结构的结点位移 U 和荷载 P 的关系可写出平衡方程为

$$P=KU \tag{7-1}$$

式中　K——整个结构的刚度矩阵 $(n{\times}n)$。

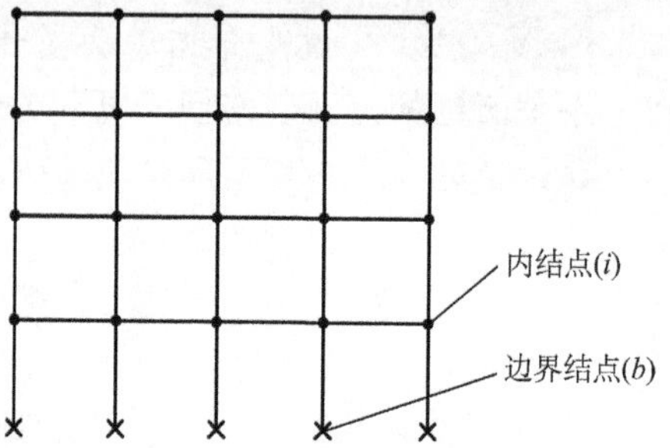

把式(7-1)用分块矩阵形式表示，则

$$\begin{pmatrix} P_i \\ P_b \end{pmatrix} = \begin{pmatrix} K_{ii} & K_{ib} \\ K_{bi} & K_{bb} \end{pmatrix} \begin{pmatrix} U_i \\ U_b \end{pmatrix} \tag{7-2}$$

式中　U_i、U_b——内结点和边界结点的位移；

　　　P_i、P_b——相应于内结点和边界结点位移的荷载。

展开式(7-2)得

$$P_i = K_{ii}U_i + K_{ib}U_b \tag{7-3}$$

$$P_b = K_{bi}U_i + K_{bb}U_b \tag{7-4}$$

式(7-3)移项后为

$$U_i = K_{ii}^{-1}(P_i - K_{ib}U_b) \tag{7-5}$$

把式(7-5)代入式(7-4)，得

$$P_b - K_{bi}K_{ii}^{-1}P_i = (K_{bb} - K_{bi}K_{ii}^{-1}K_{ib})U_b \tag{7-6}$$

令

$$S_b = P_b - K_{bi}K_{ii}^{-1}P_i \tag{7-7}$$

$$K_b = K_{bb} - K_{bi}K_{ii}^{-1}K_{ib} \tag{7-8}$$

则

$$S_b = K_b U_b \tag{7-9}$$

式中　S_b——凝聚后的等效边界荷载；

　　　K_b——凝聚后的等效边界刚度矩阵。

式(7-7)的物理意义是：内结点自由度消去后，在边界结点上的等效荷载 S_b 系由原先作用在边界结点处的荷载 P_b 和内结点上的荷载向边界结点移置时的贡献 $(-K_{bi}K_{ii}^{-1}P_i)$ 两部分荷载所组成。

图 7-1　框架结构的内结点与边界结点
（●为内结点，×为边界结点）

内结点(i)

边界结点(b)

式(7-8)的物理意义是：凝聚后的等效边界刚度矩阵是由所有内结点固定时，边界结点处的刚度矩阵 K_{bb} 和考虑到内结点实际并非固定而必须做出修正($-K_{bi}K_{ii}^{-1}K_{ib}$)的两部分刚度矩阵所组成。

由上述公式可见，结构的求解问题可按下述步骤进行。

1）刚度矩阵的凝聚，按式(7-7)和式(7-8)计算等效边界荷载 S_b 和等效边界刚度矩阵 K_b。

2）按式(7-9)求解边界结点位移 U_b，此时，求解所需的方程阶数要比原结构的少得多。

3）按式(7-5)回代求解内结点位移 U_i。

综上所述，刚度矩阵凝聚的过程，实质上是消去内结点自由度的过程。通过凝聚，整个结构的位移分解为先求边界结点位移 U_b 和后求内结点位移 U_i 两个过程。

考虑高层和超高层建筑的层数较多，应用上述公式时，先要根据结构特点(如框架结构、剪力墙结构和筒体结构等)及计算机的存储量，将整个结构分割成若干个子结构，按照规定的顺序进行各个子结构刚度和荷载的凝聚，最后实现整个结构刚度和荷载的凝聚。

现以图7-2所示的结构、基础和地基为例加以说明。整个结构分成四个子结构(以Ⅰ、Ⅱ、Ⅲ和Ⅳ表示)，子结构的边界有四个，以①、②、③和④表示。先把子结构Ⅰ向边界①进行凝聚，将式(7-8)和式(7-7)计算子结构Ⅰ的边界刚度矩阵 K_b 与边界荷载 S_b，叠加到子结构Ⅱ上，形成子结构Ⅱ′(图7-2b)。然后，再把子结构Ⅱ′向边界②进行凝聚，依次逐个进行直至上部结构刚度和荷载全部凝聚到基础上(图7-2d)。此时，子结构Ⅳ′为已考虑上部结构效应的基础。根据图7-2d，可写出子结构Ⅳ′的平衡方程

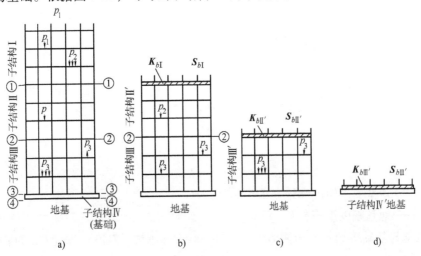

图7-2　结构和基础的凝集与共同作用分析

$$(K_F + K_{bIV'})U_{IV'} = S_{bIV'} - R \tag{7-10}$$

式中　$U_{IV'}$——子结构Ⅳ′下的广义位移；

K_F——子结构Ⅳ(即原基础)的刚度矩阵；

$K_{bIV'}$——上部结构的等效边界刚度矩阵；

$S_{bIV'}$——上部结构的等效边界荷载；

R——基础接触压力(反力)。

到此为止，可以把 m 个子结构组成的结构体系在 i 个子结构时的平衡方程表示为

$$\begin{pmatrix} K_{ii}^{(i)} + K_b^{(i-1)} & K_{ib}^{(i)} \\ K_{bi}^{(i)} & K_{bb}^{(i)} \end{pmatrix} \begin{pmatrix} U_i^{(i)} \\ K_b^{(i)} \end{pmatrix} = \begin{pmatrix} P_i^{(i)} + S_b^{(i-1)} \\ P_i^{(i)} - R_b^{(i)} \end{pmatrix} \tag{7-11}$$

式中　$K_b^{(i-1)}$——在 $i-1$ 个子结构底部边界结点上的凝聚等效边界刚度矩阵；

$S_b^{(i-1)}$——相应的等效边界荷载；

$R_b^{(i)}$——在 i 个子结构时边界结点所受的反力，当 $i=m$ 时，$R_b^{(m)}$ 即为基底反力。

整个 m 个子结构的平衡方程为

$$K_b^{(m)} U_b^{(m)} = S_b^{(m)} - R_b^{(m)} \tag{7-12}$$

可简写为

$$K_b U_b = S_b - R \tag{7-13}$$

式中　K_b、S_b——整个结构（包括基础）对基底接触面边界结点的等效刚度矩阵和等效荷载；

U_b——相应的边界结点位移；

R——基底反力。

应当指出，这里阐述的子结构法不仅用于整个结构体系（包括基础），还可用于地基。

在实际使用过程中，可采用刚度贡献的层数减一层，即 $n-1$，而荷载层数不动的方法来考虑混凝土结构刚度的迟滞效应。

下面将分别叙述应用基底反力（包括桩的反力）公式来研究高层和超高层建筑与地基基础的共同作用。

■ 第三节　线弹性地基模型的共同作用分析

这里考虑的上部结构与地基基础的应力-应变关系均作为线弹性处理，地基模型采用文克勒模型、弹性半空间地基模型和分层地基模型，其统一的表达式为

$$s = fR \tag{7-14}$$

或

$$R = f^{-1} s = K_s s \tag{7-15}$$

式中　s、f——地基变形矩阵和地基柔度矩阵；

K_s——地基刚度矩阵，$K_s = f^{-1}$。

根据地基与基础接触面上的变形协调条件，$s = U_b$，则式（7-13）、式（7-15）可合并写成

$$(K_b + K_s) U_b = S_b \tag{7-16}$$

当考虑相邻建筑影响引起的基础接触面结点的附加沉降 s' 时，则上式可写成

$$(K_b + K_s) U_b = S_b + K_s s' \tag{7-17}$$

求解方程组式（7-16）或式（7-17），可得到考虑上部结构刚度后的基础位移 U_b，然后对各个子结构进行回代，即可求得基础和上部结构各结点的位移和内力。

由上可见，每次计算仅涉及一个子结构，方程组的阶数远比原来整个结构少，相应的计算机容量要求大大地减小，通过刚度矩阵的凝聚，最后归结为地基上的基础梁或板（已考虑上部结构的效应）的计算问题。因此，上部结构与地基基础的共同作用计算相应地简化。

一、文克勒地基模型的柔度矩阵

文克勒地基模型系弹簧模型，其表达式为

$$p = ks \tag{7-18}$$

如图 4-15（第四章）所示的地基上作用着矩形均布荷载，其值为 p，把荷载面积划分成 m 个矩形网格，若在 j 网格中点作用集中力 R_j，则在 j 网格，即当 $i=j$ 时，式（7-18）成立，$s_{ij} \neq 0$；而当 $i \neq j$ 时，则 $s_{ij} = 0$。

因此式（7-18）可写成

$$p_{ii} = k_{ii} s_{ii} \tag{7-19}$$

或

$$s_{ii} = \frac{1}{k_{ii}} p_{ii} = \frac{1}{k_{ii}} \cdot \frac{R_i}{ab} \tag{7-20}$$

即

$$s_{ii} = \frac{1}{k_i} \cdot \frac{R_i}{ab} \tag{7-21}$$

写成矩阵形式

$$\begin{pmatrix} s_1 \\ s_2 \\ \vdots \\ s_m \end{pmatrix} = \begin{pmatrix} \dfrac{1}{k_1 ab} & & & 0 \\ & \dfrac{1}{k_2 ab} & & \\ & & \ddots & \\ 0 & & & \dfrac{1}{k_m ab} \end{pmatrix} \begin{pmatrix} R_1 \\ R_2 \\ \vdots \\ R_m \end{pmatrix} \tag{7-22}$$

式中柔度系数 $f_{ii} = \dfrac{1}{k_i ab}$（当 $i=j$）；$f_{ij} = 0$（当 $i \neq j$）。

可见文克勒地基模型的柔度矩阵在主对角线上有值，在其他位置均为零，所以文克勒地基模型是非常简单的。

二、弹性半空间地基模型的柔度矩阵

把整个地基上的荷载面积划分为 m 个矩形网格（第四章图 4-15），在任意网格 j 中点上作用着集中荷载 R_j，各个网格面积为 F_j，整个地基上各荷载面积中点的荷载 R_j 与变形的表达式，见第四章中的式（4-101）。其中的柔度系数 f_{ij} 采用弹性半空间地基模型得到，可用下式表示

$$f_{ij} = \begin{cases} \dfrac{1-\nu^2}{\pi E_0 a} F_{ii} & (i=j) \\[2mm] \dfrac{1-\nu^2}{\pi E_0 r} & (i \neq j) \end{cases} \tag{7-23}$$

式中各符号含义分别见第四章式（4-4）~式（4-6）。

由式（7-23）可见，对于计算自身矩形网格的柔度系数，应采用在均布矩形荷载作用下求本矩形面积的中点竖向变形的布西奈斯克公式；对于计算其他矩形网格的柔度系数，可采用

在均布矩形荷载作用下求矩形面积以外任意点变形的公式，但是这样计算很烦琐，一般采用在集中荷载作用下的第四章提到的布西奈斯克公式(4-4)，这样既简便，又可达到精度要求。

三、分层地基模型的柔度矩阵

对于分层地基模型(图7-3)，根据第四章式(4-99)，整个地基反力与变形的关系可写成

$$s = fR_0 \qquad (7\text{-}24)$$

式中 R_0——基底集中附加压力列矢量；

    f——地基柔度矩阵。

柔度系数可按分层地基模型计算得到

$$f_{ij} = \sum_{t=1}^{n} \frac{\sigma_{ijt}}{E_{sit}} H_{it} \qquad (7\text{-}25)$$

式中 n——基底压缩层内土层的分层数；

    H_{it}——i 网格中点下第 t 土层的厚度；

    E_{sit}——i 网格中点下第 t 土层的压缩模量；

    σ_{ijt}——j 网格中点处的单位集中附加压力作用下对 i 网格中点下第 t 土层所产生的平均附加应力。

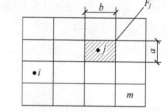

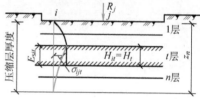

图7-3 分层地基模型

若地基分层均匀，则 $f_{ij} = f_{ji}$；若地基分层有起伏，则 $f_{ij} \neq f_{ji}$，对于深埋基础，在应用式(7-24)和式(7-25)时，宜考虑基坑开挖引起回弹和再压缩的影响。

■ 第四节 非线性弹性地基模型的共同作用分析

在非线性弹性地基中，常常采用邓肯-张模型，该模型一般采用增量法分析，下面建立非线性弹性地基模型的共同作用分析公式。

为了表达方便，把式(7-13)改写成

$$KU = P - R \qquad (7\text{-}26)$$

根据基础与地基接触面处的变形协调条件，第 i 级增量时的平衡方程为

$$K\Delta U_i = \Delta P_i - \Delta R_i = \Delta P_i - f^{-1}\Delta U_i \qquad (7\text{-}27)$$

则

$$(K + f_i^{-1})\Delta U_i = \Delta P_i \qquad (7\text{-}28)$$

式中 f_i——第 i 级荷载增量时的柔度矩阵。

在非线性弹性地基中，f_i 是一个非对称的满阵，在增量法的整个计算中，f_i 是变化的，其值与地基中各点应力水平有关。

f_i 中的系数 f_{ij} 可写成

$$f_{ij} = \sum_{t=1}^{n} \frac{\Delta h_t}{E_{ut(i-1)}} [\sigma_{zijt} - \nu_{ut(i-1)}(\sigma_{xijt} + \sigma_{yijt})] \qquad (7\text{-}29)$$

式中 σ_{xijt}、σ_{yijt}、σ_{zijt}——j 网格中点处的单位力对 i 网格中点下 t 层中点所产生的三个方向的应力；

    $E_{ut(i-1)}$、$\nu_{ut(i-1)}$——第 $i-1$ 级荷载增量末时算得在 i 网格中点下 t 层中点相应力的切线模量和切线泊松比，分别按第四章式(4-15)式(4-19)计算；

Δh_t——第 t 层土层的厚度（图7-4）；

n——压缩层厚度内土的分层数。

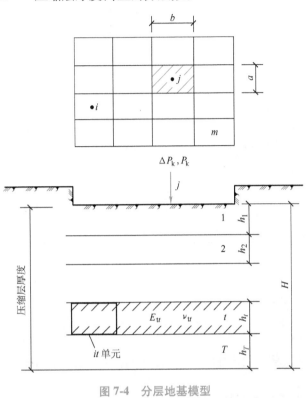

图7-4　分层地基模型

求解式(7-28)，得到 ΔU_i。那么，基础的总位移 U 就是各级荷载增量下求得的位移增量的总和，即

$$U = \Delta U_1 + \Delta U_2 + \cdots + \Delta U_i + \cdots + \Delta U_n = \sum_{i=1}^{n} \Delta U_i \qquad (7\text{-}30)$$

从上述可见，切线模量 E_t 与该点的应力水平有关，而应力水平又取决于基底接触压力，反过来接触压力的分布形式又直接受到前一级 E_t 值的影响而变化。因此，最后的计算结果也反映地基的非线性。再按式(7-5)进行回代，可求得上部结构的位移和内力。

需要指出的是，σ_x、σ_y 和 σ_z 应按基础埋深与基础宽度比的大小，采用布西奈斯克或明德林公式计算。

■ 第五节　弹塑性地基模型的共同作用分析

在弹塑性地基中进行共同作用分析，通常是在建筑物的荷载较大，且地基承载力较小的软土地基情况。弹塑性地基模型可以用拉特-邓肯模型，弹塑性地基模型用于高层建筑地基基础共同作用分析时，也是采用增量法。共同作用分析公式仍为式(7-28)，下面介绍弹塑性地基柔度矩阵的建立步骤。

设在 j 网格作用着某一应力水平的单位荷载增量，求对 i 网格下第 t 层（即 it 单元）上的弹塑性变形(图7-5)。具体步骤如下：

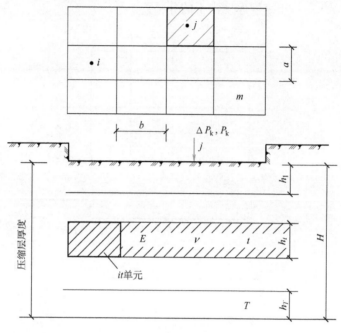

图7-5　弹塑性分析模型

（1）利用布西奈斯克解或明德林解求得单元 it 的应力分量增量 $\Delta\boldsymbol{\sigma}_{DLijt}(D、L=x、y、z)$ 及某一应力水平的应力分量 $\boldsymbol{\sigma}_{DLijt}$。

（2）按式(4-23)计算竖向弹性应变增量，即

$$(\Delta\varepsilon_z^e)_{ijt} = \frac{(\Delta\sigma_z)_{ijt} - \nu_{ur}\left[(\Delta\sigma_x)_{ijt} + (\Delta\sigma_y)_{ijt}\right]}{E_{ur}} \tag{7-31}$$

式中　E_{ur}、ν_{ur}——地基卸载再加载的模量和泊松比。

（3）按式(4-90)计算竖向塑性应变增量，即

$$(\Delta\varepsilon_z^p)_{ijt} = \frac{\alpha\cdot df\cdot K_2}{3(I_1^3 - K_2 I_3)\left[1-\beta\left(f-f_t\right)^2\right]}\left[\frac{3I_1^2}{K_2} - (\sigma'_x)_{ijt}(\sigma'_y)_{ijt} + (\tau'_{xy})_{ijt}^2\right] \tag{7-32}$$

式中　α、β、K_2、f_t——弹塑性模型参数，意义同前；

I_1、I_3——it 单元在 $\boldsymbol{\sigma}'_{DLijt}$ 应力状态下的第一、第三应力不变量；

$\boldsymbol{\sigma}'_{DLijt}$——在 j 网格某一应力水平作用时，it 单元的 $\boldsymbol{\sigma}_{DLijt}$ 和该单元自重应力的代数和；

df——应力水平 f 的增量，即该级应力水平与前级应力水平之差。

（4）当 j 网格的荷载小于或等于基坑挖土重，则应变增量为

$$(\Delta\varepsilon_z)_{ijt} = (\Delta\varepsilon_z^e)_{ijt} \tag{7-33}$$

（5）当 j 网格的荷载大于基坑挖土重，则应变增量为

$$(\Delta\varepsilon_z)_{ijt} = (\Delta\varepsilon_z^e)_{ijt} + (\Delta\varepsilon_z^p)_{ijt} \tag{7-34}$$

（6）在某一应力水平下，j 网格单位荷载增量作用下引起 i 网格土的弹塑性柔度系数为

$$f_{ij} = \sum_{t=1}^{T}(\Delta\varepsilon_z)_{ijt}h_t(i=1,\cdots,T),\ (i,j=1,\cdots,m) \tag{7-35}$$

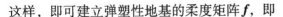

这样，即可建立弹塑性地基的柔度矩阵 f，即

$$f = \begin{pmatrix} f_{11} & f_{12} & \cdots & f_{1m} \\ f_{21} & f_{22} & \cdots & f_{2m} \\ \vdots & \vdots & \vdots & \vdots \\ f_{m1} & f_{m2} & \cdots & f_{mm} \end{pmatrix} \tag{7-36}$$

将柔度矩阵 f 代入式(7-28)，求解式(7-28)方程组，得到 ΔU_i，那么基础的总位移 U 即是各级荷载增量下求得的位移增量的和，即

$$U = \sum_{i=1}^{n} \Delta U_k \qquad (k = 1, \cdots, n) \tag{7-37}$$

■ 第六节　绝对刚性基础的共同作用分析

在工程实践中，高层建筑的箱形基础可视作刚性板处理。当地基变形时，基底与地基仍紧密接触，由此建立变形协调方程，再加上三个静力平衡方程，可写出计算基底反力增量 ΔR、整体倾斜增量 ΔA 和 ΔB、平均沉降增量 ΔC 的公式，即

$$\begin{pmatrix} f_{11} & f_{12} & \cdots & \cdots & f_{1m} & -x_1 & -y_1 & -1 \\ f_{21} & f_{22} & \cdots & \cdots & f_{2m} & -x_2 & -y_2 & -1 \\ \vdots & \vdots & \vdots & \vdots & \vdots & \vdots & \vdots & \vdots \\ f_{m1} & f_{m2} & \cdots & \cdots & f_{mm} & -x_m & -y_m & -1 \\ x_1F_1 & x_2F_2 & \cdots & \cdots & x_mF_m & 0 & 0 & 0 \\ y_1F_1 & y_2F_2 & \cdots & \cdots & y_mF_m & 0 & 0 & 0 \\ F_1 & F_2 & \cdots & F_D & \cdots & F_m & 0 & 0 & 0 \end{pmatrix} \begin{pmatrix} \Delta R_1 \\ \Delta R_2 \\ \vdots \\ \vdots \\ \Delta R_m \\ \Delta A \\ \Delta B \\ \Delta C \end{pmatrix} = \begin{pmatrix} 0 \\ 0 \\ \vdots \\ \vdots \\ 0 \\ \Delta M_y \\ \Delta M_x \\ \Delta P \end{pmatrix} + \begin{pmatrix} -\Delta_1 \\ -\Delta_2 \\ \vdots \\ -\Delta_m \\ 0 \\ 0 \\ 0 \end{pmatrix} \tag{7-38}$$

式中　$F_1, F_2, \cdots, F_m$——第 1，2，$\cdots$，m 块网格的面积；

　　　ΔM_x、ΔM_y——某一应力水平下，板上某一级荷载增量分别对 x 轴和 y 轴的力矩；

　　　ΔP——某一应力水平下，板上某一级荷载增量的合力；

　　　$\Delta_1, \Delta_2 \cdots, \Delta_m$——邻近建筑物的荷载增量对网格 1，2，$\cdots$，$m$ 中点产生的沉降增量。

因此，在计算时，可把整个荷载 P 划分成若干荷载增量 ΔP_i，在每级荷载增量作用下求得地基的柔度矩阵，并计算 ΔM_x、ΔM_y 和 ΔP，以及 $\Delta_1, \Delta_2, \cdots, \Delta_m$，利用式(7-38)求得相应的 ΔR 及 ΔA、ΔB、ΔC，最后进行叠加，则可得到在地基上刚性板的基底反力、整体倾斜量和沉降。

■ 第七节　桩-土体系的共同作用分析

随着高层建筑层数的增加，为了减少建筑物的沉降及增强地基的承载力，常常采用桩筏或桩箱基础。上述的子结构法仍然适用于上部结构、筏形基础或箱形基础、桩和地基的共同作用。与前述所不同之处就是把桩和地基作为桩-土体系的整体来分析。因此，当桩-土的刚度矩阵求得后，可按同样方法来分析上部结构、筏形基础或箱形基础、桩和地基的共同作用。

下面阐述桩-土刚度矩阵的求解。

如图 7-6 所示，在平面上把地基划分成 Q 个单元，各个单元中心为结点。设 R_p、R_s 和 F_o 分别为桩结点、基础内和基础外土结点的反力，相应结点的位移分别为 U_p、U_s 和 U_o。那么，基础内的桩结点和基础内外的土结点的反力与相应位移的方程式为

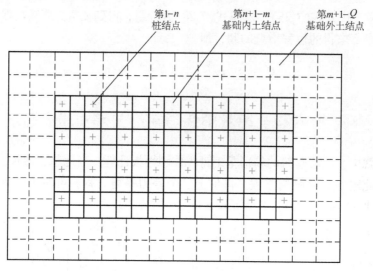

图 7-6　桩-土体系的基底界面内外的单元划分

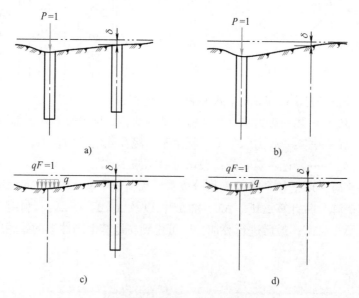

图 7-7　桩-土体系的相互影响

$$\begin{pmatrix} \delta_{pp} & \delta_{ps} & \delta_{po} \\ \delta_{sp} & \delta_{ss} & \delta_{so} \\ \delta_{op} & \delta_{os} & \delta_{oo} \end{pmatrix} \begin{pmatrix} R_p \\ R_s \\ F_o \end{pmatrix} = \begin{pmatrix} U_p \\ U_s \\ U_o \end{pmatrix} \tag{7-39}$$

式中　δ_{pp}——桩对桩（包括桩本身）的位移影响系数矩阵，如图 7-7a 所示，根据明德林（Mindlin）公式积分求得；

　　　δ_{sp}——桩对土的位移影响系数矩阵，如图 7-7b 所示，根据明德林公式求得；

δ_{ps}、δ_{po}——土对桩的位移影响系数矩阵（图 7-7c），根据位移互等定理，与桩对土的位移影响系数相等；

δ_{ss}、δ_{so}——土对土的位移影响系数矩阵（图 7-7d），一般根据布西奈斯克公式求得，当埋深与宽度比超过一定值时，可考虑用明德林公式，在计算这些位移影响系数时，假定桩-土体系为理想的连续弹性体，不考虑桩土间的局部相对滑动的影响，因此可从弹性理论的明德林和布西奈斯克公式导得。

以桩-土体系的刚度矩阵表示，则式（7-39）可写成

$$\begin{pmatrix} K_{pp} & K_{ps} & K_{po} \\ K_{sp} & K_{ss} & K_{so} \\ K_{op} & K_{os} & K_{oo} \end{pmatrix} \begin{pmatrix} U_p \\ U_s \\ U_o \end{pmatrix} = \begin{pmatrix} R_p \\ R_s \\ F_o \end{pmatrix} \tag{7-40}$$

把矩阵分块，式（7-40）可写成

$$\begin{pmatrix} K_{bb} & K_{bo} \\ K_{ob} & K_{oo} \end{pmatrix} \begin{pmatrix} U_b \\ U_o \end{pmatrix} = \begin{pmatrix} R_b \\ F_o \end{pmatrix} \tag{7-41}$$

将式（7-41）展开，解得基础内桩和土的结点反力列矢量

$$R_b = (K_{bb} - K_{bo} K_{oo}^{-1} K_{ob}) U_b + K_{bo} K_{oo}^{-1} F_o \tag{7-42}$$

令 $K_{sb} = K_{bb} - K_{bo} K_{oo}^{-1} K_{ob}$，即为桩-土体系与整个结构（包括基础）接触面上的边界刚度矩阵。

$$R_b = K_{sb} U_b + K_{bo} K_{oo}^{-1} F_o \tag{7-43}$$

这样，把式（7-43）代入式（7-41）得

$$(K_b + K_{sb}) U_b = S_b - K_{bo} K_{oo}^{-1} F_o \tag{7-44}$$

该式即为求解上部结构、筏形基础或箱形基础、桩和地基共同作用的公式。从式（7-44）求得基底位移 U_b 后，再从式（7-42）解出基底桩和土的反力 R_b，最后逐个子结构回代，即可求得基础和上部结构的内力。

作为一种简化粗估方法，可认为上部结构参与基础（箱形基础或筏形基础）共同作用后，把基础视作刚性板来处理，那么，分析刚性板和桩-土共同作用可大为简化。同式（7-41）类似，可得如下的方程组

$$\left. \begin{aligned} \begin{pmatrix} \delta_{bb} & \delta_{bo} \\ \delta_{ob} & \delta_{oo} \end{pmatrix} \begin{pmatrix} R_b \\ F_o \end{pmatrix} &= \begin{pmatrix} U_b \\ U_o \end{pmatrix} \\ \sum R_b &= P \\ \sum R_b x &= M_y \\ \sum R_b y &= M_x \\ s &= Ax + By + c \end{aligned} \right\} \tag{7-45}$$

因 U_b 中只用竖向位移，故以 s 代替。式（7-45）中的 U_o 不需计算。F_o 为基础界面外的已知荷载，故把式（7-45）合成一个矩阵方程为

$$\begin{pmatrix} \boldsymbol{\delta}_{bb} & \begin{matrix} -x_1 & -y_1 & -1 \\ \vdots & \vdots & \vdots \\ -x_n & -y_n & -1 \end{matrix} \\ \begin{matrix} x_1 & x_2 & x_3 & \cdots & \cdots & x_n \\ y_1 & y_2 & y_3 & \cdots & \cdots & y_n \\ 1 & 1 & 1 & \cdots & \cdots & 1 \end{matrix} & \begin{matrix} 0 & 0 & 0 \\ 0 & 0 & 0 \\ 0 & 0 & 0 \end{matrix} \end{pmatrix} \begin{pmatrix} \boldsymbol{R}_b \\ \boldsymbol{A} \\ \boldsymbol{B} \\ \boldsymbol{C} \end{pmatrix} = \begin{pmatrix} 0 \\ \boldsymbol{M}_y \\ \boldsymbol{M}_x \\ \boldsymbol{P} \end{pmatrix} + \begin{pmatrix} -\boldsymbol{\delta}_{bo}\boldsymbol{F}_o \\ 0 \\ 0 \\ 0 \end{pmatrix} \qquad (7\text{-}46)$$

求解式(7-46)可得基底各桩和土的反力 $\boldsymbol{R}_b$，以及相应各点的沉降和基底的倾斜。

但是，由于式(7-46)的分析系假定桩-土为线性弹性体，而且假定基础为刚性板，故基础的端部角点的桩和土的反力会超过桩土结点所能允许承受的承载力。此时，可将桩-土体系视为理想的弹塑性体，即桩和土各有一个弹性极限值，如算得桩和土结点的反力超过弹性极限值时，则结点处于塑性状态。令这些结点的反力各等于桩和土的弹性极限值，均为已知反力值，而相应结点的位移由基底的变形所决定。这样在计算时，可把进入塑性状态的桩土结点由边界结点转为基础外的结点。计算步骤大致如下：

第一次把桩和土均视为弹性状态，按式(7-46)求 $\boldsymbol{R}_b$，将反力大于桩和土的弹性极限值的结点转移到基础外的结点，其结点反力以 $\boldsymbol{F}_{o,p}$ 表示。

第二次的计算方程式简写为

$$\begin{pmatrix} \boldsymbol{\delta}_{bb} & -x & -y & -1 \\ \boldsymbol{x}^T & & & \\ \boldsymbol{y}^T & & 0 & \\ \boldsymbol{1}^T & & & \end{pmatrix} \begin{pmatrix} \boldsymbol{R}_b \\ \boldsymbol{A} \\ \boldsymbol{B} \\ \boldsymbol{C} \end{pmatrix} = \begin{pmatrix} -\boldsymbol{\delta}_{bo}\boldsymbol{F}_o & \boldsymbol{\delta}_{bo,p} & \boldsymbol{F}_{o,p} \\ \boldsymbol{M}_x & \boldsymbol{x}_o^T & \boldsymbol{F}_{o,p} \\ \boldsymbol{M}_y & \boldsymbol{y}_o^T & \boldsymbol{F}_{o,p} \\ \boldsymbol{P} & \boldsymbol{l}_o^T & \boldsymbol{F}_{o,p} \end{pmatrix} \qquad (7\text{-}47)$$

式(7-47)的左端项与式(7-46)形式相同，但已把处于塑性状态的桩土结点转移至右端项的第二项。如在第二次计算中仍有超过桩和土的弹性极限值的结点，再按式(7-47)进行第三次计算，直至所有桩和土的结点力均不超过弹性极限值为止。

但是，即使像88层的上海金茂大厦和101层的上海环球金融中心的桩筏基础，筏板厚度分别为4m和4.5m，实测结果表明，基础也不是绝对刚性的，基底沉降呈现为正锅形分布，上海金茂大厦基础沉降观测如图7-8所示。因此对于高层建筑的基础设计，不能采用这

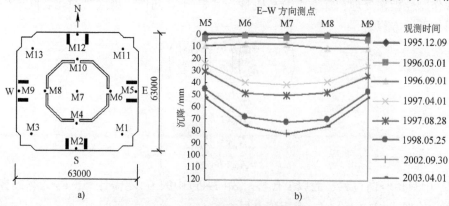

图 7-8　金茂大厦基础沉降观测

a）沉降测点平面　b）基础沉降

种简化粗估方法，该方法只能作为初步估计。

■ 第八节　共同作用理论在高层建筑基础分析中的意义

在常规设计中，完全不考虑共同作用，把上部结构、基础与地基三个部分分割开来，这与实际情况是不符的。为了防止结构的损坏，以往的设计中往往宁可采取保守的做法，从而造成很大的浪费。

考虑地基与基础共同作用，按照弹性地基上的梁、板的理论来进行设计固然是前进了一步，但还是忽略了上部结构的刚度贡献，对具有非常大上部结构刚度的高层建筑来说，尤其不合理，其结果必然夸大了基础的变形与内力，或者为减少基础的变形与内力而不必要地去增加基础高度或底板厚度与配筋，造成了浪费。另一方面，由于夸大基础刚度的作用，减小了上部结构的变形与内力计算值，从而导致设计偏于危险。

应用上部结构、地基与基础共同作用的理论进行高层建筑的基础设计，才能较真实地反映其实际工作状态，也才可能是经济合理的。此外，利用共同作用理论可以提高和改善高层建筑基础的设计水平。具体说来，可从下面几方面入手：

（1）有效地利用上部结构的刚度，使基础的结构尺寸减小到最低程度。例如，把上部结构与基础作为一个整体来考虑，箱形基础高度可大为减小；当上部结构为剪力墙体系时，有可能将箱形基础改为筏形基础。应注意的是，上部结构的刚度是随着施工的进程逐步形成的，因此在利用上部结构刚度改善基础工作条件时，应模拟施工过程进行共同作用分析，以免造成基础结构的损坏。

（2）对建筑层数悬殊、结构形式各异的主楼与裙房，可分别采用不同形式的基础，经慎重而仔细的共同作用分析比较，可使主、裙房的基础与上部结构全都连接成整体，实现建筑功能上的要求。

（3）运用共同作用理论合理地设计地基与基础，达到减少基础内力与沉降、降低基础造价的目的。

思　考　题

1. 简述共同作用分析方法的主要特点。
2. 简述常规设计分析方法（不考虑共同作用）的主要特点。
3. 简述共同作用分析方法在高层建筑基础分析中的意义。
4. 简述子结构分析方法的基本原理。
5. 非线弹性地基模型和线弹性地基模型共同作用分析的主要区别是什么？
6. 简述桩土体系共同作用分析的基本方法。

第 八 章

高层建筑桩筏（箱）基础
沉降计算理论

【内容提要】 首先介绍高层建筑桩筏(箱)基础沉降计算的简易理论法和将弹性理论法、实测结果相结合的半经验半理论法，然后进一步分析高层建筑桩筏(箱)基础的沉降机理，并介绍高层建筑桩筏(箱)基础的变形控制设计理论。

在高层建筑基础分析与设计中必然要涉及基础的变形计算问题，基础变形对于高层建筑往往起着决定性的控制作用。目前对于高层建筑基础沉降的计算还有着较大的误差，有时由于计算沉降量偏大，导致原本可以采用天然地基的高层建筑不适当地采用了桩基础，使基础设计过于保守，造成浪费。因此，合适的高层建筑基础沉降方法对于提高设计水准非常关键。目前主要有以下几种计算高层建筑基础沉降的方法。

（1）弹性理论法。这是以明德林解为基础的一种桩基础沉降计算方法。在具体应用中分为两类：①位移解，②应力解。

（2）简易理论法。该法是同济大学董建国教授提出的桩筏(箱)基础最终沉降计算方法。简易理论法简单，能够手算，计算参数易确定，计算结果不需用沉降计算经验系数修正。

（3）实体深基础法。这个方法是规范推荐方法之一，该法简单、方便，能够手算，计算结果需用沉降计算经验系数修正，不能计算沉降与桩数的关系。

（4）剪切位移法。这个方法把在竖向荷载作用下桩的沉降分成桩身和桩尖变形两部分。桩身变形是通过假定受荷载桩周围土的变形可理想地视作同心圆柱体而建立的，桩底土变形用布西奈斯克解求得。这个方法首先由库克(Cooke)在1974年通过试验证明并提出。此法可计算群桩的桩数和沉降的关系，不过计算参数不易确定，国内应用很少。

■ 第一节　高层建筑桩筏（箱）基础沉降计算的简易理论法

高层建筑桩筏(箱)基础沉降与桩箱和桩筏基础的受力机理及其变化规律有着密切的关系，因此本节首先根据高层建筑桩筏(箱)基础的受力机理及外荷载的大小，分析判断采用何种沉降计算模式，随后给出相应计算模式的沉降计算公式来预估不同桩长的高层建筑桩筏(箱)基础的沉降。

一、简易理论法的基本原理

图 8-1 表示桩筏（箱）基础的受力机理。图中 D 为筏（箱）基础的埋深，L 为桩的长度。在外力 P 作用下，桩筏（箱）基础要沉降，必须克服该筏（箱）基础沿着长、宽周边深度方向土体的抵抗，设这个单位抵抗力为 τ_z，则总抗剪力 T 为

$$T = U\int_0^L \tau_z \mathrm{d}z \tag{8-1}$$

式中　U——筏（箱）基础平面的周长。

高层建筑桩筏（箱）基础沉降计算简易理论法的基本原理是首先比较外荷载 P 和总抗剪力 T 的大小，分析它们的变形机理，最后给出两种桩筏（箱）基础沉降计算的分析模式，下面分别加以介绍。

（一）复合地基模式（$P \leqslant T$）

如果外荷载 P 小于或等于总抗剪力 T，显然采用等代实体深基础模式来预估桩筏（箱）基础的沉降是不合适的。因为这种模式忽略了群桩周围土体的作用（图 8-2），这势必导致桩越长，群桩和桩间土的组合重量 G 越大，桩筏（箱）基础的计算沉降越大的不合理结果。

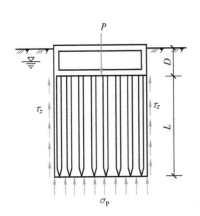

图 8-1　桩筏（箱）基础受力机理

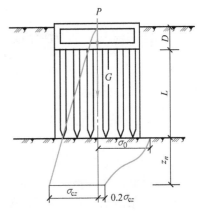

图 8-2　桩筏（箱）基础沉降的实体深基础计算模式

事实上，当 $P \leqslant T$ 时，群桩周围土体是可以减少桩筏（箱）基础的沉降的，因为此时群桩桩长范围外的周围土体和群桩长度范围内的桩间土是一个整体，外荷载 P 并未破坏这个整体，群桩桩长范围外的周围土体同样具备抵抗外荷载的能力，使桩筏（箱）基础的沉降受到约束。因此，当 $P \leqslant T$ 时，把桩的插入视作对桩长范围内土体的加固，与筏（箱）基础下的土体一起形成复合地基，用这种分析模式来探讨桩筏（箱）基础的沉降计算方法才是合理的。由于桩的存在，桩间土的变形必须与桩的压缩变形协调，桩基材料通常系由混凝土或钢材组成，它们的弹性模量远远大于土体的压缩模量，桩的设置使桩长范围内土体变形大大减小，即桩长范围内土体的压缩量可用桩的缩短代替，所以在 $P \leqslant T$ 情况，把桩筏（箱）基础的最终沉降分成两部分

$$s = s_p + s_s \tag{8-2}$$

式中　s_p——桩的压缩量；

　　　s_s——桩尖平面下土的压缩量。

下面分别叙述桩的压缩量 s_p 和桩尖平面下土的压缩量 s_s 的计算。

1. 桩的压缩量 s_p 的计算

单桩静载荷试验结果表明，沿桩长的压应力分布为：当荷载等于桩的允许承载力时，压应力分布接近三角形分布；当荷载等于桩的极限荷载时，压应力分布接近矩形。在实际桩筏（箱）基础设计中，虽然桩的设计荷载一般取其极限荷载的一半，但由于桩之间相邻荷载的影响及桩所处的不同位置，有一部分桩的实际荷载可能要大于桩的设计荷载，不过，通常不会超过桩的极限荷载。为此，在计算桩的压缩量时，假定沿桩长压应力分布为三角形和矩形两种情况（图8-3a、b）。下面分别介绍这两种压应力分布情况下桩的压缩量。

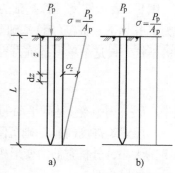

图8-3 沿桩长压应力分布的两种假定

（1）沿桩长压应力为三角形分布时，桩的压缩量 s_p^a 计算。根据胡克定律，图8-3a 中微段桩的压缩量 $\mathrm{d}s_p$ 为

$$\mathrm{d}s_p = \frac{\sigma_z}{E_p}\mathrm{d}z \tag{8-3}$$

从图8-3a可知，沿桩长压应力为线性分布，故有

$$\frac{\dfrac{P_p}{A_p}}{\sigma_z} = \frac{L}{L-z}$$

或

$$\sigma_z = \frac{P_p}{A_p} \cdot \frac{L-z}{L} \tag{8-4}$$

式中　　σ_z——桩横截面上的压应力；

P_p——单桩的设计荷载；

A_p、L、E_p——桩的截面积、桩长及桩的弹性模量。

把式(8-4)代入式(8-3)，并积分，有

$$s_p^a = \int_0^L \frac{P_p}{A_p} \cdot \frac{L-z}{LE_p}\mathrm{d}z = \frac{P_p L}{2A_p E_p} \tag{8-5}$$

（2）沿桩长压应力为矩形分布时，桩的压缩量 s_p^b 计算。根据材料力学，有

$$s_p^b = \frac{P_p L}{A_p E_p} \tag{8-6}$$

显然，压应力为矩形分布时，桩的压缩量为三角形分布情况的一倍。

在 $P \leq T$ 的情况，桩长通常为 40~50m 的长桩和超长桩，这类桩当用桩的设计荷载来设计时，一般情况是沿桩长压应力分布为三角形，故 $s_p = s_p^a$ 比较适宜。

单桩的设计荷载 P_p 计算，按常规设计，外荷载 P 由群桩承担，认为桩间土不分担外荷载，此刻

$$P_p = \frac{P}{n_p} \tag{8-7}$$

式中　　n_p——桩数。

如果考虑桩土和上部结构的共同作用，并知道桩分担上部结构荷载的分担比 α，则单桩的设计荷载 P_p 为

$$P_p = \frac{P\alpha}{n_p} \tag{8-8}$$

2. 桩尖平面下土的压缩量 s_s 计算

桩尖平面下土层的压缩量 s_s 采用下式计算

$$s_s = \sum_{j=1}^{m} \frac{\overline{\sigma}_{zj}}{E_{sj}} H_j \tag{8-9}$$

式中　　　m——桩尖平面下一倍筏（箱）基础宽度内土的分层数；

　E_{sj}、H_j、$\overline{\sigma}_{zj}$——第 j 层土的压缩模量、厚度及土中的平均附加应力。

式(8-9)即工程界熟悉的分层总和法。

附加压力作用平面为筏（箱）底平面。附加压力 σ_0 用下式计算

$$\sigma_0 = \frac{P}{A} - \sigma_{cz0} \tag{8-10}$$

式中　A——筏（箱）基础底面积；

　　σ_{cz0}——在筏（箱）基础底面积处的自重应力（图 8-4）。

附加应力计算用布西奈斯克解或明德林解，附加应力计算应考虑相邻荷载的影响。压缩层厚度取桩尖平面下一倍筏（箱）基础的宽度，压缩模量 E_s 采用地基土在自重应力至自重应力加附加应力时对应的模量。计算结果均不要乘以桩基沉降计算经验系数 ψ_s。

（二）等代实体深基础模式（$P>T$）

如果外荷载 P 大于总抗剪力 T，筏（箱）基础沿着长、宽周边深度方向的剪力抵抗不住外荷载的作用，使筏（箱）下四周土产生很大的剪应变，此刻群桩桩长范围外的周围土体和群桩长度范围内的桩间土的整体性受到破坏，但仍有一定的联系。在这种状态下，桩筏（箱）基础才可以采用等代实体深基础模式，不过群桩桩长范围外的周围土仍有残余抵抗力在抵抗桩筏（箱）基础的下沉，这里采用图 8-5 所示的刚塑性应力-应变关系。这个抵抗力的合力即总抗剪力 T。对于 $P>T$ 的情况，具体计算如下：

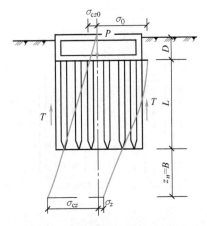

图 8-4　$P \leq T$ 情况时的计算模式

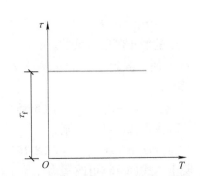

图 8-5　土的剪应力与剪应变关系的假定

1）自重应力从地面算起（图 8-6）。

2）附加压力 σ_0 作用平面为桩尖平面，其值用式(8-11)计算：

$$\sigma_0 = \frac{P+G-T}{A} - \sigma_{cz0} \qquad (8\text{-}11)$$

式中 G——包括桩间土在内的群桩实体的重力；

T——筏（箱）基础沿着长、宽周边深度方向桩长范围的总抗剪力；

σ_{cz0}——在桩尖平面处的土自重应力；

A——筏（箱）基础底面积。

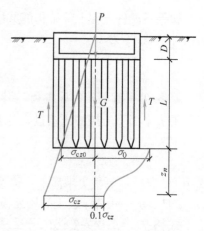

图 8-6　$P>T$ 情况时的计算模式

3）桩筏（箱）基础的最终沉降量计算从桩尖平面算起，采用分层总和法，计算公式与式(8-9)相同。

4）在使用式(8-9)时，压缩层厚度有别于 $P \leqslant T$ 的情况，对于软土地基，压缩层厚度自桩尖平面算起，算到附加应力等于土自重应力的 10% 处为止。最终沉降计算结果同样不要乘以桩基沉降计算经验系数 ψ_s。

5）地基土的压缩模量 E_s 的取法类似于 $P \leqslant T$ 的情况。

6）附加应力的计算方法也类似于 $P \leqslant T$ 的情况，也应该考虑相邻荷载的影响。

二、总抗剪力 T 的计算

为了判断桩筏（箱）基础采用哪种计算最终沉降量的模式，关键问题是总抗剪力 T 如何计算。总抗剪力 T 是与土体抗剪强度有关的，土的抗剪强度为

$$\tau = \sigma\tan\varphi + c \qquad (8\text{-}12)$$

式中 φ、c——内摩擦角和黏聚力；

σ——正应力。

图 8-7 表示抗剪强度与自重应力的关系，利用式(8-12)可得

$$\tau_z = \sigma_{cx}\tan\varphi + c = \sigma_{cy}\tan\varphi + c \qquad (8\text{-}13)$$

式中 σ_{cx}、σ_{cy}——x、y 方向土的自重应力。

假定地基土为横向各向同性土，所以有

$$\sigma_{cx} = \sigma_{cy} = \sigma_{cz}K_0 \qquad (8\text{-}14)$$

式中 K_0——土的静止侧压力系数。

为了计算方便，假定土的静止侧压力系数 $K_0 = 1$，则有

$$\sigma_{cx} = \sigma_{cy} = \sigma_{cz} \qquad (8\text{-}15)$$

将式(8-15)代入式(8-13)，则有

$$\tau_z = \sigma_{cz}\tan\varphi + c \qquad (8\text{-}16)$$

对于分层土，式(8-16)可改写为

$$\tau_{zi} = \sigma_{czi}\tan\varphi_i + c_i$$

这样，总抗剪力 T 为

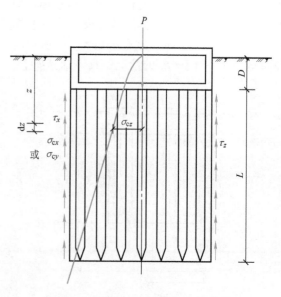

图 8-7　抗剪强度与自重应力的关系

$$T=U\sum_{i=1}^{n}\int_{0}^{h_i}\tau_{zi}\mathrm{d}z = U\sum_{i=1}^{n}\int_{0}^{h_i}(\sigma_{czi}\tan\varphi_i + c_i)\mathrm{d}z \tag{8-17}$$

对于各层土而言，σ_{czi}是线性分布的，这样，式(8-17)可简化为

$$T=U\sum_{i=1}^{n}(\overline{\sigma}_{czi}\tan\varphi_i+c_i)h_i \tag{8-18}$$

式中　U——筏（箱）基础平面的周长；

　　　$\overline{\sigma}_{czi}$——筏（箱）基础底面到桩尖范围内第i层土的平均自重应力；

　　　h_i——第i层土的厚度；

　φ_i、c_i——第i层土的内摩擦角和黏聚力。

式(8-18)就是筏（箱）基础沿着长、宽周边深度方向桩长范围内土体的总抗剪力T的计算公式。

例 8-1　某 30 层公寓，采用桩箱基础，基础平面尺寸为 27.95m×21.5m，箱形基础埋深 4.5m。钢筋混凝土桩尺寸为 0.5m×0.5m×54.6m，桩入土深度为 59m，共 108 根，桩材料弹性模量为 2.6×10^7kPa，箱底压力 506.5kPa，地下水埋深约 1m，群桩分担比 $\alpha=0.89$，地基土分层及主要指标见表 8-1，求该公寓的最终沉降量。

表 8-1　地基土分层及主要物理力学指标

序号	土层名称	层底深度 /m	重度 $\gamma/(\mathrm{kN/m^3})$	压缩模量 $E_{s1\sim2}/\mathrm{MPa}$	压缩模量 E_s/MPa	$\varphi/(°)$	c/kPa
1	填土	1.2	16.0				
2	粉质黏土	2.7	18.2	4.10		13.6	13
3	淤质粉质黏土	8.2	17.8	3.60		19.0	7
4	淤质黏土	19.6	16.9	2.00		7.8	10
5a		22.4	18.3	4.00		20.0	6
5b	淤质粉质黏土	30.6	17.9	5.10		23.5	6
5c		35.4	17.7	4.20		20.5	7
5d		37.4	17.9	3.50		18.1	7
6	暗绿粉质黏土	38.7	19.9	8.40		17.0	26
7	砂质粉土	42.4	19.4	12.10		23.0	7
8a	灰黏土	54.4	17.6	4.15		18.6	12
8b	粉质黏土（夹砂）	66.0	18.9	5.16	12.76	17.5	12
8c	粉质黏土	71.3	19.8	6.76	18.51	18.2	15
9a	黏质粉土	73.0	19.0		25.70		
9b	细粉	74.6	20.0		38.38		
9c	粗砾砂	81.8	20.3		38.38		
10a	粉细砂	83.0	20.3		38.38		

解：（1）计算土自重应力及在桩长范围内土层顶底自重应力的平均值（表 8-2）。

表 8-2　土自重应力及在桩长范围内土层顶底自重应力的平均值

层号	自箱底的深度 z/m	分层厚度 h_i/m	土的重度 γ_i/(kN/m³)	$\sum \gamma_i h_i$/kPa	自重应力平均值/kPa	备注
1、2、3	0	4.5	16.0、18.2、17.8	16.0×1.0+6.0×0.2+8.2×1.5+7.8×1.8=43.5		基础埋深 4.5m 地下水位−1.0m
3	3.7	3.7	17.8	43.5+7.8×3.7=72.4	58.0	
4	15.1	11.4	16.9	72.4+6.9×11.4=151.1	111.8	
5a	17.9	2.8	18.3	151.1+8.3×2.8=174.3	162.7	
5b	26.1	8.2	17.9	174.3+7.9×8.2=239.1	206.7	
5c	30.9	4.8	17.7	239.1+7.7×4.8=276.1	257.6	
5d	32.9	2.0	17.9	276.1+7.9×2.0=291.9	283.9	
6	34.2	1.3	19.9	291.9+9.9×1.3=304.8	298.3	
7	37.9	3.7	19.4	304.8+9.4×3.7=339.6	322.1	
8a	49.9	12.0	17.6	339.6+7.6×12.0=430.8	385.1	
8b	54.5	4.6	18.9	430.8+8.9×4.6=471.7	451.2	

（2）计算总抗剪力 T。

$$T = U \sum_{i=1}^{n} (\overline{\sigma}_{czi}\tan\varphi_i + c_i)h_i$$

$= \{2\times(27.95+21.5)\times[(58\tan19°+7)\times3.7+(111.8\tan7.8°+10)\times$

$\quad 11.4+(162.7\tan20°+6)\times2.8+(206.7\tan23.5°+6)\times8.2+$

$\quad (257.6\tan20.5°+7)\times4.8+(283.9\tan18.1°+7)\times2+(298.3\tan17°+$

$\quad 26)\times1.3+(322.1\tan23°+7)\times3.7+(385.1\tan18.6°+$

$\quad 12)\times12+(451.2\tan17.5°+12)\times4.6]\}kN$

$= 98.9\times[99.8+288.6+182.6+786.2+495.9+199.6+$

$\quad 152.4+531.8+1699.2+709.6]kN = 508910kN$

（3）计算外力 P。

$$P = (506.5\times27.95\times21.5)kN = 304369kN < T = 508910kN$$

故采用第一种模式（复合地基模式）计算桩箱形基础的最终沉降量。

（4）箱底平面的附加压力 σ_0 计算。

$$\sigma_0 = (506.5-43.5)kPa = 463kPa$$

（5）最终沉降量计算。

1）桩的压缩量 s_p 计算。因外力 P 远小于总抗剪力 T，所以采用三角形压应力分布来计算桩的缩短。

$$s_p = \frac{\dfrac{304369}{108}\times0.89\times(59-4.5)}{0.5\times0.5\times2.6\times10^7\times2}\times100cm = 1.05cm$$

2）桩尖平面下土的压缩量 s_s 计算。压缩层下限为桩尖平面下一倍箱宽，所以要计算到 $(54.5+21.5)\text{m}=76\text{m}$，见表 8-3。

表 8-3　桩尖平面下土层沉降 s_s 的计算

序号	自箱底平面往下算的深度 z/m	$\dfrac{2z}{B}$	α_i	a_{zj}/kPa	$\overline{\sigma}_{zj}$/kPa	E_{sj}/kPa	$s_j=\dfrac{\overline{\sigma}_{zj}}{E_{sj}}H_j$/cm
8a	54.5	5.1	0.0884	40.9	37.3	12760	2.04
8b	61.5	5.7	0.0728	33.7	31.1	18510	0.89
8c	66.8	6.2	0.0617	28.6	27.8	25700	0.18
9a	68.5	6.4	0.0584	27.0	26.5	38380	0.11
9b	70.1	6.5	0.0562	26.0	23.8	38380	0.36
9c	76.0	7.1	0.0468	21.7			

$$s_s = 3.58\text{cm}$$

所以
$$s = s_p + s_s = (1.05+3.58)\text{cm} = 4.63\text{cm}$$

故这幢 30 层公寓的最终沉降量为 4.63cm。

从例 8-1 可知，在常规设计中，当桩长 $L>50\text{m}$ 时，一般总抗剪力 T 明显大于外力 P，因此有时可略去总抗剪力 T 的计算。

例 8-2　某 20 层高层住宅，采用桩箱基础，基础平面尺寸为 28.2m×26.9m，钢筋混凝土方桩尺寸为 0.45m×0.45m×8m。桩入土深度 9.9m，共 270 根，箱底压力为 240.7kPa，地下水埋深约 1m，地基土层及其主要物理力学指标见表 8-4，求最终沉降量。

表 8-4　地基土层及主要物理力学指标

序号	土层名称	层厚/m	层底深度/m	重度/(kN/m³)	压缩系数 $\alpha_{1\sim2}$/kPa^{-1}	压缩模量 $E_{1\sim2}$/MPa	压缩模量 E_s/MPa	黏聚力 c/kPa	内摩擦角 φ/(°)
0	填土	1	1.0	18.9					
1	褐黄色粉质黏土	2	3.0	18.8	0.00037	4.92		17	17
2	褐灰~灰黏质粉土	4.5	7.5	17.5	0.00043	4.81		16.7	25.17
3	灰色粉细砂	9.0	16.5	18.1	0.000135	13.18		0	26.5
4	灰粉质黏土	8.50	25.0	18.0	0.00046	4.378	$E_{2\sim3}$ 6.56	11.8	18.5
5	暗绿色黏土	4	29.0	20.0	0.000173	9.56	$E_{2\sim3}$ 13.1	28.7	16.17
6	褐黄色砂质粉土	13.5	42.5	18.3	0.00016	11.93	$E_{3\sim4}$ 21.4		
7	灰黏土	10.5	53	18.6	0.00030	6.67	$E_{3\sim4}$ 15.0		

解:（1）计算土的自重应力（图8-8）。

（2）计算总抗剪力 T

$$T = U \sum_{i=1}^{n} (\overline{\sigma}_{czi} \tan\varphi_i + c_i) h_i$$

$$= (28.2 + 26.9) \times 2 \times [(32.1 \times \tan17° + 17) \times 1 + (53.4 \times \tan25.17° + 16.7) \times 4.5 + (80 \times \tan26.5° + 0) \times 2.4] \text{kN}$$

$$= (28.2 + 26.9) \times 2 \times [26.8 + 188.1 + 95.7] \text{kN}$$

$$= 34228.12 \text{kN}$$

（3）计算外力 P

$$P = (240.7 \times 28.2 \times 26.9) \text{kN}$$

$$= 182590.21 \text{kN} > T$$

所以采用实体深基础进行桩箱形基础最终沉降量计算。

（4）桩尖平面处的附加压力 σ_0 计算

$$\sigma_0 = \frac{P + G - T}{A} - \sigma_{cz0}$$

$$= \left[\frac{182590.21 + 28.2 \times 26.9 \times 7.9 \times (20 - 9.8) - 34228.12}{28.2 \times 26.9} - 89.7 \right] \text{kPa}$$

$$= 186.46 \text{kPa}$$

（5）压缩层厚度计算。先按表8-5计算桩尖下深度 z 处的 σ_z 和 $0.1\sigma_{cz}$ 值（附加应力系数可查地基规范中有关表格），并画图8-9。

右上角图：

$P=18259021\text{kN}$

	27.7	0	箱
(32.1)	36.5		桩
(53.4)	70.25		
(80)	89.7		186.46

143.2 / 7.9 / 6.6

σ_{cz}　σ_z

211.2 — 120.08 / 8.5

251.2 — 99.97 / 4.0

363.25 — 47.34 / 13.5

453.55 — 29.83 / 10.5

图8-8 土中附加应力 σ_z 和自重应力 σ_{cz} 分布图[单位:σ(kPa),z(m)]

表 8-5

序号	自桩尖往下算的深度 z/m	$\dfrac{2z}{B}$	附加应力系数 α_1	$\sigma_z = \alpha_1 \sigma_0$/kPa	$0.1\sigma_{cz}$/kPa
4	$25.0-9.9=15.1$	$2\times\dfrac{15.1}{26.9}=1.12$	0.6440	120.08	21.12
5	19.1	1.42	0.5147	99.97	25.12
6	32.6	2.42	0.2539	47.34	36.33
7	43.1	3.20	0.1600	29.83	45.36

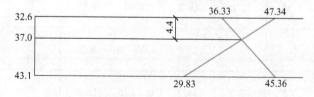

图8-9 压缩层厚度的确定[单位:σ(kPa),z(m)]

从图8-9可知，桩尖下37.0m为压缩层下限。

（6）沉降计算（最终沉降量），见表8-6。

表　8-6

序号	自桩尖往下算的深度 z/m	$\dfrac{2z}{B}$	沉降系数 δ_i	$\delta_i-\delta_{i-1}$	压缩模量 E_{si}/MPa	$\dfrac{\delta_i-\delta_{i-1}}{E_{si}}$
3	6.6	0.49	0.2389	0.2389	13.18	0.01813
4	15.1	1.12	0.4890	0.2501	6.56	0.03813
5	19.1	1.42	0.5759	0.0869	13.10	0.00663
6	32.6	2.42	0.7594	0.1835	21.40	0.00857
7	37.0	2.75	0.7968	0.0374	15.00	0.00249
						$\sum=0.0740$

$$s=(2690\times186.46\times10^{-3}\times0.0740)\,\mathrm{cm}=37.1\,\mathrm{cm}$$

所以这幢 20 层高层住宅的最终沉降为 37.1cm。

■ 第二节　高层建筑桩筏（箱）基础沉降计算的半经验半理论法

前节介绍的高层建筑桩筏（箱）基础沉降计算的简易理论法是从桩筏（箱）基础的受力机理着手得到的计算建筑物最终沉降的公式。本节介绍的高层建筑桩筏（箱）基础沉降计算的半经验半理论公式则是从弹性理论着手，并结合高层建筑桩筏（箱）基础的实测结果推导的沉降计算方法。

一、高层建筑桩筏（箱）基础沉降计算半经验半理论公式

高层建筑箱形基础实测沉降结果表明：纵向弯曲值为 0.07‰~0.33‰，可以近似地看作刚性基础，若在箱形基础底下添加群桩，则桩箱基础的刚度显然要比箱形基础的刚度还要大。实测结果也说明，桩箱基础的纵向弯曲值和整体倾斜值比箱形基础小。因此，在研究桩筏（箱）基础沉降时，可把基础近似作为刚性体来考虑，此时，基础沉降 s 可以用下式近似表示

$$s=pB_e\frac{1-\nu_s^2}{E_0} \tag{8-19}$$

式中　p——作用在基础上的总荷载（压力）；

　　　B_e——基础的等效宽度，取 $B_e=\sqrt{A}$，A 为基础面积；

　　　E_0、ν_s——桩土共同作用的弹性模量、泊松比。

波勒斯和戴维斯（Poulos & Davis）给出刚性基础下群桩沉降 s_g 的计算公式为

$$s_g=\frac{P_gR_sI}{nE_0d} \tag{8-20a}$$

式中　P_g——群桩承担的荷载；

　　　n、d——桩数、桩径（或等效直径）；

　　　I——单桩的沉降系数；

　　　R_s——群桩的沉降影响系数。

为实用起见，令 $C = R_s I$，并把波勒斯和戴维斯原来的群桩沉降影响系数 R_s 和单桩沉降系数 I 进一步简化和改造，并以图表来表达（图 8-10 和图 8-11，表 8-7），则上式改为

$$s_g = \frac{P_g}{E_0 nd} C \qquad (8-20b)$$

式中　C——桩基的沉降系数，$C = R_s I$。

　　R_s 按下式确定

$$R_s = (R_{25} - R_{16})(\sqrt{n} - 5) + R_{25} \qquad (8-21)$$

式中，R_{16}、R_{25} 和 I 均与桩长 L 和等效直径 d 的比值有关，R_{16} 和 R_{25} 还与桩间距 S_p 和等效直径 d 的比值有关，R_{16}、R_{25} 和 I 分别可从表 8-7、图 8-10 及图 8-11 查得。

表 8-7　16 根桩和 25 根桩时沉降影响系数

L/d	S_p/d	R_{16}	R_{25}	L/d	S_p/d	R_{16}	R_{25}
25	3	7.18	9.84	50	5	6.37	8.67
	4	6.26	8.44	100	3	9.13	13.08
	5	5.34	7.03		4	8.33	11.82
50	3	8.08	11.33		5	7.54	10.55
	4	7.23	10.00				

注：1. 可用内插法求 R_{16} 和 R_{25} 值；

　　2. L 和 S_p 分别为桩长和桩间距。

建筑物的总荷载 P 是由群桩和筏（箱）基（基底土）共同承担的，即

$$P = P_g + P_s \qquad (8-22)$$

$$P_s = p A_e \qquad (8-23)$$

式中　A_e——基础面积 A 减去群桩的有效受荷面积，如图 8-12 所示，即

$$A_e = A - n \frac{\pi (K_p d)^2}{4} \qquad (8-24)$$

改写式（8-20b）为

$$P_g = \frac{s_g E_0 nd}{C} \qquad (8-25)$$

把式（8-19）改写为

$$p = \frac{s E_0}{B_e (1 - \nu_s^2)} \qquad (8-26)$$

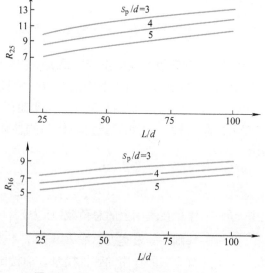

图 8-10　R_{16}、R_{25} 与 L/d、S_p/d 的关系

把式（8-26）代入式（8-23），并和式（8-25）一起代入式（8-22）得

$$P = \frac{s_g E_0 nd}{C} + \frac{s E_0}{B_e (1 - \nu_s^2)} A_e \qquad (8-27)$$

注意到筏（箱）基础的沉降 s_g 应该等于群桩的沉降 s，即

$$s = s_g \qquad (8-28)$$

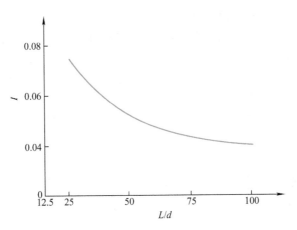

图 8-11　I 与 L/d 的关系

所以式（8-27）可写成

$$P = sE_0\left[\frac{nd}{C}+\frac{A_e}{B_e(1-\nu_s^2)}\right]$$

$$= sE_0\left[\frac{ndB_e(1-\nu_s^2)+CA_e}{CB_e(1-\nu_s^2)}\right]$$

最后得到

$$s = \frac{PB_e(1-\nu_s^2)}{E_0}\cdot\frac{C}{A_eC+ndB_e(1-\nu_s^2)}$$

$$(8-29)$$

图 8-12　桩有效受荷载面积与筏（箱）底有效面积

式（8-29）就是桩筏（箱）基础沉降计算的理论公式。

根据地区高层建筑经验，乘以桩基沉降的经验修正系数 m_c，则得到计算高层建筑竣工时沉降 s_c 的半经验半理论的实用公式

$$s_c = \frac{PB_e(1-\nu_s^2)}{E_0}\cdot\frac{C}{A_eC+ndB_e(1-\nu_s^2)}m_c = m_c s_g \qquad (8-30)$$

把求得的 s_c 值代入式（8-25），则得

$$P_g = \frac{s_c E_0 nd}{Cm_c} \qquad (8-31)$$

式（8-31）就是考虑桩与筏（箱）基土共同作用时群桩承担高层建筑荷载的公式。

如果不考虑筏（箱）基土的分担作用，此时，从式（8-20）得桩箱基础沉降 s_c'

$$s_c' = \frac{P}{E_0 nd}C \qquad (8-32)$$

则

$$\frac{s_c'}{s_c} = 1+\frac{A_eC}{ndB_e(1-\nu_s^2)} \qquad (8-33)$$

为便于阐明式（8-30）的物理意义，可把式（8-30）右端项分成前后两项。前项反映基础沉降计算的弹性理论公式的特性，沉降主要取决于 P、B_e 和 E_0，这是容易理解的；后项反映基础（A_e、B_e）、地基（ν_s）和桩基（C、n、d）各种因素对沉降的影响。这里仅对桩基因素做阐述，

从简化后的 C（图 8-10、图 8-11 和表 8-6）来分析，它涉及 L/d、S_p/d 和 n，沉降是随着 C 增加而增大的，但不容易判断各个因素对沉降的影响程度，因此，可用试算法分析各个因素的影响。其中最让人感兴趣的是桩数 n 对沉降的影响程度。经过计算，$n \pm 0.1n$ 的变化对沉降的减增甚微，约为 $\mp 3\%$，就是说，桩筏（箱）基础的沉降是一个相对的稳定值，它给减少桩数提供了一个理论根据。

从式（8-33）可以明确看到，不考虑筏（箱）基土分担建筑物荷载作用对沉降的影响程度。

二、沉降计算参数的确定

沉降计算参数的确定，是一个影响着沉降计算精度的重要研究课题。除了要仔细计算建筑物的总荷载 P 外，余下的问题就是参数 K_p、E_0、ν_s 和 m_c 的确定。现在结合上海地区情况加以阐述。

（1）K_p　它是反映沉桩后桩的影响范围（图 8-12），即有效直径的取值。库克根据现场试验结果，比较详细地讨论了 K_p 值，对于伦敦黏土（硬土），K_p 值约为 2.5；上海地区是软土地基，故 K_p 值要取得小些，在计算中对于软土可取 $K_p = 1.5$。

（2）E_0　桩土共同作用的弹性模量 E_0 的正确取值应采用桩基试验结果进行反算，但对多数工程来说，常常缺乏这种机会，故有必要将 E_0 值与室内试验的压缩模量 E_s 相联系来寻求 E_0 与 E_s 的关系。根据单桩试验结果及工程经验，发现 E_0 与桩长范围内平均厚度加权的压缩模量 $E_{s1\sim2}$ 之间存在着近似的比例关系，基本上为 $E_0 \approx 3E_s$，故在计算中可取 $E_0 = 3E_s$。当然对于各种桩型要通过大量的计算分析，统计得到 E_0 与桩长范围内厚度加权平均 $E_{s1\sim2}$ 的关系。E_0 与 $E_{s1\sim2}$ 的关系可参考文献[132]。

（3）ν_s　上海地区软土的泊松比 ν_s，一般为 $0.35 \sim 0.40$，故在计算中对于软土可取 $\nu_s = 0.35 \sim 0.40$。

（4）m_c　m_c 的取值同我国有关地基规范一样，是根据当地的建筑物的实测沉降值与所采用的沉降计算公式的计算值进行比较，综合统计，整理求得。表 8-8 中是根据上海地区长桩、中长桩-筏（箱）基础实测沉降值与按式（8-29）计算值的比较结果，所得出桩基沉降经验修正系数 m_c 建议值。

表 8-8　桩基沉降经验修正系数 m_c 建议值

桩的入土深度/m	m_c	桩的入土深度/m	m_c
20~30	0.50~0.60	>45	0.15~0.18
30~45	0.25~0.30		

从表 8-7 可见，桩越长，沉降就越小，即 m_c 值越小。在上海地区，桩长相应反映着建筑物的高度。

要说明的是，式（8-29）的理论依据为弹性理论，故 P 应采用总荷载，计算时不扣除水浮力和基础埋深范围内土重。

三、桩箱（筏）基础的桩数与沉降关系

实测沉降结果表明，上海地区高层建筑桩筏（箱）基础（短桩除外）的实际沉降量有不少是小于 15cm 的。因此，如果建筑物对沉降没有严格要求，可以通过增加基础沉降来换取桩

数的减少，从而降低工程造价。下面从理论上和实践上做进一步分析。

理论上，减少桩数并不一定意味着导致建筑物沉降的显著增加。按照有限元的分析，霍珀(Hooper)指出，为建立竖向刚度较大的桩土混合地基而需要的桩数并不多，桩数的进一步增加对减少最大沉降和差异沉降的作用非常小。为了研究筏形基础与桩筏基础的特性，库克在伦敦黏土地基上进行一组模型试验，说明桩筏基础中桩的数量与沉降的关系，可做初步的论证。

现在利用式(8-30)对一幢26层宾馆进行不同桩数与沉降关系的计算。该工程实际采用的桩数为400根，实测沉降为116mm，不同桩数与沉降关系的计算结果(表8-8)表明，如减少100根桩，则计算沉降由130.2mm增至132.1mm，此时箱形基础底面的土要承担压力88kPa；如减少50根桩，则沉降为131.5mm，土要承担压力约44kPa。反之，如果增加桩数，减少沉降也是微小的。表8-9中的计算结果显示了合理的设计可以减少桩数，降低造价。

表8-9　桩数与沉降关系的计算结果

桩　　数	500	450	400	350	300
平均桩间距与桩径比	3.3	3.5	3.7	4.0	4.3
计算沉降/mm	128.1	128.8	130.2	131.5	132.1

对六幢建造在超长桩($L_p = 50 \sim 60$m)上的高层建筑，利用式(8-30)做增减10%桩数的沉降计算，其值只有3%的变化。

事实上，高层建筑桩筏（箱）基础的实测结果已表明，基底土确实能够承担部分建筑物荷载。由此可见，无论从理论上还是在实践上均已经表明，减少桩数的潜力很大，增加的沉降量也是允许的。

例8-3　上海市某高层建筑是26层高级宾馆，采用桩筏基础，基础面积1320m²，建筑物总荷载$P = 520$MN，采用钢管桩，桩数$n = 200$，桩长$L = 53$m，桩径$d = 609$mm，桩长范围内土的平均压缩模量$E_s = 5000$kPa，$\nu_s = 0.35$，桩距$s_p = 1.91 \sim 1.95$m。求建筑物竣工时的沉降。

解：基础的等效宽度为$B_e = \sqrt{1320}$m$= 36.33$m

上海地区是软土地基，K_p取1.5。由式(8-24)，可得基础的有效受荷面积

$$A_e = 1320\text{m}^2 - 200 \times \frac{\pi(1.5 \times 0.61)^2}{4}\text{m}^2 = 1.188\text{m}^2$$

桩土共同作用的弹性模量　$E_0 = 3E_s = 15000$kPa

$$\frac{L}{d} = \frac{53}{0.609} = 87$$

$$\frac{s_p}{d} = \frac{1.92}{0.609} = 3.15$$

由图8-10～图8-11可查得，$R_{16} = 8.73$，$R_{25} = 12.43$，$I = 0.041$。

由式(8-21)可得群桩的沉降影响系数和桩基的沉降系数

$$R_s = (R_{25} - R_{16})(\sqrt{n} - 5) + R_{25}$$
$$= (12.43 - 8.73) \times (\sqrt{200} - 5) + 12.43$$
$$= 46.26$$
$$C = R_s I = 46.26 \times 0.041 = 1.90$$

由于桩长 $L = 53$m，查表 8-7，可得 $m_c = 0.15$。

因此，代入式(8-30)，得

$$s_c = \frac{P B_e (1 - \nu_s^2)}{E_0} \cdot \frac{C}{A_e C + n d B_e (1 - \nu_s^2)} m_c$$

$$= \frac{520000 \times 36.33 \times (1 - 0.35^2)}{15000} \times$$

$$\frac{1.90 \times 0.15}{1188 \times 1.90 + 200 \times 0.609 \times 36.33 \times (1 - 0.35^2)} m$$

$$= 1105.16 \times 0.0003094 \times 0.15 m = 0.342 \times 0.15 m = 0.0513 m = 5.13 cm$$

■ 第三节　高层建筑桩筏(箱)基础的沉降机理分析

一、简易理论法的发展

本章第一节中的高层建筑桩筏(箱)基础沉降计算的简易理论法，当总抗剪力 T 小于外荷载 P 时的计算方法忽略了桩长范围内的变形，事实上，桩长范围内的变形是存在的。这部分变形的忽略对高层建筑桩筏(箱)基础的总沉降影响不大，但是不能考虑桩数的变化对沉降的影响，为此当 $P > T$ 时，对高层建筑桩筏(箱)基础计算的简易理论法做如下修正。

总的沉降

$$s = s_s + s_p \tag{8-34}$$

其中桩的压缩量 s_p 为

$$s_p = \frac{\alpha \left(\dfrac{P}{n_p} \right) L}{A_p E_p} \tag{8-35}$$

式中的符号意义同前。

桩尖平面下土的压缩量 s_s 的计算同第一节中 $P > T$ 情况，附加压力从桩端算起，见式(8-11)。这样，修改后的高层建筑桩筏(箱)基础沉降计算的简易理论法能得知桩数和沉降的关系，但在计算中，桩数必须满足

$$n_p > \begin{cases} n_{p1} = \dfrac{P}{P_u} \\ n_{p2} = \dfrac{P}{P_b} \end{cases} \tag{8-36}$$

式中　P_u——桩的极限承载力；

P_b——桩材料的极限荷载；

n_p——设计最少桩数。

利用修改后的高层建筑桩筏（箱）基础沉降计算简易理论法可以分析高层建筑筏（箱）基础的荷载 p 和沉降 s 的关系、桩数与沉降的关系、桩长变化与建筑物沉降的关系、下卧层压缩模量对沉降的影响、筏（箱）基础宽度 B 对建筑物沉降的影响，进而可以进行高层建筑桩筏（箱）基础的优化设计。

二、高层建筑桩筏（箱）基础的荷载沉降曲线

利用修改后的高层建筑桩筏（箱）基础沉降计算简易理论法，可以得到高层建筑桩筏（箱）基础的荷载 p 与沉降 s 的关系，如图 8-13 和图 8-14 所示，分别为短桩和超长桩箱基础的两个实例的荷载与沉降关系图。

从图 8-13 可知，对于短桩，$P=T$ 时的荷载值远小于该高层的设计荷载，但该高层使用良好，沉降稍大，该高层近 6 年的实测沉降为 26.6cm，用双曲线法推算的最终沉降为 34.6cm，简易理论法计算的最终沉降为 35.4cm，可见该法是合宜的。从图 8-14 可知，对于超长桩，$P=T$ 时的荷载值远大于大楼的设计荷载，在大楼设计荷载为 500kPa 时，该大楼正常使用，实测 3 年的沉降量为 2.93cm，推算的最终沉降为 3.7cm，简易理论法计算的最终沉降为 4.6cm。

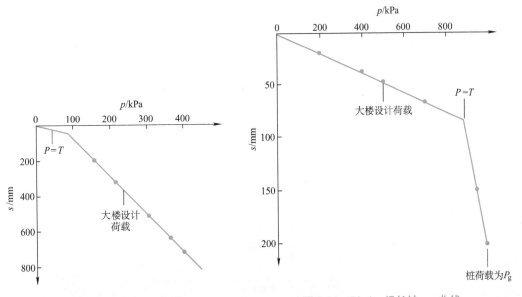

图 8-13　8m 短桩 p-s 曲线　　　　图 8-14　54.6m 超长桩 p-s 曲线

比较这两幢大楼可以看到：在常规设计中，对于短桩、中长桩的高层建筑桩筏（箱）基础，$P>T$ 情况非常多，建成的高层建筑经过考验均正常。而对于超长桩高层建筑，设计外荷载 P 远比总抗剪力 T 小，沉降在 5cm 左右。若 $P=T$ 时，外荷载 $p=894$kPa，计算的最终沉降也仅为 8.4cm，这样的沉降量，工程上是允许的。当然，在实际应用时，要验算上部结构和筏（箱）基础底板的内力及此刻的平均单桩荷载是否小于单桩极限承载力和单桩材料的强度极限。也可看到，当 $p=894$kPa 时，单桩的极限承载力与平均单桩荷载比值仍大于 1，但已不满足常规设计条件 $K=2$。这种用 $P=T$ 控制最终沉降值在允许范围内的设计方法称为变形控制设计理论。该方法已应用于上海九州花园高层住宅楼的加层设计中，这两幢加一层

的大楼已经竣工正常使用,并获得成功。

三、高层建筑桩筏(箱)基础的桩数与沉降的关系

修正后的高层建筑桩筏(箱)基础沉降计算简易理论法能考虑桩数与沉降的关系,仍用上两例进行计算分析,在计算中保持总设计荷载不变,改变桩数以了解桩数对建筑物沉降的影响。桩数减少至单桩平均荷载达到单桩极限承载力为止。图 8-15 表示两例的桩数与建筑物沉降的关系。把这两条 n_p-s 曲线用直线拟合以了解桩数增减对不同桩长的建筑物沉降的影响,得到

$$\begin{cases} s = 356.46 - 0.00542 n_p \quad (短桩) \\ s = 64.07 - 0.168 n_p \quad (超长桩) \end{cases} \tag{8-37}$$

从图 8-15 和式(8-37)可见,超长桩的桩数增减对沉降的影响较短桩明显,但影响均不很大。超长桩桩数增减 10%,沉降减增在 3% 以内;短桩桩数增减 10%,沉降减增在 1% 以内。

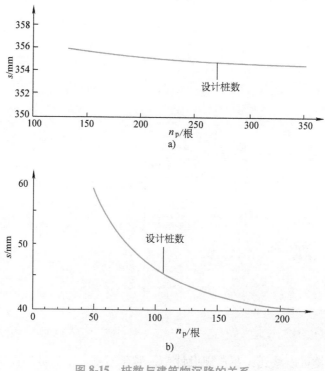

图 8-15 桩数与建筑物沉降的关系
a) 8m 短桩情况　b) 54.6m 超长桩情况

表 8-10 所示的是简易理论法和半经验半理论法对于桩数与沉降关系的计算比较。该工程实际采用的桩数为 400 根,桩长为 40.5m 的钢筋混凝土方桩,竣工时实测沉降为 116mm,从表 8-9 中可见,若减少 100 根桩,则简易理论法计算的沉降由 164.2mm 增至 167.6mm,若减少 50 根桩,则沉降增至 165.7mm。反之,如果增加桩数,减少沉降也是微小的。由此可见,表 8-10 的计算结果显示减少桩数的潜力很大,增加的沉降量是微小的。

表 8-10　简易理论法与半经验半理论法对桩数与沉降关系的计算比较

桩数/根	500	450	400	350	300
简易理论法（最终沉降）/mm	162.2	163.1	164.2	165.7	167.6
$\frac{\Delta s}{s}$（%）	-1.2	-0.7	0	+0.9	+2.1
半经验半理论法（竣工时沉降）/mm	128.1	128.8	130.2	131.5	132.1
$\frac{\Delta s}{s}$（%）	-1.6	-1.1	0	+1.0	+1.5
平均桩间距 / 桩径	3.3	3.5	3.7	4.0	4.3

四、高层建筑桩筏（箱）基础桩长与建筑物沉降的关系

修改后的高层建筑桩筏（箱）基础的沉降计算简易理论法能够计算桩筏（箱）基础桩长 L 与沉降量 s 的关系。图 8-16 表示例 8-2 情况桩长与沉降的关系，从图 8-16 中可见，当桩的长度增加时，建筑物的沉降明显减少。当桩的长度 $L \geq 24m$ 时，沉降量开始平缓减少。桩长等于 24m 时的沉降量为 75mm。

有了桩长和沉降的关系曲线，再根据现场的地质资料，就可以从变形的条件合适地选择桩的长度。上海罗山六小区两幢高层住宅用修改后的建议理论法估算后，把桩的长度缩短 2m，该大楼共 25 层，建造至 22 层

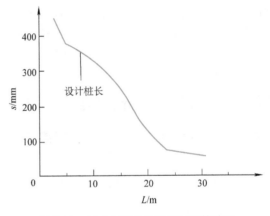

图 8-16　例 8-2 情况桩长与沉降的关系

的实测平均沉降量仅 20mm，简易理论法计算的最终沉降量为 83mm。

五、下卧层压缩模量的影响

在例 8-2 中，高层建筑的桩基础采用 8m 短桩，桩端持力层为 9m 厚的粉细砂，压缩模量 $E_{s1~2} = 13.18MPa$。其下卧层是 8.5m 厚的软土层，为粉质黏土，压缩模量仅为 4.38MPa，$E_{s2~3}$ 为 6.56MPa。由于此软弱下卧层的存在，引起建筑物很大的沉降。这里使用高层建筑桩筏（箱）基础沉降计算的简易理论法，其他条件保持不变，仅改变 8.5m 厚软弱下卧层的压缩模量，可以充分说明，软弱下卧层的存在，也影响带桩筏（箱）基础的沉降（图 8-17 和表 8-11）。

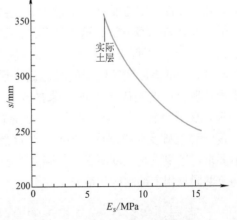

图 8-17　例 8-2 下卧层压缩模量改变与沉降的关系

表 8-11　例 8-2 下卧层压缩模量改变与沉降的关系

压缩模量 E_s/MPa	6.56	7.56	8.56	9.56	10.56	11.56	12.56	13.18	14.56	15.56
沉降 s/mm	354.9	330.9	312.6	298.0	286.2	276.5	268.3	263.8	255.3	250.0

从图 8-17 和表 8-11 中可见，压缩模量的选取非常重要。用简易理论法计算桩筏（箱）基础的最终沉降量，必须要有原状土的压缩曲线，才能从中获得与实际相符的压缩模量。

六、筏（箱）基础宽度 B 对建筑物沉降的影响

简易理论法计算桩筏（箱）基础沉降时需要计算桩端下土层的变形 s_s。变形 s_s 的计算采用分层总和法，分层总和法计算得到的沉降结果与筏（箱）基础宽度 B 成正比例关系。图 8-18 示出基础平面面积不变，不同长宽比值 A/B 与沉降之间的关系。从图 8-18 中可见，随着比值 A/B 的增加，基础的沉降减小。也就是说，正方形基础（$A/B=1$）的沉降最大。长方形基础的最终沉降可表示为同面积正方形基础沉降 s_0 的函数

$$s = \left(1.08 - 0.076\,\frac{A}{B}\right)s_0 \qquad (8\text{-}38)$$

式中　s_0——相同面积正方形基础的最终沉降。

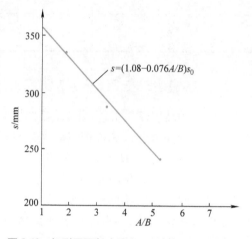

图 8-18　矩形平面长宽比 A/B 对基础沉降的影响

■ 第四节　高层建筑桩筏（箱）基础的变形控制设计理论

高层建筑桩筏（箱）基础变形控制设计理论是以高层建筑桩筏（箱）基础与地基共同作用的理论与实践为基础的，它要求建筑物的沉降量在允许沉降量以内，而对单桩的设计荷载没有很严格的要求。高层建筑地基基础的安全度还需用桩群的承载力和桩间土的承载力共同来保证。在具体使用中需要有一个能考虑桩数影响的，且符合实际和简便合适的高层建筑桩筏（箱）基础沉降计算方法，这里推荐高层建筑桩筏（箱）基础沉降计算的简易理论法，该方法已得到 50 多个工程实例的验证，而且该方法简单，可以手算。

本节介绍的高层建筑桩筏（箱）基础变形控制设计理论是在高层建筑桩筏（箱）基础沉降计算简易理论法的基础上发展起来的充分利用桩间土承载力的设计方法。高层建筑桩筏（箱）基础变形控制设计理论有别于高层建筑的常规桩设计理论——强度设计理论，高层建筑桩筏（箱）基础变形控制设计核心是让高层建筑桩筏（箱）基础正常安全工作，不但要满足变形要求，还要满足强度要求。但强度要求不是仅由桩承担上部结构的荷载，而是由桩群和桩间土共同承担上部结构的荷载。

一、高层建筑桩筏（箱）基础的变形控制设计理论

在软土地区，当对高层建筑桩筏（箱）基础进行常规设计时，28 层以内高层建筑，桩通常为 45m 以内的长桩、中长桩或短桩，当高层建筑超过 28 层时，桩通常为超过 50m 的超长

桩。由于高层建筑层数和桩的长度不同，高层建筑桩筏（箱）基础变形控制的标准也不同，下面分两部分论述。

1. $P \leqslant T$ 情况（P 和 T 的意义同前）

这种情况的高层建筑常为超高层，桩通常为超长桩。常规设计建筑物的沉降通常在 50mm 左右，使用变形控制设计理论，建筑物的允许沉降不宜太大。建议允许沉降 $[s]$ 为 $10 \sim 15$cm，则建筑物的沉降 s

$$s \leqslant [s] = 10 \sim 15 \text{cm} \tag{8-39}$$

具体应用时，对常规设计有几种优化设计：

（1）在桩数、桩径和桩长不变的条件下，建筑物加层的优化。利用桩筏（箱）基础沉降计算的简易理论法，计算压力 p 和沉降 s，描绘 $p\text{-}s$ 曲线，从中找到合适的加层数，并要求加层增加的荷载满足

$$\Delta p = p_{\text{常}} - p_{\text{变}} \leqslant kf \tag{8-40}$$

式中　$p_{\text{常}}$、$p_{\text{变}}$——常规设计、变形控制设计的总压力；

$\qquad k$——由于桩的设置引起的筏（箱）基础底的土的面积削弱和土的扰动系数，$k = 0.8 \sim 0.9$；

$\qquad f$——筏（箱）基础持力层的承载力设计值。

当然，在加层时，还必须验算上部结构和基础板的安全度。

（2）在建筑物层数不变、桩径和桩长不变的条件下，桩数的优化。高层建筑桩筏（箱）基础常规设计认为外荷载 P 是仅由桩来承担的，即

$$n_{\text{p常}} \geqslant \begin{cases} n_{\text{p常}1} = \dfrac{P}{\dfrac{P_{\text{u}}}{2}} \\[4mm] n_{\text{p常}2} = \dfrac{P}{(0.2 \sim 0.25) R A_{\text{p}}} \end{cases} \tag{8-41}$$

式中　$n_{\text{p常}1}$、$n_{\text{p常}2}$、$n_{\text{p常}}$——桩数；

$\qquad P_{\text{u}}$、A_{p}——桩的极限荷载、桩横截面积；

$\qquad R$——边长为 20cm 的混凝土立方体试块的抗压强度。

由式（8-41）可知，桩材料控制的安全度太保守，常规设计没有考虑桩间土承载力这个宝贵的自然资源。实测表明，在上海箱形基础埋深一般为 5.5m 左右，10 层的建筑物，即使持力层落在淤泥质土中，20 多年后建筑物的沉降仅为 41cm，仍在正常使用。当建筑物的荷载等于挖去的土重时，即处于所谓的自重应力阶段，建筑物仅有 2mm 以内的绝对沉降量。由此可见，高层建筑桩筏（箱）基础设计时应充分利用桩间土的承载力，以减少桩数。具体设计时，可先采用沉降计算的简易理论法，得到沉降 s 与桩数 n_{p} 的关系，根据允许沉降找到合适的桩数 $n_{\text{p常}}$，并应满足

$$n_{\text{p变}} > \begin{cases} n_{\text{p}1} = \dfrac{P}{P_{\text{u}}} \\[4mm] n_{\text{p}2} = \dfrac{P}{P_{\text{b}}} \end{cases} \tag{8-42}$$

$$\Delta n_{\text{p}} = n_{\text{p常}} - n_{\text{p变}} \tag{8-43}$$

同时必须满足

$$\Delta n_{\mathrm{p}} \leqslant \frac{f(A - n_{\mathrm{p常}} A_{\mathrm{p}})}{P_{\mathrm{u}}} \tag{8-44}$$

式中，f、P、P_{u}、P_{b}、A_{p}、A、n_{p} 意义同前。

（3）在建筑物层数不变、桩径和桩数不变的条件下，桩长的优化。首先用常规设计方法确定桩基持力层、桩径和桩数，在 $P \leqslant T$ 的条件下，打入预制桩的桩径不宜小于 500mm（方桩边长不宜小于 450mm）；钻孔灌注桩的桩径不宜小于 700mm，并使桩的长细比小于 100。桩尺寸确定后，采用桩筏（箱）基础沉降计算的简易理论法计算桩长和沉降的关系，按变形控制找到小于允许沉降 15cm 的桩长，并确保单桩受荷 P 小于单桩的极限荷载 P_{u}，还需进一步分析桩混凝土的用量。当然，这样选择的单桩的安全系数可能要小于 2，但仍大于 1，桩和桩间土的总的安全系数仍大于 2。

2. $P > T$ 情况

这种荷载条件的高层建筑桩筏（箱）基础通常为短桩或长桩，层数相对要少些，使用变形设计控制理论，建筑物的允许沉降可以大一点，建议允许沉降为 20~25cm，或按当地规范的要求，则建筑物的沉降 s 为

$$s \leqslant [s] = 20 \sim 25\text{cm} \tag{8-45}$$

同样可以进行建筑物加层的优化，减少桩数和缩短桩长的优化。

二、高层建筑物桩筏（箱）基础的变形控制设计理论应用实例

例 8-4　上海控江北块旧区改造九州花园南北两幢高层，原是 24 层高层建筑，采用 50cm×50cm 预制钢筋混凝土桩，桩的有效长度为 34m，总桩数 184 根，单桩设计荷载 1900kN，基础埋深 4.2m，总荷载 $p = 375.5$kPa（包括箱形基础荷载）。受甲方委托，对南、北两幢高层建筑加层的可能性进行评估。委托时北楼已造至两层，南楼基坑尚未开挖。

图 8-19 所示为两幢大楼的平面图。表 8-12 为南楼与北楼场地地基土物理力学指标。

表 8-12　南楼与北楼场地地基土物理力学指标

层号	土名	平均厚度/m		重度/ (kN/m^3)	$E_{1\sim2}$/MPa	E_{s}/MPa	c/kPa	φ/(°)
		南楼	北楼					
①	杂填土	1.48	1.48					
②	褐黄色粉质黏土	1.52	1.52	18.6	5.14		14.2	13.6
③	砂质粉土夹黏土	5.6	5.6	18.6	6.66		6.33	20.6
④	灰淤泥质黏土	11.5	11.5	17.0	2.32		9.14	7.4
⑤	灰粉质黏土	11.2	6.35	18.1	3.75	5.19	13.53	12.4
⑥	暗绿色粉质黏土	3.16	4.60	19.8	7.93	9.25	32.83	16.5
⑦₁	草黄色砂质粉土、粉细砂	6.14	10.6	19.2	14.31	24.8	3.53	27.3
⑦₂	青灰色粉细砂	5.35	3.65	19.0	17.77	29.4	3.88	26.7
⑧₁	灰黏土	12.3	12.2	18.2	5.12	8.67	15.09	11.5
⑧₂	灰粉质黏土	19.5	19.5	18.5	5.90	15.66	13.88	17.3
⑨	灰含砾黏质粉土	未穿	未穿	18.6	6.14	21.96		

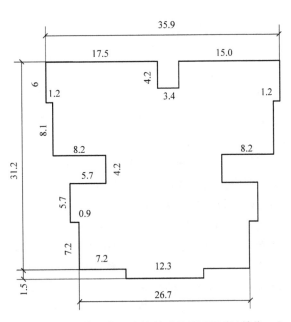

图 8-19　九州花园高层建筑基础平面图示意（单位：m）

（1）桩基沉降计算原则。对这两幢建筑物加层的主要依据是这种桩基础在加层后是否能满足沉降条件，若加层后建筑物的计算最终沉降小于等于建筑物的允许沉降，则认为是可以加层的。最终沉降量的计算方法采用高层建筑桩筏（箱）基础沉降计算的简易理论法，计算得到两幢大楼的总荷载和沉降量的关系曲线（图 8-20），进而判断两幢建筑物加层的可能性。

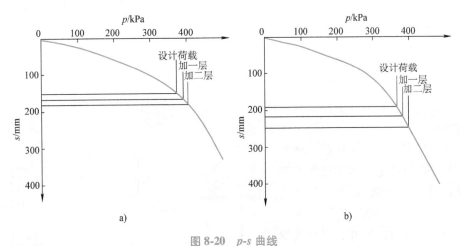

图 8-20　p-s 曲线

a）九州花园北楼 p-s 曲线　b）九州花园南楼 p-s 曲线

（2）计算结果分析。根据设计单位提供的设计荷载资料，箱形基础荷载为 15.5kPa，标准层每层荷载为 15kPa，故原设计 24 层总荷载为 375.5kPa，加一层为 390.5kPa，加二层荷载为 405.5kPa，从计算荷载与沉降曲线（图 8-20）可查得南、北两幢高层建筑相应的最终沉降量（表 8-13）。

表8-13　计算最终沉降量

总荷载 p/kPa		375.5	390.5	405.5
沉降 s/cm	南楼	18.9	21.5	24.2
	北楼	15.2	16.6	17.8

根据当时采用的 DGJ 08-11—1999《上海市地基基础设计规范》，允许沉降 $[s] = 15 \sim 25$cm。从表8-13可以看出，加两层后，南北楼的计算最终沉降仍在当时规范所规定的允许沉降范围内，故认为该两幢建筑物桩基础允许加两层。根据变形控制设计理论，每根桩所受的荷载远比桩的计算极限承载力小，在南楼场地还进行了两根试桩，试桩结果的允许承载力 P_a 分别为 2000kN 和 2100kN，均比单桩设计荷载 1900kN 大。

根据计算的单桩设计荷载，桩的安全系数为：加一层，$K_1 = 1.95$；加二层，$K_2 = 1.88$。根据南楼两根试桩的允许承载力，桩的安全系数：加一层，$K_1 = 2.05$；加二层，$K_2 = 1.98$。

上海数幢高层建筑实测资料表明，即使是常规设计，箱形基础底板下的桩间土仍能分担 $11\% \sim 26\%$ 的上部荷载，即事实上桩仅承担上部荷载的 $74\% \sim 89\%$，由此可见，根据桩的设计荷载，其实际安全系数仍为 2。因此该高层建筑加二层对于桩基础是没有问题的。

当然，上部结构各单元的受力要进行验算，同时对基础也要进行验算。这两幢高层建筑因为是沿轴线布桩，没有对底板冲切问题，所以箱形基础在建筑物加层后是安全的。

（3）实际施工情况。上海九州花园南北楼高层住宅 1993 年 4 月底打入桩结束，在 1994 年 8 月 20 日，为了大楼加层事宜，在南楼场地补充进行了单桩静荷载试验，此时，北楼箱形基础和第一层已施工结束。九州花园南北高层住宅后来仅加层一层，成为 25 层高层住宅，至 1996 年 10 月 4 日已经基本建筑竣工（外墙装饰已至底层），历时两年零两个月，该两幢大楼的实测沉降均在 10cm 以内，南北楼分别为 8.2cm 和 8.6cm，均在预估最终沉降 16.6cm 和 21.5cm 以内。实测证明，该两幢大楼通过变形控制设计理论的预估，实现了加层工作，且是完全成功的。

例8-5　浦东罗山六小区高层建筑是局部 25 层高层住宅，采用箱形基础和桩基，箱形基础底面积约为 509.4m² 。桩基原设计桩长 32m，入土深度 35.3m，总桩数 157 根，基础埋深 3.4m，地下水位 1m，受甲方委托，对桩长减至 30m 后该高层建筑是否可建进行评估。

图8-21 所示为该高层建筑基础平面图。表8-14 为该高层建筑场地地基土物理力学指标。

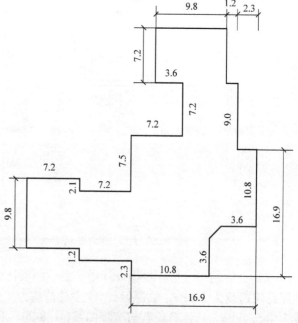

图8-21　罗山六小区高层建筑基础平面图（单位:m）

表 8-14 罗山六小区高层建筑场地地基土物理力学指标

层号	土 名	层厚/m	γ /(kN/m³)	$E_{s1\sim2}$ /MPa	E_s/MPa	c/kPa	φ/(°)
①₁	人工填土	1.2	—	—	—	—	—
①₂	暗浜土	0.5	17.1	1.99			
②₁	粉质黏土	1.2	18.3	3.39		14	13.25
②₂	黏质粉土	1.5	18.8	10.0		3	29.75
③	淤泥质粉质黏土	6.1	18.0	2.77		9	10.9
④	淤泥质黏土	9.9	17.3	1.82	$E_{2\sim4}$ 2.57	9	9.9
⑤₁	粉质黏土	4.2	18.5	3.71	$E_{2\sim4}$ 5.51	12	13.65
⑤₂	砂质粉土	1.1	18.8	5.54	$E_{2\sim4}$ 7.80		
⑥	暗绿草黄粉质黏土	6.1	19.8	6.69	$E_{2\sim4}$ 8.69	34	17.07
⑦₁	砂质粉土	6.7	19.1	12.06	$E_{2\sim4}$ 18.11	3	28.12
⑦₂	粉砂	未穿	19.0	14.74	$E_{4\sim6}=26.3$ $E_{6\sim8}=34.85$	3	28.33

（1）桩基沉降计算原则。对这两幢高层建筑缩短桩长的主要依据是分析桩长缩短后，沉降量是否满足有关规范的要求，若在规范规定的允许沉降量内，则认为缩短桩长是可行的。最终沉降量的计算依旧采用高层建筑桩筏（箱）基础沉降计算的简易理论法，计算该高层建筑的总荷载和沉降量的关系曲线（图 8-22）及桩长 l 与沉降 s 的理论关系曲线（图 8-23），进而判断两幢高层建筑桩缩短的可能性。

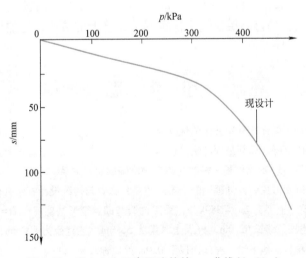

图 8-22 罗山六小区高层建筑的 $p\text{-}s$ 曲线（$l=30$m）

（2）计算结果分析。从图 8-22 可以看到，当桩长缩短至 30m 时，该建筑物的最终沉降为 8.32cm，远小于当时规范规定的允许沉降为 15~25cm 的要求（此刻箱形基础荷载假定为 50kPa，标准层荷载为 15kPa，总荷载为 425kPa），即使总荷载为 500kPa，计算最终沉降为 13.2cm，也在规范的规定范围内。

从图 8-23 可见，原设计桩长为 32m，计算最终沉降只有 3.9cm，改成现设计桩长 30m，计算最终沉降为 8.32cm，也符合规范要求。这样做不但节约了桩的材料费，而且进入⑦₁层砂质粉土从 3.5m 减至 1.5m，无邻近工地桩打不下去（桩长 32m）的现象，加快了施工工期。从图 8-23 还可看到，当桩长减至 28m 时，最终沉降也仅为 13.1cm，经济效益更明显。

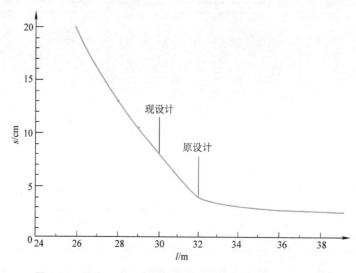

图 8-23　罗山六小区高层建筑桩长与沉降的理论关系曲线

（3）实测结果。该两幢建筑物试桩在 1994 年 3 月初打完，3 月中旬试桩结束，1994 年 5 月打桩结束，1994 年 9 月 10 日 1 层墙板完工，至 1995 年 5 月 17 日结构封顶，历时 8 个月，建筑物平均沉降 22.2mm，最大沉降 27mm，最小沉降 19mm，小于预估的最终沉降 83.2mm。实测结果证明，两幢高层建筑桩长缩短 2m 是成功的。两幢高层建筑不仅实现了经济上的节约，也加快了施工进度。

混合桩型复合地基

思 考 题

1. 简述高层建筑基础沉降计算常用方法的优缺点。
2. 简述高层建筑基础沉降计算简易理论法的基本原理。
3. 简述高层建筑桩筏（箱）基础桩长、桩数与建筑物沉降的定性关系。
4. 高层建筑桩筏基础变形控制设计理论的基本思想是什么？与传统设计方法有何区别？
5. 某 25 层高层建筑，上部荷载 $p=389$kPa，采用桩箱基础。箱形基础埋深 $D=4$m，平面尺寸为 42m×18m。桩基础为钻孔灌注桩，桩长 52.3m，桩入土深度为 56.3m，桩直径为 800mm，桩材料弹性模量 $E_p=2.65×10^4$MPa，共计 95 根桩。地下水位在地面以下 0.9m 处。地质资料见表 8-15。地基土分层综合压缩曲线表见表 8-16。试用简易理论法计算该高层建筑的最终沉降量。

表 8-15 土的物理力学性质指标

层号	土层名称	层厚/m	重度 γ /(kN/m³)	$E_{s1\sim2}$ /MPa	E_s/MPa	c/kPa	φ/(°)
①₁	填土	0.9					
②₁	褐黄色粉质黏土	1.1	18.4	5.76		8	20.5
②₂	灰砂质粉土	11.2	18.4	11.32		3	24.7
④	灰淤泥质黏土	4.5	17.4	2.31		12	8.5
⑤	灰淤泥质粉质黏土	7.7	18.0	4.10		16	10.5
⑥₁	暗绿色黏土	3.5	19.8	7.21		28	19.4
⑥₂	草黄色粉质黏土	2.6	19.3	6.16	$E_{s2\sim3}$ 12.30	7	21.5
⑦₁	灰砂质粉土、粉砂	14.2	19.6	14.18	$E_{s4\sim6}$ 29.62	2	26.9
⑧₁	灰色黏土	9.2	18.4	4.62	$E_{s4\sim6}$ 8.46	17	11.9
⑧₂	灰粉质黏土	4.6	18.9	6.02	$E_{s4\sim6}$ 12.71	13	19.8
⑨	灰细砂	未穿	19.9	12.51	$E_{s6\sim8}$ 37.62		

表 8-16 地基土分层综合压缩曲线表

p/kPa	灰砂质粉土、粉砂⑦₁		灰色黏土⑧₁		灰粉质黏土⑧₂		灰细砂⑨	
	e_i	E_s/MPa	e_i	E_s/MPa	e_i	E_s/MPa	e_i	E_s/MPa
0	0.692	6.30	1.084	2.17	0.878	2.31	0.680	6.22
50	0.675	9.06	1.034	3.27	0.837	3.92	0.662	7.66
100	0.665	14.29	1.001	4.61	0.813	5.85	0.649	12.51
200	0.653	23.91	0.956	6.28	0.782	8.75	0.635	18.55
300	0.646	28.84	0.924	7.40	0.761	10.65	0.625	23.67
400	0.640	28.84	0.898	7.40	0.745	10.65	0.617	23.67
600	0.629	29.62	0.851	8.46	0.717	12.71	0.606	28.72
800	0.623	54.30	0.815	10.42	0.695	15.81	0.595	37.62

6. 某 24 层高层建筑，上部荷载 $p=376$kPa，采用桩箱基础，箱形基础埋深 4.2m，平面尺寸为 31.2m× 29.4m。桩基础为 0.5m×0.5m 预制钢筋混凝土方桩，桩长为 34m，入土深度 38.2m，共计 184 根，桩材料弹性模量 $E_p=2.65\times10^4$MPa，地下水位在地面以下 0.7m 处。地质资料见表 8-17。试用简易理论法计算该高层建筑的最终沉降量。

表 8-17　土的物理力学性质指标

层号	土层名称	层厚/m	γ /(kN/m³)	$E_{s1\sim2}$ /MPa	E_s/MPa	c/kPa	φ/(°)
①	杂填土	1.5					
②	褐黄色粉质黏土	1.5	18.6	5.14		14.2	13.6
③	砂质粉土夹黏土	5.6	18.6	6.66		6.33	20.6
④	灰淤泥质黏土	11.5	17.0	2.32		9.14	7.4
⑤	灰粉质黏土	11.2	18.1	3.75	5.19	13.53	12.4
⑥	暗绿色粉质黏土	3.2	19.8	7.93	9.25	32.83	16.5
⑦₁	草黄色砂质粉土粉细砂	6.1	19.2	14.31	24.8	3.53	27.3
⑦₂	青灰色粉细砂	5.4	19.0	17.77	29.4	3.88	26.7
⑧₁	灰黏土	12.3	18.2	5.12	8.67	15.09	11.5
⑧₂	灰粉质黏土	19.5	18.5	5.90	15.66	13.88	17.3
⑨	灰含砾黏质粉土	未穿	18.6	6.14	21.96		

7. 试用半经验半理论法计算思考题 5 的竣工时的沉降值，$\nu_s = 0.35$，桩距 $S_p = 2.4 \sim 2.6\text{m}$，$E_0 = 6E_s$。

8. 试用半经验半理论法计算思考题 6 的竣工时的沉降值，$\nu_s = 0.35$，桩距 $S_p = 2.0\text{m}$，$E_0 = 3E_s$。

第九章

带裙房高层建筑与地基基础
的共同作用分析

【内容提要】 首先介绍带裙房高层建筑基础的设计基本特点，然后重点阐述带裙房高层建筑与地基基础共同作用分析理论，结合工程实例解释带裙房高层建筑整体设计的工作机理，最后提出软土地区带裙房高层建筑基础的一些设计建议。

■ 第一节 概 述

在众多的高层建筑中，有相当一部分由于功能或造型上的需要，往往沿其主楼四周配上低矮房屋，形成所谓裙房。高层建筑主楼一般高达 15 层以上，而裙房则一般不超过 6 层。由于两者上部结构的层数相差很大，高差十分显著，对地基基础而言，这种情况往往造成基础内力和地基反力的差异且变化很大，导致基础发生过大的差异沉降。如果主楼和裙房之间的基础选用、设计和连接不当，过大的沉降差引起的附加应力就会造成建筑物的开裂。在工程实践中发现，在建造的带裙房高层建筑中，有的虽然在主楼和裙房之间采用沉降缝，但由于地基处理不当，在主楼和裙房之间已出现明显差异沉降，影响主楼和裙房之间的正常通行和使用；有的主楼和裙房之间不设沉降缝，缺乏有效地减小差异沉降的措施，且在连接部位处理不当，引起连接部位的开裂，裙房也出现裂缝。因此，高层建筑主楼和裙房之间基础的连接设计必须引起高度重视。

在一般房屋结构的总体布置中，考虑到沉降、温度收缩和体形复杂对房屋结构的不利影响，常常用沉降缝、伸缩缝或防震缝将房屋分成若干独立的部分，从而消除沉降差、温度应力和体形复杂对结构的危害。但在高层建筑中，常常由于从建筑使用要求和立面效果，以及采暖通风、电气管线设置不便、防水处理困难等方面考虑，希望少设或不设缝，特别是在地震区，由于缝将房屋分成几个独立的部分，地震时常因为相互碰撞而造成震害。例如在北京，凡是设置伸缩缝或沉降缝的高层建筑（一般缝宽都很小），在唐山地震时均有不同程度的碰撞损坏现象。1985 年，墨西哥发生地震，相邻建筑发生碰撞的占 40%，其中因碰撞而发生倒塌的占 15%。调查发现，当缝两侧的建筑物楼层高度不同发生碰撞时，一侧房屋的楼板撞击另一侧房屋的柱子，有时会将柱子撞断，后果是十分严重的；相反，一些平面布局合理的复杂体形高层建筑，没有设缝，震害较轻，有震害的也多在两端破坏。由此看来，沉降缝的设置虽然能使建筑物各单体自由沉降，但未必能提高结构的抗震性能。因此，在高层建筑中，目前的总趋势是避免设缝，并从总体布置上或构造上采用一些措施来减少沉降、温度收缩和体形复杂引起的问题。例如，很多高层建筑做成塔式楼，因而不必考虑因平面过长引起的温度应力问题；又如，在日本，10层以上的建筑物一般不必设缝。

■ 第二节　带裙房高层建筑基础的设计特点

一、有关规范对建筑物设置变形缝的规定

（一）我国规范对建筑物设置变形缝的规定

《建筑地基基础设计规范》规定，在满足使用和其他要求的前提下，建筑体形应力求简单。当建筑体形比较复杂时，宜根据其平面形状和高度差异部位，在适当部位用沉降缝划分成若干个刚度较好的单元；当高度差异或荷载差异较大时，可将两者隔开一定距离，如拉开距离后的两单元必须连接时，应采用能自由沉降的连接结构。

（1）建筑物的下列部位，宜设置沉降缝：

1）建筑平面的转折部位。

2）高度差异（或荷载差异）处。

3）长高比过大的砌体承重结构或钢筋混凝土框架结构的适当部位。

4）地基土的压缩性有显著差异处。

5）建筑结构（或基础）类型不同处。

6）分期建造房屋的交界处。

沉降缝应有足够的宽度，缝宽可按表9-1选用。

表 9-1　房屋沉降缝的宽度

房屋层数	沉降缝宽度/mm	房屋层数	沉降缝宽度/mm
2~3	50~80	5层以上	不小于120
4~5	80~120		

（2）为减少建筑物沉降和不均匀沉降，可采用下列措施：

1）选用轻型结构，减轻墙体自重，采用架空地板代替室内厚填土。

2）设置地下室或半地下室，采用覆土少、自重轻的基础形式。

3）调整各部分的荷载分布、基础宽度或埋置深度。

4）对不均匀沉降要求严格的建筑物，可选用较小的基底压力。

GB 50011—2010《建筑抗震设计规范》在条文说明中指出，高层建筑宜选用合理的建筑结构方案而不设置防震缝，同时采用合适的计算方法和有效的措施，以消除不设防震缝带来的不利影响。

（二）国外规范对建筑物设置变形缝的规定

世界各国对于建筑物设缝的条件和缝宽的规定各有不同，美国、新西兰目前的设计规范倾向是尽量避免设缝。

秘鲁规范规定的缝宽为

$$d=\frac{2}{3}(\Delta_1+\Delta_2)$$

且

$$d\geqslant 3+0.4(H_i-5)$$

式中　　d——缝宽（cm）；

　$\Delta_1+\Delta_2$——相邻建筑顶端总变位或两者中较低建筑顶端处的总变位（cm）；

　　H_i——第 i 层楼高度（m）。

罗马尼亚规范指出，对于各部分动力特性互不相同的结构，或者建筑物的高度有显著差异的部分一般应设缝将其分割。缝宽规定为

$$d\geqslant \Delta_1+\Delta_2+2cm$$

式中，d、$\Delta_1+\Delta_2$ 意义同前。

苏联规范及希腊规范在缝的设置与缝宽上基本相同，要求当房屋高度小于 5m 时，缝宽为 3cm；每增加 5m，缝宽增加 2cm。希腊规范对柔性建筑有更严格的规定，要求其缝宽为以上规定缝宽的两倍。

二、现有高层建筑主楼与裙房之间差异沉降的处理方法

目前处理高层建筑主楼和裙房之间差异沉降的办法主要有四种，即设置沉降缝将主楼和裙房分开；将主楼和裙房同置于一个刚度很大的基础上；主楼和裙房采取不同基础形式的联合设计，中间不设沉降缝；主楼和裙房基础的连接采取铰接形式等。

（一）设置沉降缝

设置沉降缝将主楼和裙房基础分开，这是一种传统的设计方法。按《建筑抗震设计规范》规定，对于体形复杂、平立面特别不规则的建筑结构，可按实际需要在适当部位设置防震缝，形成多个较规则的抗侧力结构单元。按《建筑地基基础设计规范》规定，在建筑高度和荷载差异部位，结构或基础类型不同的部位，宜设沉降缝。根据《混凝土结构设计规范》规定，现浇框架结构和剪力墙结构的伸缩缝最大间距分别为 55m 和 45m。

按照上述规范的要求，许多高层建筑主楼和裙房之间均设置变形缝（防震缝、沉降缝、伸缩缝），如上海龙门宾馆、上海兰生大酒店和北京饭店等高层建筑。下面介绍上海龙门宾馆工程情况。

龙门宾馆和铁路大厦，是上海火车站的配套工程，由两幢 25 层主楼和夹于其间的 4 层裙房连成。两幢主楼宽 36m，相距 19m，建筑物首层平面图如图 9-1 所示，剖面图如图 9-2

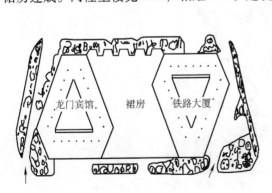

图 9-1　建筑物首层平面图

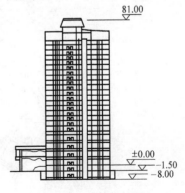

图 9-2　建筑物剖面

所示。主楼上部结构为外框架-内筒结构；外框架 22 层，内筒至 25 层，总高 81.0m。为减轻上部结构自重，标准层采用板柱结构，客房隔墙采用轻钢龙骨石膏板，外墙为加气砌块。裙房上部为框架结构，地下室 1 层。整个建筑物基础在主楼、裙房、主楼间用沉降缝分割为三段。主楼下为箱形基础，底面在地表以下 7.2m，底板板厚 1.30m。下面是由桩长 25.5m，截面 0.45m×0.45m，桩距 2.0m，按正三角形网格均布的钢筋混凝土方桩组成的密集群桩，

进入第⑦层砂质粉土层 1.5m。裙房为筏形基础，下面是直径 450mm 预制钢筋混凝土管桩。为了充分利用箱形基础的补偿作用，采取如下措施：箱形基础放置在地面下 7.2m 处；箱形基础平面外廊的长边、短边分别扩出上部建筑 3.8m 和 3.17m，箱形基础平面比上部扩大近 40%；调整箱形基础重心，将各自的 2000kN 地下水池分别置于主楼扩大箱形基础的东西两端，产生外倾力矩，减少两主楼对倾。最后控制的设计重力为：上部结构平均为 13.8kPa/层，箱形基础部分平均 48.1kPa，基底的附加压力为 205kPa。

由工程地质剖面图（图 9-3）可知，建筑场地为软硬层交错出现的"千层糕"状地基，是典型的上海软土地层。

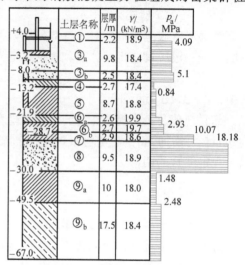

图 9-3　工程地质与桩箱基础剖面

该工程 1986 年动工，1989 年、1990 年两座主楼相继交付使用。该工程还对桩顶反力、地基土反力和基础沉降进行观测，测试元件布置如图 9-4 所示，实测沉降值如图 9-5 所示。

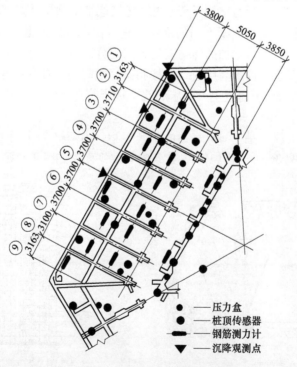

● —— 压力盒
◐ —— 桩顶传感器
▬ —— 钢筋测力计
▼ —— 沉降观测点

图 9-4　测试元件布置

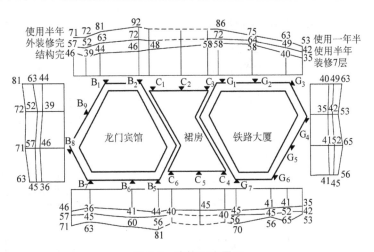

图 9-5　建筑沉降展开

（二）采用整体基础

由于建筑功能上的需要，经常要求高层建筑主楼和裙房之间不设缝。

高层建筑主楼和裙房采用整体基础，同置于刚度很大的箱形基础或厚筏基础上，用以抵抗差异沉降产生的内力；或者基础通过桩支承在基岩或承载力较大的持力层上。这样，可以使主楼和裙房基础之间不产生沉降差。当地基土软弱，后期沉降量大时，可以将裙房放在悬挑基础之上。但由于悬挑部分不能太长，因此裙房面积不宜过大。采用这种基础方式的高层建筑有上海海仑宾馆、上海联谊大厦、海口海燕大厦和深圳云南大厦等高层建筑。下面介绍上海海仑宾馆的工程情况。

上海海仑宾馆主楼 35 层，地下 1 层，±0.000 以上总高度为 116.15m，裙房 6 层，高 25.7m，与主楼连成一体，一层平面图、结构剖面图如图 9-6、图 9-7 所示。采用桩筏基础，

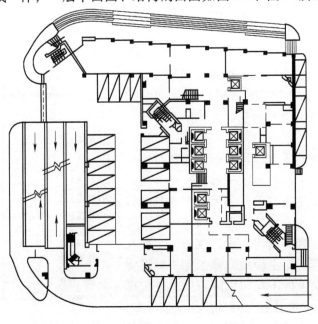

图 9-6　一层平面

底板厚 2.8m。在深度 100m 范围内地基土层共分 12 层，如图 9-8 所示。第⑦层为粉细砂层，在地表下 47m 处，该砂层厚度为 16m 左右，比贯入阻力在 11.2~16.8MPa 之间。其下第⑧、⑨层属粉质黏土层，平均厚度为 12m，含水率为 31%，孔隙比为 0.9，压缩模量为 65.4MPa，软塑-可塑，比贯入阻力在 43MPa 左右。第⑩层为粉细砂，在地表下 70m 左右，层厚 9m，比贯入阻力达 19.3MPa。由于采用整体板式基础，为减少主楼与裙房的沉降差，对桩尖持力层落在第一砂层和第二砂层进行了比较，经试算，如将第⑦层作为持力层，差异沉降在 70mm 左右，以第⑩层作为持力层，差异沉降在 20mm 左右，显然，前者对于主楼与裙房连在一起的板式基础，不均匀沉降较为敏感，采用构造措施和施工程序，均难以调整到合适的程度；若落到第二砂层，不但持力层的土层较厚，且其下为低压缩性密实的中粗砂。从平均沉降量、差异沉降量、体形复杂等因素考虑，最后确定桩尖落在第二砂层。直径 800mm 钻孔灌注桩共 296 根。

实测结果为：主楼累计沉降 16mm，裙房累计沉降 10mm，差异沉降 6mm。

（三）主楼和裙房采用不同基础形式的联合设计

主楼和裙房采用整体基础或悬挑基础形式，要求裙房面积不能很大，否则会造成材料浪费，因此，又出现了主楼与裙房采用不同基础形式的联合设计方法。

主楼和裙房基础的联合设计是指主楼和裙房采取不同的基础形式，中间不设沉降缝。这种方法通常采用轻质材料减小主楼自重或利用补偿式基础以减小主楼附加压力，使不均匀沉降可以忽略或可按经验方法处理。在主楼和裙房间设后浇缝，主楼在施工期间可自由沉降，待主楼结构施工完毕后再浇后浇带混凝土，使余下的不均匀沉降可以忽略或可按经验方法处理。这种方法在北京和广州比较成熟，主要原因是这些地方土质条件比较好。如北京的长

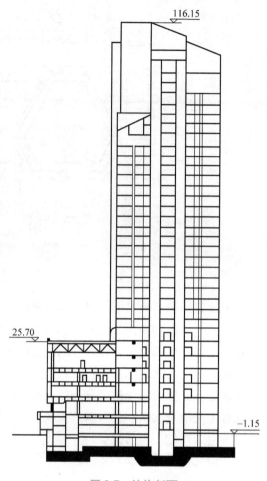

图 9-7　结构剖面

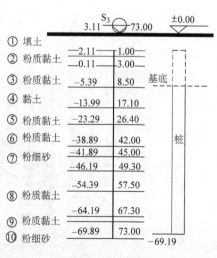

图 9-8　地质剖面

富宫中心、西苑饭店、昆仑饭店、中旅大厦、城乡贸易中心等。这种处理方式在其他地方也有应用，如安徽文艺大厦等。

1. 箱形基础与基础梁的联合设计

主楼采用箱形基础，取得补偿，以大大减小沉降；裙房采用基础梁，以增加沉降，从而基本消除主楼和裙房之间的沉降差，两者的基础和上部结构则连成整体。下面介绍北京长富宫中心工程情况。

北京长富宫中心主楼26层，4层地下室深12.6m。主楼结构为钢结构，故总重力较轻，包括箱形基础在内基底压力仅为221kPa，比天然覆土略小。如图9-9所示，裙房也带有地下室，平均压力为65~77kPa，仅为上覆土重的1/3~1/2。

地基土为第四纪沉积层，厚约100m，交互出现的黏土层累计厚度略超过砂与砾石层的累计厚度。按周围已建成房屋的经验，当附加压力为150~250kPa时，综合考虑尺度与深度效应后，平均沉降估计为5~15cm。

初步设计时提出了三个设计方案。方案一，主楼和裙房下均采用深12.0m的箱形基础，并在主楼四周设后浇缝；方案二（图9-10），主楼采用箱形基础，裙房采用条形基础并减少埋深，主楼周围仍设后浇缝；方案三，它与方案二的不同之处仅在于主楼四周设永久沉降缝。

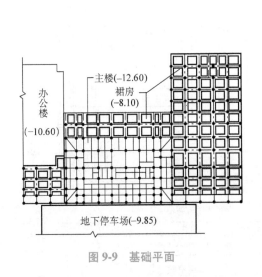

图 9-9　基础平面

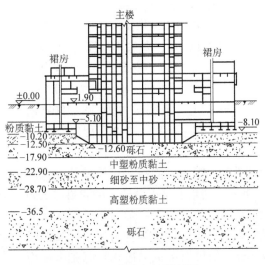

图 9-10　基础与地质剖面

三个方案的计算结果见表9-2，方案二的预测沉降等值线图如图9-11所示。由于主楼基底压力很小，故三个方案在沉降、差异沉降和箱形基础弯矩上差别不大。方案一比方案二多开挖土方20799m³，多用1880m³混凝土，工期长两个月。虽然方案三的基础弯矩比方案二小，但因采用双墙、双柱，多用混凝土670m³，不仅带来防水问题，沉降缝的处理还影响建筑空间的使用。因此，最后采纳方案二，经济合理，施工方便，且提供主楼与裙房之间连续无缝的建筑空间。这个工程实例说明联合式基础设计的优越性。

表 9-2 三个方案的计算沉降与弯矩比较

基础方案编号		1	2	3
主楼基础最大弯矩	x 方向	114050	105000	102100
/kN·m	y 方向	58530	62260	64430
主楼与裙房连接处最大弯矩	x 方向	10350	3680	0
/kN·m	y 方向	15030	5370	0
裙房基础最大弯矩	x 方向	27400	4590	480
/kN·m	y 方向	12020	3680	2080
主楼最大沉降/cm		2.39	2.06	2.06
裙房最大沉降/cm		2.75	2.32	2.21

2. 桩箱基础与独立柱基础的联合设计

当主楼层数多或地基土条件要求采用桩箱或桩筏基础，同时要求主楼和裙房之间的沉降差尽可能小时，裙房可采用独立基础、基础梁或筏形基础，这种基础联合设计方案应按地质条件和沉降分析来综合确定。下面介绍北京昆仑饭店工程情况。

北京昆仑饭店主楼 26~29 层，附有大面积裙房，如图 9-12 所示。主楼为框剪结构，地下室深 11.6m，基底平均压力为 480~500kPa，中心部分为 640kPa，附加压力为 260~420kPa。裙房两层，地下室深 10.1m，置于粉质砂土上，基底压力为 50~100kPa，附加压力为 -90~140kPa。该工程对基础方案进行详细的比较。当主楼采用天然地基上箱形基础时，按一维固结剪切模型计算沉降值为 18cm，结构上难以处理主楼和裙房之间过大的沉降差，故决定箱形基础下采用 12m 长的桩基，以中细砂层为持力层，计算沉降为 9.5cm。如果裙房也采用箱形基础，反而会在主楼下产生更大的弯矩，故裙房采用独立柱基础。实测开挖最大隆起值为 3.5cm，两年后实测沉降与计算值相符，如图 9-13 所示。

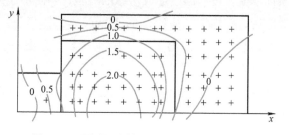

图 9-11 预测沉降等值线（尺寸单位：cm）

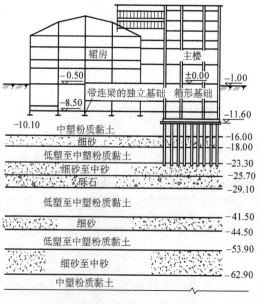

图 9-12 基础和地质情况剖面

3. 桩箱基础与筏形基础的联合设计

安徽文艺大厦主楼 23 层，剪力墙结构，2 层箱形基础，其中第二层为密封小箱。大面积的三层裙房与主楼三侧相连接，也采用箱形基础，底标高与主楼相当。建筑设计要求不设沉降缝。剖面图如图 9-14 所示。地基土为第四纪全新世冲积黏土和白垩纪细砂岩。如主楼和裙房采用相同的箱形基础，则天然地基产生的不均匀沉降计算值为 11.6m。注意到箱底 7m 以下有风化砂岩，经方案对比，如在主楼下采用桩箱基础，裙房采用箱式筏形基础，直接设于天然地基上，则相对沉降差仅约为 1.5cm，为不设沉降缝，改留后浇缝创造条件。最终决定的基础平面如图 9-15 所示。为适应主楼和裙房之间 1.5cm 的沉降差，如图 9-15 影线所示的 U 形连

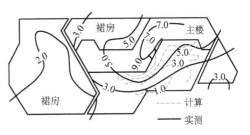

图 9-13　预测与实测沉降等值线（尺寸单位：cm）

接区中 1.25m 高的密封箱式底板改为刚度很小的厚度为 0.60m 的底板。

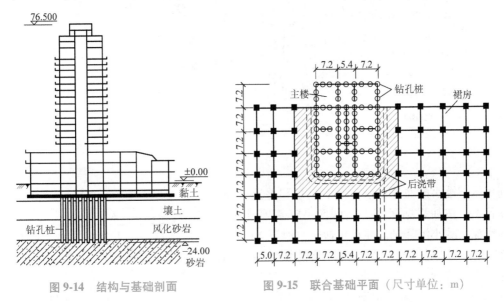

图 9-14　结构与基础剖面　　　　图 9-15　联合基础平面（尺寸单位：m）

4. 主楼和裙房基础的连接采用铰接形式

上海金茂大厦位于上海浦东陆家嘴隧道出口处南面，是一幢 88 层的超高层建筑，塔楼楼高 420.5m。建筑总面积约为 290000m²，占地 23000m²，主楼和裙房的地下室均为 3 层，基础均为桩筏基础。主楼筏厚 4m，工程桩为直径 914mm，入土深度为 83m 的钢管桩，共 430 根；裙房筏厚为 50cm，工程桩直径 609mm，入土深度为 53m，共 632 根。基础平面如图 9-16 所示，主楼和裙房基础的连接采用铰接形式（图 9-17），并在筏形基础设置滤水层。采用设置滤水层和铰接相结合的形式，一方面可消除地下水浮力对主楼和裙房底板的影响，从而达到既能减少差异沉降，又能减少底板的厚度的目的，另一方面连接部位的弯矩为零。值得指出，上海某大楼，43 层，底板厚度为 4m，而 88 层的金茂大厦，底板厚度也是 4m。这种设计与处理措施是成功的，1998 年的实测沉降不超过 7cm。

三、主楼和裙房之间不设缝的共同点

从上述的工程实例可以看出，高层建筑主楼和裙房之间不设变形缝时有如下特点：

（1）持力层好。如北京地区为中密至密实性土，广州地区下部 20~40m 深处普遍有坚硬的基岩，由于地基土压缩性小，这些地区都有条件将沉降差调整到较小的范围。有时可直

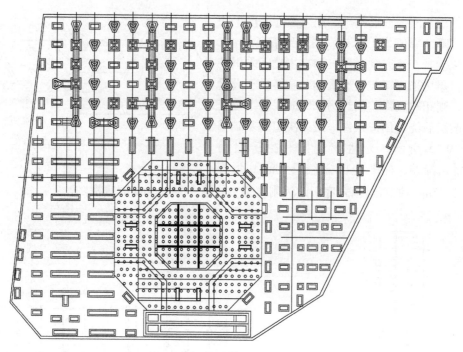

图 9-16 基础平面

接利用压缩性小的地基，减少总沉降量和差异沉降。如在日本，往往根据坚实土层深度决定基础或地下室的埋深以减小沉降量。在东京地区，地下 $20 \sim 30$m 处有一层密实的东京砾石层，允许承载力达 1000kPa，因此，常常将地下室基础直接埋置在砾石层上。由于基础埋深大，上部采用钢结构，自重又轻，建筑物的总荷载减去挖除的土重，作用在基底的附加压力很小，建筑物的沉降量和沉降差均很小，可以不设沉降缝。但是，在软土地区，建筑物竣工后的长期沉降量大，要准确预测沉降比较困难，在高层建筑主楼和裙房之间不设变形缝有相当难度。

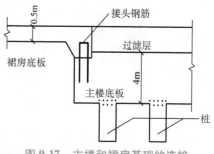

图 9-17 主楼和裙房基础的连接

（2）裙房面积不大。从前面几个工程实例可以看出，主楼和裙房采用整体基础时裙房面积均较小，采用后浇缝措施的建筑的裙房面积在任一方向的伸出长度，最长只能与主楼在此方向上的长度相当。当裙房面积很大时，通常要设置沉降缝。

（3）有长期的沉降观测和工程实际的资料的积累，能够比较准确地预测沉降或提供切合实际的变形模量，使得设计单位比较有把握地控制主楼和裙房之间的差异沉降。

（4）采用后浇缝措施基于地基变形稳定较快，沉降量小。如砂类土在施工期间可认为地基变形已经基本上完成；对于低压缩性土的地基，问题也不大。对于像上海的软土地区，近年来常常采用后浇缝（带）。

（5）主楼和裙房采用不同基础形式的联合设计而不设变形缝时，主楼通常用箱形基础、桩箱或桩筏基础，以尽量减小沉降；而裙房通常采用独立柱基或条形基础，以增加沉降量，从而基本消除主楼和裙房间的沉降差。

（6）对于超高层建筑，像上海金茂大厦，主楼和裙房基础之间不设缝，可采用铰接的连接式。

综合上述带裙房高层建筑基础的设计特点，不难看出，研究主楼与裙房的连接，设缝或不设缝问题的关键在于主楼和裙房两者间的差异沉降。因此，必须仔细研究建筑场地的地质条件，才能够比较正确地计算主楼和裙房基础的沉降，分析可能产生的差异沉降，采用不同的处理方案，有效地解决主楼和裙房的基础设计。

■ 第三节　带裙房高层建筑与地基基础共同作用理论

一、子结构法在带裙房高层建筑与地基基础共同作用分析中的应用

在第七章第二节介绍了高层建筑地基基础的子结构分析方法，带裙房高层建筑与一般高层建筑的差异，主要在于结构平面面积的变化，因此子结构分析方法同样可以应用到带裙房高层建筑地基基础的共同作用分析中，但在进行子结构法分析时，必须考虑结构平面面积的变化。

考虑图 9-18 所示的带裙房高层建筑，这里将结构平面扩大前的上部结构称为主楼，扩大后的上部结构称为裙房。将建筑物从上到下分割成 $M+N+1$ 个子结构，其中，主楼分割成

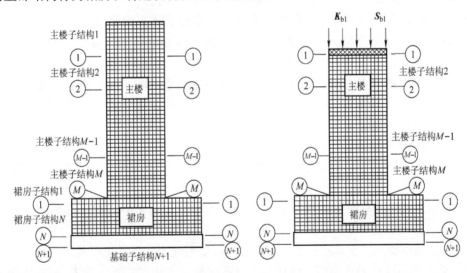

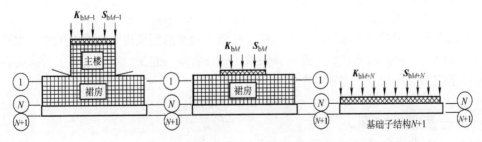

图 9-18　子结构法实现带裙房高层建筑结构刚度与荷载凝聚过程

M 个子结构，裙房分割成 N 个子结构，$N+1$ 为基础子结构，通过界面$(N+1)$—$(N+1)$ 与地基接触，M—M 为主楼与裙房的交接边界面。其中上部结构刚度及荷载向基础的凝聚分成两个阶段。

（一）主楼结构刚度的凝聚

第一阶段为主楼刚度和荷载向裙房顶面的凝聚。由于高层建筑的上部结构平面差别不大，可视作若干标准层的叠加。因此，将该建筑物按串联顺序分割为子结构1，子结构2，…，子结构 M，其中 1—1，2—2，…，M—M 为相邻子结构的边界，通过界面 M—M 与裙房相接触。从子结构1开始，形成子结构1边界1-1上的边界刚度矩阵 $\boldsymbol{K}_{b1}$ 和边界荷载矢量 $\boldsymbol{S}_{b1}$。

接着，对于子结构2，把子结构1凝聚得到的 $\boldsymbol{K}_{b1}$ 和 $\boldsymbol{S}_{b1}$，各元素叠加到子结构2与1-1边界节点相对应的位置上，然后形成子结构2边界2-2上的边界刚度矩阵 $\boldsymbol{K}_{b2}$ 和边界荷载矢量 $\boldsymbol{S}_{b2}$。

继续上述过程，可得全部上部结构在边界 M—M 上的等效边界刚度矩阵 $\boldsymbol{K}_{bM}$ 和等效边界荷载矢量 $\boldsymbol{S}_{bM}$。根据子结构法理论，$\boldsymbol{K}_{bM}$ 和 $\boldsymbol{S}_{bM}$ 对 M—M 边界以下结构的作用，与上部主楼结构对该边界作用的效果完全等价。

（二）裙房结构刚度的凝聚

第二阶段为已经考虑主楼刚度后的裙房刚度和荷载向基础顶面的凝聚。由于裙房相对于主楼其结构平面已扩大，故裙房子结构也相应扩大，其大小仍以不超过计算机容量为限。对裙房子结构1，首先形成结构刚度矩阵和荷载矢量，同时考虑主楼刚度和荷载的影响。具体做法是：使主楼结构平面的全部节点与裙房结构平面的部分节点重合，通过节点对应关系，将主楼子结构凝聚得到的 $\boldsymbol{K}_{bM}$ 和 $\boldsymbol{S}_{bM}$ 叠加到裙房子结构刚度矩阵和荷载矢量相对应的节点位置上，从叠加主楼刚度和荷载的裙房子结构1开始，重复前面所述的子结构凝聚过程，可得全部上部结构的边界 N-N 的等效边界刚度矩阵 $\boldsymbol{K}_{bN}$ 等效边界荷载矢量 $\boldsymbol{S}_{bN}$。至此，完成全部上部结构向基础顶面的凝聚。将 $\boldsymbol{K}_{bN}$ 和 $\boldsymbol{S}_{bN}$ 简记为 $\boldsymbol{K}_B$ 和 $\boldsymbol{S}_B$，通过与基础子结构和地基的耦合，可建立带裙房的高层建筑与地基基础共同作用分析的基本方程。

（三）地基与基础的耦合

基础刚度矩阵和荷载矢量的形成视基础的类型而定。记基础刚度矩阵为 $\boldsymbol{K}$，荷载矢量为 $\boldsymbol{Q}$，忽略基底界面上的摩擦，假定地基只对基础节点提供竖向支承，支承反力以集中力形式作用于基础节点，而基础对地基的作用也只表现为大小与上述集中力相等的竖向力作用在地基上。

这样，基础可简化为支承在各节点处的竖向弹簧系统上，弹簧系统的支承刚度就是地基刚度矩阵 $\boldsymbol{K}_s$。对不同的地基模型，弹簧系统以不同的方式相互耦联，故 $\boldsymbol{K}_s$ 的求法根据不同的地基模型而定。

（四）带裙房的高层建筑与地基基础共同作用分析的基本方程

对于已形成的带裙房高层建筑上部结构、基础与地基的刚度矩阵和荷载矢量，根据静力平衡条件、竖向位移连续条件和节点对应关系，将三者统一起来，可建立如下带裙房高层建筑与地基基础共同作用分析的基本方程

$$(\boldsymbol{K}_B + \boldsymbol{K} + \boldsymbol{K}_s)\boldsymbol{U} = \boldsymbol{Q} + \boldsymbol{S}_B \tag{9-1}$$

式中　$\boldsymbol{U}$——基础位移矢量。

式(9-1)为带裙房高层建筑与地基基础共同作用分析的基本方程。通过求解该方程和回代可得基础沉降、基础内力、地基反力、上部结构位移和内力等数据，从而完成

整个带裙房的高层建筑与地基基础共同作用分析的工作。

二、计算实例

某高层建筑主楼均为 10 层，裙房为 2 层，主楼、裙房均为剪力墙结构，墙厚 0.22m。如图 9-19 所示，主楼（$EFGH$）的平面尺寸为 48m×32m，左右两侧各宽 16m 为裙房平面（$AEHD$ 和 $FBCG$），主楼与裙房筏板厚度相等，分别为 1.3m、1.8m、2.3m、2.8m 四种情况。为了进行比较，计算中把平面 $ABCD$ 全部考虑为主楼平面，筏板厚 2.3m 不带裙房，计算中均没有考虑上部结构刚度。筏板弹性模量 $E_R = 3×10^7 kPa$，泊松比 $\nu_R = 0.17$。地基采用弹性半无限体地基模型，地基模量 $E_s = 20000kPa$，$\nu_s = 0.35$。

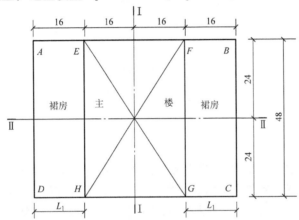

图 9-19　带裙房高层建筑计算平面（尺寸单位:m）

表 9-3 为 Ⅱ—Ⅱ 剖面的计算结果，表中还列出部分实测结果。首先比较序号 Ⅲ 和序号 Ⅴ 的计算结果。从表中可以看到，序号 Ⅴ 为整个筏形基础 $ABCD$ 面积内都是主楼的荷载，序号 Ⅲ 仅在 $EFGH$ 筏形基础面积上是主楼的荷载，其余 $AEHD$ 和 $FBCG$ 平面范围筏形基础仅作用裙房的荷载，这样序号 Ⅴ 的总荷载比序号 Ⅲ 的总荷载大得多，故序号 Ⅴ 的总沉降为 0.31m，比序号 Ⅲ 的总沉降 0.19m 大得多，但是差异沉降，序号 Ⅴ 却比序号 Ⅲ 小。这一点必须引起注意，即筏形基础整体设计时，太悬殊的主楼和裙房荷载的差异会带来较大的差异沉降，且裙房悬挑长度与板厚之比不宜太大，见表 9-3，序号 Ⅴ 的相对弯曲 $\theta_r = 1.09‰$，序号 Ⅲ 由于主楼荷载部分改成裙房荷载，反而使片筏基础的相对弯曲增大至 1.56‰，达到 1.5 倍。

表 9-3　Ⅱ—Ⅱ 剖面理论计算与实测结果

	理论计算					实测结果	
	Ⅰ	Ⅱ	Ⅲ	Ⅳ	Ⅴ	某高层建筑	美国独特壳体广场
筏板厚度 h/m	1.3	1.8	2.3	2.8	2.3	1.0	2.52
裙房悬挑长度 L_1/m	16.0	16.0	16.0	16.0	0	4.0	6.1
L_1/h	12.3	8.9	7.0	5.7		4.0	2.4
平均沉降/m	0.21	0.20	0.19	0.18	0.31	0.253	0.125（筒体）
差异沉降/m	0.15	0.12	0.10	0.08	0.07	0.021	0.06
相对弯曲 $\theta_r(‰)$	2.34	1.88	1.56	1.25	1.09	0.29	0.85

图 9-20 和图 9-21 是 Ⅱ—Ⅱ 剖面的地基反力 R 的分布和纵向弯矩 M_x 的分布。从图 9-20 中可见，序号Ⅲ纵向地基反力分布与序号Ⅴ情况明显不同，裙房的存在使得序号Ⅲ的地基反力向主楼侧边处集中，裙房处的地基反力较小。同样序号Ⅲ和序号Ⅴ的纵向弯矩 M_x 沿纵向的分布也有较大差别：序号Ⅲ在裙房处的纵向弯矩 M_x 较小，但在主楼处纵向弯矩明显增大，且比序号Ⅴ的纵向弯矩大得多。

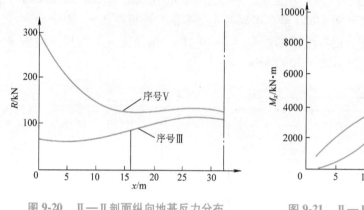

图 9-20　Ⅱ—Ⅱ 剖面纵向地基反力分布　　　　图 9-21　Ⅱ—Ⅱ 剖面纵向弯矩 M_x 的分布

根据表 9-3，绘出图 9-22，图 9-22 为裙房悬挑长度 L_1 与筏板厚度 h 的比值 L_1/h 对于纵向相对弯曲 θ_r 的关系图。从图中可知，随着 L_1/h 值的减小，相对弯曲 θ_r 明显减小，当 L_1/h 趋于 4 时，相对弯曲 θ_r 值已经小于美国独特壳体广场大楼的相对弯曲值。必须注意，理论计算并没有考虑上部结构刚度。若考虑上部结构刚度，使基础相对弯曲达到合适值时，L_1/h 值还可以大一点。

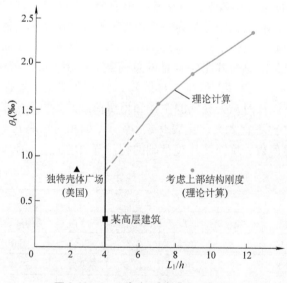

图 9-22　L_1/h 与相对弯曲 θ_r 的关系

理论计算和实测值表明，带裙房高层建筑筏形基础，裙房悬挑长度 L_1 与筏形基础厚度 h 之比值等于 4 时，是能保证基础处于正常使用的相对弯曲值以内的。

■ 第四节　软土地区带裙房高层建筑基础的设计建议

带裙房高层建筑与地基基础共同作用理论是高层建筑与地基基础共同作用理论的发展，带裙房高层建筑与地基基础共同作用的主要问题，就是要比较准确地确定主楼和裙房两者的差异沉降，也就是使得两者的差异沉降达到满足设计要求的问题。在第八章中，已提出了高层建筑桩筏(箱)基础沉降计算的简易理论法和半理论半经验法，为主楼与裙房之间的不设缝提供了理论及计算依据。

此外，本节提出能预估在施工过程中和竣工时桩基沉降速率和沉降的经验法和统计法，以及倾斜控制建议值，以利于设计和施工人员在施工过程中对于带裙房高层建筑主楼和裙房变形的了解和掌握。

在本节中，侧重针对上海等软土地区的工程特性和工程实践，提出带裙房高层建筑基础的设计建议，并结合工程实例说明。

一、建筑物设置沉降缝的利弊

按传统设计思想，在建筑高度和荷载差异较大的部位，为避免差异沉降引起建筑物的开裂或整体倾斜，宜设置沉降缝将两部分分开。但在具体工程中，设置沉降缝会带来许多问题。

(1) 从建筑方面来看，沉降缝的设置不利于室内外立面的处理，目前尚无先进的盖缝材料和合适的盖缝模式，沉降缝会给人产生建筑上分割和离散的感觉。

(2) 从施工方面来看，在使用功能要求较高的建筑物中，如果在主体和裙房之间设置沉降缝，会给采暖、通风、电气管线的设置带来不便。而且沉降缝两侧需要双墙、双柱，又需要止水带，既减小使用面积，又增加渗透水的机会。从经济上讲，设置沉降缝将会浪费人力和物力。

(3) 从结构方面来看，一些设计人员为使受力明确，将不规则结构分为规则结构，只要有足够的缝宽可以保证相邻建筑不相撞，认为设缝是有利而无害的，但事实并非完全如此。

(4) 主楼和裙房之间设置沉降缝，地面将会产生高差，不但有碍观瞻，而且给使用带来不便。

(5) 从抗震性能来看，在唐山地震中，京、津、唐地区 35 幢多、高层建筑的震害表明，设缝的建筑(5 幢为收缩缝，1 幢为沉降缝，12 幢为防震缝)大多由于发生或轻或重的碰撞而造成局部破坏。因为地面运动的复杂性和不可预见性，只要某一个单体结构受到的地震作用特别大，将会造成较大的变形，一般的缝宽难以满足要求，导致发生碰撞，殃及其他单体，甚至因碰撞而倒塌。因此，沉降缝的设置能使各单体独自沉降，未必能提高结构的抗震性能。

(6) 高层建筑主楼和裙房之间设置沉降缝，对主楼影响不大，但它会引起裙房发生较大倾斜；主楼和裙房之间不设置沉降缝，虽然两者之间有一定的相互影响，不过，通过采用主楼和裙房的不同基础形式等，可以实现主楼和裙房沉降的协调。

(7) 裙房面积大不是设置沉降缝的重要因素，裙房面积大，反而有平衡差异沉降的作用，此时，要采取措施消除局部过大的差异沉降。

综上所述，设置沉降缝给建筑、施工和设备安装等方面都带来诸多不便，并且设缝并不一定比不设缝安全，因此，在一般情况下，主楼和裙房之间不宜设缝。

二、软土地区主楼和裙房之间不设缝的可能性

在本章第二节中，已经列举一些主楼和裙房不设缝的成功工程实例，以上也已概括了设置沉降缝的利弊，并提出在一般情况下不宜设缝的结论。以带裙房高层建筑与地基基础共同作用理论和实践经验为依据，设计人员在设计主楼和裙房的基础时，针对软土地区的工程特性，可采用不同的桩长或桩距，或者采用不同的基础形式，或结合后浇缝，或调整主楼和裙房的差异沉降等，对于达到在软土地区主楼和裙房之间不设置沉降缝的目的是有充分可能的。下面将更进一步结合工程实例加以阐述。

（一）充分发挥桩基的优越性

上海地区是长江三角洲相及河口滨海相沉积，属软土地基，直接建造于软土地基上的建筑物沉降速率和沉降量大，沉降稳定历时也长。因此，建造高层建筑必须解决好软土地基基础的沉降问题。

地基设计对变形的要求主要包括三个方面：基础的平均沉降、整体倾斜和差异沉降。平均沉降是地基刚度的综合反映，对于特定的高层建筑和地基基础，平均沉降是一个相对稳定值，挠曲（沉降差）程度也与之相适应，而主楼和裙房的倾斜却与两者的结构和基础密切相关。《建筑地基基础设计规范》规定，高层建筑的变形控制主要是通过倾斜值的控制，并按表9-4选用。

表9-4 多层和高层建筑物的倾斜允许值

H_g	$H_g \leqslant 24$	$24 < H_g \leqslant 60$	$60 < H_g \leqslant 100$	$100 < H_g$
倾斜允许值	0.004	0.003	0.0025	0.002

注：H_g 为自室外地面起算的建筑物高度（m）。

基础平均沉降越大，主楼和裙房的彼此影响程度也越大，导致两者对倾的可能性越大，因此，首先要控制平均沉降。北京等地区持力层较硬，比较容易控制基础沉降，如果高层建筑的地下室埋置较深，可直接采用天然地基。对于上海这样的软土地区，一般来说，当高层建筑超过12~13层时，不能采用天然地基，如20世纪50年代建造的上海工业展览馆，采用箱形基础，由于设计不周，结果沉降超过1.7m。从总结经验教训角度来分析，它是一个非常宝贵的现场实体试验，证明箱形基础具有很大的刚度，整体倾斜达0.42%，自身使用良好；当采用短桩（例如8m的短桩）时，其沉降量往往达到或超过30cm。即使采用30m长的桩，如果设计或者施工不当，也会发生较大的沉降，如20世纪30年代建造的老锦江饭店，采用30m长的洋松木桩筏基础，由于当时施工问题，结果沉降超过1.3m；又如某地的24层高层建筑，采用28m长的桩，也发生达到30cm的沉降和较大的倾斜。必须肯定，桩基础（短桩除外）具有承载力高、沉降较小、沉降均匀及沉降稳定较快的独特优点。

事实上，上海近年来建造的许多高层及超高层建筑，绝大多数采用桩筏（箱）基础。经过数十年的研究和实践，已经从单一的打入式钢筋混凝土桩基发展为多种基础形式。如无噪声无挤土的钢筋混凝土钻孔灌注桩、超高强度的预应力钢筋混凝土管桩（PHC桩）及钢管桩。

现在上海已经可以把各种形式的桩送入 30~40m 的第一砂层甚至 50~60m 深的第二砂层。如国贸大厦的直径 609mm 钢管桩,打入深度达 64m;金茂大厦的直径 914mm 钢管桩,打入深度超过 80m,设计承载力为 7500kN。与此同时,为了满足旧区改造环境保护及基桩设计承载力大幅度提高的需要,钻孔灌注桩的应用也日益广泛,打桩工艺不断改进,工程质量基本得到保证,基桩检测的设备和方法日趋完善。如海仑宾馆的直径 800mm 钻孔灌注桩设计承载力 3000kN,桩长 72m;恒隆广场的直径 850mm 钻孔灌注桩,桩长 80m,设计承载力为 5000kN。此外,为了消除打桩时超孔隙水压力增高的影响,有效地保护好邻近的建筑物和地下管线,塑料止水带和袋装砂井等技术已在一些工程中得到应用。

根据对上海近 50 幢高层建筑桩筏(箱)基础的实测沉降数据的统计,得到以下建筑物层数和桩长与沉降之间的统计关系:

18~20 层的高层建筑,建造在短桩($L=7.5~8.0$m)上,沉降为 25~30cm。

12~15 层的高层建筑,建造在桩($L=17.0~24.0$m)上,沉降为 5~10cm。

20 层的高层建筑,建造在桩($L=24.5~25.0$m)上,沉降为 10~15cm。

20~48 层的高层建筑,建造在桩($L=24.0~36.0$m)上,沉降为 5~10cm(其中,48 层的上海商城,桩长 36m,沉降不到 7cm)。

13~19 层的高层建筑,建造在桩($L=40.0~47.5$m)上,沉降为 2~5cm。

26~43 层的高层建筑,建造在桩($L=40.5~45.0$m)上,沉降为 5~10cm。

24~30 层的高层建筑,建造在桩($L=50.0~55.0$m)上,沉降为 3~7cm。

31~36 层的高层建筑,建造在桩($L=60.0~70.0$m)上,沉降小于 5cm。

88 层的金茂大厦,建造在桩($L=80$m)上,目前沉降不超过 7cm。

由以上可见,只要充分地发挥长桩的优越性,同时施工技术又得到保证,长桩可为高层建筑主楼和裙房之间不设沉降缝创造技术上的条件,合理调整主楼和裙房桩的长度或桩径或桩间距,可以控制差异沉降,达到不设沉降缝的目的。在满足构造、冲切和刚度等要求的前提下,可通过适当减小基础底板厚度等措施,以减小基础底板的内力,降低基础和建筑造价。

(二) 综合运用桩基沉降计算方法确定差异沉降值

调查研究表明,高层建筑的实测沉降值与按上海地基基础规范计算值之间有很大差异。对上海 25 层以上高层建筑的沉降事实来说,如联谊大厦、华东电管局大楼、虹桥酒店、扬子江酒店、贸海宾馆、公安消防大楼、新锦江饭店、希尔顿宾馆和上海商城等十几座高层建筑,均采用桩筏或桩箱基础,桩的入土深度为 45~70m。设计时,按上海地基基础规范计算得到的最终沉降值为 20~40cm,事实上,当结构封顶或竣工时的实测沉降,最大沉降值是上海宾馆竣工时的沉降,仅为 8.37cm,而希尔顿宾馆只有 5.0cm,其余的均约 3.0cm。由此可见,上海地区 25 层以上的高层建筑,实测沉降值比按上海地基基础规范计算的沉降值要少一半以上。带裙房高层建筑与地基基础共同作用理论可以比较准确地分析工程实践问题,再借助现场观测、现场模拟及以往经验,从而可以获得较可靠的沉降值。

应予强调指出:带裙房高层建筑桩筏(箱)基础设计的关键是选择合适的沉降计算方法和确定合理的差异沉降值。但是,影响桩基沉降的因素比较多,任何一种计算方法都难以概括各种影响因素,必须运用多种合理和有效的计算方法,从不同角度进行计算,探讨各种可能的沉降值,经过分析并结合经验,从而综合考虑确定的沉降值,才是最为合理的数值。

下面列举的是经过多年来上海工程实践检验的一些比较合理、实用的计算桩基沉降的方法，以供参考。

1）预估建筑物竣工时的桩基沉降S_c的半理论半经验公式。

2）桩基最终沉降量计算的简易理论法。

3）明德林（Mindlin）应力面积法计算桩基沉降。

4）带裙房高层建筑与地基基础共同作用理论计算桩基沉降。

5）桩基变基床系数迭代法。

第1）种和第2）种沉降计算方法已在第八章中做了介绍；第3）种沉降计算方法类似于规范中浅基础求地基沉降的附加应力面积法，只不过前者根据明德林公式，而后者根据布西奈斯克公式而已；第4）种沉降计算可按照本章第三节进行共同作用分析时得到；第5）种沉降计算方法将在第十章中做介绍。

这样，根据上述桩基沉降计算方法，可以比较准确地综合预测分析并加以确定主楼和裙房的沉降值和差异沉降。除了采用上述桩基沉降计算方法外，还可以利用下面的经验法和统计法来预估和控制在施工过程中和竣工时桩基的沉降速率和沉降。

经验法：在施工过程中可随时利用在工程实践中积累的经验，即每施工一层，其荷载将产生$0.5 \sim 1.0$mm的沉降量，这些数据可作为检查工程进程正常与否的一个参考依据。

统计法：根据上海高层建筑的沉降实测数据进行统计，得出在竣工时的沉降值为

$$Z > 50 \sim 60\text{m}, \quad S_c = 0.0012B_e$$

$$Z = 30 \sim 50\text{m}, \quad S_c = 0.0035B_e - 3\text{cm}$$

$$Z = 20 \sim 30\text{m}, \quad S_c = 0.0044B_e$$

式中　Z——桩的入土深度（m）；

B_e——基础的等效宽度，等于基础面积的平方根（cm）。

尽管经验法和统计法是在20世纪80年代提出，但至今仍有现实意义。例如，采用这两种方法估算的上海浦东高达420.5m、88层的金茂大厦沉降值，与施工过程中和竣工时的实测结果相当符合。在表9-5中，实例2和实例3采用统计法的预估结果与实测结果比较接近。

对采用桩基的高层建筑，最令人担忧的问题往往不是沉降量（当然，不能过大，影响邻近建筑物和设施等），而是裙房与主楼之间的差异沉降和整体倾斜，并且随着时间而发展，在施工过程中应引起重视。在竣工时，整体倾斜宜控制在1.5‰以内，同时应注意沉降速率的变化。

下面列举三幢有实测资料的高层建筑，三幢高层建筑分别采用三种不同桩长，现采用多种方法进行计算，结果的比较见表9-5。

实例1：20层高层建筑，建筑物总荷载为$P = 182600$kN，采用桩箱基础，埋深为2.0m，基础平面尺寸为28.2m×26.9m，桩为0.45m×0.45m的钢筋混凝土方桩，桩长为7.9m，入土深度为9.9m，桩共270根，地下水位在地面下1.0m。

实例2：25层高层建筑，建筑物总荷载为$P = 358200$kN，采用桩箱基础，埋深为4.2m，基础平面尺寸为31.2m×29.4m，桩为0.5m×0.5m钢筋混凝土方桩，桩长34m，入土深度为38.3m，桩共184根，地下水位在地面以下0.7m。

实例3：26层高层建筑，建筑物总荷载为$P = 520000$kN，采用桩箱基础，埋深为7.6m，

基础面积约为 1320m²，桩为钢管桩，直径为 609mm，桩长为 53m，入土深度为 60.6m，桩共 200 根，地下水位在地面以下 1.0m。

表 9-5　几种实用而有效的桩基沉降计算方法对比　　　　　　　（单位：cm）

工程实例	入土深度/m	统计法	半理论半经验法	简易理论法	应力面积法	实测沉降
实例 1	9.9	—	—	37.03	28.49	26.61
实例 2	38.3	7.60	7.20	11.42	6.02	8.20
实例 3	60.6	4.35	5.32	7.65	9.20	3.78

注：统计法预估竣工时沉降，半理论半经验法预估竣工时沉降，简易理论法预估最终沉降，明德林应力面积法预估最终沉降，实测沉降为竣工时沉降。

综上所述，运用桩基沉降的综合分析方法能够合理地确定沉降值，该方法是一种有效的方法，值得推广应用。

对于一般情况下的单幢建筑物，可以采用半理论半经验计算公式、简易理论法和明德林应力面积法，如果可能，加上工程经验，即能综合确定合理的桩基沉降值。

对于带裙房高层建筑，此时，最好同时采用上述 5 种沉降计算方法，加上工程经验，即能综合确定桩基沉降值和差异沉降值。

在施工过程中，采用经验法、统计法及半理论半经验法预估沉降速率和竣工时的沉降量，并重视整体倾斜问题，及时检查设计和施工的质量，有助于避免事故的发生。

总之，有了上述的预估桩基沉降方法，可以贯穿于从设计到施工的全过程应用，以保证工程的安全施工和使用。

（三）优化选择主楼和裙房的桩筏（箱）基础

有了比较准确的计算主楼和裙房沉降和差异沉降的方法后，选择和优化主楼和裙房两者的基础问题是极其重要的，两者必须相互配合，才能得到一个合理、经济的基础设计。

对于适应减少主楼和裙房的差异沉降的基础，有下列几种基础方案。现结合工程实例加以阐述。

1. 主楼和裙房采用不用后浇缝的整体基础

这类基础在本章第二节中已经阐明，以有实测资料的上海兰生大酒店为例说明基础的受力性状。

上海兰生大酒店，主楼与裙房采用桩筏基础，适当减少裙房下的桩数，同时使底板减薄，使裙房沉降大一些，减少主楼和裙房的差异沉降，实践证明已得到满意的结果。该大楼主楼为 26 层钢筋混凝土框筒结构，高 94.5m，地下两层，埋深 7.6m，主楼采用 2.3m 厚的筏形基础再加 200 根 φ609.6mm×12mm、桩长 53m 的钢管桩，钢管桩入土深度为 60.6m，而两旁两层地下室采用 1m 厚的筏形基础加 30 根同样尺寸、同样入土深度的钢管桩。筏厚2.3m 处的桩基础，每根桩承担 6.25m² 的上部荷载。筏厚 1m 处的桩基础，每根桩承担 25m²的上部荷载。下面从其纵向弯曲和筏内钢筋应力来说明其合理性。

（1）纵向弯曲。该大楼在结构竣工时，基础纵向弯曲 θ_r 为 0.21‰，两年后，θ_r 为 0.35‰。尽管主楼外地下室的筏板厚度由 2.3m 减至 1m，由于采用桩筏基础，其纵向弯曲值与埋深 5m 左右的深埋箱形基础差不多，可以说明桩的存在能增加筏形基础的刚度，使筏形基础接近绝对刚性。

（2）筏内钢筋应力。为了解桩筏基础的受力状态和厚度变化处的钢筋应力情况，在筏形基础内上下两层两个剖面共埋设 24 只钢筋应力计（图 9-23）。在主楼等厚的筏形基础中，钢筋应力均很小，最大钢筋拉应力在筏板中间，其值为 21.5MPa，并向筏板边缘逐渐减小。在不等厚的筏形基础中，筏厚变化处出现最大拉应力仅为 13.6MPa，最大拉应力远小于设计允许应力 433MPa，也小于受拉区混凝土即将出现裂缝时钢筋所承受的拉应力 28MPa。

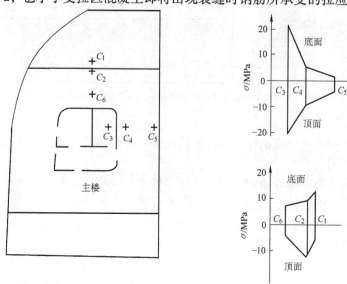

图 9-23　钢筋应力计布置及片筏顶、底面钢筋应力值

由此可见，高层建筑主楼筏形基础厚度厚些、桩密些，而两层地下室部分的筏形基础厚度薄些、桩疏些的整体筏形基础设计是可行的。

2. 主楼和裙房采用后浇缝的整体基础

在现有的带裙房高层建筑中，有许多是采用后浇缝把主楼和裙房连成整体的。这类基础基本上可归纳为两种：

（1）主楼和群房采用等长的桩，而桩径和桩距不同，主楼用厚筏，而裙房用薄板。

上海国际贵都大饭店就是一个典型的建造于软土地基上的裙房面积很大、伸出主楼很长而主楼和裙房之间不设缝的例子。主楼 28 层，高 94.6m；裙房 4 层，高 18m；地下 1 层；框筒结构；一层结构平面图、结构剖面图如图 9-24、图 9-25 所示。地基土层物理力学性质综合指标见表 9-6。

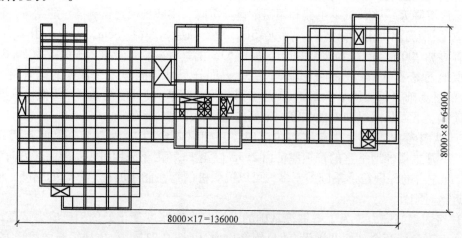

图 9-24　一层结构平面

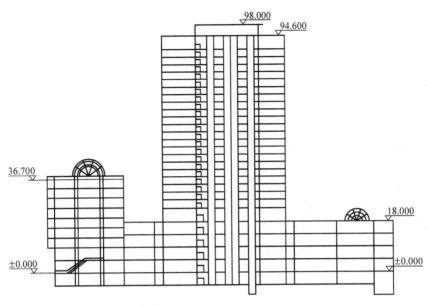

图 9-25 结构剖面

表 9-6 地基土层物理力学性质综合指标

土层编号	土层名称	层底标高/m	含水率 $w(\%)$	重度 γ/ (kN/m^3)	压缩模量 $E_{s1\sim2}$/ kPa	内摩擦角 φ	黏聚力 c/kPa	静探比贯入阻力 p_s /kPa	标准贯入 $N_{63.5}$ /击
①	褐黄色粉质黏土	-1.09	39.0	18.1	5010	12°15′	19	750	2
②	灰色淤泥质黏土	-6.29	44.5	17.5	2460			400	1
③	灰色淤泥质黏土	-12.29	50.0	17.0	1880	7°15′	10	450	<1
④	灰色黏土	-19.79	39.7	17.9	3000	10°00′	12	900	3
⑤	灰色粉质黏土	-35.99	33.8	18.0	4580	20°30′	11	1600	7
⑥	暗绿色粉质黏土	-37.79	20.2	20.3	8810	18°00′	38	3300	19
⑦	灰绿粉砂	-40.79	21.9	19.9	14740	28°00′	2	13400	37
⑧	灰绿细砂	-47.49	27.5	19.1	13560	24°30′	10		48
⑨	灰色粉质黏土	-63.79	33.4	18.8	5980		14		15

从表 9-6 可见，第⑧层为灰绿细砂，层位相对稳定，静力触探比贯入阻力的平均值 p_s = 16MPa，作为桩基的持力层，桩型采用钢管桩，主楼为 $\phi609.6mm\times12mm$，裙房为 $\phi508mm\times12mm$，桩长 39m。基础除主楼为 3m 厚的筏形基础外，其余均为承台，承台上面为 400mm 厚的地下室底板，在柱网轴线上设置 400mm×800mm 的地梁。在主楼和裙房的连接部位，主楼预留钢筋伸出筏形基础或柱的侧面，在最后浇筑裙房的构件时连成整体，在地下室底板与筏形基础连接处，预留 1m 宽的后浇缝。

主楼和裙房的计算沉降值分别为 160mm 和 20mm，相对倾斜 0.0023。该工程于 1988 年下半年开始打桩，1989 年主楼结构封顶，1990 年建成。1989 年 2 月开始第一次测量，至 1990 年 1 月 14 日测得最大沉降值为 36.7mm，至 1991 年 1 月 25 日测得同一点的沉降为 61.91mm，主楼结构封顶后一年中，共沉降 25.21mm，全年日平均沉降量约 0.067mm。至

1992年1月10日，测得沉降值为65.8mm，日平均沉降量约0.011mm。主楼结构封顶后两年，沉降已经基本稳定。

（2）主楼和裙房采用不等长的桩，桩径相同而桩距不同，主楼用厚筏，而裙房用薄板。

例如，上海中山广场，主楼38层，高度超过100m，筏厚2.85m，桩长达90m，而用作地下车库的裙房，筏厚只有70cm，其下为30m长的桩，两者连接部位如图9-26所示。又如，西安皇后大酒店，为了减少裙房和主楼的差异沉降，主楼采用的桩长为26m，裙房桩长短些的整体基础方案，平面及剖面布置如图9-27所示。图9-28表示主楼和裙房的沉降-时间曲线，从沉降曲线上可以看出，主楼和裙房的沉降曲线接近平行。由此可见，采用整体基础时，裙房的桩短些是改善差异沉降的一种行之有效的方法。

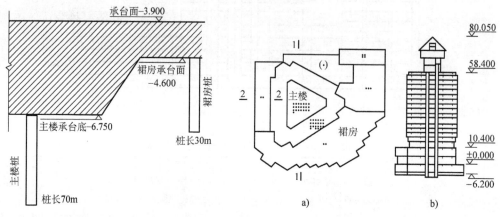

图9-26 主楼与裙房的基础连接形式　　　图9-27 西安皇后大酒店的平面和剖面
a）平面　b）1—1剖面

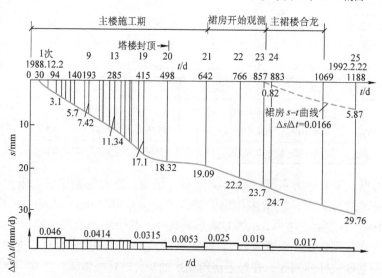

图9-28 主楼、裙房沉降-时间曲线和平均沉降速率

但是，主楼和裙房采用后浇缝的整体基础存在一些问题是：后浇缝带来不少麻烦，一般要等到主楼结构封顶后才浇筑裙房，影响施工工期；同时，清理后浇缝困难，影响后浇缝的质量。所以，进一步要解决的问题就是如何缩短后浇缝的浇筑时间及优化浇筑时间。根据理

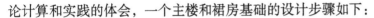

论计算和实践的体会，一个主楼和裙房基础的设计步骤如下：

1）合理地选择地基土指标。

2）根据共同作用程序，对初步拟选的基础方案进行计算，比较设缝或不设缝的利弊。

3）采用系列的桩基沉降计算方法，分别计算主楼和裙房的沉降，综合确定差异沉降值。

4）采用优化设计理论，选择合理的主楼和裙房的桩长、桩径、筏（箱）厚度或基础形式。

5）重复上述步骤，直至得到满意的桩筏（箱）基础。

6）根据现场沉降观测资料，进行计算分析，确定后浇缝的优化浇筑时间。

这样，设计人员有理论指导，有规可循，可根据自己的具体情况对带裙房高层建筑的地基基础进行优化计。

三、主楼和裙房之间不设缝的一般措施

当主楼和裙房之间不设缝时，主要是要减小差异沉降，可从如下几个方面综合考虑：

（1）首先，应用带裙房高层建筑与地基基础共同作用理论，把主楼和裙房按设缝进行计算，预估基础的平均沉降、差异沉降。然后，把主楼和裙房按不设缝进行计算，预估基础的整体挠曲及相应的基础内力。

如果沉降差、相对倾斜和整体挠曲在允许范围内（差异沉降一般在30mm以内），控制好差异沉降，整体倾斜也能相应得到控制，一般为1.5‰～3.0‰。整体挠曲一般在0.33‰以内，主楼和裙房就可采取整体基础形式而不设缝，同时进行建造。如果沉降差和相对倾斜较大，再调整主楼和裙房的基础形式，改变桩长、桩间距和桩的布置形式，重新进行计算，直到满足要求为止。如果预估差异沉降、相对倾斜较大，又无有效的措施进行调整，或者要花费很大的代价，可采用后浇缝措施而不设缝。此时，解决的问题就是如何缩短后浇缝的浇筑时间及优化浇筑时间。

（2）建筑平面布置简单。当体形复杂时，可采取加强结构整体性的措施。

（3）采用轻型材料，减轻主楼的自重。

（4）设法把基础埋在不同的土层。主楼持力层选在低压缩性土层，而裙房持力层选在中压缩性土层。

（5）裙房面积较小时，主楼和裙房可采用整体基础，或把裙房悬挑在主楼基础之上。

（6）采用桩基，有条件时，桩支承在基岩上，或采取减少沉降的有效措施。

（7）采取不同的基础形式。主楼采取桩筏、桩箱或箱形基础底板悬挑，扩大基底面积，降低附加压力，减少主楼沉降，并可减小主楼基底压力扩散对裙房的影响。由于裙房层数较少，采取沉降量较大的独立基础方案。前者荷载大，尽量减小其沉降，后者荷载小，尽量增加其沉降量，使两者差异沉降减小。

（8）主楼与裙房不设缝时，基础及上部结构的连接措施。由于地基土变形的连续性，决定了交界点两端的变形一致，一般可根据土质、荷载、结构形式而选择刚性连接或柔性连接。基础变形小时可用刚性连接，保证建筑物的整体性，如图9-29所示。当主楼和裙房之间差异沉降较大时，交界处基础和上部结构宜采用铰接或半刚接，减小差异沉降引起的内力，如图9-30所示。事实上，当主楼和裙房之间不设缝时，主楼和裙房在交界处的变形是

连续的,采用刚性连接,在一定程度上不会形成很大的附加内力和造成不安全。上海金茂大厦的主楼和裙房基础的连接形式就是一个成功的案例。

（9）采取后浇缝措施。

1）对三个施工阶段进行差异沉降计算:在施工阶段,主楼和裙房用后浇缝分开时;在后浇缝浇筑混凝土,把主楼和裙房连成整体时;建筑物竣工后的长期效应。各阶段的荷载取值及地基土的压缩模量取值应根据工程性质确定。

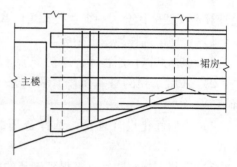

图 9-29　主楼箱形基础与裙房独立基础之间的刚性连接

2）在一般情况下,主楼主体完成后,其沉降量已完成最终沉降量的大部分,约为60%~80%,此时建造裙房,主楼与裙房的差异沉降就小得多。因此,当设置后浇缝（带）时,主楼应首先施工,待主楼主体基本完成后,再施工裙房。根据1）计算得到主楼和裙房基础之间的预留沉降缝,并根据现场测量沉降的结果,经过分析,决定后浇缝的浇筑时间。后浇缝应采用硫酸盐水泥等早强快硬水泥配制的无收缩混凝土进行浇筑,将主楼和裙房结构连接起来,使主楼和裙房后期沉降基本接近。

3）后浇缝（带）的位置和构造。后浇缝一般应预留在裙房一侧,宽度取700~1000mm。后浇缝的梁、板、墙的钢筋,当直径小于或等于 20mm 时可以连通不断;当直径大于 22mm 时宜先断开,钢筋搭接长度至少为 $45d$（d 为直径）,待后浇缝浇筑混凝土前进行焊接。同时,在高、低层主体基本完成后,混凝土未补齐之前,后浇带的钢筋应不影响两侧结构的独立沉降变形。后浇缝的构造如图 9-31 所示。

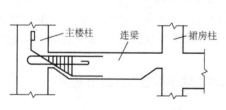

图 9-30　主楼和裙房结构的柔性连接

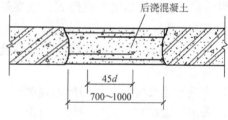

图 9-31　后浇缝的构造

思 考 题

1. 简述带裙房高层建筑沉降缝的设置原则。
2. 处理高层建筑主楼和裙房之间差异沉降的主要办法有哪些?
3. 简述软土地区主楼和裙房之间不设缝的可能性。
4. 实现主楼和裙房之间不设缝的主要技术措施有哪些?

带裙房高层建筑与地基基础的共同作用分析实例

第十章

高层建筑基础的变刚度调平设计

【内容提要】　首先介绍了基础变刚度调平设计的概念及其工程意义，然后介绍了基础变刚度调平设计的三类常用方法：桩基变刚度调平、局部加强变刚度调平、主楼和裙房连接变刚度调平，重点介绍了桩基变刚度调平设计的计算方法及其实际工程应用。

■ 第一节　概　　述

基础变刚度调平设计是指通过调整地基、承台和基桩的刚度分布，使反力与荷载分布相协调，使基础沉降趋向均匀，从而使基础所受整体弯矩、冲切力和剪力减至较小状态的设计方法，其本质就是上部结构与地基基础共同作用理论的具体应用，也是共同作用理论与目前结构设计中的等强度设计原理相结合的设计思路。

对于高层建筑，尤其是主楼、裙房联体结构的桩筏基础，传统设计重视承载力和沉降要求，忽略上部结构、承台、桩、土的相互作用和共同工作特性，主要按上部结构荷载布桩，采用等桩长，甚至以角桩、边桩应力集中为理由对角桩、边桩进行加强，结果导致：基础沉降呈锅形分布，反力呈马鞍形分布，主楼、裙楼的差异变形显著，弯曲率加大，基础弯矩增加，基础底板的厚度和配筋均很大。若加大底板厚度，角桩、边桩应力集中现象则更为显著，基础底板受力将更不合理。基础差异变形造成上部结构产生次应力，这种次应力目前还无法准确计算，从而可能引起上部结构裂缝并影响结构物的耐久性。针对这种情况，提出基础变刚度调平设计理念，其本质就是要改变传统的完全按照荷载进行均匀布桩的思路，按照荷载分布结合差异变形大小的相对关系确定桩长、桩径及桩分布（图10-1），目的是要降低承台内力，减薄基础底板，减少上部结构次生内力，以节约工程造价，提高建筑物的整体工作安全性及耐久性。

从现有的高层建筑设计情况来看，基础设计保守的情况还是较多的，有的设计人员经验不够，结构概念不够清晰，设计时因循守旧陷入条条框框之中。例如，有的根据一些参考资料，认为筏板的厚度宜按建筑物层数每层 50~100mm 取，底板的厚度随着建筑物的高度和重量的增加成比例增加，而与上部结构的形式、差异变形、基础形式相关不大，因而对于二十多层的大楼，基础底板设计厚度常常采用 1.8m，甚至达到 2.5m 左右，浪费大量物资。事实上，虽然底板厚度是由板的抗冲切、抗剪、抗弯曲能力及经济配筋率决定的，但是其抗

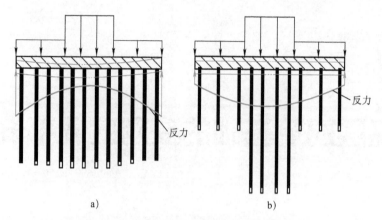

图 10-1 均匀布桩与变刚度布桩的变形与反力

a) 均匀布桩 b) 变刚度布桩

弯曲能力、经济配筋率又与差异变形及差异变形曲率(受弯曲率)密切有关。利用基础变刚度设计原理进行优化设计,对差异变形进行调平后,基础底板能够减薄 1/3 以上,用钢量甚至减少 2/3 以上。由此可见,采用基础变刚度调平法设计具有显著的技术和经济意义。

广义的基础变刚度调平包括桩及承台(筏或箱)的调平,而高层建筑主要采用桩基础,因此,对于高层建筑,基础变刚度调平的重点在于桩基的调平。

■ 第二节 基础变刚度调平设计方法分类

基础变刚度调平设计方法可分为三类:桩基变刚度调平、局部加强变刚度调平、主楼和裙房连接变刚度调平。

1. 桩基变刚度调平

以控制差异沉降为目标的桩基础变刚度调平,根据结构与荷载分布、场地地质特点,进行变刚度调平布桩。对于荷载显著不均匀的框架-核心筒、框架-剪力墙结构,可采用变桩距、变桩径、变桩长布桩。对于荷载密度高的内部群桩区,考虑相互作用而适当强化,对于外围区适当弱化。

对高层建筑的桩基,一般而言,桩基刚度的调平可有以下方法:

(1)根据荷载密度的差异变桩长。显然,一般情况下,长桩具有较好的刚度,在荷载大的地方一般会发生较大沉降,因此采用刚度较大的长桩;而在荷载小的地方沉降也较小,采用刚度较小的短桩,达到基础刚度调平的目的,如图 10-2a 所示。

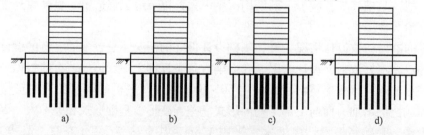

图 10-2 桩基变刚度调平

（2）根据基础沉降的差异改变桩的分布。在沉降大的地方增加桩数，通过减小桩顶荷载以减少沉降，或在沉降小的地方减少桩数，通过增加桩顶荷载以增大沉降，达到基础刚度调平目的，如图 10-2b 所示。

（3）改变桩的直径。大直径桩具有更大的刚度，在沉降大的地方，采用更大直径具有较大刚度的桩以减少沉降，在沉降小的地方，采用较小直径的桩适当增大变形，达到基础刚度调平目的，如图 10-2c 所示。

（4）以上三种方法联合应用，可以派生出第四种方法：变桩长变分布；变桩长变桩径；变分布变桩径；桩长、桩径、分布同时变化。其目的仍然是达到基础刚度调平，如图 10-2d 所示。

理论计算及实测资料表明，上述调平方式对桩基刚度的影响分别为：

1）对桩基刚度影响最为显著的是桩长，在一般情况下，桩长的增加会明显提高桩的刚度。

2）增大桩径对于提高单桩刚度效果次之，且其提高单桩承载力的效应要大于单桩刚度的提升，所以增大桩径一般多用于提高单桩承载力，在采用空心管桩时，有时也采用变桩径用于提高桩刚度，但对于实心桩(方桩或灌注桩)，改变桩径造价提高较多，较少用于变刚度设计。

3）加大布桩密度对于桩刚度的提高有限，且会增加桩基造价，仅在避免增加桩型的情况下进行局部调平，一般不提倡作为主要调平手段大量应用，仅仅作为辅助手段。

此外，可以组合多种刚度调平方法，例如，在超高层建筑的主楼中，可根据核心筒部位和其他部位荷载的不同，灵活采用不同的桩长、桩径及布桩方法等。如在 632m 高的上海中心基础工程中，就采用了 86m 及 82m 两种桩长的钻孔灌注桩及不同的布桩方式，来调节核心筒与巨型框架柱下的桩基刚度，取得了一定的经济效益。

2. 局部加强变刚度调平

对荷载密度高的区域，例框架-核心筒结构高层建筑，可在核心筒下区域实施局部增强处理(图 10-3)，或在高层建筑核心筒下部基础底板进行局部加厚加强，使基础变形(包括隆起和沉降)趋向均匀，将较大基础内力局限在筒体下的局部，在整体上降低基础内力和材料用量。

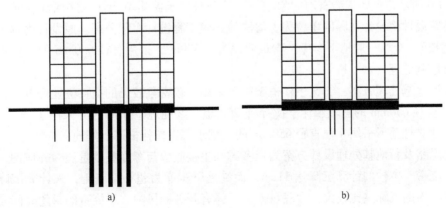

a)　　　　　　　　　　b)

图 10-3　局部加强变刚度调平

3. 主楼和裙房连接变刚度调平

主楼和裙楼连接不分开，不设缝，此时，一方面可增强主体，采用较长、密度较大的桩基；另一方面可弱化裙房，采用短桩、复合地基，甚至天然地基等的原则进行设计（图10-4）。

在工程应用中，选择哪种基础形式进行变刚度调平，取决于工程的具体情况，方案比较，特别是技术人员的认识水平。

在《建筑桩基设计技术规范》（JGJ 94—2008）变刚度调平列入相应条文后，通过作者近年来咨询设计的多个项目，结合同行经验提出了两种新思路的变刚度调平设计，限于篇幅，现简述如下：

（1）长短间插桩基变刚度调平（图10-5）。在桩基高层或超高层建筑中，当浅层有较好持力层，但是因为持力层埋深浅，沉降很难控制时，在该类桩基设计中采用长桩（往往是桩端后注浆灌注桩）控制变形，短桩（往往是预制桩）提供承载力的设计模式，前者的主要功能是控制变形、后者的功能是提供承载力。

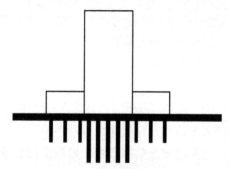

图 10-4　主楼和裙房连接变刚度调平

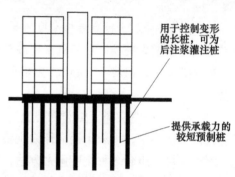

用于控制变形的长桩，可为后注浆灌注桩

提供承载力的较短预制桩

图 10-5　长短间插变刚度调平

设计时应注意，长桩控制沉降的同时由于长桩刚度较大，很可能会超载，此时应验算可能的超载与桩身材料强度、桩极限承载力标准值三者的关系，尽可能提高长桩的材料强度，避免长桩的材料强度破坏。

（2）复合地基竖向变刚度调平。复合地基（如水泥土搅拌桩）在竖向通过不同置换率，也可改变地基竖向刚度分布，形成上大下小，以适应地基应力竖向分布特点，提高竖向加强体的效率。

图10-6所示是温州中梁首府印象项目。该项目位于温州市望江东路丽江花园南侧，由温州市建筑设计院设计，顾问单位为上海联境建筑工程设计有限公司。原设计为两个7层主楼（住宅楼），全场一层地下车库，建筑面积为13300m²，采用直径650mm的三轴水泥土搅拌桩进行地基处理，水泥掺量为20%。

原设计地基处理方案：①在主楼框架柱下采用了较密且较长的搅拌桩处理方式，一共采用长18m直径650mm的三轴水泥土搅拌桩203根；②纯地下车库部分采用了独立柱基+防水板，在独立柱基下采用4根直径650mm的三轴水泥土搅拌桩进行处理。

优化思路及新地基处理设计方案为：考虑到主楼底板与车库底板是连为一体的，虽设置了沉降后浇带，主楼的计算沉降达11cm，而纯地下车库为超补偿基础，未计算沉降，主楼与纯地下车库的沉降差比较大，大底盘连为一体有开裂的风险，后浇带的封闭时间较早，在软黏土地区由于固结排水时间长不可能消除沉降差。为了减小两部分的沉降差，只有加强主

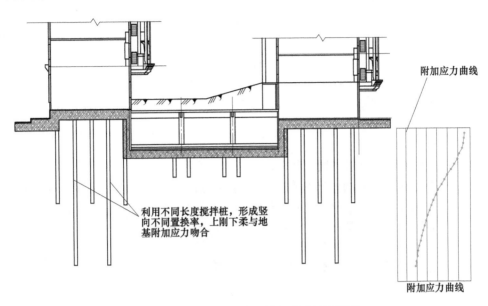

图 10-6　复合地基竖向刚度调节变刚度调平

楼地基刚度，弱化纯地下车库部分的地基刚度。因此优化为：①主楼由地基处理改为 46 根长 27.7m、直径 650mm 的三轴水泥土搅拌桩长桩，另外加上 92 根长 11.5m、直径 650mm 的三轴水泥土搅拌桩短桩；②纯地下车库弱化刚度，单柱下仅仅采用 2 根同直径水泥土搅拌桩，桩长仅仅设置为 4m，主要目的是减少扰动及回弹再压缩变形。

按新方案实施后，搅拌桩的置换率及模量（地基刚度）上下变化贴近地基中附加应力变化，减小了地基变形，不但消除了不均匀沉降的工程隐患，还节约工程造价 232 万元。

由此可见，变刚度调平设计思路仍然在不断发展，上述两种新方式均可节约大量桩基、地基加固的成本，取得较大经济效益。

■ 第三节　基础变刚度调平设计的计算方法

基础刚度调平法的计算包括：选择合适的地基模型、基础底板计算、上部结构刚度计算和变刚度桩的共同作用整体计算。

一、地基模型——桩-土体系模型

合理地选择地基模型是弹性地基上基础计算的一个重要问题。常用的地基模型有文克勒（Winkler）模型、弹性半空间地基模型、分层地基模型、双参数地基模型、层状各向同性体地基模型和非线性弹性地基模型等，部分地基模型已在第四章中做了阐述，本节主要介绍在高层建筑基础变刚度调平设计中有着潜在良好应用前景的两种弹性地基模型的计算方法：桩土体系的影响系数法和桩土体系的明德林-哥特斯（Mindlin-Geddes）方法。

（一）单桩刚度的计算

单桩刚度是桩顶发生单位变位所提供的反力，这里指的单桩刚度包括竖向刚度与弯曲刚度，可参见 JGJ 94—2008《建筑桩基技术规范》附录 C 中的计算方法。

$$k = \cfrac{1}{\cfrac{\xi_N h}{EA} + \cfrac{1}{C_0 A_0}}$$ （10-1）

式中 ξ_N——桩身轴向压力传递系数;

h——桩的入土深度;

E——桩身弹性模量;

A——桩身截面面积;

C_0——桩底面地基土竖向抗力系数;

A_0——单桩桩底压力的分布面积,对于端承桩,A_0 为单桩的底面积,对于摩擦桩,A_0 为自地面以 $\varphi/4$ 角度(φ 为土的内摩擦角)扩散至桩底平面处的面积,若此面积大于以相邻桩底面中心距为直径所得的面积,则 A_0 采用以相邻桩底面中心距为直径所得的面积。

单桩刚度也可根据静载试验 $Q\text{-}s$ 曲线按下式计算

$$k = \xi \frac{Q_a}{s_a}$$ （10-2）

式中 Q_a、s_a——单桩使用荷载和相应的沉降;

ξ——试桩沉降完成系数,持力层为砂土时 $\xi = 0.8$,为黏性土和粉土时 $\xi = 0.6 \sim 0.7$,为饱和软土时 $\xi = 0.4 \sim 0.5$,这是考虑长期沉降大于试桩短期沉降对桩刚度软化作用的修正,此外尚应考虑群桩效应对桩刚度的软化。

（二）群桩中的单桩刚度——桩-桩影响系数法

为了得到群桩中的单桩刚度,可从沉降分析求得桩-桩相互影响系数 α_{ij},如图 10-5 所示。

基于两根桩竖向位移相互影响的分析,一般采用明德林解,并将叠加原理扩展至群桩的沉降计算,可用相互影响系数描述两桩沉降的相互影响,如图 10-7 所示。

把 i 桩和 j 桩之间沉降相互影响系数定义为

$$\alpha_{ij} = \frac{\delta_{ij}}{\delta_{ii}}$$ （10-3）

式中 δ_{ij}——j 桩上单位荷载对 i 桩引起的沉降;

δ_{ii}——i 桩上单位荷载对自身 i 桩引起的沉降。

由式（10-3）知,$\alpha_{ij} = \alpha_{ji}$,$\alpha_{ii} = 1$。

由 n 根桩组成的群桩,其中 i 桩的沉降 s_i 为

$$s_i = \delta_{ii} \sum_{j=1}^{n} \alpha_{ij} Q_j$$ （10-4）

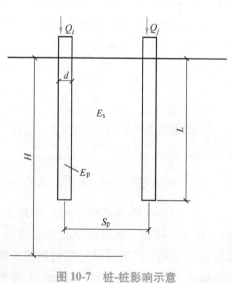

图 10-7 桩-桩影响示意

式中 δ_{ii}——单桩在单位荷载下的沉降,又称为桩的柔度系数,$\delta_{ii} = \dfrac{1}{k_{ii}}$,可查表 10-1 和表 10-2;

Q_j——作用于 j 桩上的荷载。

表 10-1　均匀深厚土层内两桩相互影响系数 α_{ij}

L/d	10			20			100		
S_p/d	k								
	10	500	∞	10	500	∞	10	500	∞
2.0	0.30	0.52	0.55	0.38	0.53	0.63	0.56	0.45	0.75
4.0	0.20	0.39	0.42	0.22	0.41	0.48	0.33	0.38	0.62
5.0	0.16	0.33	0.40	0.18	0.33	0.42	0.32	0.34	0.36
10.0	0.08	0.20	0.21	0.10	0.25	0.30	0.18	0.27	0.46
20.0	0.02	0.04	0.04	0.05	0.17	0.19	0.08	0.18	0.38

表 10-2　有限厚度土层内两桩相互影响系数 α_{ij}

S_p/d	H/L				
	1.2	1.5	3.5	5.0	∞
2.0	0.36	0.50	0.60	0.61	0.64
4.0	0.19	0.32	0.42	0.43	0.52
5.0	0.16	0.24	0.38	0.40	0.43
10.0	0.08	0.12	0.22	0.24	0.32
20.0	0.02	0.04	0.10	0.12	0.20

根据桩-桩影响系数法得到的单桩沉降计算结果偏大，或者说单桩刚度偏柔，原因在于该法是基于弹性理论得出的，而实际桩与桩之间的影响范围是有限的。美国石油学会建议，在桩距小于 $8d$ 时，群桩效应必须考虑，大于 $8d$ 时群桩效应不明显；上海试桩表明，群桩效应范围约为 $6d$；对于伦敦土，群桩效应范围约为 $12d$。为了更好反映实际情况，可以限定桩的有效影响范围在 $12d$ 以内，具体桩的有效影响范围可根据地基土的特性而定。

（三）群桩中的单桩刚度——明德林-哥特斯（Mindlin-Geddes）方法

哥特斯（Geddes）根据半无限弹性体内作用一集中力的明德林（Mindlin）课题，将作用于桩端土上的压应力简化为一集中荷载；将通过桩侧摩阻力作用于桩周土的剪应力简化为沿桩轴线的线性荷载，并假定桩侧摩阻力沿深度呈矩形分布或正三角形分布，并分别给出了各自的土中竖向应力表达式，从而把作用在桩顶上力 Q 分解为 αQ、βQ 和 $(1-\alpha-\beta)Q$ 三部分，如图 10-6 所示。单桩空间尺寸如图 10-8 所示。

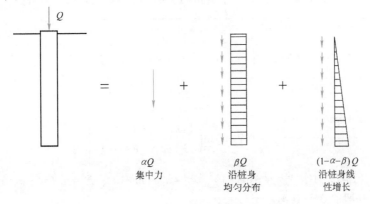

图 10-8　单桩工作状态下桩顶力的分解

明德林-哥特斯的三部分土中竖向应力表达式分别为：

（1）桩端集中力对地基土的应力

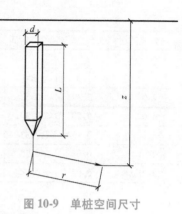

图 10-9　单桩空间尺寸

$$\sigma_z = \frac{\alpha Q}{8\pi(1-\nu)}\left[\frac{-(1-2\nu)(m-1)}{A^3}+\frac{(1-2\nu)(m-1)}{B^3}-\frac{3(m-1)^3}{A^5}-\frac{3(3-4\nu)m(m+1)-3(m+1)(5m-1)}{B^5}-\frac{30m(m+1)^3}{B^7}\right] \quad (10\text{-}5)$$

（2）桩侧摩阻力为矩形均布时对地基土的应力

$$\sigma_z = \frac{\beta Q}{8\pi(1-\nu)}\left\{\frac{-2(2-\nu)}{A}+\frac{2(2-\nu)+2(1-2\nu)\left(\frac{m^2}{n^2}+\frac{m}{n}\right)}{B}-\frac{(1-2\nu)2\left(\frac{m}{n}\right)^2}{F}+\frac{n^2}{A^3}+\frac{4m^2-4(1+\nu)\left(\frac{m}{n}\right)^2m^2}{F^3}+\frac{4m(1+\nu)(m+1)\left(\frac{m}{n}+\frac{1}{n}\right)^2-(4m^2+n^2)}{B^3}+\frac{6m^2\left(\frac{m^4-n^4}{n^2}\right)}{F^5}+\frac{6m\left[mn^2-\frac{(m+1)^5}{n^2}\right]}{B^5}\right\} \quad (10\text{-}6)$$

（3）桩侧摩阻力为线性均匀增长时对地基土的应力

$$\sigma_z = \frac{(1-\alpha-\beta)Q}{4\pi(1-\nu)}\left[\frac{-2(2-\nu)}{A}+\frac{2(2-\nu)(4m+1)-2(1-2\nu)(1+m)\frac{m^2}{n^2}}{B}+\frac{\frac{2(2-2\nu)m^3}{n^2}-8(2-\nu)m}{F}+\frac{mn^2+(m-1)^3}{A^3}+\right.$$

$$\frac{4\mu n^2 m+4m^3-15n^2m-2(5+2\nu)\left(\frac{m}{n}\right)^2(m+1)^3+(m+1)^3}{B^3}+$$

$$\frac{2(7-2\nu)mn^2-6m^3+2(5+2\nu)\left(\frac{m}{n}\right)^2m^3}{F^3}+\frac{6mn^2(n^2-m^2)+12\left(\frac{m}{n}\right)^2(m+1)^5}{B^5}-$$

$$\left.\frac{12\left(\frac{m}{n}\right)^2m^5+6mn^2(n^2-m^2)}{F^5}-2(2-\nu)\ln\left(\frac{A+m-1}{F+m}\times\frac{B+m+1}{F+m}\right)\right] \quad (10\text{-}7)$$

式（10-5）～式（10-7）中，$A^2=n^2+(m-1)^2$；$B^2=n^2+(m+1)^2$；$F^2=n^2+m^2$；$n=r/L$，$m=z/L$，ν 为土体泊松比，一般取 0.3~0.4。

利用上述明德林-哥特斯三部分土中竖向应力表达式，求得在桩端下 z 的应力并叠加，

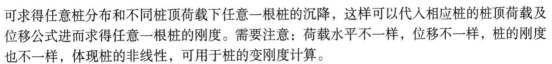

可求得任意桩分布和不同桩顶荷载下任意一根桩的沉降，这样可以代入相应桩的桩顶荷载及位移公式进而求得任意一根桩的刚度。需要注意：荷载水平不一样，位移不一样，桩的刚度也不一样，体现桩的非线性，可用于桩的变刚度计算。

应予注意：应用桩-桩影响系数法和明德林-哥特斯方法计算群桩中的单桩刚度的原理均是弹性理论基础上的叠加法。后者可直接利用积分解求得的应力进行叠加，易于理解及编制计算程序，便于推广使用，但存在以下问题需要考虑：

（1）该法未考虑桩底压缩层的成层性，直接利用压缩范围小的单桩荷载-沉降关系确定群桩沉降，对于成层土误差要大一些。因此，对桩底以下有软弱下卧层的情况，不宜采用此法计算群桩沉降。

（2）根据静力试桩的 Q-s 曲线确定单桩刚度或单桩沉降 s_i 时，要考虑沉降的时间效应。试桩期间所完成的沉降一般只占最终沉降的某一定比例，据此确定单桩刚度或 s_i 时应视土的性质，考虑除以沉降完成系数 $0.4\sim0.8$。

（3）该法在计算中假定土体为各向同性半无限弹性体，忽略群桩在土中的"加筋效应"和"遮拦效应"，即在考虑桩与桩的相互影响时，仅仅对各桩的应力、变形进行叠加，并未考虑桩的存在所带来的影响，因此，可以限定桩的影响范围。这对于某些加工硬化型土（如非密实的粉土、砂土）可能会引起较大偏差。

（4）该法未考虑桩土分担荷载对于减小沉降的作用，也未考虑基底土反力对于桩侧、桩端应力和变形的影响，但在高层建筑中地基土分担作用较少时仍然是合理的。

应用以上两种计算方法求得的群桩的刚度矩阵与桩顶的荷载水平有关，其刚度矩阵为满阵，尤其是在单向压缩分层总和法计算变形进而计算单桩刚度时，由于压缩层深度的变化及经验系数等原因，群桩中的单桩刚度表现为非线性，采用非线性求解方法（如迭代法）较为合理。

以上两种计算方法，为设计者提供一种计算手段，可求得在任意桩顶荷载分布，以及在不同桩顶荷载下任意一根桩的沉降，进而求得任意一根桩的刚度，为变刚度群桩设计提供理论基础。

二、筏板计算方法——明德林（Mindlin）中厚板理论

桩基上的筏板计算基于弹性地基上的克希霍夫（Kirchihoff）薄板理论，也有弹性地基上明德林（Mindlin）中厚板理论，两者之间的区别仅在于是否考虑板单元中的剪切变形。一般而言，由于是否考虑剪切变形，使得厚板与薄板的位移解有一定差异，但内力解还是相当一致，另外，厚板尚需要降阶积分解决剪切自锁问题。

克希霍夫薄板理论有以下三个假定：

1）薄板变形前的中面法线在变形后仍为弹性曲面的法线。

2）板弯曲时中面不产生应变，即中面是中性面。

3）忽略板厚度的微小变化，忽略垂直应力梯度对变形的影响。

在上述假定中，如果略去法线假定即为明德林中厚板理论假定，两者最主要差别是克希霍夫薄板理论忽略剪应力所引起的形变，而明德林中厚板理论考虑它们的影响。所以一般认为基于明德林假定的有限元优越于基于经典薄板理论克希霍夫假定的有限元。

在板的有限元计算中（图10-10），可采用八节点等参单元，单元边界是二次曲线，能与曲线边界吻合。

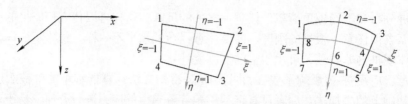

图 10-10 局部坐标下的四节点、八节点中厚板板元

对于板单元

$$\begin{cases} u(x,y,z)=z\boldsymbol{\theta}_x(x,y) \\ v(x,y,z)=z\boldsymbol{\theta}_y(x,y) \\ w(x,y,z)=w(x,y) \end{cases} \tag{10-8}$$

其中

$$\boldsymbol{u}=\begin{pmatrix} w \\ \boldsymbol{\theta}_x \\ \boldsymbol{\theta}_y \end{pmatrix} \tag{10-9}$$

板的应变可以分为弯曲引起的应变 $\boldsymbol{\varepsilon}_b$ 以及剪切引起的应变 $\boldsymbol{\varepsilon}_s$

$$\boldsymbol{\varepsilon}_b=\begin{pmatrix} \boldsymbol{\theta}_{xx} \\ \boldsymbol{\theta}_{yy} \\ \boldsymbol{\theta}_{xy}+\boldsymbol{\theta}_{yx} \end{pmatrix} \tag{10-10}$$

$$\boldsymbol{\varepsilon}_s=\begin{pmatrix} w_x+\boldsymbol{\theta}_x \\ w_y+\boldsymbol{\theta}_y \end{pmatrix} \tag{10-11}$$

相应的弯矩矢量 $\boldsymbol{\sigma}_b$ 和剪力矢量 $\boldsymbol{\sigma}_s$ 分别为

$$\boldsymbol{\sigma}_b=\begin{pmatrix} M_x \\ M_y \\ M_{xy} \end{pmatrix}=\boldsymbol{D}_b\boldsymbol{\varepsilon}_b \tag{10-12}$$

$$\boldsymbol{\sigma}_s=\begin{pmatrix} Q_x \\ Q_y \end{pmatrix}=\boldsymbol{D}_s\boldsymbol{\varepsilon}_s \tag{10-13}$$

其中，弹性矩阵 $\boldsymbol{D}_b$ 和 $\boldsymbol{D}_s$ 分别为

$$\boldsymbol{D}_b=\frac{Eh^3}{12(1-\nu^2)}\begin{pmatrix} 1 & \nu & 0 \\ \nu & 1 & 0 \\ 0 & 0 & \frac{1-\nu}{2} \end{pmatrix} \tag{10-14}$$

$$\boldsymbol{D}_s=\frac{Eh}{2(1+\nu)}\begin{pmatrix} 0 & \gamma \\ \gamma & 0 \end{pmatrix} \tag{10-15}$$

式中　E、ν——板材料的弹性模量和泊松比；

　　　　h——板的厚度；

　　　　γ——考虑截面翘曲的剪力修正系数。

$$\begin{pmatrix} x \\ y \end{pmatrix}=\sum_{i=1}^{8}\begin{pmatrix} N_i & 0 \\ 0 & N_i \end{pmatrix}\begin{pmatrix} x_i^e \\ y_i^e \end{pmatrix} \tag{10-16}$$

式中 (x_i^e, y_i^e)——节点 i 的坐标；

　　　N_i——形函数。

当坐标插值及位移插值用同一套形函数时称之为等参单元。根据有限元变分原理，可以推出方程式

$$(\boldsymbol{k}_b^e + \boldsymbol{k}_s^e)\boldsymbol{\delta}_i^e = \boldsymbol{P}_i^e \tag{10-17}$$

式中 $\boldsymbol{k}_b^e$、$\boldsymbol{k}_s^e$——弯曲、剪切对总刚度矩阵的贡献；

　　　$\boldsymbol{\delta}_i^e$、$\boldsymbol{P}_i^e$——位移列矢量、荷载列矢量。

单元刚度矩阵

$$\begin{cases} \boldsymbol{k}_b^e = \iint \boldsymbol{B}_b^T \boldsymbol{D}_b \boldsymbol{B}_b |\boldsymbol{J}| \mathrm{d}\xi \mathrm{d}\eta \\ \boldsymbol{k}_s^e = \iint \boldsymbol{B}_s^T \boldsymbol{D}_s \boldsymbol{B}_s |\boldsymbol{J}| \mathrm{d}\xi \mathrm{d}\eta \end{cases} \tag{10-18}$$

式中 $\boldsymbol{B}_b$、$\boldsymbol{B}_s$——应变矩阵；

　　　$\boldsymbol{J}$——雅可比(Jacob)矩阵。

中厚板有限元计算中采用常规的高斯数值积分，对于很薄的板，可发现其位移解不收敛于薄板的理论解，这种现象叫"自锁"，它是由于在总势能公式中剪力项中的约束造成的，当板(梁)厚趋向极限 0 时，使剪应变等于 0，这种附加约束导致刚度矩阵的恶化。为了解决剪切"自锁"问题，许多国内外专家进行研究，在刚度矩阵计算中，采用降阶积分的方法能正常得到好的结果，但不能全部保证。后来，又提出只对剪力项降阶积分的方法，这种方法能得到满意的结果，它消除刚度矩阵中剪力项的多余约束。随着有限元技术研究的不断深入，国外学者又找到另一种防止"自锁"现象的计算方法，即混合有限元法，并且证明应用降阶积分的位移法导出的刚度矩阵与混合有限元法的计算是等价的。

三、上部结构刚度的计算

对于上部结构与地基基础的共同作用，重要的一点就是如何合理考虑上部结构刚度，子结构法计算上部结构刚度凝聚至基础顶面的方法在理论上比较成熟，但应考虑混凝土徐变、结构刚度形成的滞后效应、上部结构刚度对基础刚度贡献的有限性。上部结构刚度采用共同作用理论的计算方法在第七章和第九章已做阐述。对于一般的高层建筑，也可选择下列两种简化方法，用以计算上部结构刚度。

1. 上部结构刚度简化计算方法之一

当高层建筑的柱子截面比较大、剪力墙的长度也比较长时，计算时可假定：在柱子对准的基础底板有限元的节点上，约束其双向的转角位移，而对竖向位移不约束；剪力墙在长度方向的惯性矩很大，因而在平面内具有较大的刚度，可在剪力墙通过的底板有限元相应节点上，约束其平面内转角位移，而对竖向位移不约束；在剪力墙的平面外刚度比平面内刚度小得多，因此，对这些节点平面外转角位移不予约束。这样，约束后的刚度矩阵很简洁，是一个"大数"对角阵，只需在相应约束转角位移对应的刚度位置上叠加"大数"，缺点是竖向构件间的竖向互相约束刚度(关联约束)未考虑。

2. 上部结构刚度简化计算方法之二

柱对底板的约束，可采用柱的转角刚度，柱的计算长度可选择地下一层，另一端可按照固定端考虑，如图 10-11a 所示，计算得到的转角刚度数值，叠加在相应转角位移对应的刚度矩阵的对角元上。

对于剪力墙，可用一定高度的梁单元近似代替，梁单元可采用浅梁单元，如图 10-11b

所示，其单元刚度偏大些，也可用考虑剪切变形的深梁单元，然后直接将梁的单元刚度矩阵与底板的刚度矩阵进行叠加。

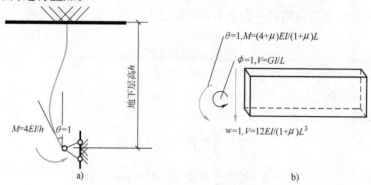

图 10-11　柱和剪力墙刚度示意

a）柱　b）剪力墙

采用简化计算方法计算得到的上部结构刚度矩阵 $\boldsymbol{K}_b$ 为对应于节点位移列矢量$(\delta_1\ 0\ \cdots\ \delta_{si}\cdots)^T$ 的上部结构刚度简化矩阵

$$\boldsymbol{K}_b = \begin{pmatrix} 0 & & & \\ & \ddots & & 0 \\ & & k_{ci} & \\ 0 & & & k_{si} \\ & & & & 0 \end{pmatrix} \tag{10-19}$$

式中　k_{ci}——与基础底板相连的柱刚度子矩阵；

　　　k_{si}——与基础底板相连的剪力墙刚度子矩阵。

对应于方法一：

$$k_{ci} = \begin{pmatrix} 0 & 0 & 0 \\ 0 & \infty & 0 \\ 0 & 0 & \infty \end{pmatrix},\ k_{si} = \begin{pmatrix} 0 & 0 & 0 \\ 0 & 0 & 0 \\ 0 & 0 & \infty \end{pmatrix},\ \text{对应的板单元位移矢量}\begin{pmatrix} \boldsymbol{w} \\ \boldsymbol{\theta}_x \\ \boldsymbol{\theta}_y \end{pmatrix}$$

其中 ∞ 为表示约束的大数，如 1×10^{30} 大数，对于剪力墙的刚度子矩阵示意为对 $\boldsymbol{\theta}_y$ 的约束，即 y 方向是位于剪力墙的平面之内，因此，在对应于 $\boldsymbol{\theta}_y$ 的 3 行 3 列为大数。

对应于方法二：

由结构力学及弹性力学可知

$$k_{ci} = \begin{pmatrix} 0 & 0 & 0 \\ 0 & \dfrac{4EI_x}{h} & 0 \\ 0 & 0 & \dfrac{4EI_y}{h} \end{pmatrix} \tag{10-20}$$

$$k_{si} = \begin{pmatrix} A & D & 0 & -A & D & 0 \\ D & B & 0 & -D & F & 0 \\ 0 & 0 & C & 0 & 0 & 0 \\ -A & -D & 0 & A & -D & 0 \\ D & F & 0 & -D & B & 0 \\ 0 & 0 & 0 & 0 & 0 & C \end{pmatrix} \tag{10-21}$$

$$A = \frac{12EI}{(1+\mu)L^2}, \quad B = \frac{(4+\mu)EI}{(1+\mu)L}, \quad C = \frac{GI}{L}$$

$$D = \frac{6EI}{(1+\mu)L^2}, \quad F = \frac{(2-\mu)EI}{(1+\mu)L}$$

式中　EI_x、EI_y——柱在 x、y 方向的截面刚度；

　　　　E——柱及剪力墙的弹性模量；

　　　　I——剪力墙截面惯性矩；

　　　　L——剪力墙的长度；

　　　　μ——剪切变形影响系数，$\mu = \frac{12\nu EI}{GAL^2}$（$\nu$ 为柱及剪力墙的泊松比），即考虑剪力

　　　　墙为深梁的弹性力学解，若取 $\mu = 0$ 时为材料力学的浅梁，不考虑剪切变形的影响。

四、变刚度桩的共同作用整体计算

变刚度桩的共同作用的整体计算采用下式

$$(K_{ps} + K_r + K_b)\delta = P \tag{10-22}$$

式中　K_{ps}——桩土体系的刚度矩阵；

　　　　K_r——基础底板的刚度矩阵；

　　　　K_b——上部结构的刚度矩阵；

　　　　δ、P——位移和荷载列矢量。

上部结构的刚度矩阵 K_b，可根据工程的具体情况采用子结构方法或者采用上述两个简化方法之一求得。

基础底板的刚度矩阵 K_r，可按明德林中厚板理论确定。

桩土体系的刚度矩阵 K_{ps}，一般可按前面所述的桩土体系的影响系数法或桩土体系的明德林-哥特斯方法确定。在位移法的计算之中，由于 K_{ps} 与 δ 矩阵相关，在不同的位移以及不同的桩顶荷载下，K_{ps} 的具体数值均不同，刚度矩阵的元素是变化的。例如，如图 10-12 所示，可采用变基床系数迭代法计算。

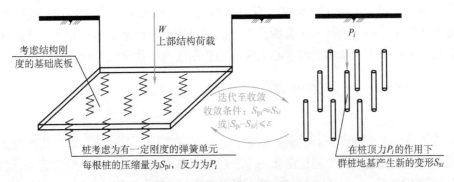

图 10-12　变基床系数迭代法示意

对于文克勒基床系数法，如下式所示

$$\begin{pmatrix} P_1 \\ P_2 \\ \vdots \\ P_i \\ \vdots \\ P_m \end{pmatrix} = \begin{pmatrix} k_1 & \cdots & & \cdots & & \\ & k_2 & \cdots & & \cdots & \\ \vdots & \vdots & \ddots & & & \vdots \\ & & & k_i & & \\ \vdots & \vdots & & & \ddots & \\ & & \cdots & & \cdots & k_m \end{pmatrix} \begin{pmatrix} s_1 \\ s_2 \\ \vdots \\ s_i \\ \vdots \\ s_m \end{pmatrix} \qquad (10\text{-}23)$$

或写成

$$P = ks \qquad (10\text{-}24)$$

式中　P——各网格单元中桩集中荷载；

s——各网格单元桩的变形（沉降）；

k——桩基刚度矩阵。

台北 101 大楼的桩筏基础，就是采用文克勒模型的迭代法，可用于基础刚度调平，图 10-10 为变基床系数迭代法示意。

首先，假定桩顶刚度，如通过平均桩反力及基础计算沉降方法确定初始桩刚度，或者通过前述试桩方法确定桩刚度，并以此刚度作为常刚度形成桩土体系刚度矩阵 K_{ps}。常刚度桩的共同作用整体计算分析表明，桩顶反力与初步假定布桩的平均桩反力不同。然后，在新的桩反力作用下，采用前述桩-桩影响系数法或明德林-哥特斯方法，重新根据上一次计算的桩顶反力及新得的各桩顶沉降确定各桩刚度，同样，进行变刚度桩的共同作用整体计算分析。此后，迭代计算几次，直至桩顶位移与在计算桩顶反力作用下的地基沉降的差异小于某设定数值为止，如图 10-10 所示。此时，底板内力及节点位移、桩位移、桩反力可作为最终设计值，该法称为变基床系数迭代法。

■ 第四节　基础变刚度调平设计的工程实例

桩基变刚度
调平设计

到目前为止，国内外已有不少工程采用基础变刚度调平理论和方法，进行设计或优化设计，达到减少差异变形，节省工程投资的目的，均收到了良好的技术和经济效益。例如，德国法兰克福展览大楼、北京京广中心大厦、南京工业大学图书馆、上海中心大厦、南通金童苑、上海久阳滨江酒店、上海联富商业广场、上海中环生活广场、上海 681 会所改造、杭州勾庄农副产品交易中心等。这里详细介绍南通金童苑、上海 681 会所和上海中心大厦基础变刚度调平优化设计情况。

一、南通金童苑基础变刚度调平优化设计

（一）工程概况

金童苑工程位于南通市小石桥铜厂位置，人民东路南侧，工农路东侧，江苏三友集团西侧，工程由 3 幢高层建筑及 5 层裙房和一个 2 层地下车库组成，其中 1 号楼为 31 层（裙房 5 层），建筑面积 37848m²，2 号楼为 33 层，建筑面积 14571m²，3 号楼为 18 层，建筑面积 10683m²。地下车库共二层建筑面积约 22514m²。1 号楼、2 号楼和 3 号楼的地下室总平面图如图 10-13 所示。

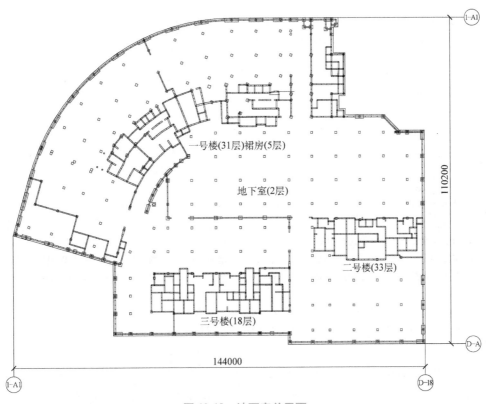

图 10-13　地下室总平面

该工程的原设计考虑计算沉降过大，采用直径 700～850mm 钻孔灌注桩，有效桩长约40m，持力层位于第⑪层土中，用以控制沉降，但是灌注桩单桩承载力不高，以致主楼底板下满堂布桩，底板内力过大，底板也比较厚，为 1.6～2.0m。受业主委托，地下部分由上海威宜建筑结构工程咨询有限公司与上海岩土工程勘察设计研究院合作进行优化设计。

（二）工程地质概况

该工程的典型工程地质如图 10-14 所示，各土层的物理-力学性质指标见表 10-3。

表 10-3　各土层的物理-力学性质指标简表

土层编号	厚度/m	重度 γ/(kN/m^3)	压缩模量 E_s/MPa	比贯入阻力 p_s/MPa	极限侧阻力标准值 q_{sik}/kPa	极限端阻力标准值 q_{pk}/kPa	黏聚力 c/kPa	内摩擦角 φ/(°)
①	1.00			1.56				
②	2.10	19.3		2.66			25.0	16.5
③	1.60	19.0		4.82			19.5	23.3
④	2.10	18.9		2.23			16.5	24.5
⑤	3.20	19.0		5.44	80		12.9	29.1
⑥	4.40	19.1		7.95	90		11.0	31.3
⑦	6.10	19.2		10.99	120		9.9	32.2
⑧	7.00	19.0		2.87	80		12.0	28.9

（续）

土层编号	厚度/m	重度 γ/(kN/m³)	压缩模量 E_s/MPa	比贯入阻力 p_s/MPa	极限侧阻力标准值 q_{sik}/kPa	极限端阻力标准值 q_{pk}/kPa	黏聚力 c/kPa	内摩擦角 φ/(°)
⑨	11.40	19.0	30	7.61	95	5400	12.4	29.0
⑩	9.70	18.3	12	2.71			18.4	19.3
⑪	14.60	18.5	22	6.29			18.0	19.5
⑫	0.70	18.4	14	3.20			17.6	22.6
⑬	6.90	18.9	40	10.36			8.5	31.9
⑭	0.50	20.0	80	21.32			5.4	36.8

注：1. 分层厚度依据场地静探孔 J16 取值。

2. 极限侧阻力标准值 q_{sik} 与极限端阻力标准值 q_{pk} 依据《南通市百昌置业有限公司金童苑二期项目岩土工程勘察报告（详细勘察）》（工程编号：KNT2005—04）及 JGJ 94—2008《建筑桩基技术规范》中的相关规定最终确定取值。

3. 压缩模量 E_s 依据《南通市百昌置业有限公司金童苑二期项目岩土工程勘察报告（详细勘察）》（工程编号：KNT2005—04）及 JGJ 72—2004《高层建筑岩土工程勘察规程》中的 F.0.2 条相关规定最终确定取值。

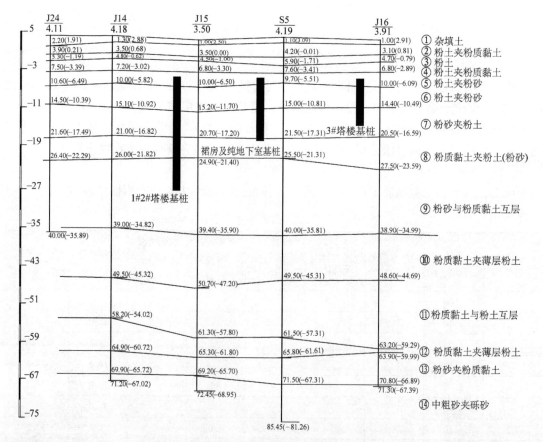

图 10-14　典型工程地质剖面

（三）基础设计与计算方法

基础设计与计算包括沉降计算和变刚度桩的确定。

（1）沉降计算方法的选择。该工程经优化后，把灌注桩改为高强度预应力管桩，桩承载力有所提高且桩长大为缩短，沉降计算采用明德林-哥特斯方法和简易理论法，经过沉降对比，并根据本工程的特点，最后决定采用简易理论法的计算结果，然后由该沉降计算结果结合文克勒公式确定不同区域桩顶刚度，进行变刚度群桩的共同作用分析。

（2）变刚度桩的确定。对该工程进行优化分析对比，改用直径600mm预应力管桩，改用三种桩长（图10-15）：31层的1号楼和33层的2号楼均选择第⑨层土（$p_s = 7.61$MPa）作为桩基持力层，因该层土为中密粉砂，土层较为平坦稳定，可以获得较高单桩承载力，桩长22m，单桩承载力特征值为2700kN，且其下卧层以中等压缩性土为主，能有效控制塔楼的沉降量；18层的3号楼选择选择第⑦土层（$p_s = 10.99$MPa）粉砂夹粉土作为桩基持力层，桩长10m，单桩承载力特征值为1700kN。裙房及地下室则选择第⑧层（$p_s = 2.87$MPa）为桩基持力层，桩长12m，因该层粉质黏土为流塑状态，属高中压缩性土层，有意识地把桩设计成穿透第⑦土层（$p_s = 10.99$MPa）粉砂夹粉土到达第⑧土层（$p_s = 2.87$MPa），增加地下室及裙房的沉降量，从而降低桩刚度，调节裙房与主楼的差异沉降，使底板受力较为均匀。单桩的抗压承载力特征值为1500kN，抗拔承载力特征值为800kN。

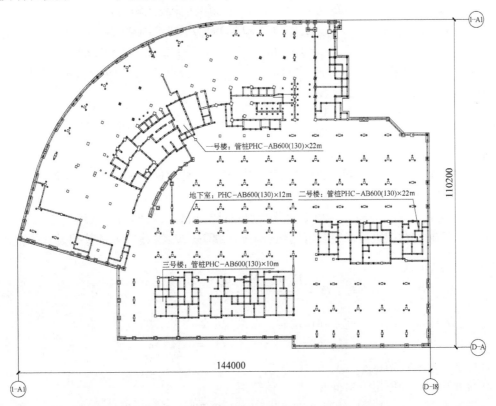

图10-15　桩位平面示意

（四）基础设计和计算过程

下面分桩基和筏板两部分对基础设计和计算过程做比较详细的阐述。

1. 桩基设计和计算

以 1 号楼为例说明。

1 号楼±0.000 相当于 1985 年国家黄海高程 4.800m，桩型为先张法预应力混凝土管桩 PHC-AB600(130)-22b，总桩数为 219 根。本工程有 2 层地下室，地下室底板顶面绝对标高 为-4.300m，底板厚为 1.2m。桩基承载力验算时，地下水位按绝对标高 2.500m(低水位)考虑，桩基沉降验算时，地下水位按绝对标高 3.500m(高水位)考虑；由于本工程为大底板，1 号楼底板面积可按 1100m² 考虑，地下室净内空面积按 1000m² 考虑(计算浮力)。

（1）单桩承载力特征值确定。根据 03SG409《预应力混凝土管桩》，管桩 PHC-AB600(130)-22b 确定单桩竖向承载力特征值，$R_a = 3550$kN。

根据 GB 50007—2002《建筑地基基础设计规范》，按地基土对桩的支承力确定单桩竖向承载力特征值：桩侧总极限摩阻力标准值 $Q_{sk} = U_p \Sigma q_{sik} l_i = 3966.1$kN；桩端极限阻力标准值 $Q_{pk} = q_{pk} A_p = 1526.0$kN；单桩竖向极限承载力标准值 $Q_{uk} = Q_{sk} + Q_{pk} = 5492.1$kN；故单桩竖向承载力特征值 $R_a = Q_{uk}/2 = 2746.1$kN；最后，单桩竖向极限承载力标准值取 5400kN，单桩竖向承载力特征值取 2700kN。

（2）桩基竖向承载力验算。桩顶荷载标准组合值为

$$F = F_k + G_k - F_浮$$

$$F_k = 1.0 \text{ 永久荷载} + 1.0 \text{ 活荷载} = 605095\text{kN}(\text{含底层活荷载及隔墙})$$

$$G_k = \gamma_{底板} A_{底板} H_{底板} = (25 \times 1100 \times 1.2)\text{kN} = 33000\text{kN}$$

$$F_浮 = \gamma_水 A_{地下室} H_水 = 10 \times 1000 \times (2.5 + 4.3 + 1.2)\text{kN} = 80000\text{kN}$$

式中，$A_{底板}$ 为底板面积，$A_{地下室}$ 为地下室面积，$H_{底板}$ 为底板高，$H_水$ 为水浮力水头高度。

则荷载标准组合下的单桩顶反力为

$$R = \frac{605095 + 33000 - 80000}{219}\text{kN} = 2548.4\text{kN} < R_a = 2700\text{kN}$$

故桩基竖向承载力满足设计要求。

（3）桩基偏心校核。对桩基偏心进行校核，x 方向桩的偏心率 $|\Delta x|/80 = 2.0$‰，y 方向桩的偏心率 $|\Delta y|/14 = 6.5$‰，均小于规范规定 10‰。

（4）桩基偏心竖向力验算。根据荷载资料及计算信息，对四组荷载组合进行偏心荷载验算，在验算时，对四组荷载组合情况均按 GB 50007—2002《建筑地基基础设计规范》中的公式进行验算

$$Q_{ik} = \frac{F_k + G_k - F_浮}{n} \pm \frac{M_{xk} y_i}{\sum y_i^2} \pm \frac{M_{yk} x_i}{\sum x_i^2}$$

1）组合 1。x 方向地震起主导作用时，由结构电算得基底的地震弯矩为

$$M_{xk} = 366713\text{kN} \cdot \text{m}, \quad M_{yk} = 0\text{kN} \cdot \text{m}$$

计算得 $\sum x_i^2 = 96701\text{m}^2$，$\sum y_i^2 = 17129\text{m}^2$

在荷载标准组合作用下单桩最大竖向荷载值为

$$Q_{ikmax} = 2823.4\text{kN} \leqslant 1.5 R_a = 1.5 \times 2700\text{kN} = 4050\text{kN}$$

故桩基偏心竖向力验算满足要求。

2）组合 2。y 方向地震起主导作用时，由结构电算得基底的地震弯矩为

$$M_{xk} = 0\text{kN} \cdot \text{m}, \quad M_{yk} = 348143\text{kN} \cdot \text{m}$$

计算得 $\sum x_i^2 = 96701\mathrm{m}^2$，$\sum y_i^2 = 17129\mathrm{m}^2$

在荷载标准组合作用下单桩最大竖向荷载值为

$$Q_{ik\max} = 2657.1\mathrm{kN} \leqslant 1.5 R_a = 1.5 \times 2700\mathrm{kN} = 4050\mathrm{kN}$$

故桩基偏心竖向力验算满足要求。

3）组合3。不考虑地震荷载，x 方向风荷载时，由结构电算得基底的风载弯矩为

$$M_{xk} = 696845\mathrm{kN} \cdot \mathrm{m}, \quad M_{yk} = 0\mathrm{kN} \cdot \mathrm{m}$$

计算得 $\sum x_i^2 = 96701\mathrm{m}^2$，$\sum y_i^2 = 17129\mathrm{m}^2$

在荷载标准组合作用下单桩最大竖向荷载值为

$$Q_{ik\max} = 3070.9\mathrm{kN} \leqslant 1.2 R_a = 1.2 \times 2700\mathrm{kN} = 3240\mathrm{kN}$$

故桩基偏心竖向力验算满足要求。

4）组合4。不考虑地震荷载，y 方向风荷载时，由结构电算得基底的风载弯矩为

$$M_{xk} = 0\mathrm{kN} \cdot \mathrm{m}, \quad M_{yk} = 598608\mathrm{kN} \cdot \mathrm{m}$$

计算得 $\sum x_i^2 = 96701\mathrm{m}^2$，$\sum y_i^2 = 17129\mathrm{m}^2$

在荷载标准组合作用下单桩最大竖向荷载值为

$$Q_{ik\max} = 2735.4\mathrm{kN} \leqslant 1.2 R_a = 1.2 \times 2700\mathrm{kN} = 3240\mathrm{kN}$$

故桩基偏心竖向力验算满足要求。

（5）桩基沉降计算。本工程沉降计算根据简易理论法进行计算，该法的基本原理就是计算桩尖附加应力（P/A）时，上部荷载 F 及基础自重 G 需要扣除实体深基础周边土体的抗剪能力 T，再按分层总和法进行计算。

该方法对桩筏基础的受力机理及其变化规律分析较为合理，通过大量工程反演分析，其结果与实测沉降量较为接近，且一般略大于实测沉降量。地下水位按绝对标高 3.500m（高水位）考虑。由于 1 号楼基础与整个建筑基础为联体大底盘基础，因此无法分开。按照底层形状假定基础的长宽分别为 80m 与 14m。具体计算如下：

1）计算土自重应力（表 10-4）。

表 10-4 各层层底的自重应力

层 序	层底埋深/m	重度 γ/(kN/m³)	层底自重应力/kPa	平均自重应力/kPa
①	1.00	18.0	12.1	6.1
②	3.10	19.3	31.6	21.9
③	4.70	19.0	46.0	38.8
④	6.80	18.9	64.7	55.4
⑤（桩顶处）	9.31	19.0	87.3	76.0
⑤	10.00	19.0	93.5	90.4
⑥	14.40	19.1	133.6	113.5
⑦	20.50	19.2	189.7	161.6
⑧	27.50	19.0	252.7	221.2
⑨（桩端处）	31.31	19.0	287.0	269.8

2）计算总抵抗剪力 T。

$$T = U \sum_{i=1}^{n} (\overline{\sigma}_{czi} \tan\varphi_i + c_i) h_i$$

$$= (80+14) \times 2 \times [(90.4 \times \tan 29.1° + 12.9) \times 0.69 +$$

$$(113.5 \times \tan 31.3° + 11) \times 4.4 + (161.6 \times \tan 32.2° + 9.9) \times 6.1 +$$

$$(221.2 \times \tan 28.9° + 12) \times 7.0 + (269.8 \times \tan 29° + 12.4) \times 3.81] \text{kN}$$

$$= 94 \times 2 \times 2632.8 \text{kN}$$

$$= 494966.4 \text{kN}$$

3）计算外力 P。

$$P = F_{\text{准永久组合}} + G_{\text{底板}} - F_{\text{浮}}$$

$$= [580160 + 25 \times 1100 \times 1.2 - 10 \times 1000 \times (3.5+4.3+1.2)] \text{kN}$$

$$= 523160 \text{kN} \approx T$$

考虑到周边裙房底板浮力的作用，宜按第一种模式 $P \leqslant T$ 计算，即按复合地基模式计算桩筏基础的最终沉降，群桩桩长范围外的周围土体具有抵抗外荷载的能力，桩的插入是对桩长范围内土体的加固，与筏形基础下的土体一起形成复合地基。

4）计算作用在筏形基础底面的附加应力。

$$\sigma_0 = \frac{P}{A} - \sigma_{cz0} = (523160/1100 - 87.3) \text{kPa} = 388.3 \text{kPa}$$

5）最终沉降量计算。

桩基最终沉降为

$$s = s_p + s_s$$

式中　s_p——桩的压缩量；

　　　s_s——桩尖平面下土的压缩量。

采用矩形压应力分布来计算桩的压缩量 s_p（偏于安全）

$$s_p = \frac{\alpha PL}{n A_p E_p} = \frac{1.0 \times 523160 \times 22}{219 \times \frac{\pi}{4} \times (0.6^2 - 0.34^2) \times 3.8 \times 10^4} \text{mm} = 7.2 \text{mm}$$

式中　α——取 $\alpha = 1.0$；

　　　P——桩顶荷载（kN）；

　　　L——桩长（m）；

　　　n——桩数；

　　　A_p——桩截面面积（m^2）；

　　　E_p——桩弹性模量（MPa）。

桩尖平面下土的压缩量 s_s 计算时，压缩层下限取桩尖平面下一倍箱宽，计算深度为 $(22+14)$ m $= 36$ m。s_s 计算见表10-5。

$$\sum s_s = 82.9 \text{mm}$$

故 1 号楼最终沉降量 $s = s_p + s_s = (7.2 + 82.9) \text{mm} = 90.1 \text{mm}$；

同理，可以计算得出 2 号楼最终沉降量 $s = s_p + s_s = (6.9 + 60.4) \text{mm} = 67.3 \text{mm}$；

同理，可以计算得出 3 号楼最终沉降量 $s = s_p + s_s = (2.0 + 44.5) \text{mm} = 46.5 \text{mm}$。

表 10-5　1 号楼 s_s 计算表

层序	自板底下计算深度/m	$2z/B$	中心附加应力系数 α_i	$\sigma_{z\varphi}$/kPa	$\overline{\sigma_{z\varphi}}$/kPa	E_{si}/MPa	$s_\varphi = \dfrac{\overline{\sigma_{z\varphi}}}{E_{s\varphi}} H_\varphi$ /mm
⑨	22.00	3.14	0.3712	144.15		30	
⑨	29.59	4.23	0.2745	106.57	125.36	30	31.7
⑩	36.00	5.14	0.2194	85.18	95.87	12	51.2

2. 筏板

本工程采用等参板元计算底板内力。首先，考虑剪力墙、框架裙房结构的荷载与刚度分布特点和相互作用引起的柱、墙底内力不均导致的变形不均，进行变刚度布桩（视地质条件，变桩长、桩距），主要强化核心区或变形较大的区域，弱化核心区外围或变形较小的区域，使底板的差异变形减少到最小。

桩基上的筏板计算基于弹性地基上的中厚板理论。将底板划分为四边形等参板元及三角形板元，桩作用点与单元节点重合或就近重合，桩的竖向刚度可取为桩荷载设计值除以桩基沉降；上部结构荷载按作用点分配到单元节点上；对上部结构刚度采用简化方法，即剪力墙采用有一定高度（取地下室第二层的层高）的梁单元代替，对刚度较大的方柱，同理进行双向约束。本工程的沉降变形比较小，压缩层有限，因此，采用的是变刚度桩下面的一次刚度计算，按下式计算桩的刚度

$$k_i = \frac{R_a}{s} \tag{10-25}$$

式中　k_i——桩刚度；

　　　R_a——桩承载力特征值；

　　　s——沉降。

根据前面计算 1 号楼、2 号楼和 3 号楼的沉降及桩顶承载力特征值，应用式（10-25）可容易求得桩顶刚度分布为：

1 号楼桩刚度 $k = 2700/0.0901$kN/m $= 29967$kN/m

2 号楼桩刚度 $k = 2700/0.0673$kN/m $= 40119$kN/m

3 号楼桩刚度 $k = 1700/0.0465$kN/m $= 36559$kN/m

裙房及地下室的桩刚度，由于桩存在抗压及抗拔工况，靠近主楼的抗拔桩实际工作状态为抗压，而抗拔桩本身的抗拔变形刚度较难计算，但从概念判断，裙房及纯地下室计算变形比主楼要小，为 -2mm$\sim$35mm，35mm 发生在靠近主楼处，故桩刚度要大些，经试算取 $k = 45000$kN/m。

在本工程的具体计算中，采用以下计算调整方式：

（1）按照桩、柱冲切试确定底板的厚度。灌注桩改为高强度预应力管桩后，承载力提高及采用较小桩距，使桩均布于柱子及剪力墙之下，底板厚度按冲切计算后，底板厚度分别为裙房地下室 0.6m，3 号楼 0.90m，1 号楼和 2 号楼 1.20m。

（2）主楼按照上部结构荷载布置桩位。此时，需要考虑浮力，然后采用多种刚度桩上

的弹性地基板计算底板内力。对于桩顶变形大且板底负弯矩大的地方，增加桩数，即增大此处的刚度；反之，减少桩数，即把荷载结合变形进行基础调平试布桩。

（3）根据新的布置桩位重新计算，反复调平数次，以降低底板的弯曲内力。

（4）根据新的桩顶反力重新验算底板的抗冲切，以确定最终设计厚度。

同时，采用以下方式进行变刚度调平概念设计：

（1）按照强化主体（核心筒及剪力墙）弱化裙房的原则设计，对主体采用长桩，对裙房及地下室则采用短桩、疏桩。在本工程中，采用三种桩型：裙房和纯地下室的桩长为12m，主楼桩长为22m和10m。应予指出，裙房桩特别加长2m，使桩穿透硬层而达到软弱层，作为桩的持力层，以减小桩的刚度；主楼则通过在变形大的地方增大桩长及增加桩数来增强桩的刚度。

（2）主楼与裙房交接处的主楼、裙房桩均有意识减少布桩，尤其是裙房靠主楼第一排柱处，减少布桩（一般比按荷载布桩少一根），能产生"拖带"下沉，使主楼、裙房的差异变形能"传递"得更远，减少变形曲率以减少弯矩；同时，主楼与裙房交接处，相邻一跨的底板采用渐变截面的方式。

（3）为增加安全度，在主楼与裙房交接的第二跨，设置沉降后浇带，但在计算中对差异变形的减少未予以考虑，作为安全储备。

（4）根据计算，主楼底板下层一排钢筋伸出一个方向至裙房变截面跨作为加强，裙房底板靠主楼第二跨的上层钢筋，由于隔跨正弯矩大，明显加强了配筋。

根据上述计算调整和采用构造措施后，使基础变刚度得到调平，达到两大目的：差异沉降明显减小；底板（承台）受力性状明显改善。

根据最终设计，1号楼（31层）及2号楼（33层）基础底板的厚度为1.20m，3号楼（18层）基础底板的厚度0.90m，其余底板0.60m。根据共同作用分析结果，最终弯矩及配筋计算如下。

1）1号楼底板的计算弯矩和配筋。最大负弯矩取用值：x方向为1755kN·m/m；y方向为1873kN·m/m（取1873kN·m/m计算双向配筋）。最大正弯矩取用值：x方向为656kN·m/m；y方向为702kN·m/m（取702kN·m/m计算双向配筋）。局部附加钢筋取用正弯矩：x方向为1316kN·m/m。计算结果见表10-6。

表10-6 1号楼底板的弯矩和配筋计算

标准值弯矩/ （kN·m/m）	设计值弯矩/ （kN·m/m）	弯矩配筋 /mm²	实际配筋量 /mm²	配　筋
702（正弯矩）	878	2400	3273	⏀25@150（板面）
1316（正弯矩）	1645	4114	5806	⏀25@150+⏀22@150 （x方向板面）
1873（负弯矩）	2341	6444	6545	⏀25@150双排（板底）

2）2号楼底板的计算弯矩和配筋。最大负弯矩取用值：x方向为1533kN·m/m；y方向为1639kN·m/m（取1639kN·m/m计算双向配筋）。最大正弯矩取用值：x方向为656kN·m/m；y方向为702kN·m/m（取702kN·m/m计算双向配筋）。计算结果见表10-7。

表 10-7　2 号楼底板的弯矩和配筋计算

标准值弯矩/ (kN·m/m)	设计值弯矩/ (kN·m/m)	弯矩配筋 /mm²	实际配筋量 /mm²	配　筋
702(正弯矩)	878	2400	3273	⌀ 25@150(板面)
1639(负弯矩)	2049	5581	6545	⌀ 25@150 双排(板底)

3）3 号楼底板的计算弯矩和配筋。最大负弯矩取用值：x 方向为 439kN·m/m；y 方向为 468kN·m/m(取 468kN·m/m 计算双向配筋)。最大正弯矩取用值：x 方向为 439kN·m/m；y 方向为 468kN·m/m(取 468kN·m/m 计算双向配筋)。计算结果见表 10-8。

表 10-8　3 号楼底板的弯矩和配筋计算

标准值弯矩/ (kN·m/m)	设计值弯矩/ (kN·m/m)	弯矩配筋 /mm²	实际配筋量 /mm²	配　筋
468(正弯矩)	585	1939	2534	⌀ 22@150(板面)
468(负弯矩)	585	2129	3273	⌀ 25@150(板底)

4）裙房底板的计算弯矩和配筋。对于主楼底板，按弯矩配筋，无需进行裂缝计算(对基础底板裂缝计算问题将在第十四章中论述)；对于裙房底板，由于板比较薄为 600mm 厚，配筋为裂缝控制，弯矩取值如下。

最大负弯矩取用值：x 方向为 200kN·m/m(配筋为：⌀ 22@150 板底)；y 方向为 210kN·m/m(配筋为：⌀ 22@150 板底)。

最大正弯矩取用值：x 方向为 219kN·m/m(配筋为：⌀ 20@150 板面)；y 方向为 234kN·m/m(配筋为：⌀ 20@150 板面)。

对于板面附加钢筋弯矩取值，在主楼两侧第二跨内的弯矩和配筋如下：x 方向为 439kN·m/m(配筋为：⌀ 18@150 板面附加)；y 方向为 468kN·m/m(配筋为：⌀ 18@150 板面附加)。

注意，在上述弯矩计算及配筋中当计算的正弯矩值和负弯矩值的绝对差值小于 5% 时，可归并为较大的计算弯矩值进行配筋，标准值弯矩和设计值弯矩均为归并后的弯矩值；对于相同的设计弯矩值，由于考虑到板底保护层厚度为 100mm(桩进入承台为 100mm 的缘故)，比板顶保护层厚一些，故板底配筋应比板顶钢筋适当增加。

由上述计算可见，采用变刚度桩调平基础后，底板厚度明显减小，基础底板弯矩及配筋均不大，有着明显的经济效益。

需要说明的是，基底实际荷载分布将极大影响到基础设计厚度及经济指标，因此在基础底板设计中如何合理模拟施工过程中的荷载施加是非常重要的，在第十三章中将做进一步讨论。

(五)　实测及经济比较

该工程于 2008 年已经结构封顶，实测最大沉降是 1 号楼，沉降约为 45mm，主楼范围不均匀沉降小于 10mm，地基属于砂性土地基，可认为已经完成 70% 以上的沉降，实测沉降值小于设计计算值，底板工作形态良好，无渗漏现象。

通过改变灌注桩为高强度预应力管桩，以及采用三种长度的变刚度桩，本工程降低桩基造价为 428 万元；节约基础混凝土 3600m³，若按普通钢筋混凝土 800 元/m³ 计算，节约工程造价 288 万元。因此，本工程总共节约 716 万元。

二、上海 681 会所基础变刚度调平优化设计

（一）工程及改造概况

上海 681 会所为改建工程，原结构为西门子华通开关厂（图 10-16），位于上海市闸北区广中西路 191 号，建设单位为上海华发企业发展有限公司，设计单位为上海联境建筑工程设计有限公司和上海同建强华建筑设计有限公司，施工单位为上海通用金属结构有限公司三分公司。

图 10-16　旧厂房内部原貌

该工程主体改建为 8m 三跨的五层建筑（图 10-17），改建后建筑面积约为 18938m²。内部改造采用钢结构，本项目是在原有厂房主体结构保留的情况下的改建工程，原主体结构部分为单层高大空间钢筋混凝土排架结构，天然地基上的独立基础，厂房总高度为 18.800m，

图 10-17　改建后的实景

跨度为 24m，主体两侧有附属多层钢筋混凝土框架结构厂房。原建筑基础平面图如图 10-18 所示，原结构及基础剖面图如图 10-19 所示。

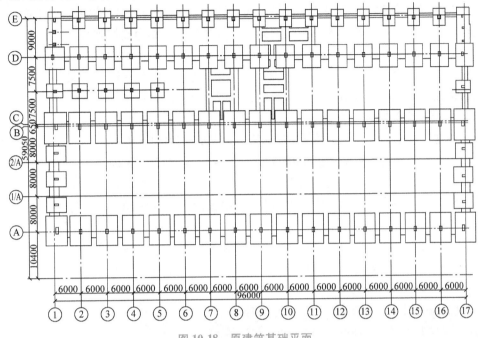

图 10-18　原建筑基础平面

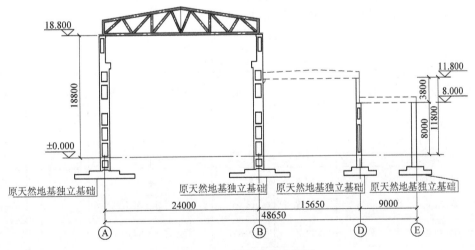

图 10-19　原结构及基础剖面

　　根据建设单位要求，为减轻自重，在高大空间单层厂房内采用钢结构，改建为有五层使用空间的多层建筑。改建后的使用功能，一层为餐饮、洗浴等；二层为餐饮、KTV 包间、健身房等；三、四、五层为宾馆客房，其中三层北侧有少量餐饮包间和员工更衣室。改建后的层高，一层为 5.5m；二层为 4m；三至五层为 3.5m。

　　本工程为减少基础荷载，内部采用了钢结构框架形式，钢梁与原排架柱子采用刚接节点，楼面次梁采用欧本钢桁架，桁架间距为 1.25m，楼板厚度为 60～100mm，进一步减轻了自重，根据同济大学出具的"广中西路191号房屋质量检测报告"（编号：2008—196）及"广中西路191号房屋抗震鉴定报告"（编号：2008—072），原房屋质量整体性较好，改建后能满足7度抗震设防要求。根据抗震计算，改造设计均满足现行国家相关规范的要求，对于局部配筋超限均进行了截面加大及粘钢加固，增补加强了抗侧力支撑体系。

（二）上部结构主要原设计荷载及新设计荷载准永久值的确定

根据上部结构计算底层 $D+L$（永久荷载+活荷载）设计值，由手算确定准永久值荷载组合之下的原来柱子荷载准永久值及改造后的柱子荷载准永久值为：

（1）原设计荷载准永久值。

Ⓐ轴单柱原厂房荷载准永久值1089.8kN，计算按照1100kN考虑。

Ⓑ轴单柱原厂房荷载准永久值1402.6kN，计算按照1402kN考虑。

Ⓓ轴单柱原厂房荷载准永久值765.7kN，计算按照770kN考虑。

Ⓔ轴单柱原厂房荷载准永久值394.7kN，计算按照400kN考虑。

（2）新设计荷载准永久值。

1）Ⓐ轴新加荷载之一，1600kN；Ⓐ轴新加荷载之二（边上②轴、③轴或⑮轴、⑯轴两个轴力较大的基础），2000kN；Ⓐ轴新加荷载之三（中间⑦～⑪轴5个轴力较大的基础，上部结构有悬挑）2295kN，共三种。

2）Ⓑ轴新加荷载，1800kN，2000kN两种。

3）Ⓓ轴新加荷载，1000kN，1200kN两种。

4）Ⓔ轴新加荷载，600kN，700kN两种。

新设计荷载准永久值，也可参考图10-20。

（三）计算理论依据及要点（表10-9）

表10-9 工程地质地层参数

层 号	厚度/m	重度/ (kN/m^3)	E_s/MPa	f_i/kPa	f_p/kPa	c/kPa	φ/(°)
①₁ 杂填土	1.30	18.0	1.00			10	5.0
②₁ 褐黄色粉质黏土	0.50	18.8	5.50			24	18.5
②₂ 淤泥质粉质黏土	1.80	17.8	4.59			15	19.0
②₃ 砂质粉土	2.50	18.4	12.45	5		3	29.0
③ 淤泥质粉质黏土	2.50	17.2	2.62	20		13	17.0
④ 淤泥质黏土	9.20	16.8	2.22	25	300	12	11.0
⑤ 褐灰色软塑粉质黏土	2.60	17.8	6.00	35	700	16	15.0
⑥ 暗绿色硬塑粉质黏土	5.20	19.6	10.50	90	2000	43	21.0
⑦ 粉砂	4.80	18.7	20.50	90	2800	11	28.0
⑧ 褐黄~灰色黏质粉土	20.00	18.3	9.80	75	2500	4	24.5

注：表中桩基的计算参数已经考虑轻微液化下的桩侧摩阻力的折减。

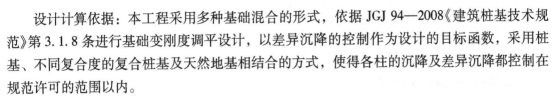

设计计算依据：本工程采用多种基础混合的形式，依据 JGJ 94—2008《建筑桩基技术规范》第 3.1.8 条进行基础变刚度调平设计，以差异沉降的控制作为设计的目标函数，采用桩基、不同复合度的复合桩基及天然地基相结合的方式，使得各柱的沉降及差异沉降都控制在规范许可的范围以内。

设计要点：考虑应力历史，计算变形时，考虑原有地基附加应力作用下的沉降经过 17 年应力变形，压力固结已经完成，因此具体计算是采用总的地基附加应力作用下的计算变形，减去原来厂房地基附加应力作用下的变形，以此作为新增的地基变形。

（四）基础变刚度调平计算结果及基础设计

该工程设计时，采用"超明星地基强度及沉降计算"软件进行基础变刚度调平计算，并考虑了相邻基础的影响。计算时基于以下两个假设：一般考虑 2~4 个相邻基础的影响，一般不考虑天然地基对桩基、复合桩基部分的影响。由此，通过几十次的反复计算（详细计算书限于篇幅从略），对该改造的基础沉降进行了预测计算，其计算结果如下：

（1）老基础的沉降计算（为应力历史沉降）。

1）Ⓐ轴老基础，考虑 5 个 1100kN，计算沉降为 4.2cm。

2）Ⓑ轴老基础，考虑 5 个 1402kN，计算沉降为 5.81cm。

3）Ⓓ轴老基础，考虑 5 个 770kN，计算沉降为 2.97cm。

4）Ⓔ轴老基础，考虑 5 个 400kN，计算沉降为 1.63cm。

（2）新基础的沉降计算（扣除老基础的应力历史沉降）。

1）Ⓐ轴新加荷载之一，考虑 5 个 1600kN，计算沉降为 8.58cm，扣除老基础后的计算沉降为（8.58-4.2）cm=4.38cm。

2）Ⓐ轴新加荷载之二（边上②轴、③轴或⑮轴、⑯轴两个轴力较大的基础），考虑 2 个 2000kN，计算沉降为 9.16cm，扣除老基础后的计算沉降为（9.16-4.2）cm=4.96cm；若考虑 5 个（8563kN/5）1713kN，计算沉降为 9.92cm，扣除老基础后的沉降为（9.92-4.2）cm=5.72cm。

3）Ⓐ轴新加荷载之三（中间⑦~⑪轴 5 个轴力较大的基础，上部结构有悬挑），若考虑 5 个（11476kN/5）2295kN，计算沉降为 17.53cm，扣除老基础后的计算沉降为（17.53-4.2）cm=13.33cm，因此不可能采用天然地基。采用进入持力层 6 号土 1m 的复合桩基，小方桩 250mm×250mm×20000mm，同理计算 5 个基础，计算沉降为 9.01cm，扣除老基础后的计算沉降为（9.01-4.2）cm=4.81cm，可以。

4）Ⓑ轴新加荷载之一，考虑 5 个 1800kN，计算沉降为 9.87cm，扣除老基础后的计算沉降为（9.87-5.81）cm=4.06cm。

5）Ⓑ轴新加荷载之二，考虑 5 个 2000kN，计算沉降为 12.35cm，扣除老基础后的计算沉降为（12.35-5.81）cm=6.54cm。

6）Ⓓ轴新加荷载，考虑 5 个 1000kN，计算沉降为 4.92cm，扣除老基础后的计算沉降为（4.92-2.97）cm=1.95cm；考虑 5 个 1200kN，计算沉降为 7.3cm，扣除老基础后的计算沉降为（7.3-2.97）cm=4.33cm；考虑 3 个 1200kN，计算沉降为 6.66cm，扣除老基础后的计算沉降为(6.66-2.97)cm=3.69cm。

7）Ⓔ轴新加荷载，考虑5个600kN，计算沉降为3.87cm，扣除老基础后的计算沉降为(3.87-1.63)cm=2.24cm；考虑5个700kN，计算沉降为5.27cm，扣除老基础后的计算沉降为(5.27-1.63)cm=3.64cm。

8）①ⒶⒶ、②ⒶⒶ轴复合桩基，桩选PHC AB300 60 1111，进入持力层第⑥层土3m，由于②到④轴为暗浜分布区，其天然地基的承载力部分由单节短桩PHC AB300 60 12提供。

6个柱子，6×1100kN，计算沉降为3.30cm；6个柱子，6×1200kN，计算沉降为3.61cm。

9）①Ⓒ轴复合桩基，桩选PHC AB300 60 1111，进入持力层第⑥层土3m，设计值(924+799+735+769+939)kN=4166kN/5=833kN；准永久值(654+565+515+544+654)kN=2932kN/5=586kN。

5个柱子，5×586kN，计算沉降为3.37cm；3个柱子，3×654kN，计算沉降为3.75cm，可以。

10）①Ⓒ轴附近的五个新加天然地基（一个双柱），准永久值(260+383+359+320+309+546)kN=2177kN；设计值(350+526+487+442+424+759)kN=2988kN。

变形计算分别为3.3cm、2.9cm、2.8cm、2.95cm、3.43(3.9*)cm；*由于该基础附加压力稍大按该基础增加附加压力。

（3）地基承载力验算均满足（略）。

（4）改造后变刚度桩基及基础平面如图10-20所示，改造后结构及变刚度桩基及基础剖面如图10-21所示，沉降计算结果及相应轴力如图10-22所示。

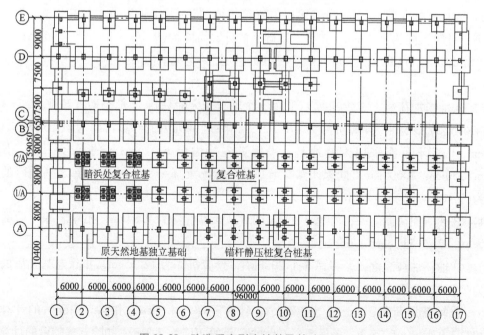

图10-20 改造后变刚度桩基及基础平面

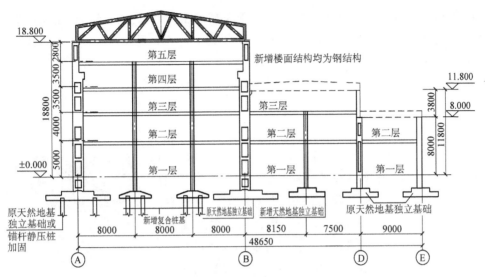

图 10-21 改造后结构及变刚度桩基及基础剖面

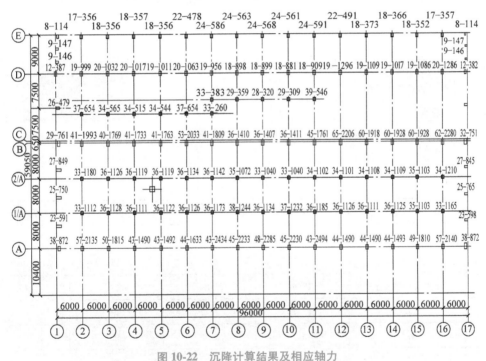

图 10-22 沉降计算结果及相应轴力

[图中数字为:沉降-轴力(准永久值),单位:mm-kN]

(五) 实测及经济效益

该工程于 2009 年 7 月结构封顶,2010 年实测最大沉降是Ⓑ轴东北侧,与预估沉降的趋势是一致的,实测沉降约为 30mm(比预估沉降 45~60mm 小),主楼范围不均匀沉降小于 10mm,局部倾斜远远小于 0.4%。

该工程通过旧厂房改造,充分利用了原来厂房的结构构件及围护结构,整个土建工程造价含加固(不含装修)在内共计 2140 万元,按照建筑面积 18938m² 计算,单位建筑面积造价为 1130 元/m²，如果新造该会所，造价将会高达 1500 元/m² 以上，还不包括原建筑的拆除及垃圾清运处理费用等。因此，按照每 m² 节约工程造价 370 元计算，该工程总共节约工程造价 700.7 万元，取得了良好的经济效益及社会效益。

三、上海中心大厦变刚度调平设计

1. 工程概况

上海中心大厦，位于上海浦东小陆家嘴地区，2008 年 11 月底开工，2016 年 3 月项目竣工，是当时国内最高超高层地标式建筑（图 10-23）。项目建筑面积 43.4 万 m²，建筑总高度为 632m，楼层数为 118 层，地下 5 层，整个建筑支承于 987 根直径为 1000mm 的钻孔灌注桩上，基础为 6.0m 厚筏板，基础埋深约为 30.5m。项目由美国 Gensler 建筑设计事务所进行方案设计，结构顾问为宋腾添玛沙帝建筑工程设计咨询（上海）有限公司（Thornton Tomasetti，简称 TT 公司），由同济大学建筑设计研究院进行施工图设计，曾朝杰及赵锡宏联合参加桩基及基础课题组协助同济大学设计院进行地基基础优化选型及计算分析。

2. 工程地质概况

上海中心大厦所在场地的各工层基本物理力学指标见表 10-10。

图 10-23　上海中心建成效果

表 10-10　各土层基本物理力学指标

层号	土层名称	$\gamma/(kN/m^3)$	E_s/MPa	f_i/kPa	f_p/kPa
①	杂填土	18.0	0	15	—
②	粉质黏土	18.0	3.97	15	—
③	淤泥质粉质黏土	18.4	3.84	25	—
④	淤泥质黏土	17.7	2.27	20	—
⑤₁ₐ	黏土	16.7	3.56	35	—
⑤₁ᵦ	粉质黏土	17.6	5.29	45	—
⑥	粉质黏土	18.4	6.96	60	—
⑦₁	砂质粉土夹粉砂	19.8	11.45	60	—
⑦₂	粉砂	18.7	75	70	2500
⑦₃	粉砂	19.2	60	70	2200
⑨₁	砂质粉土	19.1	70	70	2500
⑨₂₋₁	灰色粉砂	20.2	80	70	2500

（续）

层号	土层名称	$\gamma/(kN/m^3)$	E_s/MPa	f_i/kPa	f_p/kPa
⑨₂ₜ	粉质黏土夹黏质粉土	19.3	85	60	2500
⑨₂₋₂	粉砂	19.6	35	70	2500
⑨₃	细砂	19.7	90	—	—
⑨₃ₜ	粉质黏土	19.1	35	—	—
⑩	粉质黏土	19.3	30	—	—
⑪	粉砂夹粉质黏土	19.0	80	—	—
⑫	粉质黏土	20.0	70	—	—

3. 荷载分布情况

根据同济大学设计院及 TT 公司 2008 年 10 月 14 日提供的荷载数，恒荷载标准值为 6585718kN，活荷载标准值为 962919kN，具体分布详见图 10-24 及表 10-11。

该建筑核心筒面积约为 918m²，而地下室对应标准层投影面积为 4534m²，塔楼筏板面积更是达到了 7960m²，核心筒仅占标准层面积 20%，其下却集中了 40%以上总荷载。

根据陆家嘴地区超高层建成项目经验（上海环球金融中心及金茂大厦），比较容易确定持力层，整个项目拟采用持力层位于⑨₂₋₂层灰色粉砂的直径 1000mm 的超长桩端后注浆灌注桩。

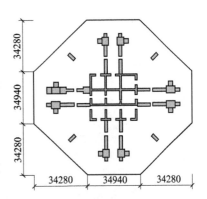

图 10-24 上海中心地下第 5 层核心筒与巨型柱的关系

表 10-11 核心筒与外框柱荷载（kN）比例（%）分析表

项目	荷载总值/kN	核心筒荷载		外框架荷载	
		大小/kN	所占比例（%）	大小/kN	所占比例（%）
恒荷载	6696409	2696986	40.3	3999423	59.7
活荷载	922148	381136	41.3	541012	58.7
准永久组合	7157483	2887554	40.3	4269929	59.7
基本组合	9943857	4014444	40.4	5929413	59.6

经过课题组研究，鉴于整个荷载严重向核心筒集中，提出在核心筒下采用入土 90m 的后注浆大直径超长桩，以此增加核心筒下桩基刚度，而核心筒以外巨型柱下则采用入土 82m 的后注浆大直径超长桩。因顾问单位 TT 公司有不同意见，经反复协调并经组织专家论证，在专家支持下最终确定为核心筒下桩入土深度调整为 86m，核心筒外桩入土深度则为 82m。

为进一步增加核心筒下桩基刚度，采用了不同的布桩方式，核心筒下梅花形布桩、巨型柱下局部梅花形布桩，核心筒及巨型柱外方形布桩，用不同桩基密度来进一步增强核心筒下的桩基刚度（图 10-25）。

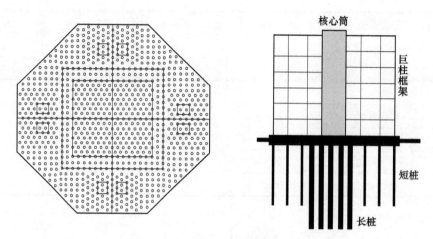

图 10-25　上海中心大厦桩筏基础布桩

4. 优化结果分析

计算表明，迭代法收敛比较迅速，从图 10-26 可知，当迭代到第 5 次，其桩顶反力等值线图与第 6 次收敛解已经相当一致，在 6 次迭代后各单桩位移差均满足收敛条件。

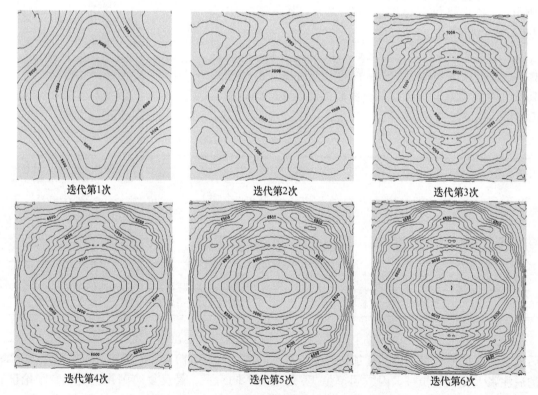

图 10-26　桩顶反力迭代计算结果（迭代 6 次收敛情况）

采用核心筒下长桩、加大核心筒布桩密度的桩基变刚度调平设计后，筏板基础核心筒及巨型柱下部负弯矩大大减小，配筋也大幅度减小（图 10-27、图 10-28），如核心筒下筏板负弯矩由 205081kN·m/m 大幅降低为 86200kN·m/m，降低幅度达到 58.0%，配筋则由 111843mm²/m 降低为 42520mm²/m，降低幅度达到 61.20%，取得显著的经济效益。

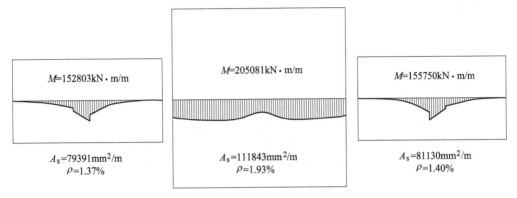

M=152803kN·m/m

M=205081kN·m/m

M=155750kN·m/m

A_s=79391mm²/m
ρ=1.37%

A_s=111843mm²/m
ρ=1.93%

A_s=81130mm²/m
ρ=1.40%

图 10-27　等桩长常刚度东西中轴线弯矩配筋 TT 公司计算结果（板底受弯）

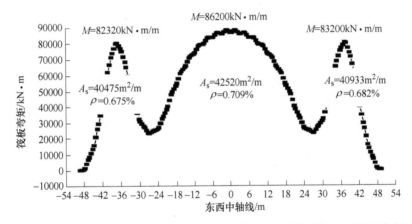

图 10-28　变桩长变刚度理论东西中轴线剖面弯矩及配筋计算结果（板底受弯）

从上海中心大厦桩基础变刚度调平案例，我们应该注意到以下三个问题：

1）刚度提高的部分应该跟荷载集度相匹配，也恰巧是核心筒部分下地基应力叠加部分，该部分地基为整个基础范围内最"柔"的部分，加长这部分桩长、提升其桩基密度，除了提高该部分地基的刚度外，也符合了等强度优化设计原则。

2）桩基应力叠加范围具有有限性，一般原则是：硬质土群桩效应影响范围大，而软土地区由于剪切变形衰减快群桩效应影响范围更小。根据上海地区试桩成果，一般影响范围仅为 6d，因该项目桩身较长，持力层较好，保守起见，我们修改程序，桩影响范围按照 12d 控制。

3）要有合适的计算模型及相应手段，合理的经验修正系数来体现刚度的改变，在上海中心大厦这种的重大项目中，通用程序已经不敷使用。曾朝杰根据"上海岩土工程勘察设计研究院（上勘集团）"提供的桩长-变形修正系数来合理体现刚度与桩长的关系，并结合赵锡宏教授根据陆家嘴地区提出的沉降经验公式来计算桩基的刚度，通过超明星地基沉降与强度计算软件及自编中厚板程序结合进行迭代而进行计算。

注：赵锡宏教授提出陆家嘴地区超高层建筑持力层位于 9 号土筏基中心点沉降经验公式为 $S_c = 0.0012 \sqrt{A}$，其中 A 为筏板面积 m^2。代人相关数据可得该项目筏板整体沉降 $S_c = 0.0012 \times \sqrt{8945}$ mm $= 113$mm，以此作为对上海勘察设计研究院（集团）有限公司所提供修正系数的基本校核。

思 考 题

1. 何谓基础变刚度调平设计？
2. 试分析基础均匀布桩与变刚度布桩的变形与反力特性，并从弹性力学角度简要说明其形成原因。
3. 列举基础变刚度调平设计方法的分类，并比较说明各自特点。
4. 简要说明基础变刚度调平计算方法的主要思路。
5. 通过文献检索，再列举 1~2 个基础变刚度设计的工程实例，并说明其主要特点。

第十一章

高层建筑地基基础共同作用的实测与计算分析

【内容提要】 以国内外著名的典型工程为实例，阐述高层建筑与地基基础共同作用的现场实测和计算分析，分四个方面结合具体工程实例进行论述：高层建筑的筏形基础、桩箱基础、桩筏基础、桩筏（箱）基础荷载分担。

■ 第一节　高层建筑的筏形基础

为了证实高层建筑与地基基础共同作用理论的正确性，进行现场实测比室内模型试验更具有价值。但是现场实测工作非常艰巨，时间长，费用高，量测工作还不一定完全成功，所以现场实测所获得的可靠数据特别宝贵。

国外对筏形基础的实测研究并不多，比较完整的当推美国休斯敦市独特壳体广场（One Shell Plaza）筏形基础的实测结果。该广场高为 217.6m，52 层，简体剪力墙结构，筏形基础平面尺寸为 52.46m×70.76m，厚为 2.52m，埋深 18.3m，地基土主要是夹有砂层的坚硬超固结黏土。在筏形基础设计时，考虑超固结黏土地基与大型筏形基础的共同作用。因此，为了提供地基基础与上部结构共同作用的筏形基础性状的真实数据，在筏形基础埋设了 27 个土压力盒和 20 个钢筋应力计，还对基坑回弹与筏形基础沉降进行了测量，测试平面布置如图 11-1 所示。本节对该广场从 1968 年至 1975 年历时 8 年之久的测试研究分析结果进行简述。

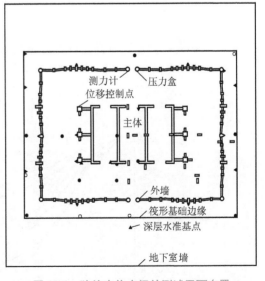

图 11-1　独特壳体广场的测试平面布置

建筑场地的地基条件如图 11-2 所示。地基主要是夹有砂层的坚硬超固结黏土——更新世三角洲沉积的典型的博蒙特黏土（Beaumont clay）。在建筑场地下 61m（200ft）内的土层基本上是均匀的，在约 91.5m（300ft）处有一层砂层。

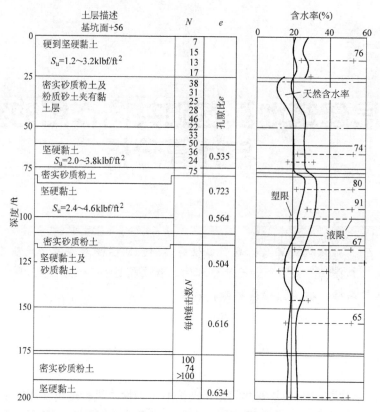

图 11-2 独特壳体广场的地基土剖面

注：1ft＝0.3048m，1klbf/ft² ＝47.88kPa。

一、实测地基变形

（1）回弹变形。在基坑开挖前，在基坑底下约 0.61m 处埋设 24 个回弹标记，在基坑开挖完毕后，测得基坑中心处回弹变形为 10.2～15.2cm，基坑边缘为 2.5～5.0cm。

（2）筏形基础纵向弯曲和差异沉降。图 11-3 表示大楼筒体、外墙和筏形基础边缘处沉

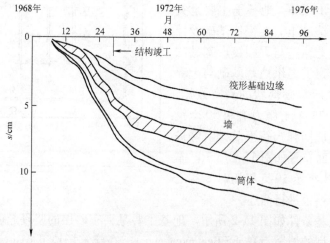

图 11-3 独特壳体广场各部位的沉降与时间关系

降与时间关系的曲线，也反映该三部分本身及三者之间的差异沉降。从图 11-3 可见，上部结构的刚度对筏形基础纵向弯曲和差异沉降影响很大，可减少差异沉降。在超固结黏土上大型筏形基础的差异沉降主要发生在结构加载期间，几年以后，以衰减速度继续产生差异沉降。

二、实测基础反力

根据 27 个土压力盒的测试结果，绘制大楼的筏形基础各个部位的反力与时间关系曲线，如图 11-4 所示。由图 11-4 可见，在土建结构施工期间，筏形基础各个部位的反力随荷载的增加而增大；在结构施工竣工后，各个部位的反力变化并不显著，尤其是大楼筒体的筏形基础反力几乎不变。从图 11-4 还可见，在筒体和外墙之间的筏形基础反力明显地比筒体的筏形基础反力要小，筏形基础反力形成一个锅底形分布。

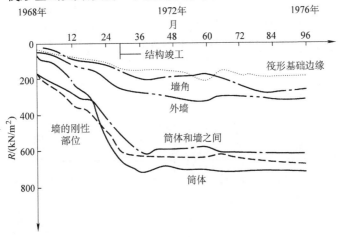

图 11-4　筏形基础各部位的反力与时间关系

三、实测基础应力

筏形基础的厚度为 2.52m，含钢率较高，考虑施工的方便，分 8 次浇筑。然而，筏形基础浇筑后，由于混凝土收缩产生高达 53.8MPa 的应力，这样大的应力应特别注意，同时，钢筋应力也要做修正。位于筏形基础长轴的钢筋应力与时间关系如图 11-5 所示，它表示筏

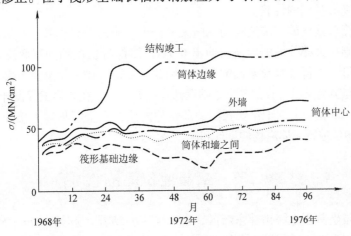

图 11-5　筏形基础长轴上的钢筋应力与时间关系

形基础浇筑后不久，钢筋应力有一个初始突变，以后，钢筋应力只略有增加，仅在筒体边缘处，钢筋应力有明显增加。在施工完毕后，当筏形基础继续变形时，钢筋应力继续缓慢增加。

最高应力出现在刚性筒体边缘处，而另一应力峰值出现在筏形基础边缘处。钢筋应力的最大值达 $110MN/m^2$，接近一般的允许应力。实测钢筋应力结果表明，该筏形基础的大多数截面的受力状态仍属于不开裂情况。

四、计算与实测的综合比较

筏形基础的沉降、反力和应力分布的综合比较如图 11-6 所示。

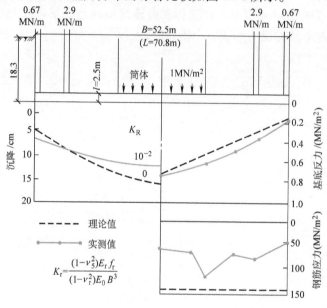

图 11-6　筏形基础的沉降、反力和应力分布

分析历时 8 年的测试资料可以得到：沉降预估应考虑土与结构物的共同作用；在设计分析中应考虑上部结构刚度对减少差异沉降的影响；在超固结黏土上大型筏形基础的差异沉降主要发生在结构施工期间；筏形基础的大多数截面处于不开裂受力状态；采用的近似分析方法可定性地预估筏形基础的性状。

该大型深埋筏形基础的实测资料为我国大型筏形基础的设计提供了宝贵的经验；另一方面，由于筏形基础在大楼外墙的四周均伸出 6.1m，使得沿长短轴的基底反力分布形成中部大两端小的锅底形，降低了筏形基础的弯矩，因此，筏形基础采用悬挑方案是可取的。

该筏形基础的实测资料对我国筏形基础设计有指导作用，在具体工程设计中也收到较大的经济效益。例如，20 世纪七八十年代我国的郑州旅游旅馆和上海华盛大楼的箱形基础设计与现场监测，就曾参考独特壳体广场的设计和测试经验。

■ 第二节　高层建筑的桩箱基础

世茂滨江花园坐落在上海市浦东新区，由 7 幢 49~55 层、高达 169m 的大楼组成。桩箱基础，箱板厚度为 2.0m，灌注桩长为 58m、直径为 850mm，落在⑦₂ 粉砂层中。总桩数为

464 根，根据桩的荷载试验，确定单桩允许承载力为 5000kN，上部结构为钢筋混凝土剪力墙。桩箱基础的桩布置相当匀称。基础形状不规则，面积约为 2700m²，埋深为 8.27m。采用上部结构与地基基础共同作用理论对其中一幢住宅的桩箱基础的性状进行实测与计算分析。

世茂滨江花园的基础平面图如图 11-7 所示。建筑场地的地质条件见表 11-1。

表 11-1 各层土的物理力学性质指标

土层编号	土层名称	厚度 /m	含水率 $w(\%)$	重度 γ/ (kN/m³)	孔隙比 e	压缩指标 $\alpha_{1\sim2}$/MPa⁻¹	压缩指标 $E_{s1\sim2}$/MPa	固结快剪 c/kPa	固结快剪 φ
②	褐黄色粉质黏土	1.50	33.0	18.9	0.921	0.45	4.27	24	15°15′
③	灰色淤泥质粉质黏土	2.25	42.5	17.7	1.198	0.82	2.74	11	18°45′
③夹	灰色黏质粉土	0.85	33.1	18.8	0.919	0.20	9.59	8	30°45′
④	灰色淤泥质黏土	7.48	50.6	17.0	1.427	1.11	2.17	10	9°45′
⑤₁ₐ	灰色黏土	2.50	43.7	17.7	1.225	0.72	3.11	14	10°15′
⑤₁ᵦ	灰色粉质黏土	7.53	34.4	18.5	0.983	0.42	4.72	19	15°30′
⑥	暗绿-黄色粉质黏土	3.60	23.3	20.0	0.658	0.19	8.74	50	20°20′
⑦₁	灰绿-黄色砂质粉土	6.98	30.9	19.0	0.860	0.16	11.66	3	34°15′
⑦₂	灰-黄色粉砂	32.95	27.2	19.4	0.764	0.11	16.02	3	35°15′
⑨₁	灰色粉细砂	10.88	25.9	19.5	0.737	0.13	13.34	3	36°15′
⑨₂	灰色含砾粉细砂	29.75	27.5	19.3	0.770	0.14	12.88	3	35°30′

注：填土 1.3m，地下水位为 0.5m。

为了简化分析，将不规则的基础（图 11-7）等效为长方形，当作桩筏基础进行分析。

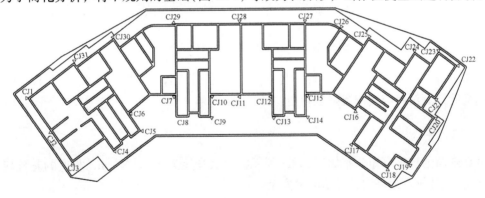

图 11-7 世茂滨江花园的基础平面

一、实测和计算沉降

1. 实测沉降

该建筑在 2002 年 2 月 1 日结构封顶，沉降测量从 2001 年 3 月 21 日开始，到 2002 年 10 月 28 日止，共 36 次。沉降布置点如图 11-7 所示。选择测点 CJ28（相当于中点）绘制沉降随时间变化的曲线，如图 11-8 所示，可以推算，最终稳定沉降约为 50mm。同时，绘制沿纵剖面的实测沉降图，如图 11-9 所示。

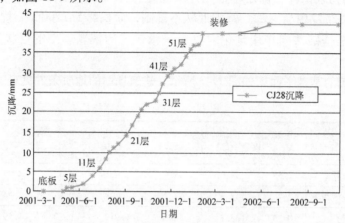

图 11-8　沉降随时间变化的曲线

图 11-9　沿纵剖面的实测沉降

2. 计算沉降

计算的最大沉降为 46.5mm，如图 11-10 所示。

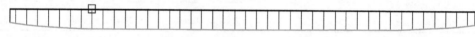

沉降

最大正值0.04653　　X=17.85　Y=0.00　模型比例 1:0.31
最小负值 - - -　　　X= - - -　Y=- - -　结果比例 1:0.0047

图 11-10　沿纵剖面的计算沉降

从图 11-8、图 11-9 和图 11-10 的对比可见，不但计算最大沉降与实测最终沉降很接近，沿纵剖面的计算沉降与实测沉降也相当吻合。

二、计算弯矩

沿纵剖面的计算弯矩分布如图 11-11 所示。最大弯矩为 3432kN·m，相应的基础应力为 2288kPa，从计算弯矩来看，建筑非常安全。

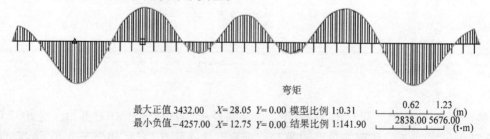

弯矩

最大正值 3432.00　　X= 28.05　Y= 0.00　模型比例 1:0.31
最小负值 -4257.00　　X= 12.75　Y= 0.00　结果比例 1:141.90

图 11-11　沿纵剖面的计算弯矩分布

三、群桩的荷载分布

群桩的荷载沿纵剖面的分布如图 11-12 所示，桩的最大荷载为 5163kN，位置靠近核心部。该值刚刚超过桩的允许承载力。

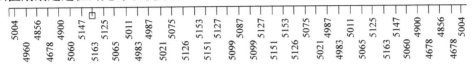

轴压力

最大正值 5163.00   X=17.85 Y=−2.00 模型比例 1:0.31
最小负值 0.00   X=12.75 Y=0.00 结果比例 1:172.10

0.062   1.23 (m)
3442.00 6884.00 (t)

图 11-12 群桩的荷载沿纵剖面的分布

群桩的荷载沿左边的对称轴分布如图 11-13 所示。

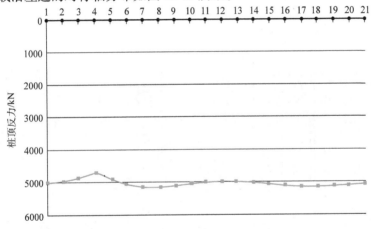

图 11-13 群桩的荷载沿左边对称轴的分布

应予指出，在桩筏或桩箱基础设计中，工程技术人员通常不考虑桩筏或桩箱间的荷载分担，甚至也不考虑地下水的全浮力。显然，这种设计是比较保守的。

根据上述对世茂滨江花园的桩箱基础的分析，上部结构与地基基础共同作用理论的分析是可行而实用的。

■ 第三节 高层建筑的桩筏基础

从 20 世纪七八十年代始，国内外已经很重视对桩筏基础的现场实测，最早当推英国和德国，已对约 20 幢高层建筑进行实测。例如，英国的伦敦海德公园骑兵大楼(Hyde Park Cavalry Barracks)，高度为 90m，31 层高层建筑，桩筏基础；德国的 Messe-Torhaus 大楼，高度为 130m，桩筏基础；欧洲最高的德国商业银行大楼(Commerzbank Tower)，高 300m，桩筏基础，专门研究上部结构与地基基础共同作用；还有一幢就是 Main Tower，高 198m，57 层，埋深 21m，桩筏基础。在我国 20 世纪 80 年代也很重视桩筏(箱)的现场实测，在上海有 7 幢，在武汉有 2 幢，在西安有 2 幢，共 11 幢。因此，在国内外已经积累了很多宝贵资料，为高层和超高层建筑的桩筏（箱）基础考虑上部结构与地基基础共同作用的设计奠定了非常有利的基础。

下面分别介绍四个国内外的典型桩筏基础工程实例，以表明共同作用理论的可行性和实用性。

一、海德公园骑兵大楼（Hyde Park Cavalry Barracks）

海德公园骑兵大楼是一幢位于伦敦海德公园，高度为 90m，31 层的高层建筑。该大楼地面以下有 8.8m 深的地下室和厚度为 1.52m 的筏形基础，筏底与黏土接触的面积为 618m^2。筏形基础底下为约 50m 厚的伦敦黏土，灌注桩共 51 根，大致为同心圆的环形布置，桩长 24.9m，桩身直径为 0.91m，桩底扩大直径为 2.44m（图 11-14、图 11-15）。建筑物总重为 228MN。在桩-筏中有三根桩埋设桩顶传感器以量测桩的荷载，三个压力盒量测筏形基础底的接触压力，并设置 16 个沉降观测点，现场实测研究工作持续 6 年之久。实测桩顶荷载 P 和筏形基础接触压力 R 的结果如图 11-16 和图 11-17 所示。

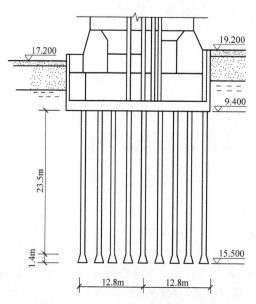

图 11-14　海德公园骑兵大楼地下室剖面

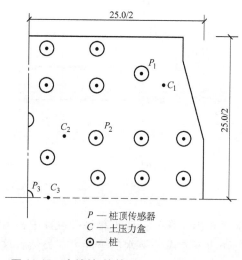

图 11-15　大楼桩-筏基础平面与桩顶传感器和土压力盒布置

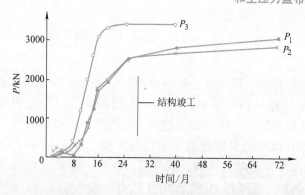

图 11-16　大楼桩顶荷载与时间的关系

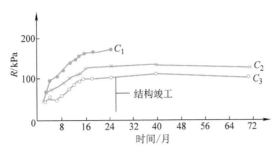

图 11-17　大楼筏形基础接触压力与时间的关系

该大楼施工程序为先做灌注桩，后挖基坑，再浇筑筏形基础及地下室等。这样，由于基坑开挖卸载引起的隆起受到桩-筏的约束，坑底土隆起力作用于筏底，桩产生上拔力。随着筏形基础浇筑后竖向荷载的增加，筏形基础的接触压力也缓缓地增大，作用于桩上的力变化较快，并由拉力变为压力。实测表明，施工期间桩-筏间的荷载分配取决于隆起力与竖向荷载之比。而隆起力的大小又取决于打桩方案、挖土方法、基坑暴露时间的长短及地下室的施工方法等因素。根据实测结果推算，在竣工时和使用期间内，桩和筏分担上部结构竖向荷载的比例分别约为60%和40%。另外，实测和有限元的分析结果均表明群桩中内桩的受力相当均匀；筏形基础的实测接触压力，在筏形基础边缘处大于中心处。计算也表明，黏土的固结作用对桩-筏的荷载分布有一定影响，即桩承受的荷载趋于增加，筏形基础的接触压力趋于减少。不过，该工程荷载的转移比例较小，因此，仍然可认为，对于灌注桩，筏形基础将承受较大比例的竖向荷载。

应予指出，当确定基础的整体刚度时，应当考虑筏板以上的上部结构刚度的贡献，该大楼在计算分析中是采用3.30m的"等效厚度"来考虑上部结构刚度的影响的。

二、德国商业银行大楼(Commerzbank Tower)

德国商业银行大楼为欧洲最高的大楼，在第二章已介绍了该大楼的结构体系，大楼的基础平面如图2-16所示。桩筏基础，采用的111根大直径钢筋混凝土桩为望远镜式的就地灌注桩，长度37.6~45.6m。顶部23m范围内直径为1.8m，直径逐步降低到下面的1.5m。桩集中在塔楼三个核心筒下面，少量在周围墙下面。桩通过相当弱的法兰克福黏土(Frankfurt clay)传递塔楼荷载到坚硬的下卧层的法兰克福石灰石。桩埋置在法兰克福石灰石中的平均长度为8.8m。在三个核心筒下的桩距为3.75m，在周围墙下三个核心筒之间的单独桩为6.8~10m。筏板的厚度取决于其作用，直接在核心筒桩群上的筏厚为4.45m，在核心筒桩群之间为2.5m。筏板面积为2690m²，大楼总荷载为1634MN，基底压力约为600kPa。

为了获得筏与桩分担塔楼荷载、群桩内桩的荷载分布、桩与沿桩身土的荷载传递、桩基的荷载变形性状等地基基础与上部结构共同作用的真实资料，在不同部位布置了相关测量仪器。在30根桩内部，把300个应变计安装在5个不同深度，每隔2m成对地对称排列在钢筋笼内边；在6根桩内，布置小型混凝土荷载计；在15根桩的桩尖部位，安放有$\phi1.3m$荷载计，在5根桩的桩顶安放$\phi1.5m$荷载计；13个土压力盒和4个孔隙水压计被安装在塔楼筏形基础下；13个伸缩仪安装在筏形基础水平面下95m，以测量地基的竖向变形。

1. 地基条件

场地地基土属于第三纪土，由顶部法兰克福黏土和下卧层岩质的法兰克福石灰岩组成。

法兰克福黏土被6~9m厚的第四纪砂和卵石覆盖着。法兰克福黏土是由坚硬和半固体黏土交互组成的，其中有不同强度的砂、石灰石等形成的夹层。法兰克福黏土变形性状的本质是黏土。法兰克福石灰石是非均质和多洞穴的，但比法兰克福黏土要坚硬，深达地面下120m。在法兰克福石灰石下面有中等强度和容易变形的土。地下水位在地面下5~6m。

2. 实测沉降

东西向剖面的实测沉降随时间的变化如图11-18所示，各立柱的实测沉降随时间的变化如图11-19所示。从图11-19可见，结构荷载导致大楼产生的最大沉降为2cm（从1995年6月到1996年12月）。比较小的沉降发生在大楼三个核心筒内（6个巨型柱），其间弯曲0.5cm（中厅柱）。旧大楼在大楼边沉降1.0cm，在大楼对面沉降0.3cm。在环绕大楼周围建筑（建造在1.0~1.5m厚的浅基础上）的沉降达2.5cm，如图11-18所示。因此，在设计时必须充分考虑不同建筑高度和不同基础之间的沉降处理。

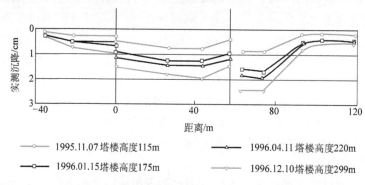

图 11-18 东西向剖面的实测沉降随时间的变化

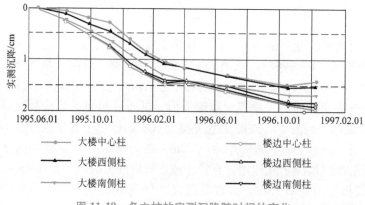

图 11-19 各立柱的实测沉降随时间的变化

3. 实测桩顶荷载分布

图11-20所示的为5根桩（一柱一桩,角桩,边桩,内部桩,中心桩）平均桩顶荷载随时间的变化。从图11-20可见，在岩石中桩群的桩顶荷载分布仍然取决于桩群中桩的位置，桩的荷载从桩群的外边到内部逐步减少。根据1996年12月的测试结果，角桩和边桩的荷载为中心桩的1.3~1.4倍，内部桩荷载为中心桩的1.2倍。最大的一柱一桩的荷载为14.6MN，在三个核心筒之间的桩的荷载为中心桩的2.0倍。

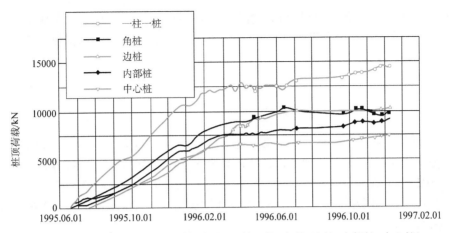

图 11-20　平均桩顶荷载随时间的变化（一柱一桩，角桩，边桩，内部桩，中心桩）

4. 实测桩的荷载传递

图 11-21 典型地表示 97 号桩的桩轴力和桩身摩擦力随深度的分布。显而易见，这取决于法兰克福黏土和法兰克福石灰石间的刚度和强度的不同，分布规律随之变化。因为在法兰克福黏土中，桩与土的相对位移很小，桩身摩擦力只不过 30kPa，在法兰克福石灰石中，桩身摩擦力得以充分发挥，为 450kPa（图 11-21a）。至于桩的轴力分布，在桩尖处的阻力仅仅承受桩荷载的 5%（图 11-21b）。

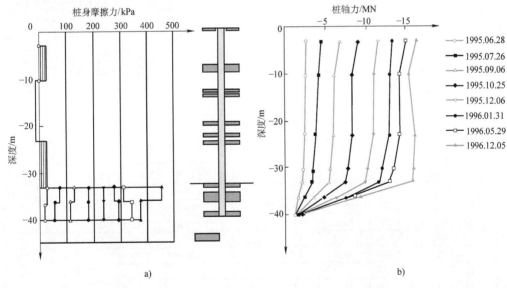

图 11-21　97 号桩的桩轴力和桩身摩擦力随深度的分布

5. 实测桩筏的荷载分担

筏形基础的土压力和桩的反力实测结果表明，两者分担比例为 5：95，即桩承受大楼荷载的 95%，筏形基础只承受 5%。

6. 土与结构物的共同作用分析

采用三维有限元分析方法，考虑桩基在多层土中的空间作用，法兰克福黏土采用弹塑性模型。计算结果为：计算的桩筏荷载分担为 9：1，即筏形基础可承受大楼荷载 10%，而实测仅为 5%。角桩和边桩的荷载计算值，比实测结果分别大 30% 和 4%；内部桩和中心桩的荷载计算值，却比实测结果分别小 8% 和 13%。也就是说，中心桩、内部桩和边桩的计算和测试值有很好的一致性。

三、金茂大厦

金茂大厦位于上海市浦东陆家嘴地区，88 层，高 420.5m，桩筏基础，该楼由主楼和裙房组成。主楼地下 3 层；裙房 5 层，地下室 3 层。总面积为 23000m²。主楼的基础面积为 3519m²，筏厚为 4.0m，桩数为 429 根，桩长为 83m，埋深为 19.65m，有效桩长为 63m。总荷载为 3000MN。金茂大厦自 1998 年 8 月 28 日竣工，营业至今，使用良好。

金茂大厦总平面图和主楼桩位图分别如图 11-22 和图 11-23 所示。各层土的主要物理力学性质指标见表 11-2。

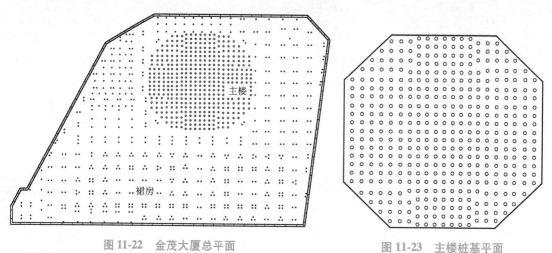

图 11-22　金茂大厦总平面　　　　　　　图 11-23　主楼桩基平面

表 11-2　各层土的主要物理力学性质指标

土层编号	土 层 名 称	层厚/m	含水率 $w(\%)$	重度 $\gamma/$ (kN/m^3)	孔隙比 e	渗 透 系 数		固 结 快 剪	
						$k_h/(cm/s)$	$k_v/(cm/s)$	c/kPa	$\varphi/(°)$
①	填土	0.900						11.0	17.00
②	粉质黏土	2.175	35.3	18.5	1.00	5.11×10^{-5}		17.0	20.80
③	淤泥质粉质黏土	4.200	39.6	18.1	1.11	1.77×10^{-4}	2.81×10^{-6}	11.5	22.00
④	淤泥质黏土	9.720	49.0	17.3	1.37	1.64×10^{-5}	2.47×10^{-7}	14.0	13.50
⑤	粉质黏土	8.590	34.4	18.5	0.98	1.33×10^{-6}	2.49×10^{-5}	13.0	20.00
⑥	粉质黏土	3.215	23.0	20.1	0.67			51.0	21.00
⑦₁	砂质粉土	6.940	31.2	18.6	0.91			4.29	32.70
⑦₂	粉细砂	28.32	26.9	18.9	0.80			0.00	33.57
⑧	砂质粉土		32.1	18.5	0.93				
⑨₁	砂质粉土		28.9	18.9	0.84				

注：地下水位为 -0.5m。

1. 实测沉降分析

(1) 沉降观测数据。沉降测量是从 1995 年 10 月 5 日开始到 2003 年 4 月 1 日，在将近 7 年半期间里，进行了 149 次沉降测量。

各测点的竖向位移是以两次测点的高程差计算得到的，仪器采用精密水准仪，配 2m 锢钢水准尺，按 GB 50026—1993《工程测量规范》二等竖向位移测量精度要求进行。水准路线闭合差均小于或等于 $\pm 0.3\sqrt{n}$ mm（n 为测站数），高程从地面向下传递到筏形基础底板用 12m 的锢钢带尺测量，精度为 ± 0.01mm，在 149 次测量中最大闭合差为 -1.07mm，最小闭合差为 $+0.01$mm（规范允许值为 ± 1.26mm）。

主楼筏形基础的沉降测点平面图如图 11-24 所示，沉降剖面图如图 11-25 所示。

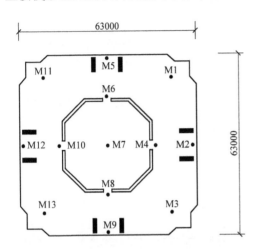

图 11-24　主楼筏形基础沉降测点平面布置

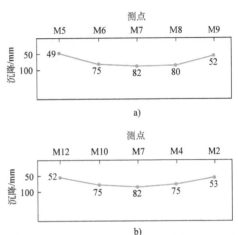

图 11-25　主楼筏形基础沉降剖面

a）东西向　b）南北向

（2）沉降数据分析。最大沉降（M7 测点）为 82mm，最小沉降（M1 测点）为 44mm，形状像一个倒锅形，根据对 M1~M13 测点的分析，沉降相当对称。

1）平均沉降。如取 13 个测点（M1~M13）的平均值，平均沉降值为 59.4mm，如取核心筒的 5 个测点（M7，M4，M6，M10，M8），此时的平均沉降值为 77.4mm。

2）稳定沉降。如果从第 148、149 次的测量结果计算，时间相隔 3 个月（2003 年 1 月 7 日到 2003 年 4 月 1 日）的沉降测量对比，只有核心筒的 5 个测点中有两测点相差 1mm，其余 8 个测点相差为零。如果从第 147 和 149 次的测量结果计算，时间相隔 7 个月（2002 年 9 月 30 日到 2003 年 4 月 1 日），也只有 3 个测点（包括前述 2 个测点）相差 1mm。那么，根据规范的要求，大厦的沉降基本趋于稳定。根据分析推算，若干年后，沉降将超过 9cm。

2. 超高层建筑与地基基础共同作用的计算分析

对于超高层建筑，沉降和差异沉降控制要求严格，安全度的保证特别高，设计时，必须把应力控制在弹性状态内，有别于一般的高层建筑。

根据表 11-2 的土的主要物理力学性质指标计算的平均桩土弹性模量 $E_0 = 33$MPa。采用高层建筑与地基基础共同作用理论计算桩筏基础沉降、桩顶反力筏板弯矩和应力。

中轴线的沉降、桩顶反力、筏板弯矩和应力的计算结果分别如图 11-26、图 11-27、图 11-28 和图 11-29 所示。

（1）桩筏基础沉降。基础设置滤水层，不必考虑浮力的影响。为了与考虑浮力的比较，计算结果如图 11-26 所示。实测的中点沉降为 82mm，推算稳定沉降约为 95mm。计算沉降为 110mm，两者比较接近。从实测与计算的沉降剖面比较，两者形状均像一个倒锅形。

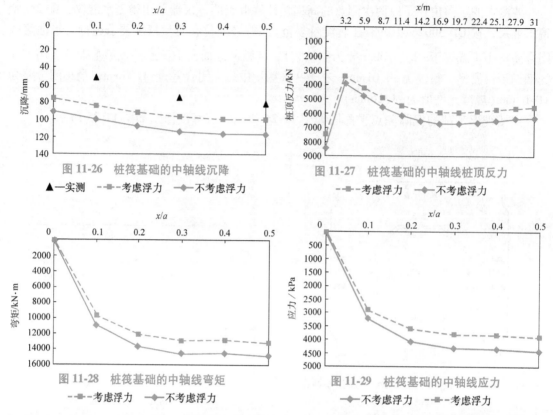

图 11-26　桩筏基础的中轴线沉降

▲—实测　■─考虑浮力　◆─不考虑浮力

图 11-27　桩筏基础的中轴线桩顶反力

■─考虑浮力　◆─不考虑浮力

图 11-28　桩筏基础的中轴线弯矩

■─考虑浮力　◆─不考虑浮力

图 11-29　桩筏基础的中轴线应力

◆─不考虑浮力　■─考虑浮力

（2）桩顶反力。建筑物荷载主要集中在四边 8 个钢筋混凝土巨型柱上（图2-18），而巨型柱靠近基础边；中间为核心筒荷载，在巨型柱和核心筒间的荷载较小。在这样荷载条件下，计算的桩顶反力分布显示一个转折点（图 11-27）是符合情理的，也反映 4m 厚的基础并非绝对刚性，实测沉降的结果，如图 11-25 所示，同样说明这种情况。

计算的桩顶反力分布，在角桩最大为 8500kN，比平均荷载 7500kN 约大 13%，而中心桩的计算反力为 6350kN，比平均荷载约小 15%。

（3）筏形基础弯矩和应力。计算的考虑浮力与不考虑浮力的最大弯矩分别为 13000kN·m 和 15000kN·m，如图 11-28 所示，只是为简便估计，试取惯性模量 $W = bh^2/6$，那么，相应的应力分别为 4400kPa 和 3800kPa，如图 11-29 所示，这些应力远小于允许的钢筋应力。

从上述计算分析可见，金茂大厦的桩筏基础只有沉降测试的实测值与计算值是比较接近的；筏板的估计应力很小，没有出现裂缝；计算的桩顶反力分布与实测沉降相应。这些表明高层建筑与地基基础共同作用的计算分析方法具有良好的实用性和可行性。

四、长峰商场

长峰商场主体结构为一幢 60 层、高 238m 的框-剪结构超高层建筑。基础采用桩筏基础，主楼筏板厚为 4.0~6.25m（筏形基础在 -20.75m 处的厚度为 4m，-21.75m 处的厚度为 5m，-23.00m 处的厚度为 6.25m）。基坑开挖深度为 18.95~24m。桩采用直径 850mm 的钻孔灌注桩，桩深 72.50m，有效桩长约为 48m，桩距为 2.66m，桩数为 416 根。根据 5 组试桩资料，取平均极限荷载为 11000kN，桩的设计荷载为 5700kN。测试平面布置如图 11-30 所示，实测数据包括沉降、土压力、桩顶反力、筏板的钢筋应力和巨型柱压力。

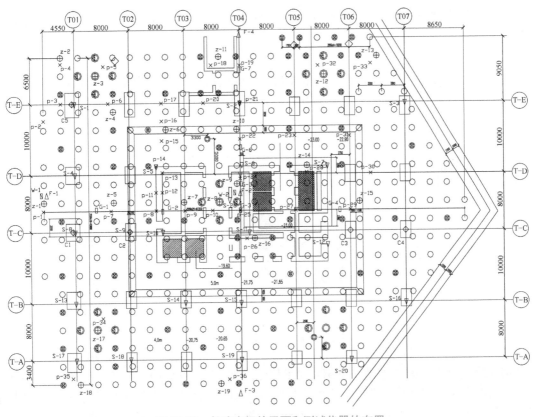

图 11-30　长峰商场的平面和测试仪器的布置

$\bigoplus$ Z-1~Z-19—桩传感器　　$\diamondsuit$ C1~C5—巨型柱传感器　　$\times$ p-1~p-36—土压力盒

$\triangledown$ S-1~S-20—沉降测点　　$\square$ G-1~G-7—钢筋应力计

1. 实测沉降

沉降测点共 20 点，取代表性测点 S12 为例说明沉降随施工建筑层数的变化关系，如图 11-31 所示。由图 11-31 可见，竣工时的最大沉降为 58mm，这个沉降值与统计公式(11-1)的计算结果比较接近。

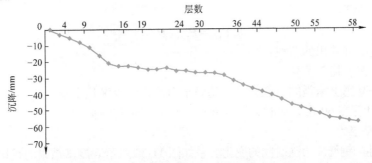

图 11-31　S12 测点沉降随施工的建筑层数的变化关系

$$s_c = \alpha B_e \tag{11-1}$$

式中，$\alpha \leqslant 0.001$；B_e 为等效宽度。

长峰商场主楼的基础面积为 $2875m^2$，等效宽度 B_e 为 53.62m，按式（11-1）计算的平均沉降 $s_c = 53.62mm$。

2. 实测土压力

土压力盒埋设 36 个，取有代表性测点 P29 为例说明土压力随时间（层数）变化关系，如图 11-32 所示。从图 11-32 可见，土压力大体上有三个阶段的变化特点：

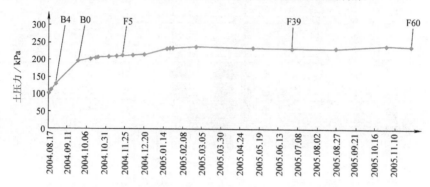

图 11-32　P29 测点土压力随时间（层数）变化关系

B4—地下室第 4 层（2004.8.22）　　B0—地面第 1 层（2004.10.3）　　F5—地面第 5 层（2004.11.2）

F39—地面第 39 层（2005.6.24）　　F60—地面第 60 层（2005.11.28）

第一阶段（B4~B0）。在地下室第 4 层 B4 施工阶段中，筏板厚 4~6.25m 已经浇筑完成，土压力随时间呈直线变化。此时，平均土压力为 35kPa，相应底板混凝土浇筑完毕，当时基底平均压力为 169kPa，随后土压力直线上升至 188.5kPa，相应地面第 1 层 B0 浇筑完毕，当时基底平均压力为 206kPa。计算埋深为 18.95m 的地基承载力大于 206kPa。

第二阶段（B0~F10）。把地面第 10 层 F10 的施工阶段作为覆盖土自重压力阶段。基底土压力从 188.5kPa 随建筑层数的增加而缓慢地增至 232kPa。

第三阶段（F10~F60）。把地面第 10 层 F10 施工开始视为附加压力阶段，该阶段的土压力基本上保持恒值，其值为 232kPa，直至地面第 60 层 F60，结构施工竣工。

这些土压力特点可为估计群桩的受力随层数变化关系创造条件。

3. 实测桩顶反力

在桩顶原埋设 19 个传感器，可惜施工过程中全部被破坏，在这种情况下，只能依靠土压力推算，如下式所示

$$P_{pile} = P_{total} - P_{soil} \qquad (11-2)$$

式中　P_{pile}——群桩承担的荷载；

　　　P_{total}——建筑物总荷载；

　　　P_{soil}——基底土承担的荷载，等于基底土净面积乘以平均土压力。

这样，可计算在 60 层完成时，桩群承担 72% 的建筑物的荷载。

4. 实测钢筋应力

具有代表性的钢筋应力随时间的变化关系如图 11-33 所示。测试结果明显地表明，在最初阶段，筏板底层（G111、G112）的钢筋应力均呈拉应力状态随施工荷载（时间、层数）增加，一直上升，直至 2004 年 12 月 15 日后，相当地面 10 层，拉应力开始保持恒值不变；相应地，筏板顶层（G121、G122）的钢筋应力，从最初阶段的受压逐步转变为受拉应力状态，同样的，在 2004 年 12 月 15 日后，相当地面 10 层，拉应力开始保持恒值不变。显然，这是上部结构刚度对基

础的贡献，使筏板的中性轴上移的结果。同时，表明结构刚度对基础贡献的有限性。

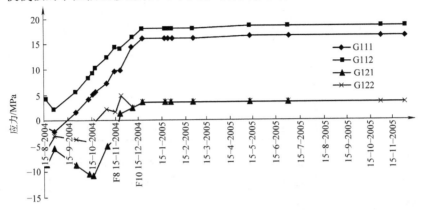

图 11-33　筏板钢筋应力随时间变化关系

G111、G112—筏板底层互相垂直布置的钢筋编号

G121、G122—筏板顶层互相垂直布置的钢筋编号

根据上部结构与地基基础共同作用理论，可求得一个考虑上部结构刚度贡献的计算公式

$$(\boldsymbol{K}_\mathrm{B}+\boldsymbol{K}_\mathrm{r}+\boldsymbol{K}_\mathrm{P_s})\,\boldsymbol{U}_\mathrm{B}=\boldsymbol{S}_\mathrm{B}+\boldsymbol{P}_\mathrm{r} \tag{11-3}$$

式中　$\boldsymbol{K}_\mathrm{B}$、$\boldsymbol{S}_\mathrm{B}$——$n$ 层结构（包括地下室结构的层数）边界上的凝聚等效刚度矩阵以及相应等效荷载矢量；

　　　　$\boldsymbol{K}_\mathrm{r}$——筏板的刚度矩阵；

　　　　$\boldsymbol{K}_\mathrm{P_s}$——桩土的刚度矩阵；

　　　　$\boldsymbol{U}_\mathrm{B}$——边界位移矢量；

　　　　$\boldsymbol{P}_\mathrm{r}$——筏板的节点力矢量。

由式(11-3)求解 $\boldsymbol{U}_\mathrm{B}$ 后，可反求在 n 层时的沉降、筏的弯矩、桩的反力等。

必须指出：式中 n 层的确定，可采用试算法，或者根据土的自重应力阶段采用相应的层数。为安全起见，式(11-3)中左项的层数取 $n-1$，而右项的层数取 $n+1$。也可采用常用的设计方法求得的筏厚和钢筋应力，并与由式(11-3)求得的结果比较，以便寻求更加合理的设计方法。

5. 实测的巨型柱荷载

此次对巨型柱承受荷载进行现场实测在上海尚属首次。四个巨型柱的实测荷载随着建筑层数（时间）的变化关系如图 11-34 所示，四个巨型柱的实测荷载汇总于表 11-3 中。

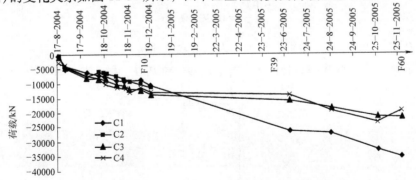

图 11-34　实测巨型柱的荷载-建筑层数（时间）的关系曲线

F10—表示地面 10 层(2004.12.19)　F39—表示地面 39 层(2005.06.23)　F60—表示地面 60 层(2005.11.25)

表 11-3 四个实测巨型柱的荷载汇总

巨型柱编号	巨型柱截面 尺寸/$\left(\dfrac{长}{m}\times\dfrac{宽}{m}\right)$	巨型柱在完成建筑 F10 时的实测荷载/kN	巨型柱在完成建筑 F60 时的实测荷载/kN
C1	2.4×2.0	10725	35526
C2	2.4×1.5	11333	
C3	2.4×1.5	13945	21985
C4	2.4×1.5	13293	19744

巨型柱截面 2.4m×2.0m（C1）和 2.4m×1.5m（C2～C4）的设计荷载分别为 70000kN 和 60000kN。因此，实测的巨型柱荷载比设计荷载小得多，就是说，安全系数足够大。这些实测数据很宝贵，可供设计人员借鉴。

五、高层建筑的桩筏(箱)基础实测桩顶荷载和筏板钢筋应力

上海中心大厦
地基基础共同
作用实测案例

在高层建筑，尤其是超高层建筑的桩筏基础设计中，筏厚的确定是一个亟待解决的问题。例如，上海某饭店，上部结构只不过 42 层，外方设计的基础也要 4m；88 层的金茂大厦桩筏基础的筏厚为 4m，101 层上海环球金融中心桩筏基础的筏厚为 4.5m，而上海某 60 层建筑桩筏基础的筏厚却也要 4.5m，目前世界最高 828m 阿联酋迪拜哈利法塔桩筏基础的筏厚仅仅 3.7m。筏厚为什么相差这样大？究其原因，现场实测数据不够充分，且没有一个适合于超高层建筑的有效设计规范等。目前，对于高层建筑现场实测数据主要是桩顶荷载分布规律和筏板的钢筋应力，下面汇总在这方面的实测成果。

1. 实测的桩顶荷载分布

早在 20 世纪 80 年代，同济大学高层建筑与地基基础共同作用课题组收集国内外桩基基础的桩顶反力实测资料，总结桩顶的反力分布的关系式为

$$\begin{cases} \dfrac{P_c}{P_{av}} = 1.32 \sim 1.50 \\[2mm] \dfrac{P_e}{P_{av}} = 1.05 \sim 1.42 \\[2mm] \dfrac{P_i}{P_{av}} = 0.40 \sim 0.86 \end{cases} \tag{11-4}$$

式中 P_c、P_e、P_i 和 P_{av}——角桩、边桩、内部桩和平均桩反力。

为实用起见，也有取式（11-4）的 P_c/P_{av}、P_e/P_{av} 和 P_i/P_{av} 中间值，即

$$\begin{cases} \dfrac{P_c}{P_{av}} = 1.41 \\[2mm] \dfrac{P_e}{P_{av}} = 1.24 \\[2mm] \dfrac{P_i}{P_{av}} = 0.63 \end{cases} \tag{11-5}$$

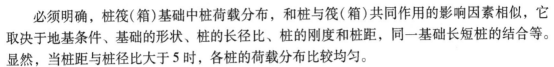

必须明确,桩筏(箱)基础中桩荷载分布,和桩与筏(箱)共同作用的影响因素相似,它取决于地基条件、基础的形状、桩的长径比、桩的刚度和桩距,同一基础长短桩的结合等。显然,当桩距与桩径比大于 5 时,各桩的荷载分布比较均匀。

为了合理布置桩位和桩长,改善桩的反力分布和节省桩数,可考虑基础的变刚度调平设计,见第十章。

2. 实测的筏板钢筋应力

我国从 20 世纪 70 年代已经重视高层建筑地基基础现场测试研究,为编制高层建筑箱形基础规范,在中国建筑科学研究院主持下,北京、上海和西安的高校和设计院对箱形基础进行现场实测;20 世纪 80 年代起在湖北、上海和西安又对桩筏(箱)基础进行现场实测研究,拥有大量有关桩筏和桩箱基础的现场测试资料,有代表性的建筑的桩筏(箱)基础的钢筋应力的测试数据见表 11-4。

表 11-4 有代表性的高层和超高层建筑实测桩筏(箱)基础的钢筋应力汇总

工程名称	上部结构类型及层数	地下室结构层数	高度/m	埋置深度/m	基础类型、厚度/m	桩类型、长度/m	基础钢筋应力/MPa
湖北外贸中心	框剪 22	1	82.8	5.0	桩箱 1.5	RC 管桩 φ500 22	10.6
彰武大楼	框剪 16	1	56.5	4.5	桩箱 0.68	RC 方桩 0.5×0.5 26	15.0
消防大楼	剪力墙 32	1	101.0	4.5	桩箱 0.60	RC 方桩 0.5×0.5 54	14.2
贸海宾馆	框筒 26	1	94.5	7.6	桩筏 2.3	钢管桩 φ609 60	21.7
陕西省邮电网管中心大楼	筒中筒 36	2	143.3	13.6	桩筏 2.5	灌注桩 φ600 60	42.7
长峰商场	框筒 60	4	238.0	20.6	桩筏 4.5~6.25	灌注桩 φ850 72.5	36.2

目前,最受关注的是筏板厚度的确定,应满足受冲切承载力的要求,尤其要注意边柱和角柱下板的抗冲切验算。冲切问题要比弯曲和抗剪问题更复杂,对其破坏机理的试验研究和理论分析至今还未得到令人满意的结果。影响筏板抗冲切强度的主要因素有:

1)基础材料的特性与质量,包括混凝土强度和配筋率等。

2)冲切荷载的加荷面积、形状与板厚。

3)地基土的性状与边界约束条件。

筏板的抗冲切强度在很大程度上与板的抗弯强度有关,现有规范仅以混凝土抗拉强度作为影响抗冲切强度的主要因素,而不考虑钢筋的抗力,显然,计算结果将偏于保守,这是筏板设计需要改进的一个关键。

■ 第四节 高层建筑的桩筏(箱)荷载分担

一、桩筏(箱)荷载分担的现场实测

桩筏(箱)的荷载分担在设计中能否考虑的问题，是一个争论已久的课题。早在 20 世纪 30 年代，上海高层建筑根据简单的共同作用原理，已采用地基土能分担 80kPa(俗称老八吨)荷载进行桩基设计。按照这种设计方法设计的大楼，如曾有"大上海"美称的国际饭店、屹立于黄浦江畔的上海大厦，安然无恙，有的建筑还适当增加了层数。

根据国内外对 20 余幢高层建筑的桩筏(箱)荷载分担的现场测试结果，选择其中 8 幢高层和超高层建筑的实测资料载于表 11-5 中。

表 11-5 8 幢国内外超高层建筑的桩筏(箱)基础实测荷载分担表

序号	上部结构及层数	基础形式、总压力/kPa	基础尺寸、基础埋深/m	桩长/m、桩尺寸	桩数、桩距/m	实测沉降/cm、计算沉降/cm	荷载分担比例(%)	
							筏或箱	桩
1	剪力墙 32	桩箱 500	27.5m×24.5m 4.5	54.0 500mm×500mm	108 1.60~2.25	2.4 3.5	10	90
2	框剪 60	桩筏 650	≈3100m² 18.95	72.5 φ850mm	413 3D	4.0 5.0	25	75
3	剪力墙 35	桩筏 626	2074m² 5.0	28.0 450mm×450mm	662 1.5~1.7	3.0 4.0	15	85
4	框筒 39	桩筏 650	43m×38.8m 13.0	60.0 φ800mm	271 2.4	1.7	14	86
5	框筒 31	桩筏 368	25m×25m 9.0	25.0 φ900mm	51 1.9	2.2	40	60
6	框筒 30	桩筏 625	2×(22×15)m² 2.5	20.0 φ900mm	2×42 2.70~3.15	>4.5	25	75
7	框筒 64	桩筏 543	3457m² 14.00	20~35 φ1300mm	64 3.5~6D	14.4	45	55
8	框筒 53	桩筏 483	2940m² 13.00	30.00 φ1300mm	40 3.8~6D	11.0	50	50

二、桩筏(箱)分担荷载的计算

早在 1989 年已提出简易计算公式、半经验半理论反算公式和理论分析方法。1991 年，庄冠民、I. K. Lee 和赵锡宏提出一个利用有限元结合统计的实用计算桩筏(箱)分担荷载的公式，计算与实测结果比较相符，见表 11-6。1997 年，阳吉宝和赵锡宏又提出另一个计算桩筏的荷载分担公式。以下介绍其中四个根据共同作用原理提出的计算桩筏或桩箱荷载分担的公式。

(1) 方法 1——简易计算公式。

$$P_p = P_t - [p_w + (5\% \sim 10\%)p]A \tag{11-6}$$

式中　P_p、P_t——建筑物荷载和桩分担的荷载；

　　　　p_w——基底的水浮力；

　　　　p——基底的总压力；

　　　　A——基底的面积。

　　这里有必要对地下水的浮力问题进行阐述。水的浮力问题是客观存在的，取决于基础的埋深、土的渗透性和地下水位的高低。从 20 世纪 50 年代起，开始争论是否考虑水的浮力，直至 TJ 7—74《工业与民用建筑地基基础设计规范》才正式把浮力列入规范，JGJ 94—2008《建筑桩基技术规范》明确考虑浮力，上海地方规范 DGJ 08—11—2010《地基基础设计规范》也明确扣除浮力。这样，地下水有浮力的利害关系已为人所共识。但应予指出，即使有规范可循，仍然有海口市某大楼的箱形基础，由于对浮力不重视，产生上浮 4.5m 的"奇观"出现。另一方面，还应注意浮力是否应全部考虑呢？例如，101 层的上海环球金融中心，埋深约 18.45m，地下水位在 1m 左右，总重 4400MN，在初步设计时仅仅考虑 98.1kPa 的浮力（相当于约 10m 的浮力），占总重的 13.8%，比不考虑浮力时，按每一根桩承受 4300kN 计算，可节省 140 根长 60m 的钢桩，经济效益可想而知。如果再能提高的话，该大楼的经济效果更为可观。由此可见，对于埋深大的桩筏（箱）基础设计，必须慎重考虑地下水的浮力问题。大量浮力测试资料表明，浮力系数小于 1，大于 0.9，也有小于 0.85 的。在上海曾对小于 6m 基坑进行浮力试验，浮力系数接近 1。因此建议：对于埋深大的桩筏（箱）基础设计，一般可取浮力系数 0.8~0.9，为安全起见，应该进行浮力测试，然后慎重确定。但是进行基础的抗倾覆或抗浮验算时，取浮力系数 1 为宜。

　　（2）方法 2——半理论半经验反算公式。

$$P_p = \frac{sndE_0}{C} \tag{11-7}$$

式中　P_p——桩分担的荷载；

　　　　s——桩基沉降，按照半理论半经验公式求得；

　　　　n——桩数；

　　　　d——桩径；

　　　　E_0——桩土弹性模量；

　　　　C——桩基的沉降系数，根据 L/d、S_p/d 和 n 查表和计算求得，详见第八章。

　　（3）方法 3——有限元结合统计的实用计算公式，计算桩分担荷载的百分比。

$$P_p(\%) = 95\alpha\beta\gamma \tag{11-8}$$

$$\alpha = \frac{\eta}{2.5 + 0.99\eta} \tag{11-9}$$

$$\beta = \left(1.023 - \frac{5.9}{4^{\lg K_p}}\right)^{0.25\zeta} \tag{11-10}$$

$$\gamma = \begin{cases} 0.996^{(\zeta-3)} & (K_r < 0.1) \\ (0.98 - 0.016\lg K_r)^{\zeta-3} & (K_r \geq 0.1) \end{cases} \tag{11-11}$$

$$\eta = L_p/D; \quad \zeta = S_p/D$$

式中　L_p——桩长度；

D——等代正方桩的边长；

S_p——桩间距；

K_p——桩、地基土材料的弹性模量比，$K_p=E_p/E_s$；

K_r——筏对地基土的相对刚度，按下式计算

$$K_r = \frac{4E_r T_r^3 B_r (1-\nu_s^2)}{3\pi E_r L_r^4} \tag{11-12}$$

式中 E_r、T_r、L_r、B_r、ν_s——筏板的弹性模量、厚度、长度、宽度和地基土的泊松比。

（4）方法4——桩筏或桩箱荷载分担计算公式，计算桩分担荷载的百分比。

$$\eta_p(\%) = \frac{1-K_r(1-d_{rp})}{K_p+K_r(1-2d_{rp})} \tag{11-13}$$

其中

$$d_{rp} = \frac{\ln\dfrac{R_m}{R_r}}{\ln\dfrac{R_m}{R_0}} \tag{11-14}$$

式中 K_p——裙桩刚度；

K_r——筏板刚度；

R_m——单桩位移影响半径，$R_m=2.5L(1-\nu_s)$，L 为桩长，ν_s 为土的泊松比；

R_r——筏板下的单桩有效影响半径，$R_r=\sqrt{\dfrac{A}{n\pi}}$，$A$ 为筏板平面面积；

R_0——单桩半径。

本节只是按式(11-8)计算桩筏(箱)荷载分担结果并列于表11-6，从表中可看出，实测值与计算值有较好的符合。其他三种方法得到的计算值与实测值进行比较，也相当符合，这里不再列举。

表11-6 超高层建筑的桩筏(箱)荷载分担的实测值和计算值对比

序号	1	2	3	4	5	6	7
上部结构	框筒	框筒	框筒	剪力墙	框剪	剪力墙	筒中筒
层数	31	30	60	32	32	35	39
基础形式	桩筏	桩筏	桩筏	桩箱	桩箱	桩筏	桩筏
基础尺寸	25m×25m	2(22m×17.5m)	≈3100m²	28m×21.5m	42.7m×24.7m	2074m²	43m×38.8m
桩数	51	2×42	413	108	344	662	271
桩长/m	24.8	20.0	72.5	54.6	28.0	28.0	60.0
桩尺寸	φ0.91m	φ0.90m	φ0.85m	0.5m×0.5m	φ0.55m	0.45m×0.45m	φ0.80m
桩距/m	1.9	2.70~3.15	3D	1.63~2.23	1.70~2.00	1.50~1.70	2.40
总压力/kPa	368	468.75	850	500	310	626	650
实测 $P_p(\%)$	60.0	75.0	75.0	89.0	80.0	84.0	86.0

（续）

序号	1	2	3	4	5	6	7
计算(%) (1)P_p (2)P_p	68.9 63.1	76.9 73.0	80.0	88.1	75.4	85.5	83.3
文献/ 测试地	Hooper (1973) 英国	Sommer (1985) 德国	Fan et al (2005) 上海	赵锡宏 (1989) 上海	何颐华 (1990) 武汉	陈志明 (2003) 上海	齐良锋 (2002) 西安

注：表中(1)为不排水条件；(2)为排水条件。

最后，根据具体情况，结合经验，综合分析四种方法的结果，即可合理确定桩承担的荷载，以减少桩数。

思 考 题

1. 休斯敦市独特壳体广场基础实测结果对于高层建筑基础设计有什么启示？

2. 结合上海金茂大厦基础实测结果，谈谈高层建筑基础设计应注意的主要问题。

3. 结合本章所列举工程实例，谈谈你对高层建筑基础筏板厚度确定方法的认识。

4. 比较高层建筑基础桩筏基础荷载分担的几种常用计算方法。

5. 试分析水的浮力对于高层建筑基础设计的影响。

6. 高层建筑基础底板钢筋应力实测结果对于设计有何启示？

第 十 二 章

高层建筑地基基础共同
作用分析计算实例

【内容提要】 通过各种类型计算实例，说明高层建筑与地基基础共同作用的分析方法，分别介绍高层平面框架结构，考虑填充墙的高层平面框架结构、高层三维框架结构箱形基础、高层空间框架结构厚筏基础、高层空间剪力墙结构箱形基础、高层筒体结构桩筏基础等与地基基础的共同作用分析，比较不同分析方法和地基模型对分析结果的影响，分析结论对于同类工程具有参考价值。

高层建筑基础采用共同作用理论进行分析，涉及上部结构、基础与地基三者本身的特性，由于影响因素多，三者互相结合成一个整体进行计算与分析，确实相当复杂和困难。这主要表现在：建筑物的施工和使用期间地基变形的变化、上部结构和基础刚度的变化及它们之间的相互影响；地基的差异变形引起上部结构和基础内部荷载和应力的重分布；施工条件对地基变形及上部结构和基础刚度的影响；高低建筑物基础的差异沉降及变形规律；桩筏（箱）基础分担上部结构荷载的关系及其影响因素等。随着计算技术和计算机的飞速发展，可以通过计算分析来进一步理解和掌握高层建筑与地基基础共同作用的工作机理，探索合理而实用的高层建筑基础分析与计算方法，以利于工程界参考及具体应用。

■ 第一节 高层平面框架结构与地基基础的共同作用分析

当结构平面尺寸长 A 与宽 B 之比值大于或等于 4 时，有时可用平面应力状态来简化共同作用的分析计算，既节省计算机的内存，又节省计算时间，上部结构、基础和地基中任一部分的某些变化，都会直接影响共同作用整体分析的结果，下面进行具体分析计算。

一、共同作用分析与常规计算方法的比较

对图 12-1 所示结构分别采用常规法、倒梁法和共同作用方法进行计算，三种方法的计算结果见表 12-1。常规法假定柱脚固定，求得外荷载作用下的上部结构内力和柱脚反力，然后将柱脚反力反作用在基础上，由此求解基础内力。常规法忽视了上部结构刚度对基础的制约作用，其结果：一是得到过大的基础弯曲和内力（图 12-2a 曲线 2），与共同作用分析比

较，中点处弯矩偏大 84%，而挠曲偏大 1.5 倍；二是忽视基础差异沉降引起的上部结构的次应力，低估了框架的内力（图 12-2b）。倒梁法忽视了基础刚度对其内力的影响，因此基础中点处弯矩偏小 63%。按共同作用分析的基础内力基本上是正弯矩（图 12-2a 曲线 1），上

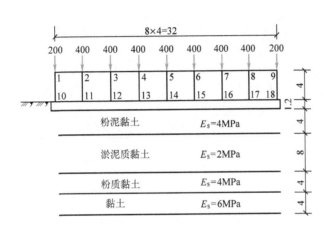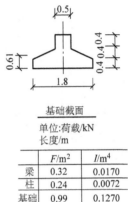

图 12-1　分析模型及计算参数

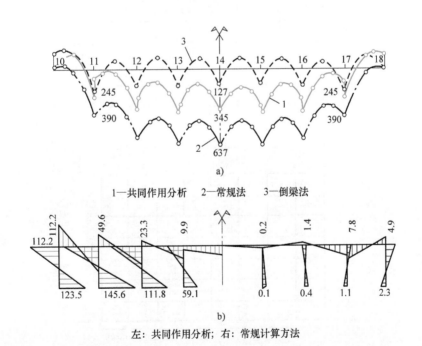

a)

1—共同作用分析　2—常规法　3—倒梁法

左：共同作用分析；右：常规计算方法

图 12-2　不同分析方法的对比

a）基础的弯矩图（kN·m）　b）上部结构弯矩图（kN·m）

部柱荷载有向边柱转移的现象（表12-1），与常规法相比，边柱增大25%，中柱减小5%。上述比较表明：常用计算方法与共同作用分析的结果有明显的差别，撇开上部结构来分析基础的内力大小和分布是不合理的。

表 12-1　三种方法的计算结果

计算方法	基础弯矩/kN·m						基础相对弯曲（‰）	柱子轴向力/kN				
	柱间跨中			柱下处				⑩	⑪	⑫	⑬	⑭
	⑪—⑫	⑫—⑬	⑬—⑭	⑫	⑬	⑭						
常规法	302.2	409.3	433.7	572.4	626.8	636.6	0.55	203.2	395.2	401.9	399.7	400.1
倒梁法	−52.7	−73.5	−73.5	127	127	127	—	—	—	—	—	—
共同作用方法	48.6	51.5	88.4	351.9	365.1	345.1	0.22	250.4	382.4	389.5	385.0	385.0

注：地基采用分层地基模型。

二、高层建筑框架结构与地基基础的共同作用

在对单层多跨简单结构与地基基础共同作用分析的基础上，进一步研究高层建筑框架结构与地基基础的共同作用。现分析多层八跨框架结构（图12-3）。

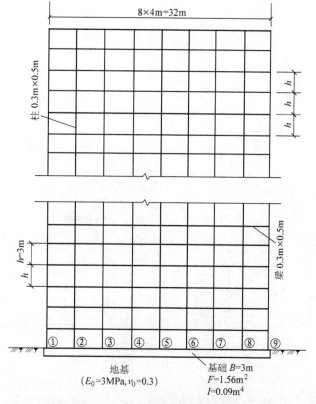

图 12-3　框架结构-基础-地基体系

注：每层楼的节点荷载，其中边柱为150kN，内柱为300kN。

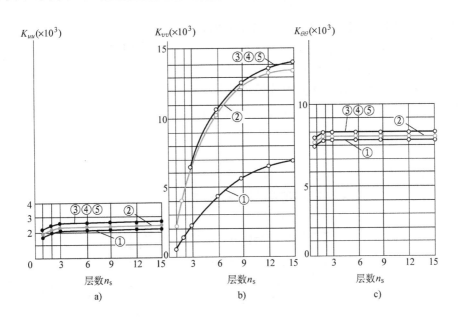

图 12-4　不同柱脚处刚度系数随楼层数目 n_s 的关系

a）水平向刚度 K_{uu}　　b）竖向刚度 K_{vv}　　c）抗弯刚度 $K_{\theta\theta}$

（一）框架结构刚度与层数的关系

在柱底处的边界刚度矩阵中，每个结点有三个自由度，即水平位移 u、竖向位移 v 和角位移 θ。其子矩阵对角线中含有水平向刚度 K_{uu}，竖向刚度 K_{vv} 及抗弯刚度 $K_{\theta\theta}$。通过共同作用分析发现，刚度系数 K_{uu}、K_{vv} 和 $K_{\theta\theta}$ 给予基础的贡献是不同的，当达到某一"临界层数"后就趋于停止（图 12-4）。本例水平向刚度和抗弯刚度在层数 $n_s = 3$ 后就保持为常量，仅竖向刚度停止在较高的层数。由此可见，上部结构刚度随层数变化主要体现在竖向刚度 K_{vv} 的增加，但是它对基础的贡献是有限的。

（二）柱荷载的重分布

随着层数增加，作用在基础上的柱荷载显然也将增大，但它绝不是竖向楼层荷载的简单叠加。图 12-5 所示为共同作用分析与完全柔性结构相比的柱荷载重分布的增减百分

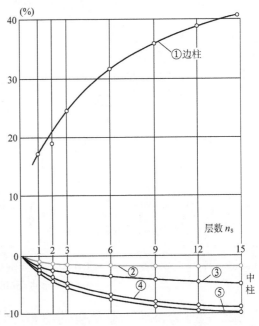

图 12-5　考虑共同作用后，柱荷载重分布的增减百分数（与完全柔性结构相比）

比。由图 12-5 可见，不论层数为多少，边柱总是加载的，本例当 $n_s = 15$ 层时可增加 40%，内柱普遍卸载，中柱最明显，可达 10%。

（三）基础的挠曲和内力分布

对于共同作用分析，由于考虑了上部结构的贡献，基础的纵向弯曲和转角较常规设计方

法大为减少(图 12-6)。图 12-7 所示为层数不同时,共同作用分析与不考虑共同作用的基础弯矩分布,在层数较少(例如 $n_s = 1$ 层)时,两者差别不大,当层数达到 $n_s = 12$ 层时,共同作用分析的弯矩均减小甚至改变符号。图 12-8 所示为基础中点处弯矩的变化曲线,由图 12-8 可见,不考虑共同作用,弯矩随层数线性地增长,考虑共同作用,弯矩大大地减少了,图 12-8 中阴影部分即显示上述影响,当 $n_s = 12$ 时,本例共同作用分析的弯矩值较常规方法减少达 58%。

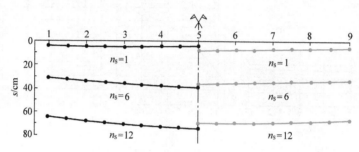

图 12-6 层数不同时,基础的挠曲曲线($E_0 = 3\text{MPa}, \nu_0 = 0.3$)
左:不考虑共同作用;右:考虑共同作用

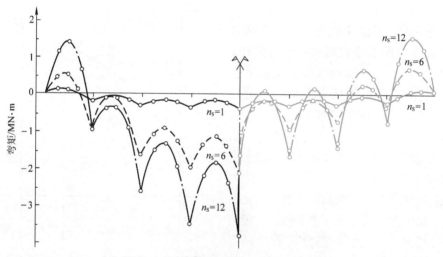

图 12-7 层数不同时,基础的弯矩分布
左:不考虑共同作用;右:考虑共同作用

三、基于非线性地基模型的地基与结构物的共同作用分析

非线性分析采用邓肯-张地基模型,采用增量法进行具体的地基计算,邓肯-张地基模型参数见表 12-2,这些参数系上海土的三轴固结不排水试验结果。

高层建筑上部结构是 8 跨 12 层的平面框架(图 12-9),矩形基础尺寸是长×宽$(L \times B)$为 32m×6m,作用于基础上的平均压力为 120kPa,分为 12 级荷载增量。地基压缩层厚度取为 $4B$ 即 24m。作为计算对比的线性弹性地基模型采用分层地基模型,地基反力和基础弯矩图如图12-10 所示。从图 12-10 中可见,非线性地基模型得到的基础各截面上的弯矩比较均匀,中点弯矩要比线性地基的结果小得多（图 12-10a）；非线性地基上的地基反力分布也要比线性地基均匀（图 12-10b）。

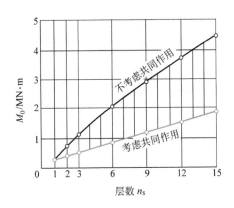

图 12-8　考虑共同作用后，
基础中点弯矩的影响

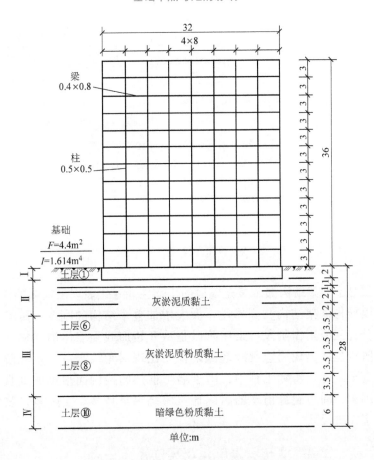

图 12-9　非线性地基上结构物的共同作用分析
注：每楼层结点柱荷载：边柱为 120kN 内柱为 240kN

表 12-2　邓肯-张地基模型参数

深度/m	土　名	ν_s	R_f	c/kPa	$\varphi/(°)$	K	n
1~3	褐黄色粉质黏土	0.33	0.80	10.0	23.7	54.1	0.41
4~14	灰色淤泥质黏性土	0.38	0.79	13.5	11.5	106.8	0.51
15~21	灰色淤泥质黏性土	0.35	0.86	15.6	14.0	93.5	0.92
22~26	硬土层	0.30	0.82	26.1	22.3	54.4	1.26

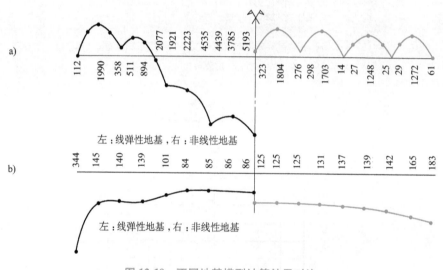

图 12-10　不同地基模型计算结果对比

a）基础弯矩（kN·m）　b）基底处地基反力分布（kPa）

■ 第二节　考虑填充墙的高层平面框架结构与地基基础的共同作用分析

国内外专家对于框架结构加砖填充墙后的工作性能变化表现出极大的兴趣，试验结果表明，砖填充墙能与框架结构共同作用，大大增加整个结构的刚度。砖墙填充后的框架受力，大致可分为三个工作阶段：第一阶段是从开始加载到墙体沿与框架接触面出现周边裂缝；第二阶段是从出现周边裂缝起到墙体中出现对角线裂缝；第三阶段是从出现对角线裂缝起，直至破坏。实际工程中，由于墙与框架的接触面很难做到真正密实，加上结硬时收缩等因素，周边裂缝出现的时间比试验结果早得多。实际建筑物中大部分填充墙处于第二个工作阶段。

一、框架结构带裂缝填充墙体单元及其位移模式

依据框架结构中填充墙的施工方式和实际工作性状，并在偏于安全的条件下进行简化分析，简化分析假定填充墙与上梁底部完全脱开；若墙体从左向右砌筑，认为其右侧与右柱之

间不接触，其左侧与左柱之间插入宽度为 h 的裂缝单元；墙与下梁顶面认为接触良好，不进行任何特殊处理。这样，就构成带有洞口的一面填充墙，和与之相连的一根下梁，以及通过裂缝单元相连的左柱，含有边界结点 a、b 和 c 的初级子结构，如图 12-11 所示。用这种初级子结构，适当增加右侧边柱和屋面横梁，即可组成各层带填充墙的框架子结构，进而构成整个框架填充墙结构。

（一）带裂缝墙体单元的力学性质

周边裂缝的出现使裂缝周围的墙体受力性质发生变化，为模拟这种受力状况，特提出带裂缝墙体单元，带裂缝墙体单元应具有如下力学性质：

1）沿裂缝方向，裂缝两边可以相对滑移。

2）通过裂缝只能传递法向应力，不能传递剪力。

3）由于裂缝的间隙或者由于这部分墙体的削弱，在单元范围内将产生比正常墙体大得多的变形；应对正常墙体的弹性模量 E_w 乘以带裂缝墙体单元的折减系数 k 予以折减。

4）该单元和正常的墙体单元连接时，位移保持连续。

（二）带裂缝墙体单元的位移模式

带裂缝墙体单元的尺寸、坐标系和结点编号如图 12-12 所示。x 方向的位移 $u(x,y)$ 为

$$u(x,y)=\left(\frac{y}{2l}\left(1-\frac{2x}{h}\right)\quad \frac{y}{2l}\left(1+\frac{2x}{h}\right)\quad \frac{l-y}{2l}\left(1-\frac{2x}{h}\right)\quad \frac{l-y}{2l}\left(1+\frac{2x}{h}\right)\right)\begin{pmatrix}u_1\\u_2\\u_3\\u_4\end{pmatrix}\quad(12\text{-}1)$$

式中　l、h——带裂缝墙体单元的长度（y 轴方向）和宽度（x 轴方向）；

$u_1 \sim u_4$——第 1~4 结点在 x 方向上的位移。

对 y 轴方向上的位移不做任何约束。

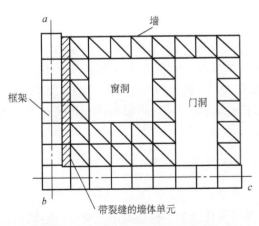

图 12-11　初级子结构及其单元划分

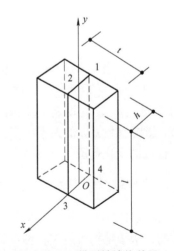

图 12-12　带裂缝墙体单元

（三）带裂缝墙体单元的刚度矩阵

由式（12-1）可得带裂缝墙体单元内的应变 ε 和应力 σ 的方程式

$$\boldsymbol{\varepsilon} = \begin{pmatrix} \dfrac{\partial u}{\partial x} \\ \dfrac{\partial u}{\partial y} \end{pmatrix} = \begin{pmatrix} -\dfrac{y}{hl} & \dfrac{y}{hl} & -\dfrac{l-y}{hl} & \dfrac{l-y}{hl} \\ \dfrac{1}{2l}\left(1-\dfrac{2x}{h}\right) & \dfrac{1}{2l}\left(1+\dfrac{2x}{h}\right) & \dfrac{-1}{2l}\left(1-\dfrac{2x}{h}\right) & \dfrac{-1}{2l}\left(1+\dfrac{2x}{h}\right) \end{pmatrix} \begin{pmatrix} u_1 \\ u_2 \\ u_3 \\ u_4 \end{pmatrix} = \boldsymbol{Bu} \tag{12-2}$$

$$\begin{cases} \boldsymbol{\sigma} = \begin{pmatrix} \sigma_x \\ \tau_{xy} \end{pmatrix} = \begin{pmatrix} kE_w & 0 \\ 0 & \dfrac{kE_w}{2(1+\nu_w)} \end{pmatrix} \begin{pmatrix} \dfrac{\partial u}{\partial x} \\ \dfrac{\partial u}{\partial y} \end{pmatrix} = \boldsymbol{D}_w \boldsymbol{\varepsilon} \\ \boldsymbol{\sigma} = \boldsymbol{D}_w \boldsymbol{Bu} \end{cases} \tag{12-3}$$

式中 E_w、ν_w——填充墙体的弹性模量和泊松比；

$\qquad$ k——带裂缝墙体单元的折减系数。

这样，带裂缝墙体单元的刚度矩阵 $\boldsymbol{K}_w^e$ 为

$$\boldsymbol{K}_w^e = \iiint\limits_V \boldsymbol{B}^T \boldsymbol{D}_w \boldsymbol{B} \mathrm{d}V = \begin{pmatrix} 2a+2b & -2a+b & a-2b & -a-b \\ -2a+b & 2a+2b & -a-b & a-2b \\ a-2b & -a-b & 2a+2b & -2a+b \\ -a-b & a-2b & -2a+b & 2a+2b \end{pmatrix} \tag{12-4}$$

其中
$$a = \frac{kE_w t}{6} \cdot \frac{l}{h}, \quad b = \frac{kE_w t}{12(1+\nu_w)} \cdot \frac{h}{l} \tag{12-5}$$

式中，t、l、h 如图 12-12 所示。

式(12-5)中的常数 k 和 h 必须预先确定，注意到式(12-4)中矩阵各项都含有 a 和 b，且有

$$\frac{b}{a} = \frac{1}{2(1+\nu_w)}\left(\frac{h}{l}\right)^2 \tag{12-6}$$

由上式可见，当 h/l 很小时，b 相对于 a 总是一个小数。例当 $h/l<1/7$，$b/a<1/100$。这样式(12-4)中各项中的 b 均可以忽略不计。余下 a 值仅与 k/h 值有关。按有关试验资料推算，在墙体对角线裂缝即将出现时，k/h 的变化范围为 0.000075 ~ 0.0126，平均值为 0.002866。影响参数 k/h 的因素很多，故其离散性较大，必须通过大量的试验和统计，才能提供一个合适的变化范围。

二、砖填充墙框架结构与地基基础的共同作用

（一）共同作用分析

前述的初级子结构可适应各种不同情况，如洞口变化及梁、柱截面的改变等。经结构和刚度的凝聚，得到边界刚度矩阵和边界荷载列矢量，并以此组成层子结构。地基采用分层总和法，可以进行线性和非线性分析。为了获得框架填充墙结构与地基基础共同作用的机理和规律及与纯框架结果的差异，对某五跨和九跨高层框架结构做了不同层数、是否考虑填充墙、不同的 k/h 值等情况的计算分析，发现若干带规律性的结果。

（二）共同作用分析的若干结果

1. 填充墙对上部结构刚度的影响

图 12-13 给出了九跨框架结构在不考虑填充墙与考虑填充墙（包括考虑填充墙开洞与否）时，上部结构关于以柱脚结点为边界结点的边界刚度矩阵竖向主刚度系数 K_{vv} 随层数 n_s 的变化情况。显然，考虑填充墙时，K_{vv} 值增长最快，到达停止增长的时刻也最早，其最大值甚至是不考虑填充墙情况的 7 倍。墙体开洞对填充墙刚度的发挥影响颇大，本例约降低 50%，即使如此，仍为不考虑填充墙时的 3 倍左右。因此，填充墙可明显提高上部框架结构的刚度，在工程上如何合理利用填充墙的这个影响是有现实意义的。

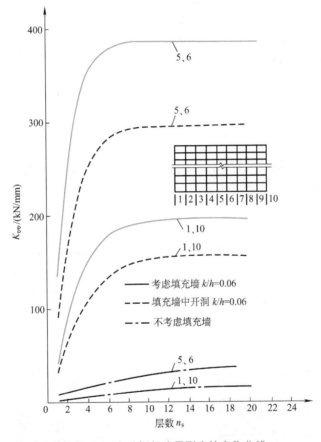

图 12-13　九跨框架边界刚度的变化曲线

另外，考虑填充墙的作用，上部结构的刚度仍是有限的，到达刚度停止增长的层数更小，再次发现在纯框架结构分析中"结构刚度贡献是有限的"的情况。

2. 填充墙对基础变形和地基反力分布的影响

填充墙明显提高上部框架的刚度，因此基础的整体挠曲［通过基础梁（板）的差异沉降来描述］明显减小。例考虑填充墙时，取 k/h 为 0.00008 和 0.015，则差异沉降与不考虑填充墙比较分别减少 44% 和 89%。同时可见，k/h 越大，刚度越大。

考虑填充墙的作用，使边缘地基反力系数增大。对于弹性地基模型，取 k/h 为 0.00008

和0.015，则边缘地基反力与不考虑填充墙比较分别为1.13倍和1.24倍。

3. 填充墙对基础内力的影响

在基础梁自身刚度不变的条件下，基础内力与上部结构框架填充墙体系的刚度、荷载大小及地基反力影响等有关。上部结构为纯框架时，多种跨度与层数的计算实例结果表明，基础梁弯矩分布形状如图12-14a所示；当考虑填充墙的作用时，上部框架结构的刚度增加好几倍，基础梁的弯矩分布形状如图12-14b所示，最大弯矩往往不在跨中，而向两端移动，且数值也比纯框架时明显减小。

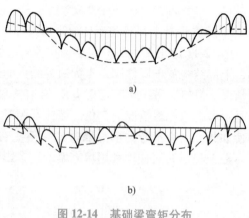

图 12-14　基础梁弯矩分布
a）上部为纯框架　b）上部为填充墙框架

■ 第三节　高层三维框架结构箱形基础与非线性地基的共同作用分析

在对高层三维框架结构与地基基础共同作用非线性分析中，要采用增量法，计算机的容量要求很高，为此在进行计算分析前，先介绍子结构分析的处理技巧。

一、子结构分析的技巧

在实际工程中，建筑物上部结构远比第七章中图7-1所示的上部结构示意图庞大和复杂，因此在应用式(7-5)和式(7-9)时，需将整个结构分割成若干子结构，各个子结构之间的公共边界称为接口。划分后有串联子结构和并联子结构两种，如图12-15所示。求解的方法也相应有串联和并联两种消去法。

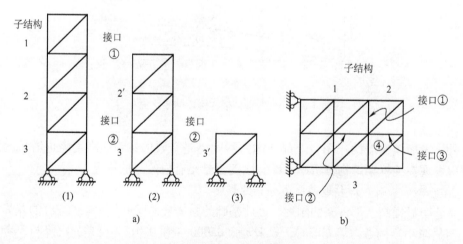

图 12-15　子结构划分方法
a）串联子结构　b）并联子结构

1. 串联消去法

串联消去法只适用于串联子结构(图 12-15a),其方法是按串联顺序进行,即用凝聚方法先消去子结构 1 的内结点自由度,把凝聚得到的 $\boldsymbol{K}_b^1$ 和 $\boldsymbol{S}_b^1$ 叠加到子结构 2 上,形成子结构 2′,接口①就成为子结构 2′的内结点;依此进行逐个凝聚,最后求得子结构 3′的位移(包括接口②上的位移)。再反向逐个回代,便解得整个结构的位移。

2. 并联消去法

并联消去法对串联、并联子结构均适用,其方法是先消去每个子结构的内结点自由度,并向公共接口凝聚,即子结构 1 向接口①、②、④凝聚,子结构 2 和子结构 3 则分别朝相应的接口凝聚,如图 12-15b 所示。于是形成了总的接口边界刚度矩阵 $\boldsymbol{K}_b$ 和总的接口荷载矩阵 $\boldsymbol{S}_b$,即

$$\boldsymbol{K}_b = \sum_1^r \boldsymbol{K}_b^r$$

$$\boldsymbol{S}_b = \sum_1^r \boldsymbol{S}_b^r$$

式中 $\boldsymbol{K}_b^r$、$\boldsymbol{S}_b^r$——子结构 r 凝聚后的等效边界刚度矩阵和等效荷载列矢量。

在这个基础上,可求得接口处的位移 $\boldsymbol{U}_b$。把已求得的每个子结构的接口位移值 $\boldsymbol{U}_b^r$ 作为边界条件,利用式(7-5)分别求出各个子结构内结点位移 $\boldsymbol{U}_i^r$,从而得到整个结构的位移值。

如果结构十分庞大,或者受到计算机容量限制时,可采用的方法之一是多重子结构法。也就是把整个结构分成几个子结构,然后把每个子结构分成许多"小子结构",如需要的话可再分成更小的子结构……。如图 12-16 所示,子结构Ⅰ和子结构Ⅱ内各有 4 个小的子结构。这样一直分下去,直到满足计算机容量要求为止。求解过程是,从最内层子结构开始,消去内结点,求出等效边界刚度和等效荷载,然后逐级向外扩展。通过凝聚和回代,便可求得结构内所有的结点位移。

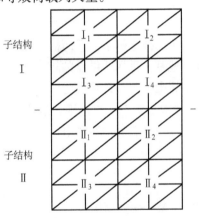

图 12-16 多重子结构划分

值得指出的是,采用多重子结构时,一般能有较大的外部储存设备为宜。这样,计算得到的每个子结构的 $\boldsymbol{K}_b$ 和 $\boldsymbol{S}_b$ 可记入外存,以供回代时直接取出使用,节省计算时间。众所周知,对于大型、对称稀疏代数方程,用分块三角分解方法可解决计算机内存不足的困难,如果采用子结构分析方法时再选上分块三角分解方法,那么大型复杂结构的求解是不会有大问题的。

二、高层三维框架结构箱形基础与非线性地基共同分析实例

上海某 12 层大楼,基础平面尺寸为 57.6m×14.3m,对其进行三维非线性地基共同作用分析。为了比较,同时给出了二维线弹性地基模型和非线性地基模型的计算和三维线弹性地基模型的计算。该楼的平均地基压力为 156kPa,地基条件见表 12-3,地下水位离地面约为 1m。

表 12-3 土层的主要物理力学性质

土　名	厚度 /m	w (%)	γ/ (kN/m³)	e	$\alpha_{1\sim2}$/ MPa⁻¹	$E_{1\sim2}$ /MPa	c /kPa	φ/ (°)
填土	1.4	—	—	—	—	—	—	—
褐黄砂质粉土	2.1	33.2	18.8	0.914	0.26	7.15	10.0	22.5
灰淤质砂质粉土	8.3	38.6	18.2	1.088	0.29	7.17	6.0	23.75
灰淤质黏土	7.5	42.4	17.8	1.196	0.88	2.35	11.0	11.75
灰粉质黏土	6.6	33.9	18.6	0.973	0.47	4.02	17.0	13.0
暗绿色黏土	3.0	24.3	20.1	0.702	0.21	7.95	42.0	15.5
草黄黏土	1.1	24.3	20.0	0.700	0.20	8.35	32.0	21.0
草黄砂质粉土	未穿	32.8	18.9	0.954	0.20	9.60	9.0	27.75

在二维分析中，平面框架和等代的条形基础采用梁单元，每个结点有三个自由度(u,v,θ)，地基土采用8结点的等参单元，每个结点为u、v两个自由度。在三维分析中，空间框架中的梁单元，每结点为六个自由度$(u,v,w,\theta_x,\theta_y,\theta_z)$，箱形基础作为等刚度的板，每结点有$\theta_x$、$\theta_y$、$w$三个自由度，地基土用8结点六面体等参单元，每结点为三个自由度(u,v,w)；单元内任一点的位移和坐标

$$\widetilde{u} = \sum_{i=1}^{8} N_i \widetilde{u}_i ; \quad \widetilde{x} = \sum_{i=1}^{8} N_i \widetilde{x}_i$$

式中　N_i——插值函数；

$\widetilde{u}_i$、$\widetilde{x}_i$——结点 i 的位移和坐标。

于是，单元刚度矩阵(24×24)中的子矩阵为

$$K_{rs} = \int_{-1}^{1} \int_{-1}^{1} \int_{-1}^{1} B_r{}^{\mathrm{T}} DB_s \det(J) \mathrm{d}\varepsilon \mathrm{d}\eta \mathrm{d}\zeta$$

式中，r、$s = 1,2,\cdots,8$。

二维和三维的计算图式如图 12-17 和图 12-18 所示。计算结果分析如下：

（一）地基应力

在二维分析中，当荷载增加不多时，两种模型计算结果颇为接近，然而当荷载增大时，两种地基模型的计算结果就明显不同（图 12-19）。线弹性地基模型基础边缘的地基应力（在坑底面就为地基反力）为221kPa，而非线性地基模型在同样位置仅为100kPa，明显小于线弹性地基模型的221kPa值，可见非线性地基模型反映土体的真实应力应变关系，使得基础边缘处的应力由于屈服而有所减小，发生应力重分布，使地基应力向基础中央转移。从图 12-19可见，非线性地基模型基础中央的地基反力比线弹性地基模型来得大。图 12-20 为三维分

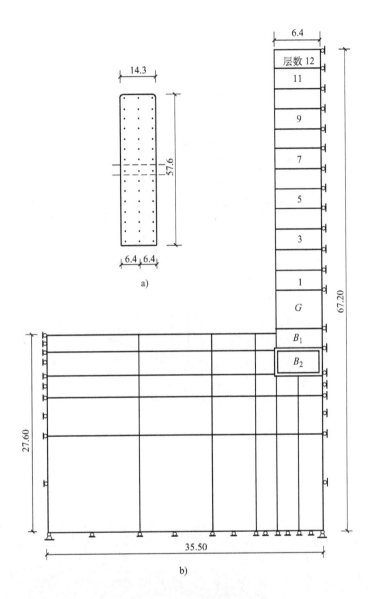

图 12-17　二维分析计算图式

a) 基础平面图　b) 有限单元离散图（单位:m）

析两种模型地基应力的计算结果，在基础边缘处地基土同样产生屈服和应力重分布现象。

（二）基础板的竖向位移和弯矩

表 12-4 和表 12-5 分别为三维分析两种不同地基模型的基础竖向位移和弯矩值。从表中可见，竖向位移和实测值均较接近，基础弯矩也相差不大。由此可见，三维分析采用线弹性地基模型同样能得到满意的结果。必须说明，通过计算实践，三维分析耗时厉害，本例三维分析所耗时间大概是二维分析的 15 倍。

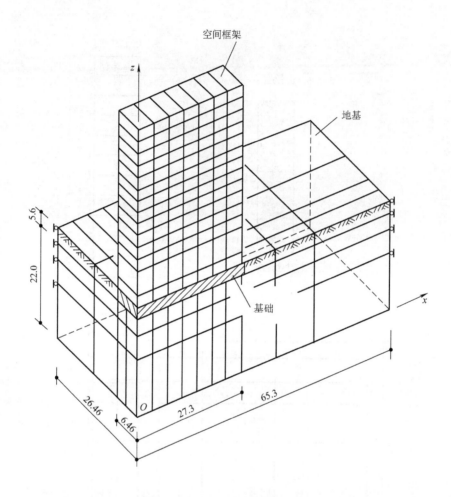

图 12-18　三维分析有限单元离散(单位:m)

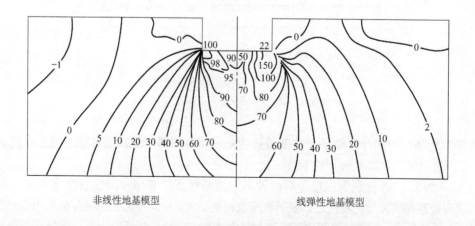

图 12-19　地基竖向应力等值线(二维分析)(单位:kPa)

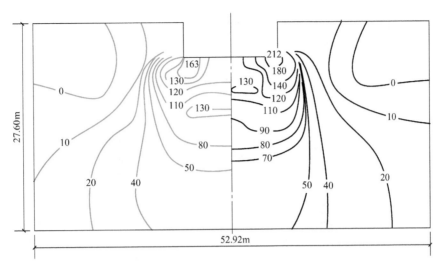

图 12-20　地基竖向应力等值线(三维分析,$x=3.06$m)(单位:kPa)

左:非线性地基模型;右:线弹性地基模型

表 12-4　基础板的竖向位移(三维分析)　　　　　　　　　　(单位:cm)

x/m	线弹性地基模型			非线性地基模型		
	y/m			y/m		
	0.0	3.23	6.46	0.0	3.23	6.46
0.0	27.79	27.77	27.76	33.15	33.13	33.13
3.9	27.26	27.25	27.23	32.61	32.60	32.59
7.8	25.86	25.84	25.83	31.15	31.13	31.12
11.7	23.79	23.78	23.77	29.00	28.99	28.98
15.6	21.26	21.25	21.24	26.36	26.35	26.34
19.5	18.42	18.41	18.40	23.39	23.38	23.37
23.4	15.38	15.37	15.36	20.22	20.21	20.19
27.3	12.27	12.25	12.22	16.96	16.95	16.92
平均计算沉降	21.49			26.59		
平均实测沉降	22.00					

表 12-5　基础板的弯矩(三维分析)　　　　　　　　　　(单位:MN·m/m)

分析模型	x/m	y/m					
		0.0		3.23		6.46	
		M_x	M_y	M_x	M_y	M_x	M_y
线弹性	0.0	−29.38	−7.75	−27.81	−3.68	−28.63	−0.33
地基模型	3.9	−22.24	−5.02	−22.73	−3.96	−21.30	0.11

（续）

分析模型	x/m	y/m					
		0.0		3.23		6.46	
		M_x	M_y	M_x	M_y	M_x	M_y
线弹性 地基模型	7.8	-16.64	-4.02	-16.43	-2.90	-15.97	0.00
	11.7	-11.87	-3.28	-11.64	-1.93	-11.32	0.00
	15.6	-8.07	-2.69	-7.84	-1.14	-7.64	0.00
	19.5	-4.89	-2.16	-4.71	-0.52	-4.63	0.01
	23.4	-2.18	-1.88	-1.89	-0.10	-2.42	0.06
	27.3	-0.03	-1.42	-0.05	-0.57	0.13	0.15
非线性 地基模型	0.0	-30.28	-7.60	-28.78	-3.91	-29.57	-0.33
	3.9	-23.12	-4.88	-23.68	-4.19	-22.21	0.11
	7.8	-17.38	-3.90	-17.23	-3.09	-16.74	0.00
	11.7	-12.45	-3.18	-12.26	-2.07	-11.93	0.00
	15.6	-8.45	-2.57	-8.25	-1.25	-8.04	0.00
	19.5	-5.06	-2.07	-4.93	-0.59	-4.83	0.04
	23.4	-2.26	-1.76	-1.98	-0.44	-2.44	0.06
	27.3	-0.02	-1.25	-0.04	-0.48	0.44	0.14

■ 第四节　高层空间框架结构-厚筏-地基的共同作用分析

上一节讨论了高层建筑空间框架结构箱形基础与地基的共同作用分析，箱形基础底板采用薄板理论进行分析，薄板理论假定变形前垂直于中面的法线变形后仍垂直于中面。近年来，工程实践中常采用厚度超过 1.5m 的筏形基础，下面采用厚板理论来研究空间框架结构、厚筏与地基的共同作用问题。

一、子结构法的改进

大型空间结构所需要的计算机存储量是很大的，必须采取措施分批处理，在第七章中介绍的子结构法中，需要对刚度矩阵 K_{ii} 求逆［见式(7-7)、式(7-8)］。由于矩阵的求逆将引起带宽的变化，故不得不使用满阵求逆，这必将导致低效率，使计算机的耗时达到程序难以使用的程度。为此，采用一种改进方法来获得 S_b 与 K_b。

设第 m 个子结构的平衡方程为

$$P = KU$$

写成分块矩阵形式

$$\begin{pmatrix} P_i \\ P_b \end{pmatrix} = \begin{pmatrix} K_{ii} & K_{ib} \\ K_{bi} & K_{bb} \end{pmatrix} \begin{pmatrix} U_i \\ U_b \end{pmatrix}$$

运用改进平方根法，可将变带宽存的 K 矩阵方便地分解成

$$K = LDL^T$$

其中，L 为下三角矩阵；D 为对角矩阵；L^T 为上三角矩阵，是 L 的转置矩阵。

$$L = \begin{pmatrix} 1 & 0 & 0 & \cdots & 0 \\ l_{21} & 1 & 0 & \cdots & 0 \\ l_{31} & l_{32} & 1 & \cdots & 0 \\ \vdots & \vdots & \vdots & \ddots & \vdots \\ l_{n1} & l_{n2} & l_{n3} & \cdots & 1 \end{pmatrix}; \quad D = \begin{pmatrix} d_1 & & & & \\ & d_2 & & 0 & \\ & & \ddots & & \\ & 0 & & & \\ & & & & d_n \end{pmatrix}$$

写成分块矩阵形式，平衡方程可表示为

$$\begin{pmatrix} P_i \\ P_b \end{pmatrix} = \begin{pmatrix} L_{ii} & 0 \\ L_{bi} & L_{bb} \end{pmatrix} \begin{pmatrix} D_{ii} & 0 \\ 0 & D_{bb} \end{pmatrix} \begin{pmatrix} L_{ii}^T & L_{bi}^T \\ 0 & L_{bb}^T \end{pmatrix} \begin{pmatrix} U_i \\ U_b \end{pmatrix}$$

式中，L_{ii}、L_{bb} 为下三角矩阵；D_{ii}、D_{bb} 为对角矩阵；L_{ii}，L_{bb} 为上三角矩阵。

设　　　　　$U' = DL^TU$

$$= \begin{pmatrix} D_{ii} & 0 \\ 0 & D_{bb} \end{pmatrix} \begin{pmatrix} L_{ii} & L_{bi}^T \\ 0 & L_{bb}^T \end{pmatrix} \begin{pmatrix} U_i \\ U_b \end{pmatrix} \tag{12-7}$$

则　　　　　　　　　　　　　$P = LU'$

对式(12-7)中 L 进行部分消元，即将 L 中 L_{ii} 消元成单位矩阵 E，L_{ib} 消元成 0 矩阵，L_{bb} 部分则保持原状，P_i、P_b 相应地消元成 P_i'、P_b'，即得

$$\begin{pmatrix} P_i' \\ P_b' \end{pmatrix} = \begin{pmatrix} E & 0 \\ 0 & L_{bb} \end{pmatrix} (U') \tag{12-8}$$

将式(12-7)代入式(12-8)

$$\begin{pmatrix} P_i' \\ P_b' \end{pmatrix} = \begin{pmatrix} E & 0 \\ 0 & L_{bb} \end{pmatrix} \begin{pmatrix} L_{ii} & 0 \\ 0 & D_{bb} \end{pmatrix} \begin{pmatrix} L_{ii}^T & L_{bi}^T \\ 0 & L_{bb}^T \end{pmatrix} \begin{pmatrix} U_i \\ U_b \end{pmatrix} \tag{12-9}$$

式中　E——单位矩阵。

将式(12-9)按 U_b、P_b' 关系展开

$$P_b' = L_{bb} D_{bb} L_{bb} U_b \tag{12-10}$$

式中　L_{bb}——下三角矩阵；

　　　D_{bb}——对角矩阵。

最后可得

$$S_b = P_b' \tag{12-11}$$

$$K_b = L_{bb} D_{bb} L_{bb}^T \tag{12-12}$$

式中　S_b——凝聚后的等效边界荷载列矢量；

　　　K_b——凝聚后的等效边界刚度矩阵。

二、两种地基模型及改进

本算例地基模型采用分层地基模型(称 E_0 模型)和邓肯-张地基模型(称 D-C 模型),在应用中作部分改进。

(一) 分层地基模型

分层地基模型是线弹性地基模型,其柔度矩阵的柔度系数在式(7-25)已给出。其中,σ_{ijt} 由布西奈斯克公式求得。

本文在计算平均值 σ_{ijt} 时,为了提高精度,采用了 σ_{ijt} 在土体内沿深度二次曲线分布的假定,如图 12-21 所示。通过求积推导,可得

$$\sigma_{ijt} = \frac{\sigma_{ijt1} + 4\sigma_{ijt2} + \sigma_{ijt3}}{6} \quad (12\text{-}13)$$

此外,在利用布西奈斯克公式计算 σ_{ijt},当 $i=j$ 时,认为第 j 网格上的荷载为均布的;当 $i \neq j$ 时,为了避免复杂的积

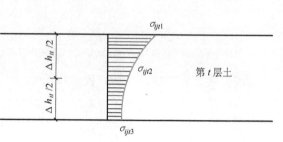

图 12-21　第 t 土层内 σ_{ijt} 的分布

分计算,将荷载分布简化成作用在 j 网格中点的单位集中力,这样做计算简便,同时基本上能满足精度要求。

(二) 邓肯-张(D-C 模型)地基模型

邓肯-张(D-C 模型)地基模型已为人们所熟知(见第四章),利用切线模量 E_t 和切线泊松比 ν_t 来研究地基中的应力应变关系。

为了避免式(4-15)中 $\sigma_3 = 0$ 时 $E_i = 0$ 的不合理现象,同时,为了减少参数,提高精度,把式(4-15)改为

$$E_t = K p_a \left(\frac{\sigma_3}{p_a} + 1 \right)^n \left(1 - \frac{\sigma_1 - \sigma_3}{U p_a + V \sigma_3} \right)^2 \quad (12\text{-}14)$$

式中　U、V——量纲为 1 的试验常数;

其他参数的意义见第四章。

为了避免式(4-19)中 $\sigma_3 = 0$,$\lg\left(\dfrac{\sigma_3}{p_a}\right)$ 趋于负无穷的不合理性,把式(4-19)改为

$$\nu_t = \frac{G - F \lg\left(\dfrac{\sigma_3}{p_a} + 1 \right)}{(1 - d\varepsilon_1)^2} \quad (12\text{-}15)$$

式中

$$\varepsilon_1 = \frac{\sigma_1 - \sigma_3}{K p_a \left(\dfrac{\sigma_3}{p_a} + 1 \right)^n \left(1 - \dfrac{\sigma_1 - \sigma_3}{U p_a + V \sigma_3} \right)} \quad (12\text{-}16)$$

其他参数的意义见第四章。

柔度系数 f_{ij} 在式(7-29)已给出。

考虑到 D-C 地基模型在与基础宽度相当的深度范围内，E_{tt}、ν_{tt} 和 σ_{ijt} 随深度变化较大，如在每一土层中，采用平均值计算，则误差可能较大。当然可以用增加分层数解决此问题，但又将大大增加计算量。为此，将式(7-29)改写为

$$f_{ij} = \sum_{t=1}^{n} \int_0^{h_t} \frac{1}{E_{tt}} [\sigma_{zijt} - \nu_{tt}(\sigma_{xijt} + \sigma_{yijt})] \mathrm{d}h = \sum_{i=1}^{n} \int_0^{h_t} \varepsilon_{ijt}(h) \mathrm{d}h \qquad (12\text{-}17)$$

式中，$\varepsilon_{ijt}(h) = \dfrac{1}{E_{tt}}[\sigma_{zijt} - \nu_{tt}(\sigma_{xijt} + \sigma_{yijt})]$，为地基内某深度二次曲线分布(图12-22)，则经积分运算可得计算地基柔度系数的公式

$$f_{ij} = \sum_{t=1}^{n} \frac{\varepsilon_{ijt1} + 4\varepsilon_{ijt2} + \varepsilon_{ijt3}}{6} h_t \qquad (12\text{-}18)$$

式中，$\varepsilon_{ijtk} = \dfrac{1}{E_{ttk}}[\sigma_{zijtk} - \nu_{tk}(\sigma_{xijtk} + \sigma_{yijtk})]\,(k=1,2,3)$。

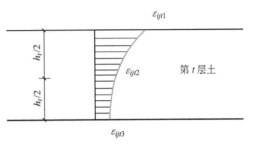

图 12-22 第 t 土层内 ε_{ijt} 的分布

上述应力 σ_{ijt} 还应考虑每层土中的自重应力，$\sigma_{cx} = \sigma_{cy} = k_0 \sigma_{cz}$，$k_0$ 为每层土中的侧压力系数，$k_0 = \dfrac{\nu_t}{1-\nu_t}$。

下面列出求主应力的方程：

由弹性力学公式，主应力 σ_n 可由下面的三次方程解出

$$\sigma_n^3 - I_1 \sigma_n^2 + I_2 \sigma_n - I_3 = 0 \qquad (12\text{-}19)$$

其中

$$I_1 = +(\sigma_x + \sigma_y + \sigma_z)$$

$$I_2 = \sigma_x \sigma_y + \sigma_y \sigma_z + \sigma_z \sigma_x - (\tau_{xy}^2 + \tau_{yz}^2 + \tau_{zx}^2)$$

$$I_3 = +(\sigma_x \sigma_y \sigma_z + 2\tau_{xy} \tau_{yz} \tau_{zx}) - (\sigma_x \tau_{yz}^2 + \sigma_y \tau_{zx}^2 + \sigma_x \tau_{xy}^2)$$

上述三次方程，令 $\sigma_n = y + \dfrac{I_1}{3}$，可得

$$y^3 + py + q = 0 \qquad (12\text{-}20)$$

式中

$$p = I_2 - \frac{I_1^2}{3}$$

$$q = -\left(\frac{2I_1^3}{27} - \frac{I_1 I_2}{3} + I_3 \right)$$

根据弹性理论，σ_n 必有三个实数根，故

$$y_1 = 2\sqrt[3]{r} \cos\theta$$

$$y_2 = 2\sqrt[3]{r} \cos(\theta + 120°)$$

$$y_3 = 2\sqrt[3]{r} \cos(\theta + 240°)$$

其中 $r = \sqrt{-\left(\dfrac{p}{3}\right)^3}$，$\theta = \dfrac{1}{3} \arccos\left(-\dfrac{q}{2r}\right)$。

于是，最后可得三个主应力的值

$$\begin{cases} \sigma_1 = y_1 + \dfrac{I_1}{3} \\[3mm] \sigma_2 = y_2 + \dfrac{I_1}{3} \\[3mm] \sigma_3 = y_3 + \dfrac{I_1}{3} \end{cases} \qquad (12\text{-}21)$$

求得主应力后，即可用式（12-16）和式（12-17）求得切线模量 E_t 和切线泊松比 ν_t，进而用式（12-19）和式（12-20）得到地基的柔度系数。

三、计算实例

为了便于说明空间框架结构、厚筏与地基共同作用的特性，列举一个算例并与平面框架作比较。

1. 算例的有关数据

（1）上部结构。有空间和平面框架两种结构。

1）空间框架结构（图 12-23）。选用 8 跨×8 跨×12 层框架；跨度与层高为 $L_{1i} \times L_{2i} \times h_i = 4\text{m} \times 4\text{m} \times 3\text{m}$；梁为 $b \times h = 0.4\text{m} \times 0.8\text{m}$；柱为 $b \times h = 0.5\text{m} \times 0.5\text{m}$；混凝土强度 C28，弹性模量 $E = 3 \times 10^7 \text{kPa}$，泊松比 $\nu = 0.15$。每一楼层考虑约 10kPa，相当于每楼层各节点荷载为：中柱 $P_{中} = 160\text{kN}$；边柱 $P_{边} = 120\text{kN}$；角柱 $P_{角} = 90\text{kN}$；不考虑自重荷载。

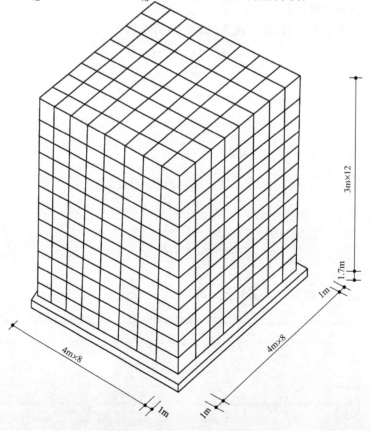

图 12-23　空间结构与基础

2) 平面框架结构（图 12-24）。根据空间结构简化，采用 8 跨×12 层框架；跨度与层高为 $L_i×h_i=4\mathrm{m}×3\mathrm{m}$；梁为 $b×h=0.4\mathrm{m}×0.8\mathrm{m}$，柱为 $b×h=0.5\mathrm{m}×0.5\mathrm{m}$；混凝土强度 C28，$E=3×10^7\mathrm{kPa}$，$\nu=0.15$。每楼层各节点荷载为：中柱 $P_{中}=160\mathrm{kN}$；边柱 $P_{边}=120\mathrm{kN}$。

（2）基础。有筏形基础和厚条基础两种。筏形基础为 $B×L×h=34\mathrm{m}×34\mathrm{m}×1.7\mathrm{m}$，周边挑出 1m。基础材料与上部结构相同；厚条为 $b×h=4\mathrm{m}×1.7\mathrm{m}$，用于平面分析。

（3）地基。有分层地基和邓肯-张地基模型。分层地基模型的地基参数如图 12-24 所示；邓肯-张地基模型的地基参数及关系式见表 12-6。

表　12-6

参数		土层				关系式
		I	II	III	IV	
U		0.513	−0.077	0.544	1.073	$(\sigma_1-\sigma_3)_{ult}=Up_a+V\sigma_3$
V		1.813	3.009	0.760	1.610	
K		43.6	53.8	70.7	26.8	$E_t=Kp_a\left(\dfrac{\sigma_3}{p_a}+1.0\right)^n$
n		0.625	1.47	1.13	2.01	
ν_t	G	0.33	0.34	0.38	0.30	$\nu_t=G-F\lg\left(\dfrac{\sigma_3}{p_a}+1.0\right)$
	F	0.15	0.07	0.06	0.04	
	d	2.44	2.40	2.20	0.80	$\varepsilon_1=-\dfrac{\varepsilon_1}{\nu_t-d\varepsilon_3}$

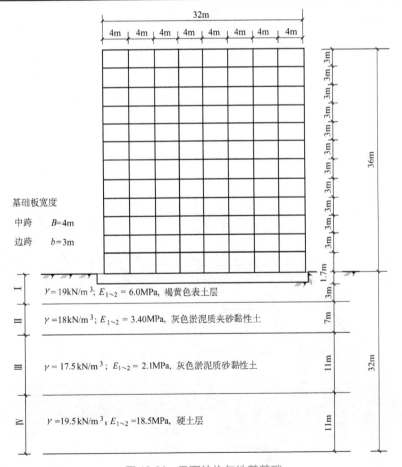

图 12-24　平面结构与地基基础

2. 空间框架结构、筏形基础和两种地基共同作用的特性

（1）基础沉降与差异沉降（图 12-25）。采用分层地基模型（以下简称 E_0 模型）和邓肯-张地基模型（以下简称 D-C 模型）算得的基础中点沉降分别为 59.10cm 和 56.82cm，两者较为接近。总的趋势均呈中点大，边点次之，角点最小的盆形。但从图 12-25 的差异沉降可见，D-C 模型能有效地减少差异沉降。

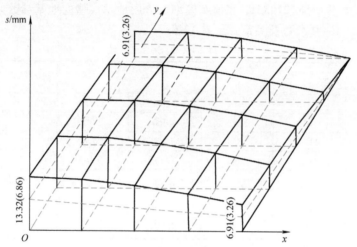

图 12-25　两种地基模型下空间框架与筏形基础共同作用的基础差异沉降

——E_0 模型　----D-C 模型

注：括号中数值为 D-C 模型的计算值。

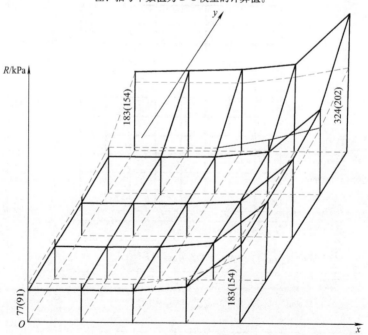

图 12-26　两种地基模型下空间框架与筏形基础共同作用的地基反力

——E_0 模型　----D-C 模型

注：括号中数值为 D-C 模型的计算值。

（2）地基反力（图 12-26）。从图 12-26 可见，按分层地基模型分析，在基础边缘，尤其是角点，出现高度的应力集中现象，其角点与中点应力之比达到 324/77 = 4.21；内部部位的应力分布相当匀称平缓，而按 D-C 地基模型分析，基础边缘处的应力集中现象得到很大改善，角点与中点应力之比下降到 202/91 = 2.22，比 E_0 模型减少约 1/2。

（3）基础弯矩（图 12-27）。从图 12-27 可见，采用 E_0 模型求得在基础中点的最大弯矩 M_y 要比采用 D-C 模型计得的大 66%，从中点沿 x 轴，无论是 E_0 模型还是 D-C 模型，M_y 值衰减很快，在边缘出现数值微小的负弯矩；沿 y 轴方向，M_y 值的变化较小。

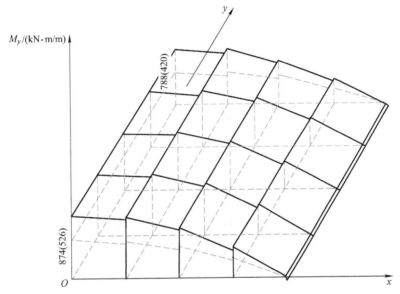

图 12-27　两种地基模型下空间框架与筏形基础共同作用的 M_y 弯矩

——E_0 模型　----D-C 模型

注：括号中数值为 D-C 模型的计算值。

由此可见，在两种地基模型下厚筏基础共同作用的特性差异较大，有别于同样两种地基模型下薄板基础共同作用的特性。

3. 两种结构（空间与平面框架）、筏形基础和两种地基共同作用特性的比较

在前面已述及按 E_0 模型和 D-C 模型求得空间框架-筏形基础中点的沉降分别为 59.10cm 和 56.82cm，今用两种地基模型求得平面框架-厚条基础中点沉降分别为 25cm 和 38cm，显然，按平面分析求得的沉降要比按空间分析求得的沉降小，不过此时按 D-C 模型求得的沉降却比 E_0 模型求得的大。

从图 12-28 可见，在空间分析中无论按 E_0 模型，还是按 D-C 模型求得筏形基础的差异沉降 Δs，均比平面分析中按同样两种模型求得的约大一倍，而按 D-C 模型求得的 Δs 总是比按 E_0 模型求得的小。

从图 12-29 可见，在空间分析中无论按 E_0 模型，还是按 D-C 模型计算所得筏形基础底反力不均匀分布现象均比平面分析中按同样两种模型求得的差，而按 D-C 模型计得的边缘应力集中现象总是比按 E_0 模型求得的有所改善。

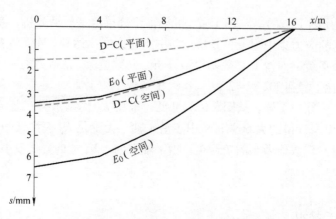

图 12-28　两种结构(空间与平面)、两种地基
模型的筏形基础的差异沉降的比较

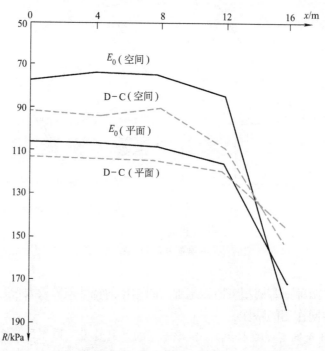

图 12-29　两种结构(空间与平面)、两种地基模
型的筏形基础底的反力特性的比较

从图 12-30 可见, 在空间分析中无论按 E_0 模型, 还是按 D-C 模型求得筏形基础的跨中弯矩 M 均比平面分析中按同样两种模型求得的约大一倍, 而按 D-C 模型求得的跨中弯矩总是比按 E_0 模型求得的约小一半。

由此可见, 空间框架结构与厚筏的共同作用、平面框架结构与厚筏的共同作用两者有着很大差异, 这主要是由于空间框架结构的地基中土的应力状态受到各种框架荷载互相影响, 与平面框架结构的明显不同所造成的, 采用邓肯-张地基模型较分层地基模型优越。

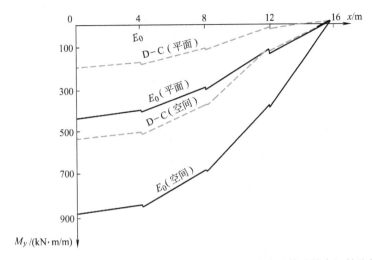

图 12-30　两种结构(空间与平面)、两种地基模型的筏形基础的弯矩的比较

■ 第五节　高层空间剪力墙结构箱形基础与
弹塑性地基的共同作用分析

高层空间剪力墙结构箱形基础与弹塑性地基的共同作用分析是采用双重扩大子结构有限元来形成上部结构和箱形基础的刚度矩阵，用弹塑性地基模型建立地基刚度矩阵和相邻建筑的影响。

一、双重逐步扩大子结构有限元方法

双重逐步扩大子结构有限元方法是将整个结构看成是按开间、进深和层高尺寸分割成的各种单元矩形板所组成的空间结构。高层空间结构的每一层称为层子结构；其边界结点为各层上下平面上纵横轴线的交点，结点自由度为 3 个方向上的线位移 u、v 和 w(空间结构的简化计算，忽略结点的 3 个转角)。各种开洞的单元矩形板又可视为板子结构，按开洞方式不同进一步分割为 16 块矩形平面应力单元，以考虑开洞的影响(图 12-31)。板子结构的边界结点为 4 个角点，自由度为板平面内两个方向的线位移。这样，高层空间剪力墙结构就被离散为：先划分为各层子结构，各层子结构再分割为若干种板子结构这种双重嵌套的有限元(图 12-32)。利用逐步扩大子结构法，从板子结构到层子结构；逐板逐层扩大子结构，最终得到上部结构的边界刚度矩阵和边界荷载列矢量。

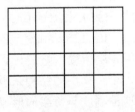
无洞墙板、楼板、底板

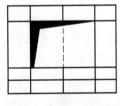
开窗墙板

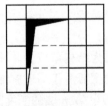
开门墙板

图 12-31　板子结构单元划分方式

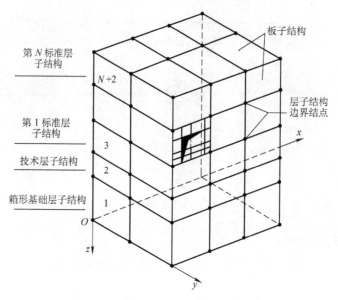

图12-32　结构体系双重子结构有限元划分方式

按图12-31板子结构单元划分，通常有16个边界结点，这样每条边上除角点外还有3个结点可保持毗邻板子结构结点的连续性（图12-33a），但这种做法要求毗邻板子结构具有相同的有限元分割尺寸，从而使考虑形式多样的门窗洞口遇到极大困难。为此，这里仅取4个角点为边界结点（图12-33b）。由于周边上无中间结点作为边界结点，位移的连

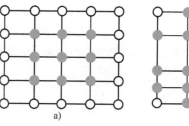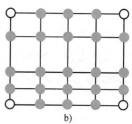

图12-33　板子结构边界结点的选择
a）选取周边结点　b）选取4个角点
○——边界结点　●——四部结点

续性可能不能保持，但边界结点数大大减少，且与装配式墙板的构造特点比较接近。这种做法可有效地减少层子结构刚度矩阵的元素总数。

楼面板承受的楼面荷载与自重，按静力等效原则转移到竖向墙板上去，荷载引起的横向剪切与挠曲另作分析，在共同作用分析中不予考虑。

二、结构刚度的滞后现象和施工过程与工作状态的模拟方式

高层建筑绝大部分是从下到上逐步施工的，剪力墙结构从下到上逐步施工时，混凝土硬结需要时间，各楼层的施工速度和层间的间歇时间取决于具体的施工方法和资金的投入。若以一个楼层为结构单位，其荷载取为荷载增量，则当施加第m层荷载增量后，必然会出现如下结构刚度滞后于荷载施加的现象：第m层荷载增量仅由第$m-k$层的结构来承担，而第$m-k+1$层乃至第m层的刚度因混凝土尚未硬结而未形成，这种刚度与荷载的形成方式称为"滞后k层"。k值取决于施工方式，一般为1或2，如图12-34b所示。如为简化起见，取k值等于零，简称为"逐层形成"，如图12-34a所示。箱形基础和技术层（或设备层、经常为半地下室）属地下结构，施工细致而缓慢。共同作用子结构计算方法可以考虑模拟结构荷载与

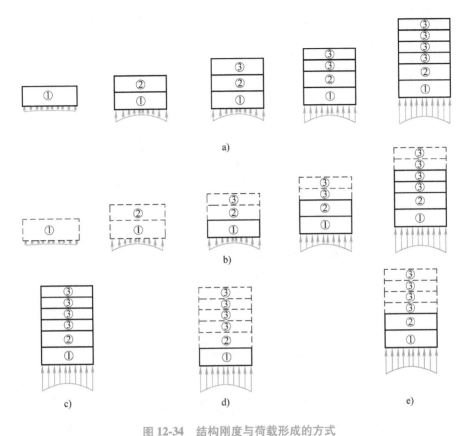

图 12-34 结构刚度与荷载形成的方式

a）逐层形成 b）滞后二层 c）刚度一次形成 d）仅考虑箱形基础刚度 e）考虑技术层和箱形基础刚度

——刚度与荷载均形成 ----仅有荷载，无刚度作用

①—箱形基础 ②—技术层 ③—标准层

刚度的形成方式，也能反映刚度滞后现象。为简化计算和比较结构按不同刚度参加工作，还可分析"刚度一次形成""仅考虑箱形基础刚度"和"考虑技术层和箱形基础刚度"这三种荷载与刚度的形成方式（图 12-34c、d 和 e）。

三、工程背景及计算图式

1. 工程背景

上海某工程是由 4 个单元组成的 12 层高层住宅（图 12-35），第Ⅲ单元为计算分析的主体建筑，其与毗邻的Ⅱ、Ⅳ单元用沉降缝断开。

底层标高为±0.00，女儿墙顶标高为 35.00m。上部结构采用大模板施工，现浇钢筋混凝土墙体，楼面为预制卡口空心板，与墙体连接良好。

基础采用天然地基上的箱形基础。箱形基础和技术层半地下室整体现浇，基础埋深 5.2m，设置在第四层土中（表 12-7）。基底面积为 490m²，箱形基础底板厚为 0.50m，技术层底板厚为 0.4m，顶板厚为 0.2m。箱形基础外墙板厚为 0.3m，技术层外墙板厚为 0.25m，地基土的允许承载力为 267kPa。基础底面的平均地基反力为 188kPa，扣除土的

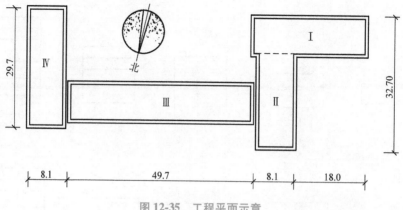

图 12-35 工程平面示意

自重压力和水浮力，基底附加压力为 94kPa。设计时，结构重心偏离基底形心，计算第Ⅲ单元偏心距 $e_x = 0$cm，$e_y = 23$cm，故底板两端适当放大 0.7m。该工程施工缓慢，1976 年 3 月破土至结构竣工，历时 3 年之久。

表 12-7　土层主要物理力学性质

层序	土 层 名 称	层厚 /m	w (%)	γ/ (kN/m³)	e_0	$\alpha_{1\sim2}$ /MPa⁻¹	E_s /MPa	φ/ (°)	c (kN/m²)
1	填土	1.00							
2	褐黄色粉质黏土	1.0~1.8	33.5	18.7	0.94	0.30	6.5	21.7	11
3	灰褐泥质粉质黏土	3.55~4.90	37.2	17.9	1.14	0.29	7.4	22.9	7.0
4	灰粉土夹多量薄层粉砂	8.00	30.4	18.4	0.92	0.17	11.3		
5	灰淤泥质黏土	6.0	48.0	17.0	1.40	0.85	2.8	8.0	10
6	灰淤泥质粉质黏土	5.5	35.4	17.7	1.07	0.41	5.1	15.7	9.0
7	暗绿色粉质黏土	未钻穿	24.9	18.8	0.80	0.29	6.2	14.6	30

2. 计算图式

根据上部结构和箱形基础、技术层的分隔情况，它们的计算简图为对称的 16 跨、开间为 3m 的有对称相邻建筑影响的空间剪力墙结构平面，如图 12-36 所示。

箱形基础、技术层和标准层子结构分别由 14、15 和 17 种板子结构组成，节点编号及基底分割方式如图 12-37 所示。混凝土强度等级均为 C28，箱形基础和技术层钢筋为 HRB335 级，墙板为 HPB235 级。在计算中考虑结构刚度和荷载的不同形成方式。

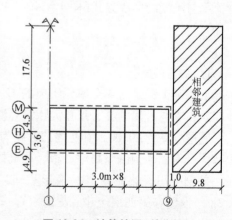

图 12-36　计算简图（单位：m）

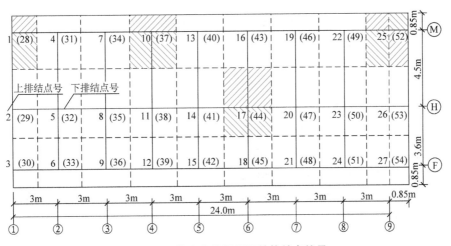

图 12-37　基底分格及层子结构结点编号

四、弹塑性地基模型及参数

（一）各向同性弹塑性地基模型及参数

各向同性弹塑性地基模型可见第四章第四节，对于淤泥土和淤泥质黏土，其模型中的参数 E_{ur}、α 可用下式表示

$$E_{ur}=K_{ur}p_a\left(\frac{\sigma_3}{p_a}\right)^{n_{ur}}, \quad \alpha=Mp_a\left(\frac{\sigma_3}{p_a}\right)^{L}, \quad \beta=M_d\left(\frac{\sigma_c}{p_a}\right)+L_d \tag{12-22}$$

式中　E_{ur}、K_{ur}、M、L、M_d、L_d——试验常数，见表 12-8；

$\quad\quad$ p_a——与 σ_3 同单位的大气压力。

对于淤泥土和淤泥质黏土，模型中的参数 K_2 公式也修改为

$$K_2=Af+B \tag{12-23}$$

式中　A、B——试验常数，见表 12-8。

表 12-8 还列出了各向同性弹塑性地基模型中淤泥土和淤泥质黏土的其他参数，ν_{ur} 为卸载再加载泊松比，f_t 为确定应力水平与塑性功关系($f-w_p$)时的试验常数，其意义详见第四章第四节。

表 12-8　上海软土各向同性弹塑性地基模型参数

土　名	K_{ur}	n_{ur}	ν_{ur}	A	B	f_t	M /10^{-4}	L	M_d /10^{-4}	L_d
淤泥质粉质黏土	490	0.544	0.17	0.2744	18.89	27	31.60	1.314	17.12	0.0309
淤泥质黏土	363	0.508	0.17	0.3002	18.42	27	28.67	1.326	25.47	0.0620

（二）各向异性弹塑性地基模型和参数

1. 考虑土体固有各向异性的破坏准则

上海软土是冲积土，呈各向异性。一般情况下水平面为土的沉积面，规定与土体沉积面相垂直的方向（即沉积面法线方向）为 z 轴方向，则沉积面为 Oxy 平面。

考虑土体固有各向异性土体的破坏准则为

$$\bar{f}^* = \frac{\bar{I}_1^3}{\bar{I}_3} = \frac{[\sigma_1 + (\alpha\sigma_2) + (\alpha\sigma_3)]^3}{\sigma_1(\alpha\sigma_2)(\alpha\sigma_3)} = K \tag{12-24}$$

$$\alpha = \frac{(\sigma_a)_{0°}}{(\sigma_a)_\theta} \tag{12-25}$$

式中 α——各向异性参数；

0°、θ——下角标，分别表示垂直方向切土试样和不同方向切土试样在破坏时的强度值（最大加荷方向和切土方向相同）。

2. 考虑土体应力导致各向异性的破坏准则

若从相同初始偏应力 q_0 开始进行各向等压固结真三轴排水剪切试验和 K_0 固结真三轴排水剪切试验，则有

$$q_0 = (\sigma_1)_0 - (\sigma_3)_0 = \frac{1 - K_0}{K_0}(\sigma_3)_0 \tag{12-26}$$

式中 q_0——K_0 固结结束时的初始偏应力；

$(\sigma_1)_0$、$(\sigma_3)_0$——K_0 固结试样在剪切前的竖向应力和侧向应力。

因此考虑地基中初始各向不等压力所导致的土体应力各向异性的破坏准则可写为

$$\bar{f}^* = \frac{\bar{I}_1^3}{\bar{I}_3} = \frac{[(\sigma_1 - q_0) + \sigma_2 + \sigma_3]^3}{(\sigma_1 - q_0)\sigma_2\sigma_3} = K \tag{12-27}$$

3. 同时考虑土体固有各向异性和应力导致各向异性的破坏准则

影响土体各向异性的因素很多，要完整地描述和测定土体各向异性及其随应力水平、不同切土方向的变化是很困难的，这里仅将考虑土体固有各向异性的破坏准则与考虑土体应力导致各向异性的破坏准则进行合并，作为同时考虑土体固有各向异性和土体应力导致各向异性的破坏准则，表达式如下

$$\bar{f}^* = \frac{\bar{I}_1^3}{\bar{I}_3} = \frac{[(\sigma_1 - q_0) + (\alpha\sigma_2) + (\alpha\sigma_3)]^3}{(\sigma_1 - q_0)(\alpha\sigma_2)(\alpha\sigma_3)} = K \tag{12-28}$$

4. 上海软土各向异性弹塑性地基模型

弹性应变增量 $\delta\varepsilon^e$ 可采用第四章中的式（4-24）表示。

塑性应变增量 $\delta\varepsilon^p$ 可根据式（12-28）建立的上海软土各向异性破坏准则，得到上海软土的破坏条件为

$$\bar{F}^* = \bar{I}_1^3 - K\bar{I}_3 \tag{12-29}$$

$$\bar{I}_1 = (\sigma_z - q_0) + (\alpha\sigma_x) + (\alpha\sigma_y) \tag{12-30}$$

$$\bar{I}_3 = (\sigma_z - q_0)(\alpha\sigma_x)(\alpha\sigma_y) + 2\tau_{xy}\tau_{yz}\tau_{zx} - (\sigma_z - q_0)\tau_{xy}^2 - (\alpha\sigma_x)\tau_{xy}^2 - (\alpha\sigma_y)\tau_{zx}^2 \tag{12-31}$$

式中，q_0、α 意义同前。

塑性势函数 $\bar{g}$ 采用

$$\bar{g} = \bar{I}_1^3 - \bar{K}_2\bar{I}_3 \tag{12-32}$$

式中 $\bar{K}_2$——塑性函数参数。

根据塑性理论的流动法则，可求得考虑土体各向异性的塑性应变增量 $\delta\varepsilon^p$ 和应力分量之间的关系为

$$\begin{pmatrix} \delta\boldsymbol{\varepsilon}_x^{\mathrm{p}} \\ \delta\boldsymbol{\varepsilon}_y^{\mathrm{p}} \\ \delta\boldsymbol{\varepsilon}_z^{\mathrm{p}} \\ \delta\boldsymbol{\gamma}_{xy}^{\mathrm{p}} \\ \delta\boldsymbol{\gamma}_{yz}^{\mathrm{p}} \\ \delta\boldsymbol{\gamma}_{zx}^{\mathrm{p}} \end{pmatrix} = \overline{d\lambda}\,\overline{K}_2 \begin{pmatrix} 3\overline{I}_1^2/\overline{K}_2 - \alpha_y\sigma_y(\sigma_z - q_0) + \tau_{yz}^2 \\ 3\overline{I}_1^2/\overline{K}_2 - \alpha_x\sigma_x(\sigma_z - q_0) + \tau_{zx}^2 \\ 3\overline{I}_1^2/\overline{K}_2 - \alpha_x\sigma_x\alpha_y\sigma_y + \tau_{xy}^2 \\ 2(\sigma_z - q_0)\tau_{xy} - 2\tau_{yz}\tau_{zx} \\ 2\alpha_x\sigma_x\tau_{yz} - 2\tau_{zx}\tau_{xy} \\ 2\alpha_y\sigma_y\tau_{zx} - 2\tau_{xy}\tau_{yz} \end{pmatrix} \tag{12-33}$$

$$\alpha_x = \begin{cases} 1.0 & (\sigma_x = \sigma_c) \\ \alpha & (\sigma_x \neq \sigma_c) \end{cases}; \qquad \alpha_y = \begin{cases} 1.0 & (\sigma_y = \sigma_c) \\ \alpha & (\sigma_y \neq \sigma_c) \end{cases} \tag{12-34}$$

式中　α_x、α_y——x 方向各向异性参数和 y 方向各向异性参数；

σ_c——侧向固结压力；

α——各向异性参数，由式(12-25)所定义；

其他符号意义同前。

上海软土各向异性弹塑性地基模型部分参数见表 12-9。

表 12-9　上海软土各向异性弹塑性地基模型部分参数

土　名	$\overline{A}$	$\overline{B}$	$\overline{f}_t$	$\overline{M}_g/10^{-4}$	$\overline{L}_a$	$\overline{M}_d/10^{-4}$	$\overline{L}_d$
淤泥质粉质黏土	0.2733	18.86	27	30.89	1.3007	18.48	0.02966
淤泥质黏土	0.2931	18.26	27	28.11	1.3222	26.99	0.05982

五、计算结果与分析

下面所列的计算结果中，上部结构刚度按逐层方式形成，并考虑相邻建筑的影响。

1. 地基反力分布规律

图 12-38 是弹塑性地基模型各向同性性状与各向异性性状纵向平均地基反力分布计算值

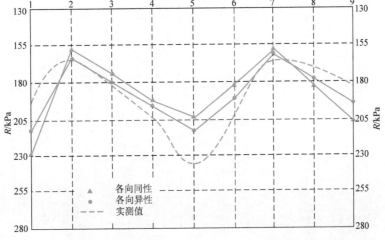

图 12-38　弹塑性地基模型纵向平均地基反力分布计算值与实测值的比较

与实测值的比较，可以看到，计算结果与实测结果均比较相符，而当考虑土体各向异性的影响时，计算结果比将土体视作各向同性体的计算结果更接近于实测结果。这再次证明地基模型合适选择的重要性。

2. 地基变形

图 12-39 和图 12-40 所示为该大楼地基变形分别沿两纵向轴线的计算结果与实测结果的比较。图中的实测结果是建筑物竣工 3 年后的地基变形实测值，因此接近建筑物的最终沉降量，故图中的计算结果是计算参数均采用排水剪指标的结果。从图中可以看到，各向异性弹塑性地基模型计算得到的地基变形要比各向同性弹塑性地基模型计算得到的地基变形值大，且更接近实测结果；各向异性弹塑性地基模型计算得到的差异沉降也比各向同性弹塑性地基模型计得的地基差异沉降明显。地基变形计算中当考虑土体各向异性时，其分布规律相对于不考虑土体各向异性时的计算结果较为符合实测结果。这显示了选择合适地基模型的重要性。但是在计算分析中没有考虑地基蠕变等的影响以及很难模拟拔除板桩等的影响，地基变形沿纵向Ⓜ轴的计算结果仍与实测结果有一定的差距。

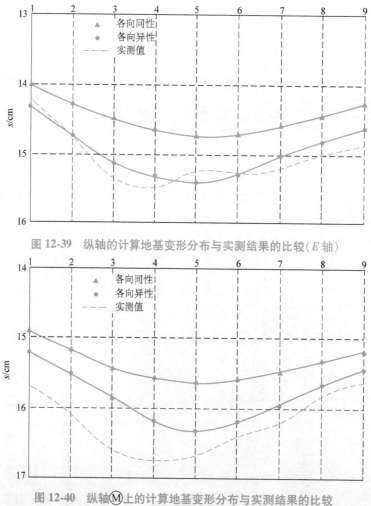

图 12-39　纵轴的计算地基变形分布与实测结果的比较(E 轴)

图 12-40　纵轴Ⓜ上的计算地基变形分布与实测结果的比较

表 12-10 列出的是基础平均结果沉降、平均横向整体倾斜、平均纵向弯曲的计算结果及其与实测结果的比较。

表 12-10　地基变形计算结果与实测结果的比较

计 算 模 型	平均结果沉降/cm	平均横向整体倾斜(‰)	平均纵向弯曲(‰)
各向同性弹塑性地基模型	14.92	0.629	0.098
各向异性弹塑性地基模型	15.57	0.902	0.212
竣工 3 年后的实测值	15.63	1.420	0.150

从表 12-10 可见，利用各向异性弹塑性地基模型所得的横向整体倾斜和纵向弯曲均比各向同性弹塑性地基模型所得的相应计算结果大；但对于基础平均沉降，两种弹塑性地基模型均与实测结果相符。计算结果表明，平均横向倾斜和平均纵向弯曲的估算应当考虑土体各向异性的影响。

■ 第六节　高层空间剪力墙结构-桩-厚筏-地基的共同作用分析

本算例对高层空间剪力墙结构采用双重扩大子结构有限元分析，厚筏采用厚板理论分析，桩基采用桩土共同作用的弹性理论法分析，从而得到上部结构等效边界刚度矩阵、厚筏基础刚度矩阵及桩土刚度矩阵，并通过静力平衡条件和变形协调条件得到

$$(\boldsymbol{K}_\mathrm{b}+\boldsymbol{K}_\mathrm{r}+\boldsymbol{K}_\mathrm{sp})\boldsymbol{U}_\mathrm{b}=\boldsymbol{S}_\mathrm{b}+\boldsymbol{P}_\mathrm{r} \tag{12-35}$$

式中　$\boldsymbol{K}_\mathrm{b}$、$\boldsymbol{S}_\mathrm{b}$——整个上部结构对基础顶面接触点的等效边界刚度矩阵和等效荷载列矢量；

　　　$\boldsymbol{U}_\mathrm{b}$——相应的边界结点位移列矢量；

　　　$\boldsymbol{K}_\mathrm{r}$——筏板的整体刚度矩阵；

　　　$\boldsymbol{K}_\mathrm{sp}$——桩土体系的刚度矩阵；

　　　$\boldsymbol{P}_\mathrm{r}$——筏板本身结构所受的结点力列矢量。

通过求解上式，并回代就可得到有关基础沉降、筏板内力、桩顶反力以及筏分担荷载比例等一系列数据。

一、工程概况与计算参数

根据共同作用理论及式(12-35)，编制有关剪力墙结构与桩筏基础共同作用的分析程序，并对一幢 20 层高层建筑进行一系列参数变化的计算，从而得到有关剪力墙与桩筏体系中各种参数变化对基础沉降、筏板内力、桩顶反力分布及筏分担荷载比例等的影响程度。

该高层建筑的上部结构为 20 层的剪力墙结构，基础为桩筏基础，筏的厚度为 2.5m，桩径为 0.5m，桩长为 20m，桩距为 $(8\sim12)d$，桩筏基础的平面布置如图 12-41 所示。有关桩筏基础的计算参数取为：筏形基础的弹性模量

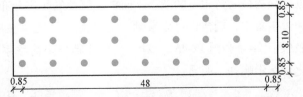

图 12-41　桩筏基础平面布置图(尺寸单位:m)

$E_\mathrm{r}=2.85\times10^4\mathrm{MPa}$，泊松比 $\nu_\mathrm{r}=0.17$；地基土的变形模量 $E_\mathrm{s}=13.376\mathrm{MPa}$，泊松比 $\nu_\mathrm{s}=0.5$。

二、计算结果分析

（一）上部结构刚度对基础沉降、筏板内力、桩顶反力及筏形基础分担荷载系数的影响

为了考察上部结构刚度对桩筏基础的影响程度，在其他基本数据不变的前提下，上部结构层数分别取 2 层、6 层、9 层、12 层、15 层及 20 层进行计算，每层荷载为 5815.3kN，筏形基础自重为 30441.3kN，计算所得到的基础沉降、筏板弯矩、桩顶反力及筏形基础分担荷载比例见表 12-11。

表 12-11　上部结构层数变化的影响

上部结构层数	2	6	9	12	15	20
平均沉降/cm	1.74	2.87	3.73	4.59	5.46	6.94
单位荷载平均沉降/$(10^{-5}\mathrm{cm/kN})$	4.88	4.85	4.84	4.84	4.84	4.84
差异沉降/cm	-0.34	0.16	0.12	0.12	0.14	0.17
单位荷载差异沉降/$(10^{-6}\mathrm{cm/kN})$	9.53	2.71	1.56	1.27	1.24	1.19
筏板最大弯矩/$\mathrm{kN \cdot m}$	499.7	243.3	243.0	256.7	283.0	326.4
单位荷载最大弯矩/$(10^{-2}\mathrm{kN \cdot m/kN})$	1.40	0.41	0.32	0.27	0.25	0.23
筏基分担荷载系数(%)	31.65	31.26	31.18	31.15	31.12	31.08
$P_c:P_e:P_i$	1.53:1.39:1	1.77:1.42:1	1.82:1.43:1	1.84:1.43:1	1.85:1.43:1	1.86:1.43:1

从表 12-11 可以看到，基础的平均沉降随着上部结构层数的增加而增加，与上部结构层数基本上呈线性关系（图 12-42），而单位荷载平均沉降却无变化，这说明上部结构刚度对基础沉降影响不大；与此同时，基础的差异沉降随着上部结构层数增加而减小，但是当层数增加到一定程度时，差异沉降的减少就不十分明显（图 12-43），这反映上部结构刚度对基础的贡献是有限的。从表 12-11 还可以看到，上部结构刚度的变化对筏板弯矩及桩顶反力分布有很大的影响，随着上部结构层数的增加，上部结构相对于筏形基础的刚度也增大，则筏板单位荷载的最大弯矩不断减小，而桩顶反力发生重分布。随着层数增加，桩顶荷载逐渐向角桩和边桩集中，同样也可以看到，这种变化只发生在层数增加的最初几层，以后并不十分明显（图 12-44 和图 12-45）。对于筏形基础分担荷载系数，由表 12-11 可见，上部结构刚度变化对其影响并不明显。

（二）地基弹性模量对基础沉降、筏板弯矩、桩顶反力及筏形基础分担荷载系数的影响

表 12-12 所示的是当地基弹性模量分别取 13.376MPa、26.752MPa、40.128MPa、53.504MPa 时，基础沉降、筏板弯矩、桩顶反力及筏形基础分担荷载系数的计算结果。

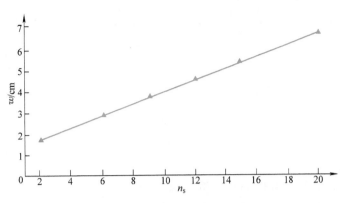

图 12-42 基础平均沉降与上部结构层数 n_s 的关系

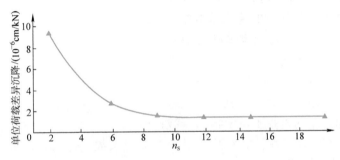

图 12-43 基础差异沉降与上部结构层数 n_s 的关系

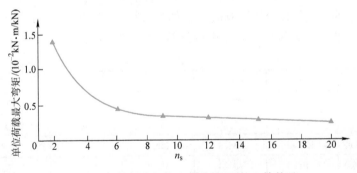

图 12-44 筏板弯矩与上部结构层数 n_s 的关系

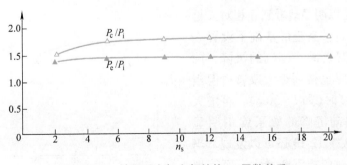

图 12-45 桩顶反力与上部结构 n_s 层数关系

表 12-12　地基弹性模量变化的影响

E_s/MPa	13.376	26.752	40.128	53.504
平均沉降/cm	4.59	2.46	1.67	1.30
差异沉降/cm	0.12	0.06	0.05	0.05
筏板最大弯矩/kN·m	256.7	234.0	214.0	197.6
筏基分担荷载系数(%)	31.15	35.44	39.12	42.30
$P_c : P_e : P_i$	1.84 : 1.43 : 1	1.84 : 1.42 : 1	1.86 : 1.42 : 1	1.88 : 1.43 : 1

从表 12-12 可以看到，基础的平均沉降是随着地基弹性模量增加而减小的，两者之间基本上呈线性的反比关系(图 12-46)，而基础的差异沉降变化不是很大，这与纯筏形基础时的情况基本相同。从表 12-12 还可以看到，筏板弯矩也是随着地基弹性模量的增加而减少的，这是因为当地基土弹性模量增大时，筏板相对于地基来说，其相对刚度下降，此时筏板所承受的弯矩势必会随之减小；地基弹性模量越大，即土越硬，则地基土所承担的荷载比值

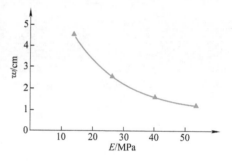

图 12-46　基础沉降与地基弹性模量的关系

也就越高，地基土在较硬情况下，筏形基础分担荷载系数可达 42%；对于桩顶反力分布，地基弹性模量变化则对其影响甚微。

（三）桩长对基础沉降、筏板弯矩和筏形基础分担荷载系数的影响

表 12-13 所示的是当桩长分别取 0m(无桩的筏形基础)、10m、20m、30m、40m 和 100m 时，基础沉降、筏板弯矩及筏形基础分担荷载系数的计算结果。

表 12-13　桩长变化的影响

桩长/m	0	10	20	30	40	100
平均沉降/cm	18.20	5.74	4.59	3.99	3.66	3.16
差异沉降/cm	0.35	0.23	0.12	0.12	0.11	0.08
筏板最大弯矩/kN·m	157.8	189.3	256.7	339.9	375.9	418.1
筏基分担荷载系数(%)	100	48.24	31.15	24.73	21.60	17.24

从表 12-13 可以明显地看到，相对无桩的纯筏形基础而言，当筏形基础下设置一定的桩数时，可显著减小基础的沉降，同时基础的差异沉降也得到很大改善；但当桩长达到一定程度时(如 $L=30$m)，再增大桩长，对减小基础沉降的效果就不明显了(图 12-47)。从表 12-13 还可以发现，当增大桩长时，筏板弯矩不断增大，而筏形基础分担荷载系数不断减小。由此可见，

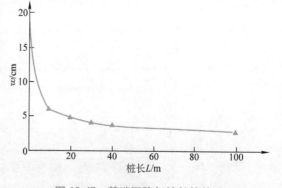

图 12-47　基础沉降与桩长的关系

对均质地基而言，并非桩越长越好。从本例的计算结果来看，桩长不宜超过80倍左右的桩径，否则就不能有效地充分发挥出桩长的作用。

■ 第七节 高层筒体结构桩筏基础与地基的共同作用分析

框筒结构或筒中筒结构是当前高层建筑中采用较多的结构形式，本节给出一个关于高层筒体结构桩筏基础与地基共同作用的分析实例。在上部筒体结构的模拟上采用结构平面展开的方法，这种方法能反映结构的空间工作性能，同时又可节省计算机内存。桩基的分析采用边界积分法处理，为了节省内存及计算时间，在群桩的处理过程中引用桩-桩相互影响系数的概念。筏板可按薄板情况考虑。整个系统的分析已编制相应的计算程序。

一、筒体结构的分析方法

筒体结构的分析采用如下几点基本假定：

1）组成结构的材料是均质弹性体。

2）荷载作用下结构的变形是微小的。

3）楼盖结构在其自身平面内的刚度为无穷大，在其平面外的刚度可忽略不计。

4）组成内外筒的各榀结构，可略去其平面外的刚度，而仅考虑在其自身平面内的作用。

根据上述假定，可把空间筒中筒结构简化成平面结构，由于两种相交筒体墙受力时都仅在其自身平面内起作用，两者之间的相互联系主要通过在相交部分传递竖向剪力来保证，因此，只要保证在原空间结构角部上的竖向位移协调，从结构的主要传力途径上来说，平面化后的结构与原型空间结构是等效的。

对框架部分的处理也采用上述方法。对于两种相交框架的相交柱，由于该柱在两榀平面内部起作用，因而在空间结构化成平面结构时，该角柱应展开成分属于两榀正交平面框架的两根边柱，但它们的竖向位移应保持相等。由于原角柱对两榀框架来说仅传递竖向剪力，因此，在两虚拟边柱之间用一仅能传递竖向剪力的虚拟结构联系，以便在保证两相交柱的竖向位移一致时不致传递水平力和弯矩。

按上述方法简化得到的平面结构，由于能够反映空间结构中的主要受力状况，因而可以适当地反映原型结构的空间性能。同时，由于结构已经简化为平面形式，受力分析也大为简化，从而可以大幅度降低计算内存量。

平面化后的结构采用有限元方法计算，筒墙部分采用简单的平面矩形单元，框架结构中的梁柱构件采用平面梁单元，但需考虑实际结构中存在的刚域现象，如图12-48所示。为了正确地反映原结构的工作性状，对于虚拟角柱的刚度，必须保证简化后的结构应与原型结构受力变形等价，为此，按虚拟角柱的轴向刚度 EA_c 及其抗弯刚度 EI_c 按与原角柱相等的条件来确定，即

$$EA_c = \frac{1}{\dfrac{2}{EA} + \dfrac{e^2}{EI}} \tag{12-36}$$

$$EI_c = \frac{1}{2}\left[EI - EA_c^2 e^2 + \sqrt{(EI)^2 + (EA_c)^2 e^2}\right] \tag{12-37}$$

式中　e——原角柱的截面偏心矩；

　EA、EI——原柱的轴向刚度和抗弯刚度。

上述方法已被用于侧向荷载下的筒体结构计算，与模型试验结果相比较，表明这种方法是合理的。

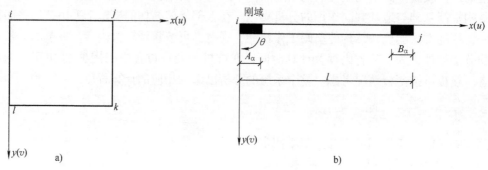

图 12-48　结构分析时的有限单元

a）平面矩形单元　b）梁单元

二、桩基础的分析方法

为了使桩的分析更符合实际情况，桩的分析以边界积分法为基础，并以明德林应力解为基本解。在考虑各种非均质情况时要对基本解进行修正，以使桩的分析结果适用于各种实际地质情况。

按照边界元分析理论，设有压域 D，其边界面为 S，则由作用在 S 面上 B 处的力 $\phi_j(B)$ 引起的 S 面上 A 点的位移 u_i 和力 p_i 分别为

$$u_i(A) = \int_S I_{ij}(A,B)\phi_j(B)\,\mathrm{d}S \tag{12-38}$$

$$p_i(A) = \int_S K_{ij}(A,B)\phi_j(B)\,\mathrm{d}S + \frac{1}{2}\Phi_i(A) \tag{12-39}$$

式中　I_{ij}、K_{ij}——由有关弹性解组成的基本解；

　　　Φ_i——待定系数。

将 S 面划分为一系列单元，则式（12-38）、式（12-39）可用矩阵表示为

$$\boldsymbol{u} = \boldsymbol{I\phi} \tag{12-40}$$

$$\boldsymbol{p} = \boldsymbol{K\phi} \tag{12-41}$$

根据协调条件，消去 $\boldsymbol{\phi}$，则有

$$\boldsymbol{p} = \boldsymbol{Fu} \tag{12-42}$$

式（12-42）是边界积分法的一般分析式，按照有限元的习惯，$\boldsymbol{F}$ 也可视为压域 D 的刚度矩阵。

对于桩基的分析，由于本节只考虑竖向受荷情况，因而可认为桩周同一水平面上桩土接触处的剪力相同，为了使分析进一步简化，假定：

1）在桩侧面只考虑摩阻力，而在桩底只考虑竖向抗力。

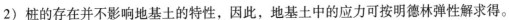

2）桩的存在并不影响地基土的特性，因此，地基土中的应力可按明德林弹性解求得。

3）土的沉降可近似认为仅与竖向应力有关，即不考虑水平应力的影响。

于是，求解土中沉降可采用下式作为基本解

$$I_{ij}(A,B) = \int_{\Gamma_A} \frac{\sigma_{ij}(A,B)}{E_s} \mathrm{d}z \qquad (12\text{-}43)$$

式中　σ_{ij}——明德林应力解；

Γ_A——A 点至土的深层刚性边界面的距离；

E_s——土的弹性模量。

桩视为单独的弹性构件，并沿桩长离散为 n 个单元。假定桩土的接触处在竖向荷载作用下发生相同的沉降，可得到桩的沉降分析式

$$(\boldsymbol{K}_a + \boldsymbol{K}_p)\boldsymbol{w} = \boldsymbol{Y} \qquad (12\text{-}44)$$

式中　$\boldsymbol{K}_a$——地基土的竖向刚度矩阵；

$\boldsymbol{K}_p$——单桩的竖向刚度矩阵；

$\boldsymbol{Y}$——外荷载矢量。

严格说来，明德林解只适用于均匀弹性半无限体，为了使以上分析也适用于分层土情况，必须对基本解修正，以使所采用的基本解尽量逼近真实解。对于分层土体，影响竖向应力的因素主要有：

1）地基土的不均匀程度。下层土的刚度越大，应力集中的程度也越大。

2）荷载的作用域。在作用域上的应力减小，而作用域下的应力增大。

3）上层土的厚度。该土层越薄则应力集中的现象越明显。

显然，合理的修正应该考虑上述所有影响竖向应力的因素。根据弹性体中的位移互等定律，经过分析，对于分层土中的桩，修正后基本解的系数为

$$I_{ij}^b = I_{ij}\left(1 + \frac{\alpha}{\Delta}\beta_j\right) \quad (i = 1, 2, \cdots, n) \qquad (12\text{-}45)$$

$$I_{n+1,j}^b = I_{n+1,j}\left(1 - \frac{\alpha}{\sqrt{\dfrac{E_{ba}}{E_s}}\Delta}\beta_j\right) \qquad (12\text{-}46)$$

式中　β_j——j 单元力引起的沉降而作为修正幅度；

Δ——j 单元力引起的各单元节点沉降之和；

α——沉降修正幅度系数；

E_{ba}——桩底以下各分层土弹性模量的加权平均值。

对于土层弹性模量随深度线性增加的非均匀土[吉普森(Gibson)土]，修正后基本解的系数为

$$I_{ij}^g = I_{ij}\left(1 + \frac{\alpha}{\Delta}\beta_j\right) \quad (i = 1, 2, \cdots, n) \qquad (12\text{-}47)$$

$$I_{n+1,j}^g = I_{n+1,j}\left(1 - \frac{\alpha}{\sqrt{\dfrac{E_s(l)}{E_s\left(\dfrac{l}{2}\right)}}\Delta}\beta_j\right) \qquad (12\text{-}48)$$

式中 $E_s(l)$、$E_s\left(\dfrac{l}{2}\right)$——桩底和桩中水平面土层的弹性模量值。

根据位移互等定律，修正后的地基土系数矩阵应该是对称的。

上述桩的分析方法对于单桩和群桩情况都适用。理论的分析和现场的试验都表明，对于许多实际情况，叠加法可以提供足够的精度。因此，为了简化分析，减少计算量，在群桩的分析时引用桩-桩相互影响系数 α_p，将其定义为

$$\alpha_p = \frac{\text{由于邻桩在单位荷载下引起的附加沉降}}{\text{在单位荷载下引起自身的桩顶沉降}} \tag{12-49}$$

于是，根据叠加原理，群桩的分析就可以归结为单桩和双桩的分析。

三、算例及分析

（一）算例和计算条件

本算例取自文献中的某结构与地基共同作用模型试验的设计方案。该试验模型的上部结构为 11 层的有机玻璃框筒结构，由两种标准层组成，桩基为 25 根铝管模型桩。在框筒结构和模型桩之间用现浇环氧树脂筏板将两者凝结成一体，该试验为对某一工程的定性模拟。试验模型如图 12-49 所示。

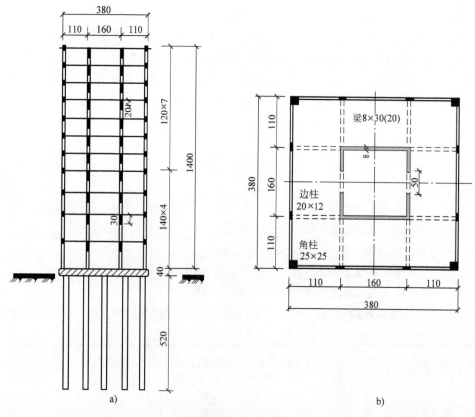

图 12-49　试验模型

a）立面图　b）平面图

为了分析，考虑纯筏（无桩）和桩筏两种基础。作为比较，按以下方式进行计算：

对于纯筏形基础情况，分别考虑下列两种情况。

（1）不考虑结构与基础的共同作用。在计算上部结构内力时认为基础是刚性体，然后将求得的支座反力反作用于弹性板上以求基础沉降，即常规法。

（2）考虑结构与基础的共同作用，分两种情况：

1）考虑上部结构刚度对基础刚度的贡献作用。

2）不考虑上部结构刚度对基础刚度的贡献，但作用在筏上的荷载分配考虑了结构刚度。注意这种情况与常规法是不同的。

对于桩筏基础情况，分别考虑筏土接触和分离两种可能发生的情况，计算参数见表 12-14，筏板的网格划分如图 12-50 所示。

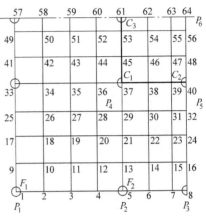

图 12-50　筏桩和土的计算网格

表 12-14　计算参数

土		桩			筏　板			结　构	
弹性模量 /MPa	泊松比	桩长 /cm	桩径 /cm	弹性模量 /MPa	弹性模量 /MPa	泊松比	弹性模量 /MPa	泊松比
10.0	0.50	52	2	7×10^4	2.7×10^3	0.35	2.7×10^3	0.35

（二）计算结果分析

有关地基基础的计算结果见表 12-15、表 12-16 和图 12-51。

表 12-15　筏形基础（无桩）时模型计算结果

模型		常规法 刚性板	共同作用 A	共同作用 B	弹性筏板
地基基础	平均沉降	0.3298	0.3315	0.3334	0.3345
	相对弯曲	0	3.15×10^{-4}	5.5×10^{-4}	6.4×10^{-4}
	R_1/R_{av}	3.356	3.286	3.052	2.927
	R_5/R_{av}	2.054	1.990	1.981	1.908
	R_{37}/R_{av}	0.465	0.519	0.552	0.573
	R_{55}/R_{av}	0.429	0.504	0.559	0.599

注：共同作用 A 表示考虑结构刚度对基础刚度的贡献，共同作用 B 表示不考虑结构刚度对基础刚度的贡献。

计算结果包括基础沉降（mm）和基础反力（N）等。为了分析起见，表中还给出基础反力 R_i 与平均反力 R_{av} 的比值。

表 12-16　桩筏基础时模型计算结果

筏 土 状 态		不　接　触		接　触	
	模型	共同作用 A	共同作用 B	共同作用 A	共同作用 B
地基基础	平均沉降	0.1768	0.1820	0.1511	0.1549
	P_1/P_{av}	1.8318	1.4847	2.010	1.649
	P_2/P_{av}	1.139	1.148	1.132	1.142
	P_3/P_{av}	0.853	0.929	0.826	0.905
	P_4/P_{av}	0.624	0.751	0.545	0.680
	P_6/P_{av}	0.455	0.622	0.437	0.612
桩承担的荷载		100%	100%	73.20%	72.77%

注：共同作用 A 表示考虑结构刚度对基础刚度的贡献，共同作用 B 表示不考虑结构刚度对基础刚度的贡献。

1. 框筒结构与筏形基础（无桩）共同作用的特性

表 12-15 给出纯筏形基础情况的计算结果，从表 12-15 中结果的比较可见，对于地基反力，实际系统的结果介于刚性板和弹性板的两种结果之间，考虑上部结构刚度对基础刚度的贡献作用将使反力趋向刚性板的结果，然而就本例来说，各种情况下的地基反力分布相差并不很大。

2. 框筒结构与桩筏基础共同作用的特性

表 12-16 给出桩筏基础的计算结果。筏土接触或脱离对于地基基础部分有着较大的影响。筏土接触时，地基土承担荷载的 22% 左右，减少沉降约 15%。从图 12-51 中各种情况的沉降曲线的比较，可见使用桩筏基础对减少沉降的效果十分显著。

应该指出，本模型由于所用材料并非实际建筑材料，结构和筏采用有机玻璃，弹性模量较小，而桩采用铝管，比实际钢筋混凝土硬，因而在考虑共同作用时上部结构的刚度贡献作用并不十分明显。实际上，基础沉降、地基反力分布、筏板内力及结构内力等均与上部结构的材料及组成、筏板的刚度、桩土相对刚度及布置等有关。

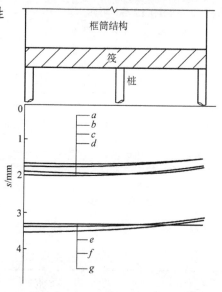

图 12-51　各种情况的沉降计算值比较

a—筏土接触，考虑结构刚度　b—筏土接触，不考虑结构刚度　c—筏土脱离，考虑结构刚度　d—筏土脱离，不考虑结构刚度　e—刚性板（无桩）　f—无桩，考虑结构刚度　g—弹性板（无桩）

思 考 题

1. 通过高层平面框架结构与地基基础共同作用的分析，试比较常规计算方法与共同作用分析结果的区别，以及考虑地基的非线性特性对分析结果的影响。

2. 简述考虑框架结构加砖填充墙对框架结构受力特性的影响。

3. 试分析考虑上部结构刚度滞后现象和施工过程对地基应力和变形的影响。

第十三章

高层建筑施工加载
过程模拟分析

【内容提要】 为更为准确地考虑施工过程中竖向永久荷载加载过程的影响，本章结合 PKPM 通用结构计算软件及推导出的模拟施工加载的解析解，来确定基础结构设计中接近实际工况的简化计算模式，以达到合理解决框架-剪力墙、框架-核心筒结构中基础设计荷载在框架柱、剪力墙、核心筒中的设计荷载分配问题，从而达到高层建筑基础优化设计的目的。

■ 第一节 概 述

高层建筑结构层数多，高度大，柱和墙等竖向构件不仅轴向力比较大，轴向变形也比较大，因此在进行结构设计时，还应当考虑竖向构件轴向变形的影响，否则计算结果与实际情况会有较大出入。

高层建筑结构在水平荷载（风荷载及水平地震作用）及楼层活荷载作用下，考虑轴向变形影响的计算比较简单，这些荷载可以认为是在结构物完成以后一次施加上去的，所以可直接采用整体结构的计算简图，一次计算即可，这也与实际受力情况比较接近。

但对于高层建筑在竖向荷载中的永久荷载部分（结构自重）作用下结构构件的轴向变形计算就比较复杂。在高层建筑的总竖向荷载中，竖向永久荷载（结构自重）往往要占 80% 以上，使用荷载所占的比例则一般比较小，因而，如何正确考虑竖向永久荷载的影响是非常重要的。竖向永久荷载作用下柱及剪力墙的轴力、轴向变形是结构计算中必须考虑的因素。而结构的自重并非一次加载完成，是随施工进程逐层施加的，每层加载后，竖向构件即产生轴向变形，随后施工又按照结构设计标高找平抵消了已经产生的轴向变形，使轴向变形不再向上叠加，因而轴向变形的实际影响远小于一次加载的计算结果。

许多工程计算表明，按一次加载计算，过高地估计了轴向变形的影响，使得顶部楼层的计算变形过大，这会使剪力墙与柱、部分边柱与中柱的轴向变形相差显著，形成了顶层与剪力墙相连的梁端出现很大的负弯矩，或是框架结构中与中柱相连的梁端产生正弯矩及部分柱子产生拉力等不合理现象。因此，如何更为准确地考虑施工过程中竖向永久荷载的影响及如何合理地加以模拟，是本章要解决的主要问题。

第二节　模拟施工过程竖向永久荷载加载的计算模型

竖向荷载中永久荷载加载过程的模拟，一般有以下三种计算模型，即一次加载模型、分层加载模型及模拟施工加载模型。其中，模拟施工加载模型在 PKPM 通用结构计算软件中又分为模拟施工加载 1 模型、模拟施工加载 2 模型及模拟施工加载 3 模型。下面分别介绍模拟施工过程竖向永久荷载加载的计算模型。

1. 一次加载模型（图 13-1）

图 13-1 所示的是一次加载的计算模型，该计算模型是把永久荷载（自重）一次性地施加在整体结构上，竖向构件的变形会往上积累，在高层建筑结构计算中会引起轴向变形过大的计算误差，并会使得与竖向变形小的构件相连的梁端负弯矩增大，与竖向变形大的构件相连的梁端负弯矩减小，甚至出现正弯矩。如在图 13-1 中，若中柱和边柱的变形相差较大，就会引起与边柱连接的梁端负弯矩增大，而与中柱连接的梁端负弯矩减小，甚至出现正弯矩；若是在框架-剪力墙结构中，就会引起与剪力墙相连的梁端负弯矩增大，与框架柱相连的梁端负弯矩减小。同时也会引起竖向荷载往轴向变形小的竖向构件中积聚，如对于图 13-1 的计算简图，

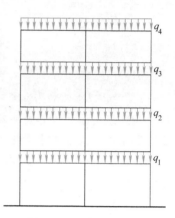

图 13-1　一次加载模型

就会使边柱中的轴力比实际情况的大，顶层的中柱甚至还有可能出现拉力；如在框架-剪力墙结构、框架-核心筒结构中，就会使竖向荷载在剪力墙、核心筒中积聚，从而给基础设计带来很多的不利因素。

2. 分层加载模型（图 13-2）

图 13-2 所示的是分层加载计算模型。竖向荷载随施工过程分层施加，最后把每个施工过程计算的内力叠加在一起，就得到结构总的内力。该模型真实地反映施工过程中的竖向永久荷载加载情况，会得到与实际受力情况最为接近的计算结果，但是该模型在计算上有诸多不便。例如，每一次加载时结构图形都不同，因此每一次加载的刚度矩阵也是不同的，有 N 个楼层就必须形成 N 个刚度矩阵，同时需要进行 N 次内力分析，对于相应的计算程序，计算时间长，程序编制复杂，因此，很少有结构计算程序用该模型来计算。

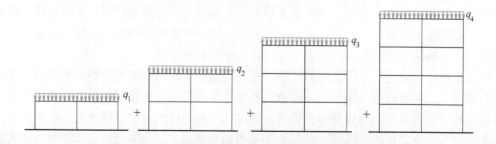

图 13-2　分层加载模型

3. 模拟施工加载模型

目前，通用结构计算软件 PKPM 系列提出了三种模拟施工过程竖向永久荷载加载的计算模型，分别为：模拟施工加载 1 模型、模拟施工加载 2 模型及模拟施工加载 3 模型。其中，模拟施工加载 3 模型是采用分层刚度分层加载的模型，相对比较接近实际施工过程。

（1）模拟施工加载 1 模型。图 13-3 所示的是结构计算软件 PKPM 中模拟施工加载 1 的计算模型，该模型是分层加载模型的简化模型，解决了分层加载模型需要形成不同刚度矩阵的问题，方便了计算及程序的编制。该模型是假设建筑结构已经存在，荷载按照施工过程逐层施加，加载过程和真实的施工过程一致，但是在结构刚度上和实际情况就有差别，计算其中某层加载时的内力，"掺入"了该层以上结构刚度的影响，因而不是完全精确的方法。相比一次加载模型，该模型的计算差异有所缓解，但上部结构刚度对下部结构位移的协调平均化过程使得竖向荷载向刚度大的竖向构件转移，如在框架-剪力墙结构或框架-筒体结构中，会使竖向荷载向剪力墙或是筒体转移，特别是底层的剪力墙或筒体受到很大的竖向力，从而使基础的设计与实际情况有较大出入且难于设计，造成筒体下布桩困难，筒体基础整体冲切验算难满足，造成设计浪费，但同时外柱基础设计安全储备不足。

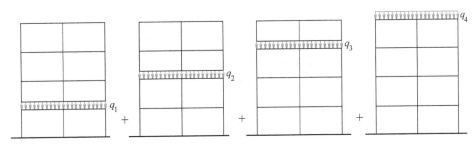

图 13-3　模拟施工过程加载 1 模型

（2）模拟施工加载 2 模型。模拟施工加载 2 模型是按照模拟施工过程竖向永久荷载的加载方式计算竖向力（计算方法同模拟施工加载 1 模型），同时在分析过程中将竖向构件（柱、墙）的轴向刚度放大 10 倍，以削弱竖向荷载在竖向构件中按刚度的重分配。如此做法将使得柱和墙等竖向构件上分得的轴力比较均匀，接近手算的计算结果，传给基础的荷载也更为合理，更接近实际情况，但该模型在理论上不够严谨，只是一种经验的计算方法。

（3）模拟施工加载 3 模型。模拟施工加载 3 模型就是采用分层加载的模型。由于近年来计算机技术的飞速发展，计算机运行速度和内存都有大幅度提高，使得计算大程序成为现实，计算分层加载模型也成了现实。分层加载中每一次加载时的结构图形都不同，因此每一次加载的刚度矩阵也是不同的，有 N 个楼层就必须形成 N 个刚度矩阵，计算量大，通用结构计算软件 PKPM 在 2007 版本中就推出了模拟施工加载 3 模型，可以模拟施工过程竖向荷载的加载，提高结构设计的可靠性。

上述施工过程竖向永久荷载加载的几种计算模型，实现的难易程度有所不同，但均可编制计算程序，应用计算机进行计算，并可得到最后的内力。可是，以上计算模型很难从理论的高度揭示竖向荷载在竖向构件中的分配规律及影响分配的因素。下一节将采用解析的方法求解模拟框架-核心筒结构施工过程竖向永久荷载的分配，并得到基于该解析解的简便计算方法，便于工程应用。

■ 第三节 模拟施工过程竖向永久荷载加载的解析方法

模拟施工过程竖向永久荷载加载的解析解能够揭示影响竖向永久荷载在竖向构件中分配的各个因素，并在结构的概念设计阶段起到指导的作用。对于一次加载模式，筒体和柱在某高度处的变形差是对该高度以下部分的应变差进行积分，即该高度以下的所有加载对该高度处的变形差都有影响；本节所要介绍的模拟施工过程竖向永久荷载的加载，是通过对某高度以上荷载进行积分来得到筒体和柱的变形差，即该高度处以下的加载不会引起该高度处的变形差(因为建筑施工已经找平)，符合实际施工过程，减少了荷载不合理地向筒体中的虚假转移。

本节就模拟施工过程竖向永久荷载加载和竖向永久荷载一次加载两种计算模式，经过一定的数学模型简化，提出相应的解析解，确定竖向荷载在框架柱与核心筒之间的分配关系，并得出竖向荷载在竖向构件中的分配规律及影响因素。

一、施工加载的简化模型

为求得施工加载模型的解析解，有必要对实际结构模型进行一定的集中化、连续化假定，施工加载模型与实际结构的施工过程区别主要有以下三点(施工加载简化模型做了如下三方面的简化，如图 13-4 所示)。

1）集中化假定。框架柱群简化为"综合框架"，筒体简化为"综合筒体"。

2）连续化假定。梁在框架和筒体间进行连续化，视为连续的"剪切片"，梁刚度在层高范围内连续(也就是把梁的刚度在层高范围内平均分配)。

3）梁的弯剪刚度假定。梁两端为固定端，由于高层建筑柱、核心筒的截面均比较大，抗弯刚度也比较大，可近似假定梁的两端固接，因此当筒体与柱子发生相对位移为 Δ 时，梁的

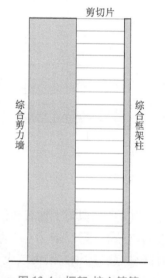

图 13-4 框架-核心筒简化模型

传递剪力 Q 可由结构力学求得，$Q = \dfrac{12EI}{l^3}\Delta$，因此 i 梁的弯剪刚

度为 $k_{Bi} = \dfrac{12EI}{l^3}$。

由此可得出施工加载简化模型的基本方程为

$$q(x) = k_B\left[\Delta_c(x) - \Delta_s(x)\right] \tag{13-1}$$

式中　$q(x)$——筒体与框架之间相互传递的剪应力函数(kN/m)；

　　　k_B——梁的弯剪刚度(kN/m²)；

　　　$\Delta_c(x)$——x 处柱的竖向变形；

　　　$\Delta_s(x)$——x 处筒体的竖向变形。

二、模拟施工加载模型的解析解

图 13-5 和图 13-6 分别表示框架-核心筒结构的真实施工加载模型与模拟施工加载模型。在求解模拟施工加载的解析解时，先对筒体及柱分别取脱离体，如图 13-7 所示，筒体与柱子的推导过程类似，仅需将作用于筒体及柱分布切应力分布函数 $q(x)$ 反号即可。

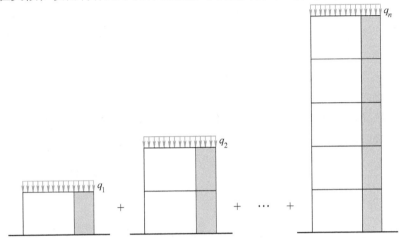

图 13-5 真实施工过程的加载模型

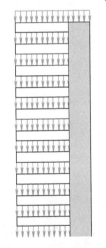

图 13-6 模拟施工
过程的加载模型

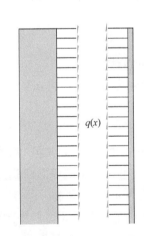

图 13-7 筒体及柱子的
隔离体模型

1. 筒体分析

（1）施工加载下的分析。当施工到高度 y 时，新增施工加载 $\rho_s dy$ 的荷载在高度 x 处引起的应变 $\varepsilon_{wx} = \rho_s dy / k_s$，为常应变。其中，$k_s$ 为筒体的轴向刚度（$E_s A_s$），取为常数；ρ_s 为筒体的施工加载竖向荷载密度，取为常数。

高度 x 处的竖向位移为

$$\Delta_{wx} = \frac{\rho_s x}{k_s} dy$$

则高度 x 处总的变形 Δ_{sw} 应对 y 进行积分，积分的下限应为 x，积分的上限为 h，实质是对高度 x 以上的荷载进行积分，表明从 0 至高度 x 处的施工加载不会在高度 x 处引起变形，标高已经按照建筑标高找平

$$\Delta_{sw} = \int_x^h \Delta_{wx} \mathrm{d}y = \int_x^h \frac{\rho_s x}{k_s} \mathrm{d}y = \frac{\rho_s x}{k_s} \Big|_x^h = \frac{\rho_s (hx - x^2)}{k_s} \tag{13-2}$$

可以简单地理解，x 处以上的荷载在 x 处以下的筒体中引起常应变，则 x 处的位移为 x 以下常应变乘以高度，如图 13-8 所示，也即是

$$\Delta_{sw} = \frac{\rho_s (h - x)}{k_s} x = \frac{\rho_s (hx - x^2)}{k_s} \tag{13-3}$$

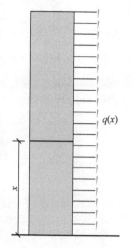

图 13-8 筒体受自重和 $q(x)$ 作用

（2）剪应力 $q(x)$ 作用下的分析。由梁传来的剪应力 $q(x)$ 作用下的分析完全同一次性加载，如图 13-8 所示。任意高度 x 处的应变

$$\varepsilon_q = \int_x^h \frac{q(x)}{k_s} \mathrm{d}x \tag{13-4}$$

所求截面 x 处的竖向位移

$$\Delta_{sq} = \int_0^x \varepsilon_q \mathrm{d}x = \int_0^x \int_x^h \frac{q(x)}{k_s} \mathrm{d}x \mathrm{d}x \tag{13-5}$$

（3）筒体高度 x 处总位移 Δ_s 为

$$\Delta_s = \Delta_{sw} + \Delta_{sq} = \frac{\rho_s (hx - x^2)}{k_s} + \int_0^x \int_x^h \frac{q(x)}{k_s} \mathrm{d}x \mathrm{d}x \tag{13-6}$$

2. 柱的分析

同理对柱进行分析，将 $q(x)$ 反号，则可得到柱高度 x 处总竖向位移为

$$\Delta_c = \Delta_{cw} + \Delta_{cq} = \frac{\rho_c (hx - x^2)}{k_c} - \int_0^x \int_x^h \frac{q(x)}{k_c} \mathrm{d}x \mathrm{d}x \tag{13-7}$$

式中　k_c——柱的刚度（$E_c A_c$），取为常数；

ρ_c——柱施工加载竖向荷载密度，取为常数。

3. 剪应力 $q(x)$ 求解

（1）$q(x)$ 的二阶常系数非齐次线性微分方程。将 $\Delta_c(x)$、$\Delta_s(x)$ 代入式（13-1），可得

$$k_b \left[\frac{\rho_c (hx - x^2)}{k_c} - \int_0^x \int_x^h \frac{q(x)}{k_c} \mathrm{d}x \mathrm{d}x - \frac{\rho_s (hx - x^2)}{k_s} - \int_0^x \int_x^h \frac{q(x)}{k_s} \mathrm{d}x \mathrm{d}x \right] = q(x) \tag{13-8}$$

即

$$k_b \left[\left(\frac{\rho_c}{k_c} - \frac{\rho_s}{k_s} \right)(hx - x^2) - \int_0^x \int_x^h \left(\frac{1}{k_c} + \frac{1}{k_s} \right) q(x) \mathrm{d}x \mathrm{d}x \right] = q(x) \tag{13-9}$$

这是一个包含积分上限函数的积分方程，两边求导可得

$$\frac{\mathrm{d}^2 q(x)}{\mathrm{d}x^2} - \left(\frac{k_b}{k_c} + \frac{k_b}{k_s} \right) q(x) = 2k_b \left(\frac{\rho_s}{k_s} - \frac{\rho_c}{k_c} \right) \tag{13-10}$$

（2）边界条件。由于底部为固定端，变形差为零；顶部由于施工找平，变形差也为零。因此有以下边界条件

$$q(x)\big|_{x=0}=0 \ , \ q(x)\big|_{x=h}=0$$

（3）求解二阶常系数非齐次线性微分方程。

$$\frac{\mathrm{d}^2 q(x)}{\mathrm{d}x^2}-q''(x)-\left(\frac{k_\mathrm{b}}{k_\mathrm{c}}+\frac{k_\mathrm{b}}{k_\mathrm{s}}\right)q(x)=2k_\mathrm{b}\left(\frac{\rho_\mathrm{s}}{k_\mathrm{s}}-\frac{\rho_\mathrm{c}}{k_\mathrm{c}}\right) \tag{13-11}$$

上式为二阶常系数非齐次微分方程，其解的结构为齐次方程的通解加上非齐次方程的特解，由微分方程相关知识可以求出：

通解
$$q(x)=C_1\mathrm{e}^{r_1x}+C_2\mathrm{e}^{r_2x} \tag{13-12}$$

式中　r_1、r_2——特征方程的根，$r_1=\sqrt{\dfrac{k_\mathrm{b}}{k_\mathrm{c}}+\dfrac{k_\mathrm{b}}{k_\mathrm{s}}}$，$r_2=-\sqrt{\dfrac{k_\mathrm{b}}{k_\mathrm{c}}+\dfrac{k_\mathrm{b}}{k_\mathrm{s}}}$

特解 $q^*=\dfrac{2(k_\mathrm{s}\rho_\mathrm{c}-k_\mathrm{c}\rho_\mathrm{s})}{k_\mathrm{s}+k_\mathrm{c}}$，为一常数。

由边界条件得出

$$\begin{cases} C_1+C_2+q^*=0 \\ C_1\mathrm{e}^{r_1h}+C_2\mathrm{e}^{r_2h}+q^*=0 \end{cases}$$

由克莱姆法则可求得

$$C_1=\frac{q^*(1-\mathrm{e}^{r_2h})}{\mathrm{e}^{r_2h}-\mathrm{e}^{r_1h}} \ , \quad C_2=\frac{q^*(\mathrm{e}^{r_1h}-1)}{\mathrm{e}^{r_2h}-\mathrm{e}^{r_1h}}$$

至此，微分方程的解已经全部求出，为

$$q(x)=\frac{q^*(1-\mathrm{e}^{r_2h})}{\mathrm{e}^{r_2h}-\mathrm{e}^{r_1h}}\mathrm{e}^{r_1x}+\frac{q^*(\mathrm{e}^{r_1h}-1)}{\mathrm{e}^{r_2h}-\mathrm{e}^{r_1h}}\mathrm{e}^{r_2x}+q^* \tag{13-13}$$

其中　　$r_1=\sqrt{\dfrac{k_\mathrm{b}}{k_\mathrm{c}}+\dfrac{k_\mathrm{b}}{k_\mathrm{s}}}$，$r_2=-\sqrt{\dfrac{k_\mathrm{b}}{k_\mathrm{c}}+\dfrac{k_\mathrm{b}}{k_\mathrm{s}}}$，$q^*=\dfrac{2(k_\mathrm{s}\rho_\mathrm{c}-k_\mathrm{c}\rho_\mathrm{s})}{k_\mathrm{s}+k_\mathrm{c}}$

可以用简化的形式表达

$$q(x)=q^*\left(1-\frac{\mathrm{e}^{rx}}{1+\mathrm{e}^{rh}}-\frac{\mathrm{e}^{rh}}{1+\mathrm{e}^{rh}}\mathrm{e}^{-rx}\right) \tag{13-14}$$

其中　　$r=\sqrt{\dfrac{k_\mathrm{b}}{k_\mathrm{c}}+\dfrac{k_\mathrm{b}}{k_\mathrm{s}}}$，$q^*=\dfrac{2(k_\mathrm{s}\rho_\mathrm{c}-k_\mathrm{c}\rho_\mathrm{s})}{k_\mathrm{s}+k_\mathrm{c}}$

（4）对 $q(x)$ 进行分析。$q(x)$ 对 r 求导，可以得到

$$\frac{\mathrm{d}q(x)}{\mathrm{d}r}=-q^*\frac{[\mathrm{e}^{rx}+\mathrm{e}^{r(h-x)}]'(1+\mathrm{e}^{rh})-[\mathrm{e}^{rx}+\mathrm{e}^{r(h-x)}](1+\mathrm{e}^{rh})'}{(1+\mathrm{e}^{rh})^2}$$

$$=\frac{q^*}{(1+\mathrm{e}^{rh})^2}[(h-x)\mathrm{e}^{r(h+x)}-(h-x)\mathrm{e}^{r(h-x)}+x\mathrm{e}^{r(2h-x)}-x\mathrm{e}^{rx}]$$

因为 $r>0$，$0 \leqslant x \leqslant h$，所以当 $q^*>0$ 时，$\dfrac{\mathrm{d}q(x)}{\mathrm{d}r}>0$，则 q^* 对 r 是增函数。

一般而言，因为有 $q^*>0$，所以当 k_c 和 k_s 增加相同的倍数时，q^* 不变，r 减少，因此 $q(x)$ 减少，即是由于变形差而从柱通过梁的调节作用传递到筒体中的竖向荷载减少，也即减少荷载向筒体中转移。因此，当竖向构件的轴向刚度都增大时，会减少竖向恒载在竖向构件中按刚度的重分配，这就从理论上解释了 PKPM 软件模拟施工加载 2 如何减少筒体中的竖

向荷载的机理，并为用以优化基础设计提供了依据。

4. 推广应用

以上的解析解仅适合单圈柱子和核心筒的工况，下面将推广应用到两圈柱子和核心筒的工况。

（1）参数。刚度及加载密度分别为：筒体，k_s、ρ_s；内层柱，k_1、ρ_1；外层柱，k_2、ρ_2。筒体及内层柱连接梁刚度 k_b，内层柱与外层柱连接梁刚度 k'_b。

（2）思路。先把筒体和内层柱看成一个整体，荷载由外层柱传递给筒体和内层柱组成的整体（反之亦然），假设传递的荷载为 $\beta(x)$，然后 $\beta(x)$ 在筒体和内层柱中进行分配。

（3）筒体和内层柱组合体的相对刚度。求筒体和内层柱组成的整体在 $\beta(x)$ 作用下的相对刚度（因为该筒体和内层柱是通过内层柱和其他竖向构件发生传力的关系，因此该组合体的相对刚度也可以看成是内层柱的相对刚度）k'，先求在 $\beta(x)$ 作用下内层柱传给筒体的荷载 $\left[\text{此时}, \rho_1=\beta(x), \rho_s=0\right]$。

应用以上求得的竖向荷载传力函数 $q(x)$，此时 $\rho_1=\beta(x)$，$\rho_s=0$，$k_c=k_1$，则有

$$q^* = \frac{2(k_s\rho_c - k_c\rho_s)}{k_s+k_c} = \frac{2k_s\beta(x)}{k_1+k_s}$$

$$q(x) = \frac{2k_s\beta(x)}{k_1+k_s}\left(1 - \frac{e^{rx}}{1+e^{rh}} - \frac{e^{rh}}{1+e^{rh}}e^{-rx}\right)$$

内层柱的相对刚度为

$$k' = \frac{\beta(x)}{\beta(x)-q(x)}k_1 = \frac{1}{1 - \dfrac{2k_s}{k_1+k_s}\left(1 - \dfrac{e^{rx}}{1+e^{rh}} - \dfrac{e^{rh}}{1+e^{rh}}e^{-rx}\right)}k_1 \tag{13-15}$$

（4）传力函数 $\beta(x)$。根据式（13-15），内层柱刚度为 k'，加载密度为 ρ_1；外层柱刚度为 k_2，加载密度为 ρ_2，可得到

$$\beta(x) = q^*\left(1 - \frac{e^{r_1x}}{1+e^{r_1h}} - \frac{e^{r_1h}}{1+e^{r_1h}}e^{-r_1x}\right)$$

其中 $$q^* = \frac{2(k'\rho_2 - k_2\rho_1)}{k'+k_2}, \quad r_1 = \sqrt{\frac{k'_b}{k'} + \frac{k'_b}{k_2}}$$

（5）$\beta(x)$ 在筒体和内层柱中分配。$\beta(x)$ 传给筒体的部分为

$$q_s(x) = \frac{2k_s\beta(x)}{k_1+k_s}\left(1 - \frac{e^{rx}}{1+e^{rh}} - \frac{e^{rh}}{1+e^{rh}}e^{-rx}\right) \tag{13-16}$$

$\beta(x)$ 传给内层柱的部分为

$$q_c(x) = \beta(x) - \frac{2k_s\beta(x)}{k_1+k_s}\left(1 - \frac{e^{rx}}{1+e^{rh}} - \frac{e^{rh}}{1+e^{rh}}e^{-rx}\right) \tag{13-17}$$

三、一次加载模型的解析解

对筒体及柱分别取脱离体，筒体与柱的推导过程类似，仅需将作用于筒体及柱分布剪应力分布函数 $q(x)$ 反号即可。

1. 筒体分析

（1）施工加载下的分析。高度 x 处的应变为

$$\varepsilon_w = \frac{\rho_s(h-x)}{k_s}$$

则高度 x 处的竖向位移为

$$\Delta_{sw} = \int_0^x \varepsilon_w \mathrm{d}x = \frac{\int_0^x \rho_s(h-x)}{k_s \mathrm{d}x} = \frac{\rho_s}{k_s}\left(\frac{hx-x^2}{2}\right) \tag{13-18}$$

上式实质是对 x 以下高度的变形进行积分。

（2）剪应力 $q(x)$ 作用下的分析。类似于模拟施工加载下的分析，一次加载情况下简体高度 x 处的竖向位移为

$$\Delta_{sq} = \int_0^x \varepsilon_q \mathrm{d}x = \int_0^x \int_x^h \frac{q(x)}{k_s} \mathrm{d}x \mathrm{d}x \tag{13-19}$$

（3）简体高度 x 处总位移 Δ_s 为

$$\Delta_s = \Delta_{sw} + \Delta_{sq} = \frac{\rho_s}{k_s}\left(\frac{hx-x^2}{2}\right) + \int_0^x \int_x^h \frac{q(x)}{k_s} \mathrm{d}x \mathrm{d}x \tag{13-20}$$

2. 柱的分析

同理，将 $q(x)$ 反号，柱子高度 x 处的总竖向位移为

$$\Delta_c = \Delta_{cw} - \Delta_{cq} = \frac{\rho_c}{k_c}\left(\frac{hx-x^2}{2}\right) - \int_0^x \int_x^h \frac{q(x)}{k_c} \mathrm{d}x \mathrm{d}x \tag{13-21}$$

3. $q(x)$ 求解

将式（13-20）和式（13-21）代入式（13-1），得

$$k_b\left[\frac{\rho_c}{k_c}\left(\frac{hx-x^2}{2}\right) - \int_0^x \int_x^h \frac{q(x)}{k_c} \mathrm{d}x \mathrm{d}x - \frac{\rho_s}{k_s}\left(\frac{hx-x^2}{2}\right) - \int_0^x \int_x^h \frac{q(x)}{k_s} \mathrm{d}x \mathrm{d}x\right] = q(x) \tag{13-22}$$

即

$$k_b\left[\left(\frac{\rho_c}{k_c} - \frac{\rho_s}{k_s}\right)\left(\frac{hx-x^2}{2}\right) - \int_0^x \int_x^h \left(\frac{1}{k_c} + \frac{1}{k_s}\right)q(x)\mathrm{d}x \mathrm{d}x\right] = q(x) \tag{13-23}$$

同理可得微分方程为

$$\frac{\mathrm{d}^2 q(x)}{\mathrm{d}x^2} - \left(\frac{k_b}{k_c} + \frac{k_b}{k_s}\right)q(x) = k_b\left(\frac{\rho_s}{k_s} - \frac{\rho_c}{k_c}\right) \tag{13-24}$$

由于底部为固定端，变形向上累积，显然变形差及 $q(x)$ 顶部为最大值，得出以下边界条件

$$q(x)\big|_{x=0} = 0, \quad \frac{\mathrm{d}q(x)}{\mathrm{d}x}\bigg|_{x=h} = 0$$

同理可以求得微分方程的解为

$$q(x) = \frac{-q^* r_2 e^{r_2 h}}{r_2 e^{r_2 h} - r_1 e^{r_1 h}} e^{r_1 x} + \frac{q^* r_1 e^{r_1 h}}{r_2 e^{r_2 h} - r_1 e^{r_1 h}} e^{r_2 x} + q^* \tag{13-25}$$

其中

$$r_1 = \sqrt{\frac{k_b}{k_c} + \frac{k_b}{k_s}}, \quad r_2 = -\sqrt{\frac{k_b}{k_c} + \frac{k_b}{k_s}}, \quad q^* = \frac{k_s \rho_c - k_c \rho_s}{k_s + k_c}$$

■ 第四节 模拟施工加载解析解的工程应用

一、上海银桥大厦模拟施工加载计算

（一）工程概况

上海银桥大厦位于上海市浦东新区杨高中路、金藏路，地下一层，地上 28 层，高 98.6m。由于该工程早已建成，在文献中多有报道，作为本节案例，更多的是要说明模拟施工加载解析解的具体应用方式。

1. 实际结构

（1）结构概况。银桥大厦主楼为正方形平面，边长为 33m；地下一层，基础埋深为 -7.8m；地上 28 层，高为 98.6m，结构主体采用钢筋混凝土核心筒-框架体系，按照建筑需要，外圈采用稀柱框架，柱距为 10m；核心筒边长为 15m，外柱与核心筒之间的净距为 8.5m。主楼的典型层结构平面如图 13-9 所示。主楼基础采用箱形基础加桩基，箱形基础底板厚 1.8m，顶板厚为 250mm。桩基采用 500mm×500mm 的预制方桩，桩长为 32m，单桩承载力为 1850kN。主楼按 7 度进行抗震设防，建筑场地属Ⅳ类。

（2）实际构件截面尺寸。核心筒外墙厚度，10 层以下为 500mm，11~18 层为 400mm，19 层以上为 350mm。外圈框架的中柱，10 层以下为 1200mm×1200mm，11~18 层为 1200mm×1000mm，19 层以上为 1200mm×800mm；角柱采用双根柱，截面为梯形，双柱之间采用 800mm×800mm 钢筋混凝土梁连接，底层角柱的截面为 1200mm×1900mm（梯形截面底边）。为满足建筑净空的要求，外框架柱与核心筒之间的 8 根承重大梁采用截面为 1200mm× 650mm 的扁梁；楼盖采用中距为 1.2m 的双向密肋楼盖，肋高为 350mm。

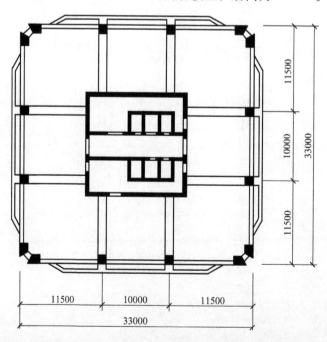

图 13-9 上海浦东银桥大厦典型层结构平面

2. 结构简化

为了便于计算并更好地运用以上解析解，对银桥大厦结构做了一些简化，采用通用结构计算软件 PKPM 对结构简化后的银桥大厦进行计算，并与由解析解计算得到的结果进行比较。计算的主要内容是底层框架柱及核心筒的轴力，以用于基础的设计。

（1）简化后的结构概况。经过简化后，主楼为正方形平面，边长为 33m；地上 28 层，层高为 4m，总高为 112m。结构主体为钢筋混凝土核心筒-框架体系，外圈为稀柱框架，柱距为 10m；核心筒边长为 15m。简化的主楼典型层结构平面如图13-10所示。

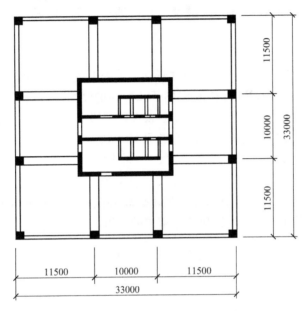

图 13-10　简化的银桥大厦典型层结构平面

（2）简化后的构件截面尺寸。简化后的核心筒外墙厚度，1~28 层都为 500mm；外圈框架的中柱，1~28 层都为 1200mm×1200mm；角柱的截面尺寸也是为 1200mm×1200mm。为满足建筑净空的要求，外框架柱与核心筒之间的 8 根承重大梁采用截面为 1200mm×650mm 的扁梁；四周的连接柱子的梁的截面尺寸为 600mm×650mm；楼盖板厚为 200mm。核心筒内梁的截面为 240mm×400mm。

（3）简化的一些说明。

1）四边悬挑部分的简化。四边悬挑的部分对于荷载在框架柱与核心筒之间的传递没有起到作用，只是给相邻的柱子及梁施加荷载，为了方便建模同时不影响计算，把该部分去掉，去掉后在通用结构计算软件 PKPM 建模中相应地增加相邻梁上的荷载，与实际情况比较接近。

2）角柱的简化。模拟施工加载的计算模型主要涉及的是荷载在框架柱与剪力墙这两个竖向刚度差别比较大的竖向构件中的传递。角柱和中柱的竖向刚度比较接近，同时角柱的传力路线是传力给中柱及核心筒组成的整体，即先传力给中柱，再在中柱及核心筒中进行分配，中柱与角柱刚度接近，受力相近，因而传递的荷载很小，可以忽略。因此，对角柱进行简化是适合的，后面的计算也证明了这一点。

3）核心筒里电梯井剪力墙简化。电梯井主要是通过中间的横剪力墙与核心筒进行连接的，对整体的刚度贡献很小，所以在通用结构计算软件 PKPM 建模计算的时候把剪力墙换成连梁加普通的隔墙，而在解析式的计算中在对芯筒刚度的考虑时就忽略了电梯井小剪力墙刚度的影响。

（二）计算结果

根据该结构平面图的特点，运用框架-核心筒的模型进行考虑。核心筒的刚度只考虑核心筒加里面两片横剪力墙的刚度，对于电梯井三边的剪力墙的竖向刚度则不考虑。四根角柱和中柱及剪力墙的竖向荷载的传递也不考虑，同时通过计算也可得到角柱的竖向导荷和整体计算的结果。

1. 竖向导荷

根据求解解析解的要求，必须先求出柱子和筒体的加载密度函数，并假定为一定值。这可以由通用结构计算软件 PKPM 求得底层柱子和筒体的轴力，然后把求得的轴力在整个建筑高度上进行均分，就可得到柱子和筒体的加载密度函数，且为一定值。

由 PKPM 软件用面积导荷的方式求得的底层轴力如图 13-11 所示。竖向导荷或平面导荷就是面积导荷的意思，是指不通过结构计算，竖向构件（剪力墙、柱子）承担水平构件（梁、板）荷载按照面积进行分摊的计算方法。导荷一般是按照三角形荷载、梯形荷载或边长/周长的方式，是一种手算的近似计算方法，PKPM 软件依然提供这种基底荷载的计算模式，"竖向导荷"或"平面导荷"为工程界约定俗成的术语。

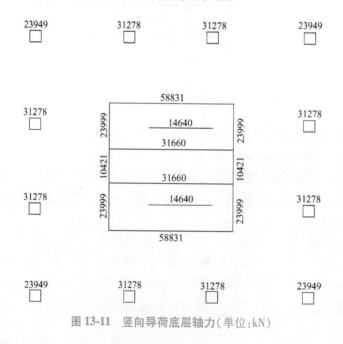

图 13-11　竖向导荷底层轴力（单位：kN）

底层筒体的总的轴力

$$N_s = (58831 + 14640 + 31660)\text{kN} \times 2 + 23999\text{kN} \times 4 + 10421\text{kN} \times 2 = 327100\text{kN}$$

底层柱（中柱）的总的轴力

$$N_c = 31278\text{kN} \times 8 = 250224\text{kN}$$

2. 简化模型及参数

按照框架-核心筒的数学模型考虑，假定钢筋混凝土的弹性模量为 E。

（1）竖向构件的轴向刚度。筒体的轴向刚度 k_s。

$$k_s = EA_s = E(15 \times 0.5 \times 4 + 15 \times 0.3 \times 2) = 39E$$

柱的轴向刚度 k_1

$$k_1 = E(1.2 \times 1.2 \times 8) = 11.52E$$

（2）竖向构件的加载密度。筒体的施工加载竖向荷载密度 ρ_s

$$\rho_s = \frac{N_s}{4 \times 28} = \frac{327100}{4 \times 28} \text{kN/m} = 2920.54 \text{kN/m}$$

柱的施工加载竖向荷载密度 ρ_c

$$\rho_c = \frac{N_1}{4 \times 28} = \frac{250224}{4 \times 28} \text{kN/m} = 2234.14 \text{kN/m}$$

（3）梁的弯剪刚度。考虑楼板对梁刚度的有利作用，梁刚度适当放大，中梁刚度放大系数为 1.5。柱和核心筒连接的梁的弯剪刚度 k_b

$$k_b = \frac{12EI \times 1.5n}{l^3 h} = \frac{12E \times 1.5 \times \frac{1}{12} \times 1.2 \times 0.65^3 \times 8}{9^3 \times 4} = 1.3562E \times 10^{-3}$$

3. 对传力函数进行积分

（1）模拟施工加载柱子传给筒体的荷载。对式（13-14）在整个建筑高度上进行积分，可以得到柱子传给筒体的总的竖向荷载值。

$$r = \sqrt{\frac{k_{b1}}{k_1} + \frac{k_{b1}}{k_s}} = \sqrt{\frac{1.3562E \times 10^{-3}}{11.52E} + \frac{1.3562E \times 10^{-3}}{39E}} = 0.0123 \text{m}^{-1}$$

$$q^* = \frac{2(k_s\rho_1 - k_1\rho_s)}{k_1 + k_s} = \frac{2(39E \times 2234.14 - 11.52E \times 2920.54)}{39E + 11.52E} = 2117.45 \text{kN/m}$$

柱传给筒体的力 Q

$$Q = \int_0^H q(x)\,\mathrm{d}x$$

代入以上各个数值，由模拟施工加载积分程序 MATHCAD1（程序详见附录 1）可以得到

$$Q = 31750 \text{kN}$$

通过解析解的荷载的分配，最后得到竖向构件中的轴力如下：

底层筒体的总的轴力 $N'_s = (327100 + 31750) \text{kN} = 358850 \text{kN}$

柱的总的轴力 $N'_c = (250224 - 31750) \text{kN} = 218474 \text{kN}$

（2）一次加载柱传给筒体的荷载。对式（13-25）在整个建筑高度上进行积分，可以得到在一次加载工况下柱子传给核心筒竖向荷载值。

柱传给筒体的力 Q_1

$$Q_1 = \int_0^H q(x)\,\mathrm{d}x$$

代入以上各个数值，由一次加载积分程序 MATHCAD2（程序详见附录 2）可以得到

$$Q_1 = 42990 \text{kN}$$

通过解析解的荷载的分配，最后可得到竖向构件中的轴力如下：

底层筒体的总的轴力 $N'_s = (327100 + 42990)\,\text{kN} = 370090\,\text{kN}$

柱的总的轴力 $N'_c = (250224 - 42990)\,\text{kN} = 207234\,\text{kN}$

（三）解析解计算结果和 PKPM 计算结果的对比

1. 解析解计算结果

通过上面对模拟施工加载解析解的积分，可以得到模拟施工加载底层筒体和中柱的竖向荷载分别为

$$N'_s = 358850\,\text{kN}, \quad N'_c = 218474\,\text{kN}$$

通过上面对一次加载解析解的积分，可以得到一次加载底层筒体和中柱的竖向荷载分别为

$$N''_s = 370090\,\text{kN}, \quad N''_c = 207234\,\text{kN}$$

2. PKPM 计算结果

通过通用结构计算软件 PKPM 计算了两种工况，一种是竖向荷载按照模拟施工加载 1 模型考虑；一种是竖向荷载按照模拟施工加载 3 模型考虑。由第二节的分析可知，模拟施工加载 1 模型计算的筒体的竖向荷载比实际情况的要大，柱子的竖向荷载比实际情况要小；模拟施工加载 3 模型是比较接近实际情况的，因此把模拟施工加载 3 模型的计算结果作为比对的标准。下面就将这两种工况的 PKPM 计算结果与模拟施工加载解析解得到的计算结果进行比较。

（1）模拟施工加载 1 模型。由 PKPM 软件模拟施工加载 1 模型计算得到的底层轴力如图 13-12 所示。

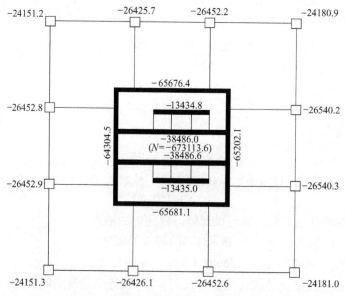

图 13-12 PKPM 软件模拟施工加载 1 模型的计算结果（单位：kN）

由图 13-12 所示的计算结果可以得到底层筒体和中柱的竖向荷载分别为

$$N_{s1} = 364707\,\text{kN}, \quad N_{c1} = 211770\,\text{kN}$$

（2）模拟施工加载 3 模型。由 PKPM 软件模拟施工加载 3 模型计算得到的底层轴力如图 13-13 所示。

由图 13-13 所示的计算结果可以得到底层筒体和中柱的竖向荷载分别为

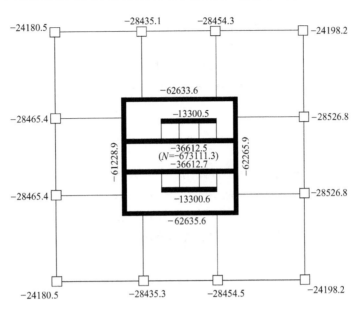

图 13-13　PKPM 软件模拟施工加载 3 模型的计算结果(单位:kN)

$$N_{s3} = 348590\text{kN}, \quad N_{c3} = 227764\text{kN}$$

3. 计算结果对比

模拟施工加载解析解计算结果和模拟施工加载 3 模型的 PKPM 计算结果相比较

$$\varepsilon_s = \frac{N'_s - N_{s3}}{N_{s3}} = \frac{358850 - 348590}{348590} = 3\%$$

$$\varepsilon_c = \frac{N_{c3} - N'_c}{N_{c3}} = \frac{227764 - 218474}{227764} = 4\%$$

由表 13-1 所列的计算结果对比可以得到,一次加载筒体中集中了大量的荷载,模拟施工加载 1 相对于一次加载筒体集中的竖向荷载较小,但还是与实际情况相差较大。模拟施工加载 3 是根据实际的施工模型来计算的,可作为比对的标准,而模拟施工加载解析解得到的计算结果与模拟施工加载 3 是比较接近的,但仍有一定的差别,这是因为解析解在求解过程中对结构做了一些简化,使得结果有一定的误差,如果假定 PKPM 软件的模拟施工加载 3 模型是准确的,由以上计算得到误差分别为筒体竖向荷载误差 3%,柱子竖向荷载误差 4%,这在工程上还是可以接受的,但是具体基础设计荷载如何取值较为合理,在下一个工程实例中环生活广场之后将做进一步总结。

表 13-1　各种加载类型计算结果对比表(银桥大厦)

加载计算类型	核心筒的轴力	框架柱的轴力
一次加载解析解	$N''_s = 370090\text{kN}$	$N''_c = 207234\text{kN}$
模拟施工加载解析解	$N'_s = 358850\text{kN}$	$N'_c = 218474\text{kN}$
竖向导荷	$N_s = 327100\text{kN}$	$N_c = 250224\text{kN}$
一次加载	$N_s = 365804\text{kN}$	$N_c = 211520\text{kN}$
模拟施工加载 1 模型	$N_{s1} = 364707\text{kN}$	$N_{c1} = 211770\text{kN}$
模拟施工加载 3 模型	$N_{s3} = 348590\text{kN}$	$N_{c3} = 227764\text{kN}$

值得一提的是，由于该案例的梁刚度不是太大，梁的截面高度偏小（仅650mm高），而梁的跨度偏大（达到11500mm），所以一次性加载与模拟加载的解析解、模拟施工加载3模型之间的差异不是太显著，在梁的线刚度较大的情况下，若采用不合理加载模式，这种差异将会导致极大的浪费，下面的中环生活广场就是其中的典型案例之一。

二、上海中环生活广场基础工程优化简介

1. 工程概况

中环生活广场位于上海市普陀区中环路附近，兴力达广场以东，真北路以西，麦德龙以北。建筑场地建造主楼三幢，其中两幢26层公寓式办公楼（T1、T2），一幢20层酒店式办公楼（T3），裙房五层，筏形基础。整个建筑群下均设有两层地下室，基础埋深一般为10.0m左右，总建筑面积为243000m²（图13-14）。该工程为委托优化设计项目。

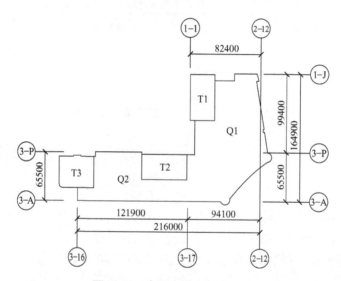

图13-14　中环生活广场总平面

根据地质勘察报告，本工程的地基土主要由粉质黏土、黏土、淤泥质黏土、砂质粉土、粉砂等组成，各层土的主要物理力学性质指标见表13-2。

表13-2　地层参数

层序	名　称	厚度/m	重度/(kN/m³)	E_s/MPa	f_s/kPa	f_p/kPa
1	①杂填土	1.56	18.0			
2	②₁褐黄色粉质黏土	1.90	18.9	4.69	15	
3	③夹灰色黏质粉土	4.10	18.2	7.32	30	
4	③灰色淤泥质粉质黏土	1.50	17.5	3.13	15	

（续）

层序	名　称	厚度/m	重度/(kN/m³)	E_s/MPa	f_s/kPa	f_p/kPa
5	④灰色淤泥质黏土	6.00	17.1	2.41	20	
6	⑤褐灰色黏土	11.40	17.8	3.62	30	
7	⑥暗绿色黏土	3.40	19.4	7.02	60	
8	⑦₁草黄色砂质粉土	4.20	18.3	33	70	1500
9	⑦₂青灰色粉砂	8.50	18.6	50	80	2500
10	⑧₁灰色粉质黏土	5.30	18.2	12	45	800
11	⑧₂灰色粉质黏土夹砂	27.80	18.8	22	65	1500
12	⑨青灰色粉细砂	20.40	19.0	65	90	3000
13	⑩蓝灰色黏土	10.00	19.5	26	90	3000

注：端阻与侧阻均指采用灌注桩时的数值。

原设计的上部结构类型：主楼 T1 和 T2 采用框架-核心筒结构，主楼 T3 采用框架-剪力墙结构。基础为桩筏基础，为控制主楼变形，主楼 T1~T3 采用 φ800mm，有效桩长 54m 的钻孔灌注桩，持力层位于第⑧₂层灰色粉质黏土夹砂，裙楼采用 φ500~φ600mm，有效桩长 22~25m 的 C80 预应力管桩，持力层位于第⑥层暗绿色黏土中。结构布置及桩位平面图如图 13-15 和图 13-16 所示。

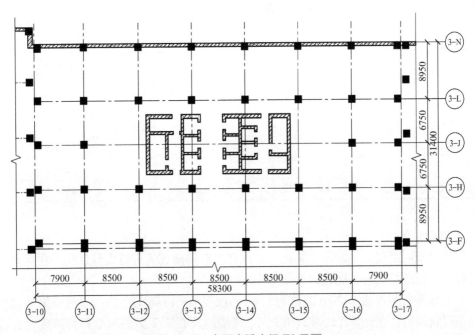

图 13-15　中环生活广场 T2 平面

2. 模拟施工加载计算

对于上海中环生活广场工程，由于主楼 T1~T3 均为框架-核心筒或框架-剪力墙结构，均

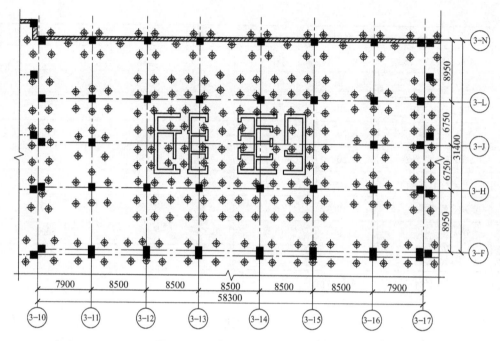

图13-16 中环生活广场 T2 桩位平面

存在荷载在框架柱子与核心筒(剪力墙)之间模拟施工加载的荷载分配问题，这里挑选主楼 T2 作为计算对象。主楼 T2 的核心筒与框架柱之间的梁截面为(400~500)mm×700mm，解析解计算结果以及 PKPM 软件计算结果见表 13-3。

表13-3　各种加载类型计算结果对比(中环生活广场主楼 T2)

加载计算类型	筒体荷载/kN	框架柱荷载/kN	总荷载/kN
分层加载解析解	298417	600505	898922
平面导荷	250379	648543	898922
一次加载	330257	568155	898412
模拟施工加载 1 模型	330277	568088	898365
模拟施工加载 2 模型	286307	612105	898412
模拟施工加载 3 模型	313580	584836	898416

3. 基础设计优化

采用基础变刚度理论并结合模拟施工加载理论对基础底板进行设计优化，在优化时，原设计的打桩工程已经结束，优化的思路如下：

(1) 主楼底板厚度由 2.20m 减薄为 1.6m，该底板的减薄完全是由于核心筒冲切荷载的合理减小所获得的；在计算 T1、T2、T3 三个塔楼的核心筒下面的基础筏板厚度时，鉴于当时模拟施工加载 3 模型还没有出来，采用了模拟施工加载 2 模型与解析解相对照的计算结果，由于当时原设计院设计人员对解析解尚不能领悟，最终决定采用了模拟施工加载 2 模型的计算结果。

核心筒荷载由原设计院选取的模拟施工加载 1 模型计算得到 330277kN，而采用模拟施工加载 2 模型后，核心筒荷载减少至 286307kN，减少的幅度达 13%，但是由于冲切荷载需要扣除冲切锥体内的桩基反力，筒体冲切锥体内的桩数为 30 根，单桩承载力设计值为 4200kN，因此抵消的冲切力为：30×4200kN＝126000kN，则冲切荷载由（330277－126000）kN＝204277kN 减少为（286307－126000）kN＝160307kN，实际的减少幅度高达 21.5%。值得注意的是，该厚度是由桩边冲切所决定的，而不是通常考虑的 45°冲切锥，45°冲切锥内有 50 根桩，而桩边冲切锥内只有 30 根桩，这个差异是比较大的。

由该冲切荷载进行验算可以发现，当采用模拟加载 1 模型计算结果时，对于 C40 混凝土，核心筒下面底板的厚度需要 2m，对于混凝土 C30，则需要至少 2.2m，后改用模拟施工加载 2 模型，扣除原设计未扣除冲切锥下面的水浮力，减少了部分冲切荷载，并适度考虑冲切锥内实际桩反力并加以扣除进行综合考虑，底板厚度最终采用 1.6m。

（2）结合第十章的基础变刚度设计理论，裙房地下室底板由原来 1.0m 等厚板改为柱下 1.0m 作为柱帽，其余减薄为 0.6m 的变厚度（刚度）底板，由于整个建筑沉降变形小于 5cm，0.6m 厚的底板类似于均布荷载作用下的无梁楼盖。

（3）结合第十四章的裂缝控制原理，将原设计增设的裂缝控制钢筋大量抽除，整个底板分块浇筑，混凝土的等级由 C40、C35 统一降低为 C30，降低水化热，从而降低了收缩开裂的风险，适当掺加膨胀抗裂剂，饱水养护，并采用后浇带将底板分为 8 块浇筑，在后浇带内部适当增设加强带。

由于基础设计优化时，灌注桩已经打设完毕，所以未能按优化设计理论进行全方位的优化。该工程经优化后，减少开挖土方、节约混凝土 10611m³，钢筋 4397t，按照当时 2006 年 10 月份的信息中准价，仅仅基础底板节约工程造价达 2103 万元。该工程已于 2008 年 5 月结构封顶。

思 考 题

1. 为何要考虑施工过程中竖向永久荷载加载过程的影响？
2. 简述永久荷载加载过程模拟的三种常用计算模型及其区别。
3. 简述模拟施工过程竖向永久荷载加载的解析方法的主要思路。
4. 结合具体工程案例，简析考虑竖向永久荷载加载过程对基础优化设计的意义。

第十四章

高层建筑基础设计中的若干概念问题

【内容提要】 通过前述各章的论述，对高层建筑基础设计的基本理论已经有了较为系统的介绍，本章作为前述各章节的概括总结，将高层建筑基础设计中的一些概念问题进行分析，并对一些在高层建筑基础设计中容易产生的误区予以解释和阐述。

■ 第一节 概 述

高层建筑基础设计一直是科研设计人员关注的热点问题，这不仅是一个理论课题，还是一个技术经济问题，不但与该领域的设计理论、计算技术和施工管理技术等紧密关联，而且与国民经济的发展状况息息相关。本章作为前述各章节的概括总结，针对高层建筑基础设计中的一些概念问题做进一步分析。

1. 应高度关注基础工程的造价及相关优化

目前，高层建筑基础工程的造价往往要占到建筑物土建造价的20%以上，个别工程甚至达到30%，同样一个建筑物的地基基础设计，不同的设计院、不同的设计人员的设计造价往往相差20%~40%，但并非造价高的基础安全度就高，反之亦然；它与设计人员的工程经验、技术水平、工作态度紧密关联。因此，作为设计人员，应密切关注高层建筑基础工程的造价问题，尽可能对基础设计进行优化，以降低高层建筑基础的造价。

2. 对高层建筑基础设计计算软件需要正确认识

目前，设计人员对于高层建筑的基础设计计算，存在过度依赖计算软件的倾向，软件的功能本身只是一个验算的工具，而输入的数据往往是由设计人员主观确定的，设计人员主观能动性的发挥，多方案的对比往往是决定设计成败与效率的主要因素，因此必须对高层建筑基础设计计算软件有一个清醒的认识：

1）软件不能代替结构工程师对地基及基础基本概念的感悟；从设计优化的角度来看，基础的方向性优化远比计算软件重要，在计算中恰当设定约束或多重约束边界条件可极大提高软件数值解的效率，属于事半功倍。

2）软件必然存在软件编制者个人对规范、计算理论的理解，这些理解与实际计算条件、计算工况可能存在某些出入，以及软件本身也可能存在某些编制错误（俗称 bug），这些

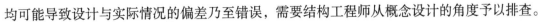

均可能导致设计与实际情况的偏差乃至错误，需要结构工程师从概念设计的角度予以排查。

3）软件是由人开发出来的，时至今日，几乎没有一个商用软件是只靠一个人开发出来的，由许多人合作开发出来的软件难免有这样或那样的错误。虽然好的管理能使错误率大为降低，但是世上不存在没有错误或没有缺陷的软件，在使用软件，特别是在学习一个新软件时，对软件的计算结果时刻持怀疑态度是一个负责任工程师的一种基本职业素养。

4）在没有搞清楚计算软件的基本原理之前，不要轻信计算软件的计算结果。作为一个现代结构设计师，应具备基本的结构弹塑性力学概念和数值计算功底，如此才有可能对软件的技术条件进行研究，方能对软件的计算结果进行判断和验证。

5）关于使用者采纳软件结果的责任。软件使用者利用结构计算机软件得出的结果，一旦出现差错，使用者需要自己承担责任，所有软件的著作权中均有类似的免责条款，结构工程师需要自主判断结果的合理性、可信度。这一切仍然需要自身专业修养来支撑。

3. 高层建筑基础工程要强调概念设计

概念设计并不是拍脑袋，也不是靠感觉，而是根据力学原理合理地把结构简化，把计算简化，在工程可接受的精度范围内对比不同基础结构方案。这是一种把复杂问题简单化，抓住主要矛盾的哲学思路，有助于把浅层的感觉升华为有深度和有理论依据的经验。概念设计必须建立在对力学掌握的基础之上，没有力学基础的概念设计，只是一种知其然而不知其所以然的经验。

4. 高层建筑基础设计应理论与实践相结合

结构电算化时代到来之际，设计师对基本理论、基本概念的理解仍然占据重要地位，地基基础合理设计的思考中，没有一成不变的东西，合理性与经济性并非仅仅是一对矛盾，其中也有统一的一面，脱离教条主义的束缚及整体考虑的方法仍然相当重要，设计应当走理论与实践相结合的道路，上部结构与地基基础共同作用的理论与实践相结合仍是今后研究的重要方面，应努力将其尽快推进到应用层面上来。总的来看，软土地区地基基础的设计已进入变形控制设计的时代，所以，如何更好地预测变形也是今后高层建筑基础设计的重要方面。

■ 第二节　选择合理的高层建筑基础形式

1. 桩基合理选型原则

（1）桩基选型。选择合理桩型是一个很大的课题，涉及环保、变形控制、施工技术及经济性等方面，限于篇幅，这里仅提两点概念性建议：

首先，在软土地区采用细长桩一般是较经济的，这有三方面含义：①桩摩阻力的发挥正比于桩表面积，而桩混凝土用量与桩的截面尺寸的平方成正比；②深层土体一般能提供更好的桩端阻力及桩侧阻力；③较小截面的桩显然更易满足桩间距的构造要求。因而就每 m^3 混凝土能提供的承载力来看，细长桩显然更经济，沉降也更小，如果桩尖具有强度较高的持力层就更为理想。

其次，桩的承载力必须与上部结构的荷载相匹配，如就上海地区而言，显然对于 6 层楼的房屋，如果持力层用位于第⑦层土的 30m 桩就不合适了，这样会使布桩困难，布桩系数也较高而造成浪费，如果利用基础的架越作用，无疑会增加基础的造价。综合起来，桩基的选择也需要考虑基础、上部结构形式及荷载大小，合理的桩最好能布于剪力墙之下呈轴线桩，此时基础的受力较小，传力最直接。

综上所述，桩基选型原则可以概括为：选择具有良好持力层并与上部结构荷载相匹配的细长桩。

（2）工程实例。上海浦西大宁绿地歌林春天住宅小区，建筑面积 30 万 m^2，地质报告参数见表 14-1。

表 14-1　大宁绿地歌林春天住宅小区地质报告参数

层序及土名	厚度/m	重度/(kN/m³)	E_s/MPa	f_i/kPa	f_p/kPa	c/kPa	φ/(°)
1 杂填土	2.10	18.0	0.0				
2 粉质黏土	1.20	18.7	5.4	15		24	21.5
3 粉土	0.50	18.0	4.1	15		18	20.5
4 粉细砂	3.20	18.6	9.0	15		5	32.5
5 淤泥质黏土	2.00	17.0	3.2	18		11	16.0
6 粉质黏土	8.00	16.7	2.3	23		13	11.0
7 粉质黏土	3.50	17.5	3.4	40	850	19	12.0
8 粉土	8.00	17.9	4.8	45	1200	17	23.0
9 暗绿色黏土	1.50	19.7	12.0	75	2000	43	18.5
10 浅黄色粉质黏土	3.00	19.9	16.0	80	2500	50	19.0
11 粉砂土	2.90	18.6	24.0	80	4000	5	34.5
12 细砂土	2.10	18.3	32.0	100	5000		
13 粉质黏土	9.10	17.8	10.0			24	20.5
14 粉质黏土	8.40	18.0	14.0			22	21.5

该项目由某高校设计院设计，基础埋深 3.5m，原设计采用 400mm×400mm×26000mm 桩型的两节预制桩，持力层位于第⑥层土即表 14-1 中的第 9 号暗绿色黏土，长细比只有 65，单桩承载力设计值为 1040kN，经建议改为 300mm×300mm×30000mm 的两节桩，长细比为 100，持力层位于第⑦层土即表 14-1 中的第 11 号粉砂土，单桩承载力设计值为 1100kN。就桩基混凝土能提供的承载力看，前者为 250kN/m^3，后者为 407kN/m^3，后者比前者高出 63%，第一期 8 万 m^3 就节约投资近 400 万元。04G361《预制钢筋混凝土方桩》图集对摩擦型桩的长细比（L/d）放宽到 120，采用长细比 100 的桩是完全可行的。

现阶段，桩基新技术层出不穷，但是上述基本原理都是通用的，选好了持力层、采用了细长桩，真正的桩型及施工工艺，选择面是非常广阔的。如市中心必须采用灌注桩的情况下，对桩端进行后注浆就能有效固化（或挤出）沉渣，大幅度提升桩基承载力，降低桩基造价；如果采用合理的防挤土技术，如应力释放孔、砂井、预取土技术，就可以在一定程度上减少预制桩的挤土效应，甚至可以采用预制桩。劲性复合桩技术，先做较大直径水泥土搅拌桩（如直径 850mm），再在搅拌桩桩同位置沉预制桩（如 PHC500），也可以大幅度降低挤土效应，同时也能提高预制桩的承载能力，目前在软土地区得到了一定的推广应用。

现阶段正广泛使用的预应力高强混凝土管桩（PHC 桩）、预应力混凝土管桩（PC 桩）、预应力混凝土薄壁管桩（PTC 桩）及预应力高强混凝土空心方桩（PHS 桩）也是可靠而经济的桩型，而该类型的桩型选择仍然需符合上述的桩基选型基本原则。

2. 基础合理选型原则

（1）筏形基础的计算理论。限于篇幅，这里仅对天然地基或桩基上的筏板或桩基上的梁板计算理论做一简单评述。

天然地基或桩基上的筏板计算一般基于弹性地基上的克希霍夫（Kirchihoff）薄板理论，也有基于弹性地基上明德林（Mindlin）中厚板理论的，区别仅在于是否考虑板单元中的剪切变形。一般处理是将底板划分为四边形或三角形板元，桩作用点与单元节点重合，桩的竖向刚度可取为桩极限承载力标准值除以基础沉降；上部结构荷载按作用点分配到单元节点上；上部结构刚度一般可简化考虑，在剪力墙墙肢平面内，则考虑刚度无限大以完全约束其转角，平面外则自由，刚度较大的方柱则同理进行双向约束或进行有限刚度（充入有限大数）约束，但对于竖向刚度的相互约束尚未能考虑。然后进行计算分析，计算结果显示桩的反力与初步假定的桩的承载力设计值有出入，再在新的桩反力下重新计算桩基沉降，重新根据反力及沉降再确定各桩刚度，同样再计算一次，该法称为变基床系数法，需反复迭代计算，直至桩位移与反力作用下的地基沉降相匹配为止，此时底板内力即为最终设计内力。该方法既可以考虑局部弯曲，也可以考虑整体弯曲，但计算较为费时费力。

对于梁板式基础，需将梁单元按相应的节点位置叠加（耦合）进总刚度矩阵中去，其余计算均同筏形基础，计算结果包括基础梁的内力及位移。

对于简化计算，通常只进行桩的常刚度计算，即定义桩的刚度后，只计算一次作为最后分析结果，此时桩顶位移是不协调的。应注意到，这样分析实质上只分析了基础的局部弯曲，因而适合大部分刚度较好的剪力墙结构下的基础。对于框架结构或框-剪结构下的筏板或梁板基础，由于整体弯曲可能较大，采用这种方法分析是不适宜的，有时需进行迭代计算。当然，对于剪力墙刚度较大、荷载均匀（无高低相差较大）且桩均对准剪力墙的工程，可忽略整体弯曲，这样底板的受力就相当简单了，底板只承担水浮力和某工况下有限土反力而导致的局部弯曲，计算甚至可采用倒楼盖法进行，而这类工程在住宅工程中近年来往往占多数。

地基基础与上部结构的共同作用，目前尚处于有限应用的阶段，人们做了不少工作，也编制了不少程序，但存在的问题也不少。前述考虑上部刚度的简化方法，工程实践下来还是有效的，虽然已经有些商业程序称可以考虑采用子结构法将上部结构刚度凝聚至基础顶面，但使用上尚需慎重，混凝土徐变、结构刚度滞后（即基础受荷后变形已经产生而结构刚度尚未形成）带来结构刚度的夸大对基础内力的影响是很大的，往往会造成不安全的因素。

（2）高层建筑基础选型。

对于高层建筑，箱形基础这种较经济的基础形式已经较少采用了，其主要原因是底层或地下层往往还需要满足使用上的要求，如地下车库等，因而筏形基础应用比较多。

基础的设计不可能与上部结构的结构类型及荷载大小完全割裂开来，一般来讲常用的高层建筑基础主要有以下几种形式：

1）下翻梁筏基础。对于量大面广的剪力墙结构住宅，若为轴线布桩，采用下翻梁的梁筏基础，受力清晰也较经济。桩布于剪力墙下，按照 JGJ 94—2008《建筑桩基技术规范》的规定，已经无须按照倒三角形荷载进行类似墙梁的基础梁计算，因此基础梁只需构造配筋。若桩布于剪力墙洞口，基础梁还需满足局部弯曲抗剪的要求，而此时的基础筏板只需承担水浮力及可能的土反力产生的局部弯曲。下翻梁施工较麻烦，这种基础形式现已较少采用。上海市城乡建筑设计院设计的文化佳园 18 层住宅楼和上海闸北区望景苑 18 层错层住宅楼，采用（600~800）mm×800mm 下翻基础梁加 400mm 厚的筏形基础，均取得不错的经济效益。

2）平筏基础。由于下翻梁基础的施工比较麻烦，在可能的情况下宜尽量采用平筏基础。对于普通开间的住宅剪力墙结构，完全无须设置下翻基础梁，其自然板厚加大部分的构造配筋足以抵抗无梁楼盖工况下的内力及裂缝验算要求。当然，在建筑物高度高、荷载大，以致轴线布桩布不下来的情况下，采用满堂桩时，就只能采用平筏基础，如此布桩比较容易，但筏要厚一些。上海联境建筑设计有限公司设计的电子商城高层住宅，32层，由于轴线桩难于布置，就采用满堂的400~500mm的PHC桩以及直径400mm的CFG桩复合地基，基础平筏板厚达1400mm，其厚度由大开间剪力墙边缘抗剪控制。

3）平筏基础加下翻承台。这种形式适用于较高框-剪结构的办公楼。这类建筑往往柱距较大，采用平筏基础不符合结构设计的等强度设计原理，如在柱下设置下翻承台，承台不但起到传递上部结构荷载到桩基的作用，同时具有倒楼盖柱帽的功能，一举两得。平筏基础可以选用薄板，起到类似于封水板的作用，视基础的变形及差异变形的大小决定该平筏基础是否仅仅考虑水土反力，若差异变形小，则可按照倒楼盖进行考虑。上海同建强华建筑设计有限公司设计的合肥和地蓝湾32层高层办公楼就仅仅采用400mm厚的平筏基础加上1500mm厚的局部柱帽加承台。

有的参考资料甚至规程中有筏板的厚度宜按建筑物层数每层50~100mm的规定，在这样的规定下，底板的厚度随着建筑物的高度和重量的增加成比例增加，似乎与上部结构的形式关联不大，所以如此规定一方面有其适用范围，另一方面也是不确切的。底板厚度归根到底是由板的抗弯曲、抗剪，尤其是抗冲切（大部分情况）决定的，当然还涉及一个经济配筋率的问题。

对于剪力墙轴线布桩，且桩均布于剪力墙下的桩筏基础，由于荷载的抵消，这类基础不存在桩对于筏板的冲切及抗剪问题，甚至不存在局部抗弯的问题。在这一特定情况下，底板一方面受水土反力引起的内力，另一方面可能存在由于差异沉降而引起的整体弯曲，整体弯曲的程度取决于差异沉降的大小，而差异沉降的大小又依赖于总体沉降的多少。因此，对于该特定问题，底板的整体弯曲更依赖于桩长及沉降，而与建筑物层数的相关性并不大。如广东江门市玉兰花园项目西地块34层（100m）住宅，当采用22m长持力层位于强风化花岗岩的桩基，与上海浦东民生路生安花园某12层住宅采用26m长位于第⑥层暗绿色粉质黏土的桩基相对比，显然后者的沉降更大，底板要更不利一些，此时，34层住宅的底板厚度就不一定非要大于12层住宅的底板厚度。实际上这类特定问题在软土地区还是常见的，在小高层或高层住宅中，有70%以上符合此类情况，如上述的34层住宅楼，计算沉降2.5cm，由于采用了轴线桩就仅采用600mm厚平筏板基础底板，建成后使用情况良好，在后面将针对玉兰花园有较详细说明。

■ 第三节　高层建筑联体基础与超长混凝土结构设计及施工要点

随着高层建筑设计技术的进步及市场经济的发展，多功能联合体、城市综合体等大型商业、办公、住宅建筑的出现，使得高层建筑联体设计成为可能，它的主要特点是：两栋或若干栋主体建筑通过大底盘的裙房或地下室连接在一起。本节主要阐述联体基础不设沉降缝的设计概念，鉴于第九章对于主裙楼设计有较详细的论述，本节起到补充、拾遗、总结的作用。

高层建筑联体基础设计的关键点在于沉降的控制，由于是大底盘，主楼和裙房的地下室连在一起，按照行业一般的观点，需要将差异沉降控制在 5cm 以内，因地下室或裙房沉降较小，也就是需要控制主楼的沉降在 5cm 左右，然后通过沉降后浇带来解决差异沉降问题，故需要选择较好的桩基持力层来控制差异沉降，控制底板的内力。

一般来说，高层建筑联体基础会带来混凝土浇筑的两个问题：大体积混凝土或者超长混凝土，或两个问题同时存在。混凝土的厚度超过 1000mm（含）为大体积混凝土结构。凡混凝土结构平面长度超过 GB 50010—2010（2015 版）《混凝土结构设计规范》所规定的结构长度，而没有按规范设置伸缩缝的，为"超长混凝土结构"。

1. 大体积混凝土与超长混凝土结构的材料及外加剂选择

为解决联体基础大体积混凝土的收缩问题，一般建议采用微膨胀剂等外加剂抗收缩。鉴于现阶段混凝土膨胀剂良莠不齐，并且混凝土外加膨胀剂对于养护的要求比较高，养护不到位反而会产生副作用加大收缩，因此，在养护难于到位的地方慎用外加剂，可以采用抗裂纤维。抗裂纤维是物理方法，操作可靠抗裂纤维的掺加比例可以是 $0.8 \sim 1.0 kg/m^3$。

可以采用后浇带及分仓浇筑混凝土解决混凝土本身的收缩问题，如果采用膨胀剂，基于底板的养护比较容易，建议仅仅用于底板的浇筑，底板需要保湿保温养护 14d。

对于联体基础大体积混凝土的收缩问题，总结如下几点供设计及施工单位参考：

1）按照大体积混凝土浇筑要求，尽量采用低强度等级的混凝土。基础底板混凝土强度等级一般不高于 C30，强度等级降低后，能有效减小水泥掺量，并应采用低水化热的矿渣硅酸盐水泥，以解决水泥含量高的两大弱点：水泥本身硬化过程中会产生收缩；过多的水泥会产生大量的水化热，混凝土产生温差和冷缩。

2）温差控制。厚度大于或等于 1000mm 时（独立承台除外），应控制内外部温差不超过 25℃，内部采用降温措施（如埋设水管降温），并在外部采取铺设草包、草帘等保温措施。

3）对于结构超长情况，采取有效的抗收缩及防渗措施是必要的。目前的技术水平和认知原则上不建议采用伸缩缝，伸缩缝更容易引起连接处的渗漏，也增加了施工难度。设计图样中一般应采用设置后浇带及加强带，通常所谓的跳仓法也是这个原理，通过跳仓施工，分块提前完成收缩，避免收缩裂缝，对后浇带和加强带，通常采用高效低碱的抗渗微膨胀剂（HEA 型），掺量为一般部位为 8%，后浇带为 12%，加强带为 15%；后浇带宽度为 800mm，加强带为充分膨胀补偿收缩，宽度为 2000mm。加强带可以同时浇筑，并且后浇带加强带混凝土等级应提高一级；应严格按照 GB 50119—2013《混凝土外加剂应用技术规范》的规定，一般部位混凝土水中养护 14d，限制膨胀率不小于 0.015%；水中 14d 转空气中 28d 干缩率不小于 0.03%；填充性膨胀混凝土（后浇带、加强带及工程接缝）水中养护 14d，限制膨胀率不小于 0.025%，水中 14d 转空气中 28d 干缩率不小于 0.02%。

4）对于除了底板的其余部位，因为养护比较困难，一般不允许加膨胀剂，建议掺入抗裂纤维，抗裂纤维可采用改性聚丙烯纤维，掺量可以为 $0.8 \sim 1.0 kg/m^3$（混凝土）。

5）尽量采用粗骨料，提高粗骨料的比重。对于地库大梁厚板，因为厚度大，结合尺度及钢筋间距可采用粗骨料，如大粒径石子和粗砂，石子粒径可采用 5~45mm，砂细度模数可采用 2.5 以上，最好大于 2.8；粗骨料提高了混凝土的抗拉强度及降低收缩（如三峡大坝曾用 150mm 粒径石子以降低水化热及减小收缩）。

砂率不宜过高，一般不宜超过 45%，建议 40% 为宜，应提高粗骨料的用量，这样必然减少总用水量及水泥浆的用量，因而减少了水泥浆的干缩。另一方便，粗骨料本身是不会干缩的，它的存在对水泥浆的干缩起到分片、分段的约束稳固作用。因此，一般粗骨料要选用稳定性、硬度刚度好的骨料，如花岗岩、灰岩等，而避免强度刚度都较弱的板岩、泥岩、砂岩及有黏土包裹的骨料。而且粗骨料应有一定的级配，粒度不宜过度集中，若过度集中在15mm以上也不妥当，要有一定的5~15mm的骨料，如瓜子片以降低骨料的堆积孔隙率，提高骨料的体积含量。

需要严格鉴定骨料是否具有碱活性及控制水泥的碱含量，避免碱骨料反应。硅-碱发生反应生成凝胶膨胀破坏混凝土结构，应控制低混凝土的碱含量，按规定不大于$3kg/m^3$。

6）掺加料。适当添加粉煤灰以改善混凝土的和易性，掺量可定为水泥掺量的15%~20%；也可以添加矿粉，矿粉的掺量可以同样定为水泥掺量的15%~20%，可替代同比水泥用量，提高抗裂性，并可降低水化热。研究表明，粉煤灰掺合料的混凝土，不但降低了水化热，改善了和易性、流动性，而且早期强度虽然低一些，但是远期强度甚至高于未掺和粉煤灰的普通混凝土。

7）有针对性地降低坍落度和水胶比。坍落度大、水量大都会导致混凝土收缩加大，通常的商品混凝土坍落度均大于180mm，甚至达到210~220mm，主要是解决泵送流动性问题，而对于地下车库、基础结构或地下结构，因施工条件较好泵送距离短，建议坍落度不超过140mm，同时控制水胶比在0.45~0.50，这样的水胶比是不容易开裂的。

8）减水剂。减水剂的目是在同样水胶比的条件下通过减小水的表面张力来增加混凝土的和易性，增大坍落度，或保证坍落度的前提下减少水的用量。但减水剂本身也会加大混凝土的收缩，慎用聚羧酸盐及其他系列高效减水剂，会造成早期收缩裂缝比较多（也有养护的原因）及出现色斑，因此普通混凝土尽量采用普通减水剂或中效减水剂。

9）养护。掺加膨胀剂的混凝土，依靠的是结晶水化物钙矾石的膨胀来形成补偿的，若失水，甚至比普通混凝土的收缩还要厉害。因此普通混凝土的养护期为7d，而掺有微膨胀剂的混凝土土由于抗收缩的要求，要求养护期为14d。建议在底板中有条件时采用饱水养护，即浸泡在水中养护。地下室外墙板及顶板，虽然掺加的是抗裂纤维，仍然需要标准养护，建议采用塑料水管钻孔，按一定间距安装，根据气候条件30~60min专人定时放水养护。

养护抗裂的原则基于混凝土抗拉强度具有很强的时间性，养护是使得混凝土收缩应力在时间上晚于强度的增长，而随着时间的增长，混凝土的塑性变形、徐变（力学上称为流变）本身也是一个应力松弛过程，使得极限拉应变增长、拉应力释放，因而就不容易开裂。

浇水养护的要点是：不发白、均匀且不间断。有的工程也浇水且浇水量很大，但混凝土就是开裂，原因是：①初次浇水时间偏晚，一旦混凝土发白，混凝土表面与其内部的毛细管通道被堵死，再浇水时水很难通过毛细管进入内部，对凝固水化反应水的补充起不到作用；②浇水不能间断，一旦间断，毛细管通路仍然会被堵断；③浇水不均匀导致没有浇水的地方成为薄弱环节产生裂缝。

10）施工时，沉降后浇带要等到塔楼主体封顶后浇筑，收缩后浇带等到其余底板浇筑60d以后浇筑，而2000mm宽的膨胀加强带，必须从一边到另一边连续浇筑，即不可以浇捣好加强带后就停下来，否则无法产生膨胀应力，当然也可以在加强带两侧混凝土浇筑好后立刻浇筑加强带混凝土。后浇带、加强带的两侧应架设密孔钢丝网，防止不同配比的混凝土混在一起。

后浇带的两侧，建议采用同配比水泥净浆或界面剂，纯水泥浆或界面剂的抗拉强度较高，使用后会加强新老混凝土的结合，避免施工缝处的开裂，界面剂采用丁苯改性界面剂效果较好，优于环氧型界面剂。施工缝处应采用止水钢板或企口缝形式。在后浇带封闭完成达到设计强度之前，严禁拆模拆支撑。

11）为避免收缩，胶凝材料用量尽量少用，而掺合料的使用（如粉煤灰、矿粉）使得混凝土早期强度增长较慢，因此可建议采用大于 28d 的强度，根据（JGJ 3—2010）《高层建筑混凝土结构技术规程》12.1.11 条规定，基础及地下室的外墙、底板，当采用粉煤灰混凝土时，可采用 60 或 90d 龄期的强度指标作为其混凝土设计强度。不同养护条件（相对湿度）下混凝土的收缩与时间的关系如图 14-1 所示，不同水胶比和骨料含量对混凝土收缩的影响如图 14-2 所示。

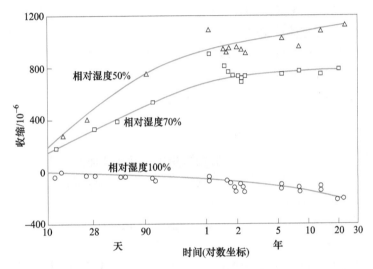

图 14-1　不同养护条件（相对湿度）下混凝土的收缩与时间的关系

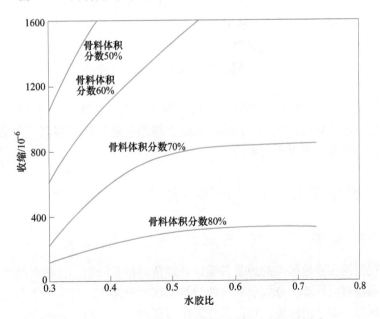

图 14-2　不同水胶比和骨料含量对混凝土收缩的影响

12）在设计方面，在同样配筋面积的情况下，建议采用密配带肋小直径钢筋，适当增加构造钢筋，如当地下室外墙保护层厚度达到50mm时，宜在保护层内增加 $\phi4@150\sim200$ 的钢丝网，保护层的厚度应尽量减薄，如有建筑外防水的情况下，建议与当地审图机构或质监站沟通，取30mm为宜，在基础板及楼板的阴角等应力集中处，建议在受力主筋之外增加构造钢筋网，端跨楼板由于收缩应力较大也可适当加大配筋。

2. 设计要点

1）首先按照桩、柱冲切试确定底板的厚度，尽量采用轴线桩或局部承台布桩，提高桩承载力及采用较小桩距，使桩均布于柱子及剪力墙之下，减薄底板的厚度。

2）主楼按照上部结构荷载布置桩位。采用基础变刚度理论，用弹性地基板理论计算底板内力，对于桩顶变形大且板底负弯矩大的地方，增加桩数或桩长，即增大此处的刚度，反之，减少桩数及桩长，即把荷载结合变形进行基础调平布桩。

3）按照强化主体（核心筒及剪力墙）弱化裙房或地下室的原则设计，对主体采用长桩，对裙房及地下室则采用短桩、疏桩甚至天然地基。

4）主楼与裙房或地下室交接处，裙房或地下室均要有意识少布桩，尤其是裙房或地下室靠主楼第一排柱处，少布桩使之能产生"拖带"下沉，使主楼、裙房的差异变形能"传递"得更远，减少变形曲率以减少弯矩。

5）主楼与裙房交接处，相邻一跨的底板采用可以渐变断面的方式。

6）为增加安全度，在主楼与裙房交接的第二跨，设置沉降后浇带，但在计算中对差异变形的减少可以不考虑，作为安全储备。

具体案例可以参见第十章南通金童苑基础变刚度优化设计。

3. 收缩裂缝的处理

混凝土的抗裂是在建设方的统一协调下，由设计方与施工企业共同完成，仅仅靠某一方面的努力时没有办法达到理想结果。曾经就出现过同一家设计单位设计，同样的要求，同样配筋、板跨（5.3~6m）和规模的小柱网地下车库（总尺度在300m左右），由于不同的总包施工，导致在四川某工地出现大量裂缝，而辽宁某工地完全没有裂缝迥然不同的结果，前者由于没有按照设计要求进行配比和养护，结果耗费了大量的资金和时间进行修补，造成工期的延宕和损失。

对于超长混凝土的贯穿收缩性裂缝，一般均为非结构性裂缝，非结构性收缩裂缝处理：细微裂缝0.3以下涂抹封闭，0.3以上灌浆封闭，细微裂缝不影响混凝土的宏观力学性能，但是为防止对钢筋锈蚀，需要进行处理。

■ 第四节　高层建筑基础设计若干概念辨析

一、高层建筑地基沉降计算中要正确理解地基土压缩模量当量值

按照我国现行国家或地区性的地基基础设计规范的相关规定，目前高层建筑的沉降计算均采用分层总和法进行计算。分层总和法的计算原理比较简单，基本步骤为：先根据应力比或变形比确定地基压缩层的深度，再计算压缩层范围内各土层的应力面积，根据应力面积求得各土层的变形，变形相加求得总和，再乘以相应的经验系数。经验系数一般按照地区经

验，与基底压力、土的当量压缩模量相关。而关于土的当量压缩模量，有不同的理解。下面是根据国家规范对当量压缩模量的正确理解。

《建筑地基基础设计规范》中规定，计算地基的变形时，可采用各向同性均质线性变形体理论，地基变形计算的分层示意如图 14-3 所示，最终变形量可按照下式计算

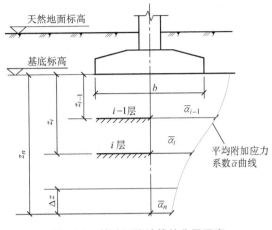

图 14-3　基础沉降计算的分层示意

$$s = \varphi_s s' = \varphi_s \sum_{i=1}^{n} \frac{p_0}{E_{si}} (z_i \bar{\alpha}_i - z_{i-1} \bar{\alpha}_{i-1})$$

(14-1)

式中　s——地基最终变形量；

　　　s'——按分层总和法计算出的地基变形量；

　　　φ_s——沉降计算经验系数；

　　　n——地基变形计算深度范围内所划分的土层数；

　　　p_0——对应于荷载效应准永久组合时的基础底面处的附加压力；

　　　E_{si}——基础底面下第 i 层土的压缩模量，应取土的自重压力至土的自重压力与附加压力之和的压力段计算；

　　z_i、z_{i-1}——基础底面至第 i 层土、第 $i-1$ 层土底面的距离；

　　$\bar{\alpha}_i$、$\bar{\alpha}_{i-1}$——基础底面计算点至第 i 层土、第 $i-1$ 层土底面范围内平均附加应力系数。

按分层总和法计算出的地基变形量 s'，需要乘以沉降计算经验系数 φ_s 来确定地基最终变形量 s，而沉降计算经验系数 φ_s 的确定，是由变形计算范围内地基土压缩模量的当量值 $\bar{E}_s$ 查表 14-2 得到的。

表 14-2　沉降计算经验系数 φ_s

基底附加压力	$\bar{E}_s$/MPa				
	2.5	4.0	7.0	15.0	20.0
$p_0 \leqslant f_{ak}$	1.4	1.3	1.0	0.4	0.2
$p_0 \leqslant 0.75 f_{ak}$	1.1	1.0	0.7	0.4	0.2

注：$\bar{E}_s = \dfrac{\sum A_i}{\sum \dfrac{A_i}{E_{si}}}$，其中，$A_i$ 为第 i 层土附加应力面积，$A_i = p_0(z_i \bar{\alpha}_i - z_{i-1} \bar{\alpha}_{i-1})$。

关于压缩模量的当量值 $\bar{E}_s$ 的物理意义，存在着不少的误解。有的认为是以变形计算范围内各层地基土的应力面积为权的各层地基土的压缩模量的加权平均值，这个理解是不正确的；上海地方规范 DGJ 08-11—2010《地基基础设计规范》则是以一倍基础宽度作为深度计算范围，其各层地基土分层厚度为权的土的压缩模量的加权平均值，虽然是地方规范规定，但

是也不尽合理，从概念上讲，以应力面积为权各层地基土的压缩模量的加权平均值来得合理。

下面介绍压缩模量的当量值 $\overline{E}_s$ 的真正物理含义。为了使表达更加直观和易于理解，先引入串联弹簧的整体刚度问题。将三根刚度分别为 K_1、K_2、K_3 的弹簧串联起来，如图 14-4 所示，根据普通物理学知识，可以得到其整体刚度为（三根以上的串联弹簧的原理相同，此处只以三根串联弹簧为例）

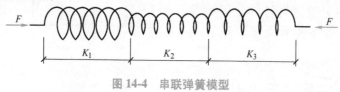

图 14-4 串联弹簧模型

$$K=\frac{F}{S}=\frac{F}{\dfrac{F_1}{K_1}+\dfrac{F_2}{K_2}+\dfrac{F_3}{K_3}}=\frac{F}{\dfrac{F}{K_1}+\dfrac{F}{K_2}+\dfrac{F}{K_3}}=\frac{1}{\dfrac{1}{K_1}+\dfrac{1}{K_2}+\dfrac{1}{K_3}} \tag{14-2}$$

式中 F_1、F_2、F_3——传到各根弹簧中的力，与 F 是相等的。

整体刚度的物理意义就是外力除以每根弹簧压缩量的总和。采用分层总和法计算地基的变形量，其变形计算范围内的各层地基土就相当于串联的弹簧，只不过串联弹簧在外力作用下每根弹簧的力是相同的，而分层地基土由于土中存在应力扩散现象，使得荷载通过土体向深部扩散导致每层地基土中的附加应力各不相同，并且由浅层土到深层土附加应力是逐渐变小的，即串联弹簧串中每根弹簧的荷载是不同的。地基土的压缩模量就相当于弹簧的刚度，而地基土的压缩模量的当量值 $\overline{E}_s$ 就相当于串联弹簧的总刚度，第 i 层土的压缩量为

$$s_i=\frac{p_0}{E_{si}}(z_i\,\overline{\alpha}_i-z_{i-1}\,\overline{\alpha}_{i-1})=\frac{A_i}{E_{si}} \tag{14-3}$$

土中总的附加应力为 $\sum A_i$，总的变形为 $\sum s_i=\sum\dfrac{A_i}{E_{si}}$，因此，变形计算范围内土的整体压缩刚度，即压缩模量的当量值为 $\overline{E}_s=\dfrac{\sum A_i}{\sum\dfrac{A_i}{E_{si}}}$。

用以上串联弹簧模型来理解分层地基土的压缩模量当量值，简单易懂，且与物理学概念相符。

二、正确理解高层建筑桩基础偏心荷载作用下角、边桩验算

高层建筑桩基验算当中，在偏心荷载组合（竖向荷载与地震荷载或风荷载组合）作用下，边桩、角桩一般是最不利桩。高层建筑群桩基础偏心荷载作用下角、边桩的验算，相关的规范给出了下面的验算公式

$$Q_{ik}=\frac{F_k+G_k}{n}\pm\frac{M_{xk}y_i}{\sum y_i^2}\pm\frac{M_{yk}x_i}{\sum x_i^2} \tag{14-4}$$

式中　Q_{ik}——相应于荷载效应标准组合偏心竖向力作用下第 i 根桩的竖向力；

F_k——相应于荷载效应标准组合作用于桩基承台顶面的竖向力；

G_k——桩基承台自重及承台上土自重标准值；

n——桩基中的桩数；

M_{xk}、M_{yk}——相应于荷载效应标准组合作用于承台底面通过桩群形心的 x、y 轴的力矩；

x_i、y_i——桩 i 至群桩形心的 y、x 轴线的距离。

式（14-4）有一定的适用范围，运用该公式的前提是群桩桩顶平面在受力过程中能满足平截面假定，这就要求承台的刚度比较大，变形能满足平截面假定，可以忽略剪切变形；如果是把整栋楼当作一个整体验算边桩、角桩，就要求上部结构在水平荷载作用下的变形是弯曲性变形，有足够的竖向剪切刚度能把水平荷载转化为竖向构件的拉压力。现有的很多计算程序及计算方法，角桩、边桩的验算都采用以上验算公式，把整栋楼当作一个整体进行验算，而不区分上部结构的形式，这是不恰当的，下面将从理论和实际工程结合分析。

对于以剪切变形为主的框架结构，在竖向荷载及水平荷载作用下，取 x 方向水平力作用下的框架进行分析（图 14-5）。

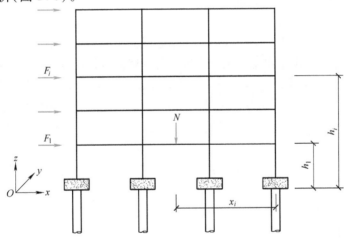

图 14-5　结构水平力整体计算

图 14-5 中，N 为上部结构总竖向荷载标准值，F_i 为各层所受的水平荷载标准值。整个楼作为一个整体进行分析，运用式（14-4）可得边桩荷载为

$$Q_k = \frac{N+G_k}{n} + \frac{M_{yk}x_i}{\sum x_i^2} = \frac{N+G_k}{n} + \frac{(\sum F_i h_i)x_i}{\sum x_i^2} \tag{14-5}$$

运用式（14-4）的前提是上部结构是完全弯曲性变形，没有剪切变形，水平力引起的总倾覆力矩通过结构的竖向剪切完全转化为竖向构件的拉压力，没有柱底弯矩。但是图 14-6 所示的这种框架结构建筑，在水平力作用下的侧移变形是剪切变形，水平力引起的总倾覆力矩在基础顶面引起的内力如图 14-6 所示。

由力的平衡可以得到

$$M = M_N + M_M \tag{14-6}$$

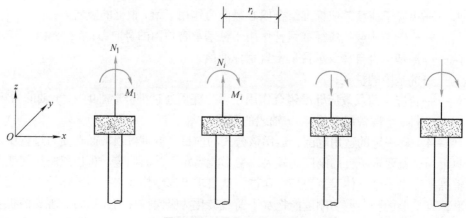

图 14-6　结构柱底内力简图

即

$$\sum F_i h_i = \sum N_i r_i + \sum M_i \tag{14-7}$$

式中　r_i——单桩到群桩形心的距离；

　　　M——水平力引起的总倾覆力矩；

　　　M_N——整体弯矩，由于水平力倾覆力矩引起竖向构件的附加轴力形成的抵抗弯矩；

　　　M_i——局部弯矩，由于水平力倾覆力矩引起的竖向构件底部弯矩。

　　可以看出，使用前面角桩、边桩验算公式的前提就是竖向构件底部局部弯矩为零，这在实际工程中是不可能的。对于剪切型的框架结构，竖向构件底部局部弯矩占的比例通常很大，因此用式(14-4)进行验算是不准确的，通常过于保守。下面将举一个具体工程实例来证明上述观点。

　　上海市第三女子初级中学教学楼为四层框架结构，平面为矩形，纵向为 12 跨，横向为 3~4 跨。教学楼底层平面如图 14-7 所示。

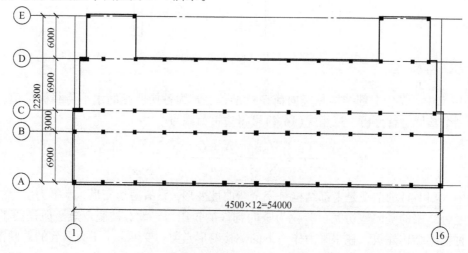

图 14-7　教学楼底层平面

　　上海市抗震设防烈度为七度，场地土为四类，水平地震力比较大。如果把整个楼作为一个整体采用上述公式验算基础的边角桩，则水平力作用下的角柱轴力会比竖向荷载作用下的角柱轴力大得多，图14-8所示的是该楼一个角柱采用通用结构设计软件PKPM的验算结果。

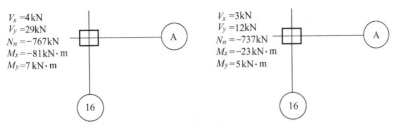

底层柱、墙最大组合内力简图(N_{max})　　　　底层柱、墙最大组合内力简图($D+L$)

图14-8　柱底内力组合

从图14-8中的PKPM验算结果可以看出，在竖向荷载作用下角柱的轴力与偏心荷载作用下角柱的轴力差别只有4%，分别为737kN和767kN。而在地震作用下，M_x =62593kN·m，M_y =60182kN·m，计算可得桩基的转动惯量为 $\sum x_i^2 = 63172.348\text{m}^2$，$\sum y_i^2 = 9622.151\text{m}^2$，如果按照上面的验算公式验算角柱下的桩，则反算角柱轴力则可以达到1058kN，显然，远大于实际情况下的767kN。

由于该建筑为剪切型框架，因此上述的边、角桩验算公式不适用于该项目验算。建议采用PKPM软件的底层柱、墙最大组合内力简图的N_{max}组合进行验算，该组合是结构整体计算的结果，已经综合考虑了结构剪切变形的影响，能较真实地反映水平力作用下角桩、边桩竖向力增加值，并与桩基在地震作用下的设计值（设计值×1.25×1.2）进行比较。

从以上工程实例可以知道，不应盲目应用规范公式验算角桩、边桩在偏心荷载下的附加轴力。在验算边、角桩时，应注意到以下几点：

1）以剪切型变形为主的框架结构等结构，验算水平力作用下的边、角桩，不应该把整个结构当作一个整体验算角桩、边桩。

2）较高耸的、以弯曲变形为主的剪力墙结构，相对较符合平截面假定，可以采用规范的公式进行验算。

3）正常情况下的角桩、边桩，均应通过结构整体分析，得出每根柱底的最大内力组合，再进行角桩、边桩的验算。

三、单桩承载力确定要点及概念辨析

试桩分为依据性试桩和工程桩验收性试桩，前者为工程设计提供依据，后者作为复核设计要求的验证，相关规范对此有详细的规定。

（1）GB 50007—2011《建筑地基基础设计规范》的相关规定

8.5.6 单桩竖向承载力特征值的确定应符合下列规定：

1）单桩竖向承载力特征值应通过单桩竖向静载荷试验确定。在同一条件下的试桩数量，不宜少于总桩数的1%且不应少于3根。单桩的静载荷试验，应按本规范附录Q进行。

2）当桩端持力层为密实砂卵石或其他承载力类似的土层时，对单桩竖向承载力很高的大直径端承型桩，可采用深层平板载荷试验确定桩端土的承载力特征值，试验方法应符合本规范附录D的规定。

3）地基基础设计等级为丙级的建筑物，可采用静力触探及标贯试验参数结合工程经验确定单桩竖向承载力特征值。

4）初步设计时单桩竖向承载力特征值可按下式进行估算（略）。

（2）JGJ 94—2008《建筑桩基技术规范》的相关规定

5.3.1 条设计采用的单桩竖向极限承载力标准值应符合下列规定：

1）设计等级为甲级的建筑桩基，应通过单桩静载试验确定。

2）设计等级为乙级的建筑桩基，当地质条件简单时，可参照地质条件相同的试桩资料，结合静力触探等原位测试和经验参数综合确定；其余均应通过单桩静载试验确定。

3）设计等级为丙级的建筑桩基，可根据原位测试和经验参数确定。

5.3.2 单桩竖向极限承载力标准值、极限侧阻力标准值和极限端阻力标准值应按下列规定确定：

1）单桩竖向静载试验应按现行行业标准 JGJ 106—2014《建筑基桩检测技术规范》执行。

2）对于大直径端承型桩，也可通过深层平板（平板直径应与孔径一致）载荷试验确定极限端阻力。

3）对于嵌岩桩，可通过直径为 0.3m 岩基平板载荷试验确定极限端阻力标准值，也可通过直径为 0.3m 嵌岩短墩载荷试验确定极限侧阻力标准值和极限端阻力标准值。

4）桩的极限侧阻力标准值和极限端阻力标准值宜通过埋设桩身轴力测试元件由静载试验确定，并通过测试结果建立极限侧阻力标准值和极限端阻力标准值与土层物理指标、岩石饱和单轴抗压强度以及与静力触探等土的原位测试指标间的经验关系，以经验参数法确定单桩竖向极限承载力。

（3）JGJ 106—2014《建筑基桩检测技术规范》对于终止静载的规定

4.3.7 当出现下列情况之一时，可终止加载：

1）某级荷载作用下，桩顶沉降量大于前一级荷载作用下的沉降量的 5 倍，且桩顶总沉降量超过 40mm。

2）某级荷载作用下，桩顶沉降量大于前一级荷载作用下的沉降量的 2 倍，且经 24h 尚未达到本规范第 4.3.5 条第 2 款相对稳定标准。

3）已达到设计要求的最大加载值且桩顶沉降达到相对稳定标准。

4）工程桩作为锚桩时，锚桩上拔量已达到允许值。

5）荷载-沉降曲线呈缓变型时，可加载至桩顶总沉降量 60~80mm；当桩端阻力尚未充分发挥时，可加载至桩顶累计沉降量超过 80mm。

结合以上规范条文，我们进一步讨论以下容易产生混淆的问题：

1. 试桩的数量及试桩加载量确定

工程桩单桩承载力特征值的确定，在 GB 50007—2011《建筑地基基础设计规范》及 JGJ 94—2008《建筑桩基技术规范》中并没有区分依据性试桩和验收性试桩，而在 JGJ 106—2014《建筑基桩检测技术规范》对两者做了区分。如果按照后者，且在同一条件下依据性试桩不应少于 3 根，当预计工程桩总数小于 50 根时，检测数量不应少于 2 根，没有不少于总桩数 1%的要求。而作为验收性试桩，检测数量要满足不应少于同一条件下桩基分项工程总桩数的 1%，且不应少于 3 根的要求；当总桩数小于 50 根时，检测数量要满足不应少于 2

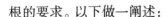

根的要求。以下做一阐述：

（1）试桩数量规范规定为同一条件下的工程桩，就是说在地层、持力层、桩型基本相同的情况下，就可以归为同类型桩，按照 1%，且不少于 3 根，值得注意的是，整个项目满足就可以，而并非单体工程必须不少于 3 根，原则上控制单体不少于 2 根即可。

（2）验收性试桩、依据性试桩，是否需要统一按照试桩总数量满足 1% 且不少于 3 根的要求，总桩数小于 50 根时，检测数量不应少于 2 根？这一点各规范及各地执行细则也不一致，如上海市 DGJ 08-11—2018《地基基础设计规范》规定宜进行依据性试桩按 0.5%，验收性试桩 1.0%，总和满足 1.5% 即可，但是依据性试桩不是强制性的；广东地区按照验收性试桩 1% 要求在执行，没有强制要求依据性试桩要求（新工艺和甲级桩基且无同类型桩参考除外）；但在江苏地区很多地方，按照最严格的要求，规定依据性试桩 1%，验收性试桩 1%，总和就达到 2%，要求就比较高。

科学的做法是同型桩需要达到统计学样本量，样本量一般可通过 GB 50068—2018《建筑结构可靠性设计统一标准》规定的置信水平（$1-\alpha$）和历史试桩标准差 σ 按统计学确定，跟地域经验有关，譬如上海地层单元单一、层面起伏较小，因而同型桩离散度较小，试桩数量要求就低且依据性试桩不是必须的。现阶段建议试桩总数应根据各地地方规范或者质监站要求进行，不一定科学但可避免返工。

依据性试桩是为桩基设计服务，提供设计依据的，试桩加载量原则上是应该做到桩基的破坏，或者做到桩身材料的极限承载力标准值为止（桩身材料强度）。很多业主仅仅把试桩当成应付质监站或者合规的一个程序来进行，片面追求试桩本身的经济性，仅仅要求加载到设计承载力特征值的两倍就停止。设计承载力特征值由设计师根据地层参数得出，有很大的局限性，大部分情况下是偏保守的，按此试桩，桩基实际承载能力、设计是否保守、桩基实际安全储备就都成了未知数，也失去了桩基优化的机会，实在是因小失大。

根据规范统计要求，若试桩最大加载量只取规范规定的下限值（两倍特征值），万一个别桩桩荷载达不到极限荷载时，就会拖累整组试桩，甚至导致试桩不合格的结果。如果试桩荷载能多加一级荷载，当该组试桩中极限承载力有高有低时，只要极差不超过 30%，就可取平均值作为试桩极限荷载，客观上减少了人为因素导致的试桩承载力降低。因此，在制定依据性试桩方案时，最大加载量最好不要刚好等于单桩承载力特征值的两倍，加大到材料强度做破坏性试验最好，至少比两倍特征值最好多加数级，而不是片面节约试桩费用。

2. 试桩休止期及压桩终压力与承载力关系

相当多的项目，业主由于急于工程尽快上马，打好桩经常急于试桩，欲速则不达。JGJ 106—2014《建筑基桩检测技术规范》3.2.5 条第 3 款规定，承载力检测前的休止时间，除应符合本条第 2 款的规定外，当无成熟的地区经验时，尚不应少于表 14-3 规定的时间。

表 14-3 休止时间

土的类别		休止时间/d
砂土		7
粉土		10
黏性土	非饱和	15
	饱和	25

注：对于泥浆护壁灌注桩，宜延长休止时间。

因为对某一根具体的桩而言，一般不能认为单桩竖向抗压承载力是绝对不变的，其影响因素跟土性及休止期有较大关系。一般在黏性土尤其是饱和黏性土地基中打入桩（挤土桩），单桩承载力将随时间增长而变化。桩打入饱和黏土中，桩周围的土将被排挤，土体被扰动的范围可达约一个桩长。扰动的土最终随着土体的排水固结，其抗剪强度或对桩上的附着力、支承力导致单桩承载力随时间而增长。

上海西南部虹桥地区金牌大厦于1996年施工桩基，采用500mm² 断面26m 预制桩单桩。根据地质资料设计要求单桩承载力极限标准值达到4000kN。该工程前后进行三次试验，长达三个月承载力试桩仍然不满足要求。其中，56#桩1996年6月1日试桩，承载力为1200kN（9.01mm），1996年8月18日为3450kN（33.85mm），1997年11月20日达到4200kN（23.48mm）。在这个工程中，最终单桩承载力在17个月后达到最初试桩值3.5倍，其他工程远不如其"严重"，但也要引起充分重视。对于钻孔灌注桩，根据荷载试验资料表明，因扰动较小单桩承载力随时间增长并不明显。

对于不同的土质及不同的灵敏度，桩基承载力随时间增长的幅度并不一致。一般而言，灵敏度大的土休止期就需要长一些。对于端承型嵌岩桩，一般休止期就很短，建议按照砂土就可以，但是对于桩端持力层为遇水易软化的风化岩层，不应少于25d。

因此，在黏性土地区，一般采用静压法施工的桩基的动阻力终压值就要小于试桩的极限承载力。由于黏性土的灵敏度较大，受到沉桩过程桩身的扰动，土的结构强度下降，因而土对桩的支承力有所下降所致，而后期土固结结构强度恢复后，桩的极限承载力就会有较大幅度的增长，但是在砂性、粉性土地区，土的结构强度重构现象不显著，而且群桩沉桩过程中的扰动导致的结构强度未必能大部分恢复。因此导致：①黏性土层为主、长径比较大的桩，单桩承载力极限值比终压值有较大幅度的增长；②粉土砂土，长径比较短的桩，增长幅度有限，甚至会出现单桩极限承载力标准值低于终压值的情况。后一种情况工程中尤其要予以重视，以免造成返工损失。

静力压桩施工终压值建议施工中取稳压值，就是指一根桩施工终止之前，用一定的压桩力对桩实施持续一段时间（5~10s）加压的过程。稳压可以部分消土体后续松动现象。可以根据稳压贯入的大小作为判断终压的依据。JGJ 94—2008《建筑桩基技术规范》7.5.9条规定：应根据现场试压桩的试验结果确定终压标准；终压连续复压次数应根据桩长及地质条件等因素确定。对于入土深度大于或等于8m 的桩，复压次数可为2~3次；对于入土深度小于8m 的桩，复压次数可为3~5次；稳压压桩力不得小于终压力，稳定压桩的时间宜为5~10s。

上海岩土工程勘察设计研究院等通过大量实测数据，结合沉桩阻力和单桩极限承载力实测值的对比分析发现：在上海地区，持力层为一般黏性土或稍密、中密粉性土、砂土，桩侧土层中不存在厚度较大的硬土层，沉桩动阻力一般为计算的单桩极限承载力的1/3~1/2；持力层为硬塑黏性土或中密以上粉性土、砂土，桩侧土层中不存在厚度较大的硬土层，沉桩阻力主要取决于桩端进入中密~密实砂土中深度，经大量工程资料统计，当进入深度为（6~8）d，沉桩动阻力增长很快，其初期动阻力（指密集群桩中最先施工10根桩的平均动阻力）接近于单桩极限承载力的估算值，后期沉桩动阻力（指密集群桩中最后10根桩的平均动阻力）为单桩极限承载力估算值的1.2~1.5倍。据工程经验，每一单项工程的沉桩动阻力大小，除与上述地

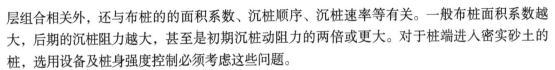

层组合相关外，还与布桩的的面积系数、沉桩顺序、沉桩速率等有关。一般布桩面积系数越大，后期的沉桩阻力越大，甚至是初期沉桩动阻力的两倍或更大。对于桩端进入密实砂土的桩，选用设备及桩身强度控制必须考虑这些问题。

湖北、广东规程中有预估静压压桩力与单桩极限承载力标准值的关系，见表 14-4、表 14-5。显然，在上海地区、湖北地区、广东地区区别均较大，体现了地质条件的差异性。

表 14-4　湖北省预估压桩力 P 与单桩极限承载力 Q_{uk} 关系

桩端土类型	桩入土深度			
	≤8m	8~20m	20~30m	>30m
黏性土	$(1.2~1.4)\,Q_{uk}$	$(1.1~1.2)\,Q_{uk}$	$(1.0~1.1)\,Q_{uk}$	$(0.9~1.0)\,Q_{uk}$
砂类土	$(1.2~1.5)\,Q_{uk}$	$(1.2~1.3)\,Q_{uk}$	$(1.1~1.2)\,Q_{uk}$	$(1.0~1.1)\,Q_{uk}$

注：1. 表中 Q_{uk} 为预估单桩极限承载力。
　　2. 桩径大或桩长较短者压桩力取大值，砂卵石取小值。

表 14-5　广东省预估压桩力 P 与单桩极限承载力 Q_{uk} 关系

桩入土深度 L/m	$6 \leqslant L \leqslant 9$	$9 < L \leqslant 16$	$16 < L \leqslant 25$	$L > 25$
黏性土	$(1.25~1.67)\,Q_{uk}$	$(1.0~1.43)\,Q_{uk}$	$(1.0~1.18)\,Q_{uk}$	$(0.87~1.0)\,Q_{uk}$

注：适用于端承摩擦桩或摩擦端承桩，不适用与摩擦桩或端承桩。

3. 试桩桩型与工程桩的关系

试桩是为了确定单桩极限承载力标准值，进而得出单桩承载力特征值，作为设计的依据或者作为验收依据。单桩承载力特征值由两方面确定，一方面是材料强度，材料强度本质上是由桩的材质所确定，譬如钢筋混凝土材料或者钢材（钢管桩），材料强度有成熟的计算公式和规范、《预应力混凝土管桩》（10G409 图集）作为依据；另一方面是土体对桩的支承能力。前者称为材料强度控制，后者称为土强度控制。

这里的试桩主要指竖向抗压承载力试桩，显然，材料强度能依据相关规范得到确定的结果，试桩主要目的就是测试土体对桩的支承能力。土体对桩的支承能力分为桩侧总摩阻力、桩端总阻力，二者之和构成桩总承载能力，从受力上说，在同一地层下涉及的桩侧总摩阻力部分仅仅跟桩身周长有关，而桩端总阻力跟桩断面面积有关。

目前规范和图集并没有妥善解决试桩中的桩身强度与试桩加载量匹配问题。众所周知，试桩需要加载到特征值的两倍，破坏性试验加载量更大，除了桩承载力用得比较低以外，通常两倍特征值不但会超过桩身轴心受压强度设计值、甚至会超过桩身材料承载力标准值。通常情况下，由于试桩属于短时荷载，工程单位一般采用图集反算的桩身材料承载力标准值（保证率 95%）复核加载量是否满足，对桩身质量有担心时应可采取填芯等加强措施。

现以某工程采用的预应力管桩试桩为例做计算说明。该工程采用《预应力混凝土管桩》（10G409 图集）中 PHC500-125 管桩，该桩轴心受压承载力设计值是 3701kN，根据设计要求结合地层验算，工程桩设计承载力特征值 2700kN，见表 14-6。

表 14-6　PHC500-125 管桩参数计算

分项	设计指标	设计数值/kN	依据及备注
①	单桩轴心受压承载力设计值	3701	10G409 图集计算规定
②	单桩材料强度特征值	3701÷1.35=2741	荷载综合分项系数 1.35
③	设计单桩承载力特征值	2700	土层计算及工程设计需要
④	单桩材料强度标准值	3701×1.4=5181	混凝土材料分项系数 1.4（图集）
⑤	单桩材料强度标准值	(50.2-6.18) × 147187=6479	按照《混凝土结构设计规范》计算，未乘以 0.8
⑥	满足设计需要的试桩加载量	2700×2+100=5500	100kN 为送桩部分摩阻力

注：因为送桩 4.5m 作用，按照极限摩阻力计算为 106kN，现取 100kN，单桩材料强度标准值的保证率根据规范是 95%，桩截面积 A_p 为 147187m^2。

可见，试桩加载量 5500kN 已经大于图集单桩材料强度标准值 5181kN，此时试桩存在桩身尤其是桩顶压碎失败的风险。显然，在周长和桩端断面不变的情况下，设计单位对试桩采用了对桩身全长用 C40 以上微膨胀混凝土灌芯的做法是正确的，确保了试桩的正常进行，得到了建设方和审图方的认可。该工程为避免桩尖土遇水软化，工程桩也采用了桩尖 2m 内灌芯的做法。应注意，单桩材料强度与加载量关系和匹配，在各规范及图集中都没有明确说明。

在张江银行卡产业园某地块项目中，该项目有两层地下室，大量采用抗拔工程桩，抗拔桩选自上海市推荐性图集《HKFZ/KFZ 先张法预应力混凝土空心方桩》（2012 沪 G/T-502），工程桩型号 KFZ-B 400（220）-101011a（抗拔承载力特征值 800kN），抗拔试桩型号 KFZ-B 400（220）-101011a（抗拔试桩力 1600kN），共 12 根试桩。同样原因，标准桩不能满足试桩要求，于是设计公司将 12 根工程试桩改为相同截面、长度的预制钢筋混凝土实心方桩，选用国标图集《预制钢筋混凝土方桩》（04G361），桩型号 JAZHb-340-101011B，C35 混凝土，桩内纵筋改为 12 根直径 25mm 的 HRB400 钢筋，接桩采用 4 根∠75×10×400 角钢。经验算，可满足试桩抗拔力要求，仅自重略有增大，扣除自重后试桩结果满足设计要求。

4. 静力试桩要点

在做竖向荷载静力试桩时，同样的地层条件和桩型，不同的试桩方案往往会导致不同的结果，甚至导致错误结果，对建设单位造成很大损失，因此有必要对各种试桩过程中容易碰到的问题进行总结，并给出解释，规范中比较明确的问题就不再赘述。

1) 试桩的休止期严格按照 JGJ 106—2014《建筑基桩检测技术规范》执行。

解释：有条件时，尽量延长，灵敏度高的土层中桩的承载力会有持续的增长。

2) 加载应分级进行，且采用逐级等量加载；分级荷载宜为最大加载值或预估极限承载力的 1/10，其中，第一级加载量可取分级荷载的 2 倍。

解释：规范给出了分级的建议，应该理解为最少的分级数量建议，在一些大直径桩、高承载桩的实践中，一般在最后的 2~4 级采取更加细分（如每一级荷载为最大加载值或预估极限承载力的 1/20~1/15）的策略，或者做破坏性试桩达到预估值后降低分级荷载，往往会得到更加准确或者更高的承载力。

3）荷载-沉降曲线呈缓变型时，可加载至桩顶总沉降量 60~80mm；当桩端阻力尚未充分发挥时，可加载至桩顶累计沉降量超过 80mm。采用该总沉降量所对应的荷载作为极限承载力标准值。

解释：尤其在黏性土地区的长桩，荷载-沉降曲线呈缓变型，没有明确拐点，桩端阻力需要适当位移才能发挥（尚应考虑桩身压缩），就应该按照 60~80mm 标准进行控制，而不应该一刀切，全部按照 40mm，有时候会差 2~3 级荷载，造成实际采用承载力偏低带来的损失非常可惜。

很多地方规范中都对此有较深刻的说明。广东省 DBJ/T 15-60—2019《建筑地基基础检测规范》规定，当荷载-沉降曲线呈缓变型时，可加载至桩顶总沉降量 60~80mm；在桩端阻力未充分发挥等特殊情况下，可加载至桩顶累计沉降量 80~100mm。广东省 DBJ 15-31—2016《建筑地基基础设计规范》规定"25m 以上的非嵌岩桩，$Q\text{-}s$ 曲线呈缓变型时，桩顶总沉降量大于 60~80mm"，说明持力层位于土层上的长桩较容易产生缓变型曲线（尚存在桩身压缩），应予注意的是全风化、强风化基岩做持力层的桩不属于嵌岩桩。

4）试桩建议采用配有桩靴（桩尖）的桩。

解释：尤其是黏性土地区，桩靴的采用会在切割土体时减小对土体的扰动，客观上起到减少休止期，增加桩承载力增长速率的作用。

5）对于采用堆载法的试桩，当堆载较大，且大于浅层土地基承载力特征值 1.5 倍时，建议试桩四周打设不少于四根堆载平台支承专用桩，堆载用桩距离试桩不小于 2000mm，或者采取其他有效措施减小堆载对试桩的不利影响。

解释：大量的堆载会对土体产生扰动，乃至对试桩产生负摩阻力，影响试桩结果，具体试桩方案可与勘探单位及测试单位协商。压重平台支墩施加于地基土上的压应力不宜大于浅层土地基承载力特征值 1.5 倍［广东省 DBJ/T 15-60—2019《建筑地基基础检测规范》14.2.1 条第 5 款］。例如：南通湖滨华庭 PHC600-130 试桩极限承载力 5400kN，一开始由于将接近 700t 的混凝土压载块全部堆在试桩周围（图 14-9），导致地面沉陷超过 20cm，对试桩结果造成不利影响，试桩差了一级，后重新试桩在

图 14-9 湖滨华庭试桩边堆载导致
扰动及负摩阻力

试桩打设四根堆载专用桩以后问题得以解决。而在天津宝坻区新宜物流项目中（图 14-10），PHC400AB 桩的有效桩长仅仅 11m，持力层为密实粉砂（静力触探锥尖阻力 23.26MPa），地面直接堆载，负摩阻力对桩的承载力影响更为显著，试桩采用了四根堆载专用桩后，试桩承载力特征值由原来试桩的 480kN 提高到 1150kN。

6）确保桩身质量，禁止采用热桩充当工程桩及试桩，不得用桩体作为送桩设备，必须采用专门的钢管送桩器。

解释：热桩容易在沉桩过程中损坏，损坏后的试桩容易出现桩身破坏；如果是灌注桩尚应该确保龄期。

7）对于有土体隆起及桩上浮的情况，桩基及试桩一定要进行复压，稳压。

图 14-10 天津宝坻新宜物流试桩现场，图左为试桩及四根支承桩

解释：在相当多的地区，沉桩后都会出现由于挤土引起土体隆起及桩基上浮情况，这时桩基桩端土就会松动，引起试桩及桩基承载力下降，复压并稳压是消除土体松动的有效方式。《建筑桩基技术规范》第 7.5.9 条对终压条件做出下列规定："终压连续复压次数应根据桩长及地质条件等因素确定。对于入土深度大于或等于 8m 的桩，复压次数可为 2~3 次；对于入土深度小于 8m 的桩，复压次数可为 3~5 次"。

8）建议对管桩进行桩尖封堵，采用 C30 微膨胀混凝土对桩尖进行 1.0~2.0m 的封堵。

解释：大部分情况下，当地下水、雨水通过桩孔进入桩尖部分，都会引起桩尖土体的软化，甚至是强风化花岗岩，这种软化效应非常显著。

9）试桩需要确定桩身承载力标准值是否达到试桩加载量要求，如果达不到，建议对桩进行加强，如管桩桩身全长灌芯，以免试桩过程中桩身材料破坏。

解释：当土对桩的支承起控制作用时，可以灌芯等加强措施，参见前述第 3 条）。

10）正确理解规范所述的终止加载标准"某级荷载作用下，桩顶沉降量大于前一级荷载作用下的沉降量的 5 倍，且桩顶总沉降量超过 40mm；某级荷载作用下，桩顶沉降量大于前一级荷载作用下的沉降量的 2 倍，且经 24h 尚未达到相对稳定标准，即每一小时内的桩顶沉降量不得超过 0.1mm，并连续出现两次。"

解释：规范所述及的第一种情况是出现"拐点"的判断标准，第二种情况，在工程实践中往往忽视了 24h 稳定检测，仅仅是如果出现两倍上一级变形时就终止加载，尤其是荷载一上去就出现两倍以上变形，就判定破坏，终止加载，这样可能会错判，尤其是桩端刚开始发挥承载力、桩端土开始压实的一瞬间会出现一个瞬时加大变形。在四川宜宾长江大院项目采用直径 900mm 人工挖孔桩的试桩过程中（图 14-11），即使是采用深层载荷板做测试，也出现过加载曲线呈现台阶形变形，就是因为桩端土是卵石土，突然出现卵石排列重组，孔隙突然压密、变形加大后再压实稳定的表现，而不是屈服破坏。

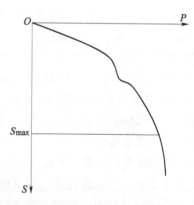

图 14-11 长江大院桩基静载荷试验台阶形 P-S 曲线

工程案例：广东江门鹤山市玉兰花园项目桩基及基础优化设计，以此说明桩基承载力确定及试桩正确流程、方法，以及其对桩基与基础优化的影响。

该项目为住宅小区，由上海同建强华设计有限公司设计，主要楼高 34 层，采用《预应力混凝土管桩》（10G409 图集）中的 PHC500AB（125）预应力管桩，桩长约 30m。桩尖持力层位于强风化花岗岩，呈灰色、红褐色、深褐色，原岩花岗岩由长石、石英、黑云母等组成，风化剧烈绝、原岩结构构造清楚，岩芯呈半岩半砂土状，遇水易软化、崩解，锤击易碎。标贯击数为 75 击，层顶埋深 22m 左右。各岩土层桩基主要物理力学指标及承载力建议值见表 14-7。

表 14-7　各岩土层桩基主要物理力学指标及承载力建议值

层号	岩土层岩性状态密土度	承载力特征值 (f_{ak}、f_a) 或抗压强度 (f_r) /kPa	桩侧摩阻力特征值 q_{sa}/kPa		桩端阻力特征值 q_{pa}/kPa			
			预制桩	钻（冲）挖孔桩	预制桩		钻（冲）、旋挖桩	
					$9m<L\leqslant16m$	$16m<L\leqslant30m$	$L\leqslant15m$	$L>15m$
①	素填土（稍压实）	—	10	8	—	—	—	—
②	淤泥质土（流塑）	$f_{ak}=50$	8	6	—	—	—	—
③	粉质黏土（可塑）	$f_{ak}=150$	25	20	—	—	—	—
③₁	粗砂夹层（稍密）	$f_{ak}=150$	27	21	—	—	—	—
④	残积粉质黏土（硬塑~坚硬塑）	$f_{ak}=220$	35	30	1900	2600	500	700
⑤	全风化岩（半岩半土状）	$f_a=350$	80	70	3500	4000	700	900
⑥	强风化岩（半岩半土状）	$f_a=500$	—	100	4500	6000	1000	1500
⑥₁	中风化岩夹层（软岩~较软岩）	$f_a=1000$	—	—	—	—	2500	
⑦	中风化岩（软岩~较软岩）	$f_a=1100$	—	—	—	—	$f_{rk}=f_{rs}=f_{rp}=4MPa$	
⑧	微风化岩（较软岩~坚硬岩）	$f_a=6000$	—	—	—	—	$f_{rk}=f_{rs}=f_{rp}=20MPa$	

根据当地经验和业主建议，同类桩型的特征值最高用过 2300kN，项目南侧某工程同型桩特征值是 2000kN，而按照钻探报告计算，单桩承载力特征值仅仅 1800kN。设计公司考虑到该风化岩层强度很高，标贯击数达到 75 击，如果用这一层土作为持力层，用桩长和终压值控制，桩的承载力将可以用到材料强度 2700kN，至少可以确保 2500kN，这样剪力墙结构的高层住宅可以采用轴线桩，原设计的 1500~1700mm 厚的基础底板将可以按照构造采用 600mm 厚即可。

在试桩过程中，为克服桩身强度不足、桩身上浮及持力层软化等不利因素，采用了试桩桩身全长灌芯、工程桩桩尖灌芯、加十字桩尖、复压及稳压等一系列措施进行正确试桩，结论是：三根依据性试桩承载力特征值均不低于 2880kN，三根验证性试桩承载力特征值均不低于 2500kN（表 14-8、图 14-12）。根据测算，该工程总计节约桩基及基础工程造价 602.8 万元，取得较好的经济效益。

表 14-8　单桩竖向静载试验汇总

工程名称：玉兰花园项目（试验桩）~抗压				试验桩号：6#78	
测试日期：2020-01-15				桩径：PHC500	
序号	荷载 /kN	历时/min		沉降/mm	
		本级	累计	本级	累计
0	0	0	0	0.00	0.00
1	1020	125	125	2.82	2.82
2	1530	125	250	0.77	3.59
3	2040	215	465	1.49	5.08
4	2550	125	590	1.57	6.65
5	3060	125	715	2.01	8.66
6	3570	245	960	2.59	11.25
7	4080	155	1115	2.37	13.62
8	4590	335	1450	3.60	17.22
9	5100	665	2115	4.93	22.15
10	4080	60	2175	−0.15	22.00
11	3060	60	2235	−2.66	19.34
12	2040	60	2295	−2.83	16.51
13	1020	60	2355	−3.74	12.77
14	0	180	2535	−5.60	7.17
最大沉降量：22.15mm		最大回弹量：14.98mm		回弹率：67.6%	

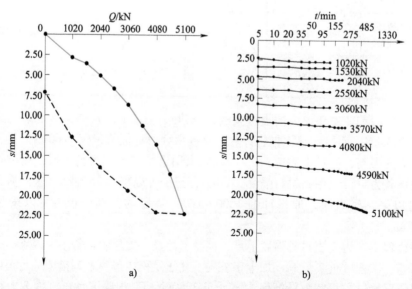

图 14-12　试桩荷载变形曲线，沉降-对数时间曲线

a) Q-s 曲线　b) s-$\lg t$ 曲线

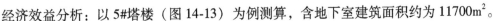

经济效益分析：以 5#塔楼（图 14-13）为例测算，含地下室建筑面积约为 11700m²。

1）桩基部分：单桩承载力特征值 2500kN 相对于当地经验上限值 2300kN，桩基节约 608 延长米，按照每米综合价格 255 元（含打桩费 30 元）计算，节约桩基造价 15.5 万元。

2）基础底板部分：基础底板面积为 456m²，参考项目南侧某工程基础底板大部分 1.5～1.7m 承台折算厚度按 1.2m 考虑，做到剪力墙下轴线布桩只需要 600mm 厚平底板，局部加厚综合按 0.7m 折算板厚、综合单价 1100 元/m³ 计算，可以节约混凝土 228m³，节约基础造价 25.1 万元，同时简化了施工工艺，加快了施工进度。

综合上述统计，基础部分可节约造价约 40.6 万元，约合 34.7 元/m²。按本项目住宅部分建筑面积 17.37 万 m² 计算，住宅基础部分可节省造价约 602.8 万元。

值得注意的是，本工程采用轻质填充墙，100m 高层通过精心设计，标准层重力仅 15.5kN/m²，又根据当地规范，轴线桩不属于群桩，部分桩距采用了 3.0d，也是能采用轴线桩成功的关键因素。

可见试桩方法得当，结合基础设计可以取得显著的经济效益。

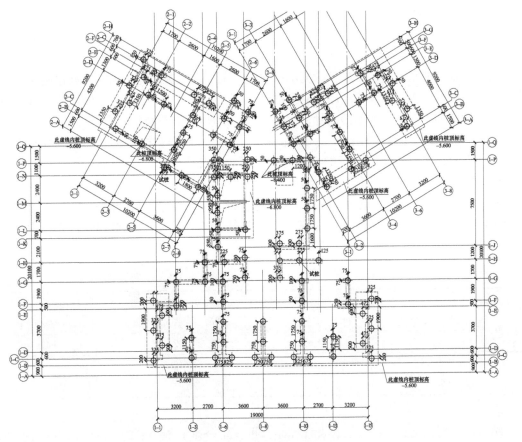

图 14-13　5 号楼桩位（轴线桩底板厚为 600mm）

四、高层建筑基础厚底板裂缝计算及控制

一般按照规范设计，只要是混凝土构件，通常均应按照《混凝土结构设计规范》（GB

50010—2010）计算裂缝，但对于基础厚板，若根据计算控制抗弯裂缝，基础底板耗钢量往往要增加20%甚至50%以上，这是否有必要？工程界通常的看法是：基础厚板一般无须计算裂缝，只需满足强度设计要求就可以了。对于无须计算裂缝的基础平板，其厚度一般认为不小于800mm（也有人认为不小于1000mm），但是仍需要具体情况具体分析，这是因为基础平板的厚度还与混凝土厚度、水头高度、防水等级等有关，主要基于以下几点理由：

1）同济大学赵锡宏等及我国工程结构裂缝控制专家王铁梦认为，各国规范推荐的裂缝计算公式离散度极大，相差数倍乃至数十倍，《混凝土结构设计规范》（GB 50010—2002）中推荐的裂缝计算公式⊖为在材料力学基础上，半经验及在平截面假定下的浅受弯构件（如简支梁）公式⊖，而基础厚板往往属于深受弯构件，不是一维杆件，并不符合其适用条件，实际裂缝将远远小于计算值，这个观点得到工程界的广泛认可。

2）王铁梦等根据日本进行的长达20余年的钢筋混凝土试件裂缝与锈蚀试验观测统计，在露天的环境下，冬季常有雪覆盖，夏季承受风吹雨淋，降雨量平均300mm/月，钢筋混凝土试件裂缝为0.05~0.4mm，并得出如下结论：0.1mm的裂缝，钢筋几乎不锈蚀，0.2mm以上的裂缝，$\phi 6mm$的钢筋锈蚀深度为0.02~0.04mm，$\phi 13mm$的钢筋锈蚀深度为0.03~0.1mm，截面的消减率只有1.3%~2.6%，横向锈蚀后的钢筋做抗拉实验，其极限承载力几乎不受影响。

而在比较深的土壤中，如果没有流动潜水的情况下，底板裂缝中水随着氧化还原反应的进行，含氧量越来越少，氧化还原反应锈蚀还会停止，与其通过并不准确的抗裂计算满足，还不如适当增加少量锈蚀配筋的余量，如钢筋直径增加一档或钢筋适当加密。

3）在高层建筑比较多的上海，大多数的设计部门和审图机构均认为，基础板即使有少量的细微裂缝，考虑裂缝影响后的水头与基础板板厚比值很大（其比值仍然远大于抗渗要求），水不可能渗透到板面而造成漏水。

对于基础抗渗要求可参见 JGJ 3—2002《高层建筑混凝土结构技术规程》表 12.1.9（表14-9），这个表格与 GB 50007—2002《建筑地基基础设计规范》第 8.4.3 条、JGJ 6—1999《高层建筑箱形与筏形基础技术规范》第 5.1.6 条的规定是一致的。

表 14-9　基础防水混凝土的抗渗等级（JGJ 3—2002）

最大水头 H 与防水混凝土厚度 h 的比值	设计抗渗等级/MPa	最大水头 H 与防水混凝土厚度 h 的比值	设计抗渗等级/MPa
$H/h<10$	0.6	$25\leqslant H/h<35$	1.6
$10\leqslant H/h<15$	0.8	$H/h\geqslant 35$	2.0
$15\leqslant H/h<25$	1.2		

综合以上规范意见并结合已有设计经验，可设定基础底板厚度为 h（mm），再用水头高度 H（mm）与 $h-100-(12.5~60)$（100mm 为桩进入底板的厚度，12.5~60mm 为钢筋 1 排 2 排的所占的高度）进行比值，若满足表 14-9 的要求，则在此类基础板中一般无须进行板的弯矩裂缝抗裂计算。

⊖　现行 GB 50010—2010 中的计算公式与 GB 50010—2002 相同。

需要指出的是，新版 JGJ 3—2010《高层建筑混凝土结构技术规程》和 JGJ 6—2011《高层建筑筏形与箱形基础技术规范》中，依据 GB 50108—2008《地下工程防水技术规范》对基础防水混凝土的抗渗等级进行修订，修订后的表格见表 14-10。但是，表 14-10 中基础防水混凝土的抗渗等级仅仅与工程埋置深度有关，而未考虑混凝土构件厚度的影响，这种做法过于粗放，显然不够合理。

表 14-10 基础防水混凝土的抗渗等级(JGJ 3—2010)

工程埋置深度 H/m	抗渗等级	工程埋置深度 H/m	抗渗等级
$H<10$	P6	$20 \leqslant H<30$	P10
$10 \leqslant H<20$	P8	$H \geqslant 30$	P12

五、正确理解高层建筑基础形心与上部结构重心偏心控制的机理

建筑物基础沉降是结构验算的一个重要内容，通常包括均匀沉降量及倾斜。均匀沉降量的大小，只要不影响建筑的使用功能(包括有关管线的安全和正常使用)，是不会威胁结构安全的，而不均匀沉降或倾斜控制一般可通过两方面控制：一方面，通过控制计算沉降量来控制差异沉降，鉴于沉降计算还是处于半经验半理论阶段，因此通过控制计算中心点的沉降量来控制差异沉降是明智之举；另一方面，控制上部结构重心与基础反力形心的偏心，为简化计算起见，一般用基础的形心来取代基础反力的形心，显而易见，若偏心小，则差异变形也小。因此当偏心难以避免时，应对其偏心距加以限制。下面以 JGJ 3—2010《高层建筑混凝土结构技术规程》为例对第二方面进行论述。

JGJ 3—2002《高层建筑混凝土结构技术规程》对高层建筑基础形心与上部结构重心的偏心做了以下的要求：在地基土比较均匀的条件下，箱形基础、筏形基础的平面形心宜与上部结构竖向永久荷载重心重合。当不能重合时，偏心距 e 宜符合式(14-8)要求

$$e \leqslant 0.1W/A \tag{14-8}$$

式中　e——基础平面形心与上部结构在永久荷载与楼(屋)面可变荷载准永久组合下的重心的偏心距(m)；

W——与偏心方向一致的基础底面边缘抵抗矩(m^3)；

A——基础底面的面积(m^2)。

对于低压缩性土或端承桩基的基础，可适当放宽偏心距的限制。按上面公式计算时，裙房与主楼可分开考虑。

关于上述规范的规定，补充以下几点说明：

(1) 以上偏心是指基础平面形心或者是桩基形心，其实严格意义上的偏心，应该是上部结构重心与基础反力形心或者是桩基反力形心之间的偏心。基础平面形心只是形状的中心，从量纲的角度，对应的应该是基础反力形心。

但是在实际工程设计中，每根桩的反力都不同，要真正求得桩反力形心比较困难。对于天然基础的地基反力形心也一样，由于反力分布不均匀，要求得反力形心也是比较难的。因此，退而求其次，在满足工程精度的前提下，采用桩基的形心来代替桩基的反力形心。严格的做法还是应该采用桩基反力形心与上部结构重心进行偏心验算，如框架核心筒结构，采用不同桩型的变刚度桩，核心筒部分采用承载力高的桩，周围框架采用承载力相对低的桩，在这种结构的偏心验算中，就应该采取桩反力形心与上部荷载重心。

（2）上部结构重心采用的是荷载准永久组合。这是由限制偏心距的目的来体现的。限制偏心距是为了限制建筑物在沉降过程中产生倾斜，而建筑物的沉降计算采用的是荷载准永久组合。

对于大部分结构计算软件，往往给出的荷载重心是荷载标准组合的重心，而没有荷载的准永久组合。荷载标准组合为 1.0 永久荷载+1.0 活荷载，对于住宅，其荷载准永久组合为 1.0 永久荷载+0.5 活荷载（活荷载准永久值系数根据具体建筑类别、荷载类型而定），一般活荷载是在建筑平面上均匀分布的，所以活荷载的重心近似认为是建筑平面的形心。荷载标准组合中增大了活荷载的比例，因此，标准组合的重心会比准永久值重心往建筑平面形心靠近。但是，一般建筑中活荷载与永久荷载的比例约为 1/7，占总荷载的 12.5% 左右，所占比例不大，所以荷载标准组合的重心接近荷载准永久值重心。在工程设计中，对于一般的建筑，用荷载标准组合的重心来代替荷载准永久值重心可以满足设计精度要求，但从概念理解的角度，对两者的区别要清楚。

（3）由 $e \leq 0.1W/A$ 拓展开来，对于基础平面为矩形的建筑，$W = bh^2/6$，$A = bh$，则 $e = 0.1h/6 \approx 1.67\%h$，因此，对于基础平面为矩形或者近似矩形的建筑，在设计中偏心距公式可以简化为 $e = 1.67\%h$（其中 h 为偏心距方向的典型平面尺寸），这接近于上海地方性规范关于天然地基、复合地基偏心率 $1.5\%h$ 的规定。

（4）在进行偏心验算的时候，裙房和主楼分开验算是比较合理的。对于裙房和主楼联体结构，或层数相差较多的联体结构，主楼与地下车库一体化的结构，会造成一种现象，哪怕是采用同样一种基础形式，基底的反力差异依然很大，因此基础形心与基底反力的形心差异也很大，已经不可能用基础的形心来替代基底反力的形心，如果勉强计算，必然发现，上部重心与基础形心不可能满足规范的偏心要求。因此可以分开验算，即主楼重心与主楼基础形心验算偏心，裙房重心与裙房基础验算偏心，地下室重心与地下室基础形心验算偏心。

下面以杭州留下商贸大厦项目来具体说明偏心的验算。

该项目为杭州留下商贸大厦基础优化设计项目，为地上七层，地下两层的框架结构，基础拟采用搅拌桩加固的复合地基取代原设计的钻孔灌注桩。

该项目天然地基承载力足够，而且就变形计算而言已经是接近全补偿基础，基本没有附加应力，因此不存在沉降变形的问题，仅需考虑少量的回弹再压缩即可。底板处有部分突出是仅有地下建筑部分，包括自行车车道及地下泵房，平面图如图 14-14 所示。

该结构相当于主裙房联体结构，应当把自行车坡道、地下泵房及地上七层部分分开验算结构的偏心。下面单独验算地上七层部分的偏心（图 14-15）。

$$I_x = 25.8 \times (36.65^3 - 21.65^3)\,\mathrm{m}^4/3 + 28 \times (21.65^3 - 7.25^3)\,\mathrm{m}^4/3 + 73.6 \times (22.75^3 + 7.25^3)\,\mathrm{m}^4/3$$

$$= 725473.5\,\mathrm{m}^4$$

$$W = I_x/36.652\,\mathrm{m} = 19793.5\,\mathrm{m}^3$$

$$0.1W/A = 0.1 \times 19793.5/(73.6 \times 30 + 25.8 \times 15 + 28 \times 14.4)\,\mathrm{m} = 0.66\,\mathrm{m}$$

$e = 399\,\mathrm{mm} < 0.1W/A$，满足规范要求。

$$I_y = 30 \times (42.8^3 + 30.8^3)\,\mathrm{m}^4/3 + 14.4 \times (30.8^3 - 2.8^3)\,\mathrm{m}^4/3 +$$

$$15 \times (29.8^3 - 4^3)\,\mathrm{m}^4/3 = 1348348\,\mathrm{m}^4$$

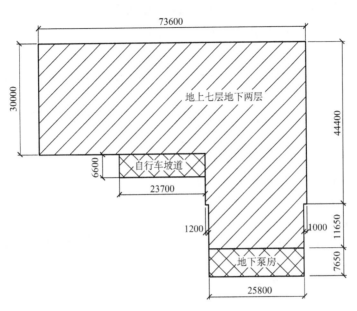

图 14-14　杭州留下商贸大厦地下室平面图

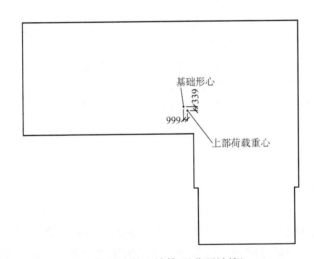

图 14-15　偏心计算 1（分开计算）

$$W = I_y/42.8\text{m} = 31489\text{m}^3$$

$$0.1W/A = 0.1 \times 31489/(73.6 \times 30 + 25.8 \times 15 + 28 \times 14.4)\text{m} = 1.05\text{m}$$

$e = 999\text{mm} < 0.1W/A$，满足规范要求。

以整个建筑进行偏心验算，如图 14-16 所示。

$$I_x = 25.8 \times (39.13^3 - 19.83^3)\text{m}^4/3 + 28 \times (19.83^3 - 12.03^3)\text{m}^4/3 + 51.7 \times (12.03^3 - 5.43^3)\text{m}^4/3 +$$
$$73.6 \times (5.43^3 + 24.57^3)\text{m}^4/3 = 899794.4\text{m}^4$$

$$W = I_x/39.13\text{m} = 22995\text{m}^3$$

$$0.1W/A = 0.1 \times 22995/(73.6 \times 30 + 51.7 \times 6.6 + 28 \times 7.8 + 25.8 \times 19.3)\text{m} = 0.70\text{m}$$

$e = 1483\text{mm} > 0.1W/A$，不满足规范要求。

$I_y = 30 \times (42.96^3 + 30.64^3)\,\mathrm{m}^4/3 + 6.6 \times (21.06^3 + 30.64^3)\,\mathrm{m}^4/3 + 7.8 \times (30.64^3 - 2.64^3)\,\mathrm{m}^4/3 +$

$\qquad 19.23 \times (29.64^3 - 3.84^3)\,\mathrm{m}^4/3 = 1405629.6\,\mathrm{m}^4$

$$W = I_y/42.96\,\mathrm{m} = 32719.5\,\mathrm{m}^3$$

$$0.1W/A = 0.1 \times 32719.5/(73.6 \times 30 + 51.7 \times 6.6 + 28 \times 7.8 + 25.8 \times 19.3)\,\mathrm{m} = 1\,\mathrm{m}$$

$e = 860\,\mathrm{mm} < 0.1W/A$，满足规范要求。

由以上验算结果可知，主裙房分开验算，即把主楼与自行车坡道、水泵房分开验算，该建筑满足规范偏心要求；主裙房一体验算，该建筑不满足规范偏心要求。而主裙房分开验算才是合理的，因此，该建筑采用搅拌桩地基处理满足规范对偏心的要求。

需要指出的是，在 JGJ 3—2010《高层建筑混凝土结构技术规程》中，第 12.1.6 条规定：在地基土比较均匀的条件下，高层建筑主体结构基础底面形心宜与永久作用重力荷载重心重合；当采用桩基础时，桩基的竖向刚度中心宜与高层建筑主体结构永久作用重力荷载重心重合。该条款虽然删除偏心距的

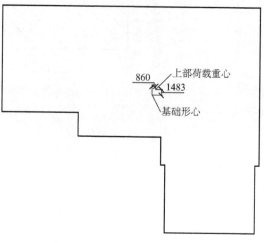

图 14-16 偏心计算 2（不分开计算）

计算公式及要求，但条文说明中强调，并非放松要求，而是实际工程中平面形状复杂时，偏心距及其限值较难以计算。值得注意的是，桩的竖向刚度中心提法显然与一般意义上桩形心并非是同义，桩型不同，则刚度不同，桩应根据不同类型进行区分，因此本节所述的偏心验算原则仍然是适用的。

六、抗浮验算及抗拔桩抗拔验算中的基本概念

随着社会经济的发展，家庭拥有私家车越来越普遍，住宅小区的建设也越来越重视车库的建设来满足需求。综合各种因素，最普遍的车库是在小区景观绿化地带下建造独立式的地下车库，由于是独立式的地下车库，在地下水位比较高的地区上部又没有主楼荷载，需要通过各种方法来解决车库的抗浮问题，最常见的就是采用抗拔桩。下面详细介绍抗浮计算的要点及抗拔桩抗浮验算的几个基本概念。

首先是要明确浮力概念。根据阿基米德定律，浮力定义为物体排开水的重量，也可表述为水中物体上下表面的水压力差。引申到地下车库，浮力就是地下车库底板板底和顶板板顶的压力差（压力为水头压力）。

对于抗浮设计水位低于车库顶板板顶标高的情况，浮力直接取地下车库底板板底标高处的水头压力。对于埋深较大，抗浮设计水位高于车库顶板板顶标高的地下车库，浮力的取法有两种：一是直接取底板板底处的水头压力，这时候顶板板顶的覆土作为有利荷载在水位以下部分应该取饱和重度；另一种取法是浮力取地下车库底板板底和顶板板顶的压力差，这时候顶板板顶的覆土作为有利荷载在水位以下部分应该取浮重度。此处应予以注意的是：仅仅以基础底板板底标高的水压力作为浮力是不准确的。

其次是关于抗浮设计水位的取法，抗浮设计水位是根据地勘部门提供的工程地质勘查报

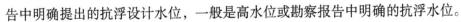

告中明确提出的抗浮设计水位，一般是高水位或勘察报告中明确的抗浮水位。

再次是关于抗浮设计的安全度，根据JGJ 94—2008《建筑桩基技术规范》的规定，按照下式进行验算

$$N_k \leqslant T_{gk}/2 + G_{gp} \tag{14-9}$$

$$N_k \leqslant T_{uk}/2 + G_p \tag{14-10}$$

式中　N_k——按荷载效应标准组合计算的基桩拔力；

T_{gk}——群桩呈整体破坏时基桩的抗拔极限承载力标准值；

T_{uk}——群桩呈非整体破坏时基桩的抗拔极限承载力标准值；

G_{gp}——群桩基础所包围体积的桩土总自重除以总桩数，地下水位以下取浮重度；

G_p——基桩自重，地下水位以下取浮重度。

从规范的要求可以看出，浮力荷载（桩拔力）是采用标准组合，桩抗拔承载力采用特征值，也不再存在局部抗浮及整体抗浮的概念。因此，安全度均可通过抗拔桩承载力安全度来体现，该安全度为2.0，本质上采用的是总安全度法而非基于概率可靠度的极限状态分项系数设计方法，对于浮力是不需要乘以分项系数的。

七、基础筏板内力计算方式与水浮力、土反力关系

在基础筏板的计算中，倒楼盖法是比较简单易行的计算方法，不再赘述。随着结构计算软件的普及，在需要较准确的计算及进行基础优化时，需要采取弹性地基板的计算方式。因此有必要把两种计算模式的差异予以阐明。

当采用弹性地基板方式计算时，重要的计算参数是基床系数，基床系数的范围从淤泥质软土的3000~5000kN/m³到黏性土的20000~100000kN/m³，甚至更高的卵石土、硬质岩基等；水作为一种特殊的基础承载体，能提供浮力，压缩量1m，浮力为10kN，所以可以将水看作极软、压缩量极大的"土"，因而它的基床系数为10kN/m³，它同时不抗剪，泊松比为0.5，因此它具有一定特殊性。

采用弹性地基板计算基础时，地基反力总是不均匀的，有峰值（图14-16），这点完全区别于倒楼盖法中基底反力是均布荷载或者线性荷载，而且反力的不均匀性与基床系数的大小及基础自身的刚度有关，实质是与基床系数与基础的刚度比值有关，这是一个广义刚度比概念。定义广义刚度比为基床系数与底板单宽线刚度比值，该广义刚度比（简称刚度比）与基底反力的均匀性有如下关系：

1）刚度比越大，反力越不均匀，峰值越明显，反力越向上部结构传力点集中（柱子下、剪力墙下），如筏形基础下为硬土或岩基，地基土反力高度集中于上部结构传力点处基底，由于荷载集中于支座，基础底板的内力比较小（图14-17）。

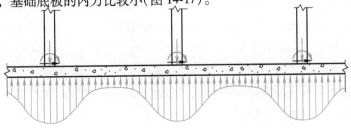

图14-17　弹性地基土反力分布（马鞍形、有峰值）

2）刚度比越小，反力越均匀，峰值不明显，如筏形基础刚度下为淤泥质土，地基土的反力接近均布或直线分布，基础底板的内力比较大（图14-18）。

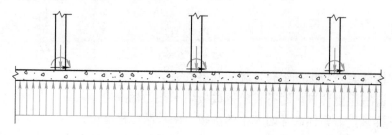

图14-18　水浮力反力分布（或极小刚度比的土）

3）水作为特殊的基底承载体，因前述的特点，不抗剪、基床系数极小，可视为刚度比极小，反力始终是均布荷载，均布荷载的大小为浮力，反力没有峰值，基础底板的内力最大（图14-18）。

因此在设计计算中，应注意以下要点：

1）鉴于反力分布的形态不同，土反力不均匀而水浮力为均布荷载，因此土压力与水浮力在采用弹性地基板计算时应该分别计算，地下室建筑基础底板内力计算时，如果地下抗浮水位较高，底板内力由抗浮工况控制的情况或浮力所占的比重较大时，底板的内力计算可采用倒楼盖计算，底板反力荷载为高水位水头压力减去底板自重，此时若采用弹性地基板方法计算，若按照土的性质输入基床系数且土基床系数较大时，会造成不安全因素，因此采用弹性地基板方法计算，水浮力与土反力需要单独考虑，即土部分为弹性地基板计算，水的部分为倒楼盖均布荷载。

2）图14-17和图14-18中的反力相加后的合力相同，均等于上部结构荷载总值。图14-17中地基土反力是呈马鞍形或峰值分布，反力主要集中在柱底部分，而基础跨中反力较小；图14-18中反力是均匀分布的，在柱底处反力要小于图14-17在柱底处的反力，而在基础跨中处的反力则是要大于图14-17中跨中处的反力。运用结构力学知识进行简单的判断，图14-17中荷载往支座集中，因此可以知道图14-17中的底板内力要小于图14-18中的底板内力。

3）当抗浮工况不是控制工况时，地基净反力是由图14-17和图14-18叠加而成的，即部分上部荷载是由浮力承担，部分荷载是由地基土承担。对于同一个结构，当水浮力承担的上部结构荷载比例越大，则底板中的内力也就越大，因此，底板的内力是由地下水高水位控制的。在采用弹性地基基床系数法计算筏板内力时，应当按照高水位进行计算。在采用相关的软件进行计算时，也要按照最不利的高水位进行计算。

4）采用倒楼盖且地基净反力均匀布置的模型来计算基础底板的内力就相当于上部结构荷载由水浮力全部承担的工况，是底板受力的可能最大工况。因此，在具体的设计当中，结构工程师应该了解计算模式与实际受力情况之间的差别，所有的计算都基于一定的假设，而假设本身会对结构的安全性产生影响。

5）值得注意的是，由于实际情况下底板的反力是不均匀的，按照弹性地基理论计算，恰好体现了这种不均匀，荷载产生的反力向上部荷载力的作用点集中，因此在计算底板冲切时，合理的做法是应该扣除冲切锥范围内的实际反力，而不是扣除平均反力，扣除实际反力之后，冲切力将会小很多，底板厚度也会降低不少，目前有些结构计算软件已经能够做到这一点。在桩筏基础的设计中也存在同样问题，上海中心大厦在计算冲切时也是扣除了冲切锥下弹性桩的实际反力，否则 6.0m 厚度仅采用 C50 混凝土底板抗冲切计算无法通过。

所以，倒楼盖法是较保守的基础计算方法，在沉降变形较小、荷载较均匀时（整体弯曲可忽略），倒楼盖计算方法赋予设计师一种额外的"计算模式安全度"，需要在概念设计时做到心中有数。

八、基础构造尺度不合理的典型案例

上海闸北区某办公楼，建筑面积 5800m²，为六层框架结构带一层地下室，地下室埋深为 5.8m，基本柱网尺寸为 9m×6.6m，原设计采用桩基，经核算后扣除浮力，天然地基承载力足够，改为天然地基加下翻梁的梁-筏形基础，筏板厚度为 600mm，基础梁双向均为 400×1000mm，采用通用结构计算系列软件 PKPM 中的 JCCAD 软件进行基础结构整体分析计算。图样出来后，发现底板配筋较大，达到 $\phi22@130$，基础梁均为构造配筋，而且基础挠度大、造价偏高。

经审核计算书，发现由于基础梁尺度偏小，梁高仅为 1/9 跨度，底板又偏厚，计算结果表明基础底板承担了很大的整体弯曲，类似于无梁楼盖，而基础梁由于刚度偏弱并未起到对板的支承作用，仅承担较小的整体弯曲，受力不明确。为调整整体弯曲在基础梁及底板间的分配，建议将基础梁大跨改为 500×1500mm，小跨改为 400×1100mm，底板厚度改为 400mm，抗渗 S8，修改后底板的受力明显改善，呈基础梁抵抗整体弯曲，而底板仅承受区格地反力呈局部弯曲的形态，底板配筋反而减小为 $\phi16@200$，基础梁配筋增大，但总的造价降低不少。

以上例子说明，基础构造尺寸应按受力明确的原则来确定，不能仅仅依靠电算结果，电算只能给出设计人员指定条件下的计算结果，结果的合理性要靠设计人员判断。值得说明的是，如果在基础埋深不大，反力较小的情况下，采用无梁楼盖也是一种较经济的基础模式，采用下翻梁-筏板体系，考虑板刚度贡献的弹性地基梁板计算方法从计算模式上讲总是合理的。

九、基础设计荷载组合失误

上海古北黄金豪园商住楼项目由杭州某设计院设计，建筑面积 29000m²，楼高 21 层，由顾问方选定 400mm×400mm×35500mm 的桩型，按照 DGJ 08-11—1999《地基基础设计规范》计算单桩承载力设计值为 1550kN，并预估了桩数，但设计图样出来后，桩数为 660 根，较预估多出 40%。经校核计算书，发现其布桩的依据为最大轴力的 N_{max} 组合，桩则采用单桩承载力设计值，设计人员认为用最大轴力组合方安全。而实际上 N_{max} 组合包含了地震力及风荷载等的不利组合，而在地震力的组合下单桩承载力抗震设计值，根据当时的上海规范桩应有 1.3~1.4（桩端桩侧）的提高系数，而风荷载作为偏心荷载，单桩承载力设计值应有 1.2

的提高系数，综合以后单桩的承载力提高系数为 1.5~1.6。若按照现行规范要求，考虑地震力组合，单桩的承载力提高系数为 1.2×1.25 = 1.5（考虑偏心提高系数 1.2 与地震调整系数 1/0.8）。

对该工程采用 1.2 永久荷载+1.4 活荷载或 1.35 永久荷载+0.98 活荷载基本组合布桩，再在地震组合下验算各桩的抗震承载力及风荷载组合下角桩、边桩的偏心承载力，结果表明几乎 95%的桩是由基本组合控制的，实际布桩 465 根，从而节约工程造价 120 万元。当然在刚度极大建（构）筑物（自振周期较小，位于地震反应谱的平台段附近）有可能较多的桩由地震组合控制，对于迎风面较大、高而扁的建筑物，桩基有可能大部分为风荷载组合控制，这也是设计人员应予以高度重视的。

值得说明的是：GB 50068—2018《建筑结构可靠性设计统一标准》的出台，从 2019 年 4 月 1 日起，荷载组合已经调整为 1.3 永久荷载+1.5 活荷载，并取消了永久荷载控制情况下 1.35 永久荷载+0.98 活荷载组合的工况。

十、关于高层建筑带地下室补偿基础设计要点及误区

城市地下空间的开发利用越来越普遍，高层建筑物往往有一到数层的地下室。由于地下室的存在，基础具有大量的空间，免去了大量的回填土，而为建造地下室挖除的土重量比较大，有时甚至能达到所造建筑物的总重量，可以用来补偿上部结构的全部或部分压力，这就是补偿基础。

考虑挖除土的补偿作用，基地附加压力 p_0 公式为

$$p_0 = p - \sigma_c = \frac{N}{A} - \gamma_0 d \tag{14-11}$$

式中　N——作用在基底的荷载；

A——基础底面积；

d——基础的埋深；

γ_0——埋置深度内土的重度的加权平均值；

σ_c——基础底面处土的自重应力。

若作用在基础底面的附加压力 p_0 小于零，这样的基础称为超补偿基础；若作用在基础底面的附加压力 p_0 等于零，这样的基础称为全补偿基础；若附加压力 p_0 大于零，则称为部分补偿基础。

对于基础位于地下水位以下的，若扣除的土采用浮重度的，则相应基础位于地下水位以下部分自重应该扣除水浮力；若扣除的土采用饱和重度的，则相应基础位于地下水位以下部分自重不需扣除水浮力。

下面讲述补偿基础对地基承载力及基础沉降计算的影响。

在地基承载力方面，采用天然地基的补偿基础，地基承载力的深度修正提高可以理解为在承载力方面考虑了土的补偿。而对于纯桩基础承载验算时，就不能考虑土的补偿作用。

上海浦东民生路张杨路生安花园 18 层高层住宅，带一层 4.5m 深地下室，采用桩筏基础，400mm×400mm×32000mm 预制桩，设计图样出来后，发现总桩数比预估的桩数少 10%左右。经核对计算书，发现设计人员在布桩时，荷载设计值计算到了桩基顶标高处，但除了

扣除了地下室的浮力外，还扣除了地下室内空体积大小土体的浮重度作为补偿。这里存在一个概念错误，造成了设计的错误，对于纯桩基础，桩基的承载力设计值本来就是通过计算或试桩结果确定是该标高的设计值，还哪里来的补偿呢？但应注意，浮力是绝对应该扣除的。

考虑土的补偿作用，还有一个主要作用是可以减少基础的沉降。根据土力学及相关理论，建筑物的沉降是与建筑物基底处附加压力相关的，因此，考虑了土的补偿作用，减少了基底附加压力，就可以减少建筑物沉降，这一点对于天然地基、复合地基、桩基均应予以考虑。

因此，关于土的补偿作用，得出以下两个设计建议：

1）对于天然地基或复合地基，承载力及沉降计算均需考虑地下室的补偿作用，承载力验算通过天然地基承载力的深度宽度修正来体现，沉降计算通过附加应力的减少来体现。

2）桩基础的承载力验算不存在地下室下桩基承载力的补偿效应，桩基础的沉降计算必须考虑补偿作用。

应予特别注意的是：JGJ 94—2008《建筑桩基技术规范》第 5.5.14 条规定，对于单桩、疏桩、单排桩基础，且深度超过 5m 时，计算沉降可以不考虑补偿作用，而将荷载效应准永久组合下的总荷载作为考虑回弹再压缩的等代附加荷载，但这是一种近似计算的考虑。这就意味着：5m 埋深以下的桩基础，沉降计算均应考虑补偿作用；埋深 5m 以上，要分情况，群桩（规范描述为：桩中心距不大于 6 倍桩径的桩基）沉降计算要考虑补偿作用，而疏桩（规范描述为：单桩、疏桩、单排桩基础）沉降计算不考虑补偿作用。

十一、梁板式基础构造误区

在不少下翻梁-筏基础的施工现场，有时可以发现一个有趣的现象，不但施工人员将底板的上皮钢筋置于梁的上皮钢筋之下，甚至在设计人员的图样上也有此注明，如图 14-19 所示。这是因为不少设计及施工人员都持这样一个似是而非的观点：底板的受力是倒楼盖，需要将底板上皮钢筋置于基础梁上皮钢筋之下，以确保底板将所受到的水土反力传到基础梁上来。而事实上是，底板的配筋是用于抗弯（抗拉）的，其本身并不抗剪，底板所受的水土反力是通过底板混凝土的抗剪力将其传至基础梁的，因而底板的上皮钢筋应置于基础梁钢筋之上，这样才能保证底板钢筋的保护层不致过厚而影响其抗弯及抗裂能力，虽然图 14-18 中显示钢筋弯入基础梁钢筋下，但由于底板钢筋一般较粗难弯曲，几乎所有的钢筋实际放置均如图 14-19 所示的"现场情况"，显然，合理的做法应按图 14-20 所示进行，并且其锚固长度可根据计算模式的不同，按照简支锚固长度确定（不考虑弯矩即不封边的构造做法）。

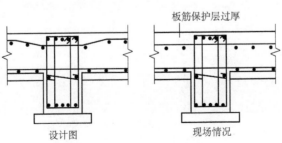

图 14-19　基础钢筋构造一

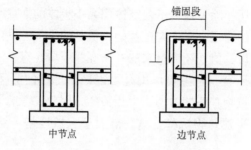

中节点　　　　　　　边节点

图 14-20　基础钢筋构造二

思 考 题

1. 高层建筑基础工程为什么要特别强调概念设计？
2. 简述高层建筑基础桩基选型的基本原则。
3. 简述高层建筑基础大体积混凝土施工时应注意的问题。
4. 如何理解偏心荷载作用下高层建筑基础桩顶效应的计算方法？

第十五章

高层建筑无梁楼盖
地下车库设计

【内容提要】 目前大量高层建筑的出现，使得停车矛盾逐步凸显，高层建筑意味着高容积率，停车配比也在提高，与高层建筑配套的地下车库设计也成为配套设计的重点，超长地下车库较为常见。近年来为节约综合建造成本及降低地下室开挖深度，地下车库大量采用了无梁楼盖结构体系，而工程师对这一结构体系不够熟悉，导致在采用的过程中由于种种原因出现不少事故，因此有必要针对这一情况对该结构体系的设计要点进行重点介绍，供大家参考，以推进该体系在实际工程中的合理应用。

■ 第一节　楼盖体系的分类及受力特点

一、楼盖体系的分类

楼盖体系作为结构体系中最重要的分体系之一，起到了将竖向力传递到承重构件、将地震力分配到抗侧力构件的重要作用。楼盖主要以弯矩、剪力内力形式将承担的竖向荷载传递到承重构件，如柱子、剪力墙等。因楼盖体系起到的水平地震力传递作用可通过构造厚度来确保平面内足够刚度得到解决，而合理的竖向承重楼盖体系对建筑的层高、造价、舒适性都有比较大的影响，故这里将结合抗震的一般规定，对高层建筑地下室竖向承重进行重点研究。

楼盖体系一般分为梁板体系（图15-1）、无梁楼盖体系（图15-2）。梁板体系又可细分为：大梁大板体系（图15-1a）、主次梁楼盖体系（图15-1b）、密肋楼盖体系；无梁楼盖体系也可细分为柱平板体系、柱托板体系、柱锥形柱帽体系、柱重型柱帽体系（重型柱帽一般指锥形柱帽结合平托板的组合柱帽形式，一般用于受力比较大的情形）。

如果再增加预应力则就成为预应力楼盖体系，预应力可以增加在梁、板里面，对楼盖体系的适应跨度和抗裂起到了加强作用，也得到了广泛应用，这不是本章讨论的重点。

二、楼盖体系的受力特点

对于结构的分析，最根本的切入点应该是从基本的受力原理进行分析，弄清楚了基本的受力原理，才能更好地对结构进行理解、分析及运用。水平楼盖体系一般是由柱支承的。对于剪力墙结构，有部分水平楼盖是由剪力墙支承的，而剪力墙其实也就相当于柱支承楼盖体系中的深梁，与有梁水平楼盖体系受力原理相同。因此，下面的分析都是基于柱支承板的分析。

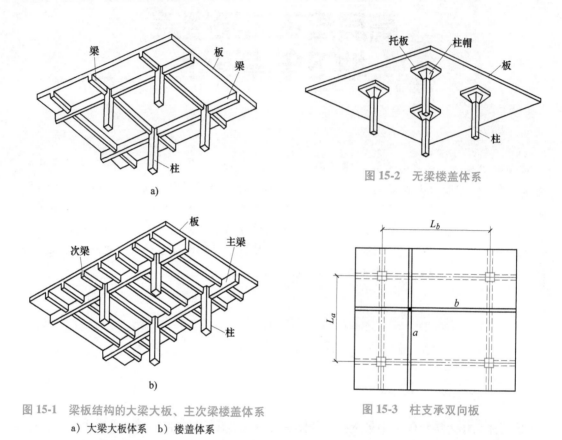

图 15-2　无梁楼盖体系

图 15-1　梁板结构的大梁大板、主次梁楼盖体系
a）大梁大板体系　b）楼盖体系

图 15-3　柱支承双向板

柱支承双向梁板楼盖体系上作用均布荷载 q，则对于板上的任意一个单元，如图 15-3 所示，板上荷载由两个方向的板共同承担，假设短向板带 a 承担的比例为 k，则长向板带 b 承担的部分为 $1-k$，长向板带 b 承担 $1-k$ 部分的荷载传给短向的梁，因此，短向的梁和板总共承担 100% 的楼面荷载，同理可得长向的梁板也承担 100% 的楼面荷载。**值得注意的是：纵横两个方向每个方向都承担 100% 的楼面作用荷载。**相应的荷载产生了对应方向的梁板内力也是 100%，由此形成了对应方向上总弯矩的概念。实际上对于相应方向的总剪力也是 100%。

现常用的双向板楼盖体系的分析方法是假定板的导荷是按照梯形三角形的导荷方式，如图 15-4 所示，纵横两个方向的梁承担了 100% 的楼面荷载，而另外 100% 的楼面荷载由板承担。

三、柱支承无梁楼盖体系

对于柱支承无梁楼盖体系，如图 15-5 所示，其上作用均布荷载 q 短向方向的总弯矩为

$$M = \frac{1}{8}ql_b l_a^2$$

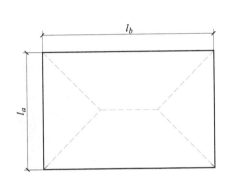

图 15-4　双向板导荷

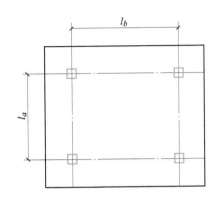

图 15-5　柱支承无梁楼盖体系示意

总弯矩由柱上板带及跨中板带共同承担。

长向方向的总弯矩为

$$M = \frac{1}{8}ql_a l_b^2$$

总弯矩仍然由柱上板带及跨中板带共同承担。

因此，柱支承无梁楼盖体系，纵横两个方向每个方向都承担 100% 的楼面作用荷载。

综上分析，由柱支撑的水平楼盖体系，每个方向的梁板要共同承担 100% 的楼面作用荷载。而梁由于内力臂较大，不考虑其他构造上的因素，则有梁的楼盖比无梁的楼盖要经济，梁肋多的比梁肋少的经济。但对于高层建筑地下车库的顶板来说，由于构造厚度的规定、层高对造价的影响、人工及模板耗量的区别，则无梁楼盖的经济价值就得到了体现，后续将进行进一步的分析。

■ 第二节　无梁楼盖的设计及构造要点

无梁楼盖早在 1906 年始创于美国，因为它带有柱帽，当时又称蕈（菌）形楼盖，曾出现过不少配筋形式，有双向配筋、四向配筋及环向配筋等，在理论方面及试验方面都做了大量工作，国内外建造很多，是一种成熟的结构形式。图 15-6 所示是加拿大多伦多正在施工的一处带悬臂跨的无梁楼盖。

国内无梁楼盖的出现也不晚，约在 1925 年以前就有大量的无梁楼盖结构体系出现在上海、广东等沿海地区，尤其在上海虹口地区也出现大量仓库、办公采用了这种结构体系，如世博水门老建筑群，又如建于 1933 年的虹口原上海工部局宰牲场（图 15-7），目前成为创意园区的 1933 老场坊。

图 15-6　加拿大多伦多正在建造的
无梁楼盖工地（2018 年）

图 15-7　虹口区 1933 老场坊
（原工部局宰牲场）

上海联境建筑在上海五角场商业中心接手优化已经完成设计的创智汇 3 号楼办公建筑（图 15-8），为老建筑改造的新建部分（仅利用老建筑基础），建筑面积 2.05 万 m^2，经设计与建设方协商决定采用板柱剪力墙结构，由于板柱剪力墙体系在层高控制方面的显著优势，在限高 24m 条件下比原预定 6 层方案增加了一层，因楼板荷载不大，项目采用锥形柱帽，上部结构用钢量仅 34.6kg/m^2，结合利用原厂房基础做了锚杆静压桩复合桩基技术，工程造价相比较原设计共节约了 1200 多万元，已经成为上海五角场地区创意办公地标建筑。

图 15-8　杨浦区五角场创智汇 3 号楼

在高层建筑地下室结构的设计中，无梁楼盖的应用也很多，尤其是停车库项目，独立停车库顶板及高层建筑嵌固端楼盖（"相关范围"以外），建设方大多乐于采用这种经济美观的结构体系。图 15-9 所示为同济大学设计院设计的同济大学四平路校区大型独立式两层地下车库，建筑面积达 3 万 m^2，由于车库顶面为运动场，荷载不大，采用了无柱帽无梁楼盖，图 15-10 所示为上海联境建筑设计的凯德置地昆山都会新峰园大型地下两层地下车库，建筑面积达 6.8 万 m^2，覆土 1.2m，同时考虑消防车荷载，采用了重型柱帽（托板加锥形柱帽）。

无梁楼盖的大量应用是在第二次世界大战之后，主要用于高层公寓建筑。学者们在 20 世纪 60 年代后期曾做了不少这种楼盖的试验研究，60 年代后期至 70 年代前期学者们又对板的抗冲切受剪进行了深入的试验研究，所有这些成果最终都体现在美国混凝土学会（ACI）77 年的规范之中。

鉴于无梁楼盖的设计计算方法的教材、参考资料已经很多，在本节仅做简单介绍，主要对容易发生的漏算、错算进行论述。

图 15-9　同济大学地下停车库　　　　图 15-10　凯德置地昆山都会新峰园地下停车库

一、无梁楼盖的柱帽形式及抗冲切计算

地下车库无梁楼盖主要是顶板无梁楼盖、底板无梁楼盖，具体构造通常分为柱帽构造、配筋构造。

如图 15-11 所示，无梁楼盖的柱帽主要是对受力大的柱与板交界处起到加强的作用，提高其抗冲切受剪能力，也提高此处的计算高度 h_0，加强抗弯能力。无梁楼盖的柱帽形式主要分为五种：

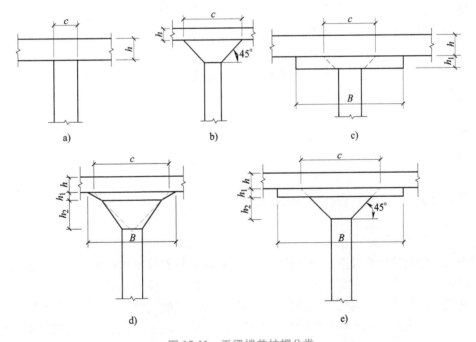

图 15-11　无梁楼盖柱帽分类

a）无柱帽　b）锥形柱帽　c）托板柱帽　d）折线形柱帽　e）复合柱帽、重型柱帽

（1）无柱帽，一般应用于跨度较小、荷载不大的情况下，抗弯抗冲切比较容易满足，比较美观，但是经济性较差。

（2）锥形柱帽，主要适用于跨度较小、荷载不大的情况，需要适当提高板抗冲切能力。

（3）托板柱帽，主要适用于荷载不大、有一定跨度的情况，除了适当提高板抗冲切能力外，主要提高板的抗弯能力，还可以降低板负弯矩钢筋用量。

（4）折线形柱帽，主要适用于跨度不大，但荷载较大、需要大幅提高板抗冲切能力的情况。

（5）复合柱帽、重型柱帽，主要适用于跨度、荷载均较大，既要大幅度提高抗冲切能力，又要加强板的抗弯能力降低负弯矩钢筋用量的情况。

柱帽的尺寸原则上是需要计算确定，需要满足板的抗冲切（包括变阶处的冲切），同时又不至于配筋过大。对于高层建筑地下车库，考虑到荷载的大小及施工方便，常用复合重型柱帽形式，即带托板锥形柱帽，下面对无梁楼盖的分析也主要基于该柱帽形式。

c—柱帽的计算宽度（有效宽度），也即柱帽部分刚性体的宽度，一般为 $(0.2\sim0.3)\,l$，合理值为 $0.22l$（l 为相应方向的柱网尺寸）h—无梁楼盖板厚　h_1—托板的厚度，一般取为 h 厚度的一半　h_2—台锥形柱帽的厚度　B—托板的宽度，$\geq0.35l$，对于中级荷载，经济合理的尺寸为 $0.35l$。

说明：一般情况下 h_2 的厚度可取与柱宽相同，但一般不大于 600mm，则柱帽的计算宽度为 $(0.2\sim0.3)\,l$。

柱帽尺寸大体上是由抗冲切验算决定的，如图15-12所示，抗冲切验算包括两个方面：台锥体部分的抗冲切验算，即台锥体对（托板+顶板）的抗冲切验算；托板部分的抗冲切验算，即托板对顶板变阶处的抗冲切验算。一般当无梁楼盖的板厚及托板，台锥体部分的尺寸满足上述构造要求时，大部分情况下将满足抗冲切验算要求，一般情况下托板变阶处的抗冲切验算起控制作用。

限于篇幅，请读者自行参考 GB 50010—2010《混凝土结构设计规范》（2015 年版）第 6.5.1 条关于板的抗冲切验算，按照第 6.5.6 条及附录 F 进行不平衡弯矩导致等效集中反力设计值抗冲切的补充验算。

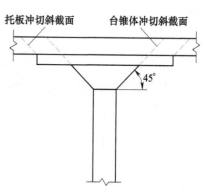

图 15-12　无梁楼盖抗冲切验算简图

二、无梁楼盖的抗弯计算理论

对于无梁楼盖的计算理论，内力计算中分为弯曲计算和抗冲切验算，由于一般楼板抗剪能力比较强，大部分情况下都能满足，无梁楼盖中往往进行柱边及变阶处抗冲切验算并将其作为控制工况。注意：单向抗剪称为抗剪，四周围域封闭的抗剪称为冲切，考虑冲切四周的剪应力不均匀，实践及规范均考虑冲切为不利工况，故实践及计算中单向抗剪均不作为控制工况。

1. 弯矩的经验系数法

在数值计算发达的当下，经验系数法仍然有着很强的生命力，对结构设计有很大作用。

弯矩系数法一般可用来直接进行设计，也可校核电算结果的可靠性，一般按照标准跨，对于极不规则的部分则建议补充电算或者以大跨进行包络设计为主。

x、y 两个方向的总弯矩分别为

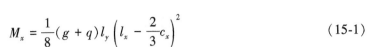

$$M_x = \frac{1}{8}(g + q)l_y\left(l_x - \frac{2}{3}c_x\right)^2 \tag{15-1}$$

$$M_y = \frac{1}{8}(g + q)l_x\left(l_y - \frac{2}{3}c_y\right)^2 \tag{15-2}$$

式中　g、q——板面永久荷载及活荷载设计值；

　　　　l_x、l_y——沿纵、横两个方向的柱网轴线尺寸；

　　　　c_x、c_y——柱帽纵、横两个方向的计算宽度。

计算式中柱帽计算宽度的折减系数为 2/3，是考虑其对减小跨度的有利作用，即考虑支承反力的分布为三角形，反力形心位于 2/3 处，如图 15-13 所示。

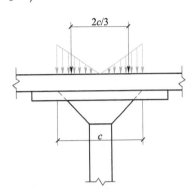

图 15-13　柱帽刚域对减小跨度的有利作用

计算出总弯矩以后，还需要将总弯矩在无梁楼盖的各个部位进行分配，因此根据刚度分配的差异，定义了无梁楼盖的柱上板带和跨中板带。弯矩计算系数见表 15-1。

表 15-1　无梁楼盖双向板的弯矩计算系数

截面	边跨			内跨	
	边支座	跨中	内支座	跨中	支座
柱上板带	-0.48	0.22	-0.50	0.18	-0.50
跨中板带	-0.05	0.18	-0.17	0.15	-0.17

由表 15-1 可知：

（1）总弯矩为 1.0。

对于边跨　（0.48+0.5）÷2+0.22+（0.05+0.17）÷2+0.18=1.0

对于内跨　0.18+0.5+0.15+0.17=1.0

（2）对于内跨，柱上板带分配了总弯矩的 68%，跨中板带分配了 32%，说明内力（弯矩）集中于刚度大的板带。截面是刚度的一种变现形式，而楼板厚度相同，则支承也是刚度的另一种形式，柱上板带因为传力直接与柱连接，形成较大刚度，分配了 2/3 以上的总弯矩。

（3）对于负弯矩而言，同样由于刚度分配原因，标准跨内跨柱上板带占 75%（0.5），跨中板带占 25%（0.17），柱上板带的负弯矩占总负弯矩的一半，同时该部分板厚由于柱帽的存在而变大，增加了该部分配筋计算的 h_0，因此基本符合等强度设计原理，使得无梁楼盖有较好的经济指标。

鉴于经验系数法是固定的分配系数，因此对于板带之间的相对刚度、板跨有一定的限制，因此，《建筑结构静力计算手册》（中国建筑工业出版社）及 GB/T 50130—2018《混凝土升板结构技术标准》等做出了以下规定，采用无梁楼盖的经验计算方法（弯矩系数法）进行计算，需满足下述条件：

1）每个方向至少有三个连续跨。

2）任一区格板的长跨与短跨的比值不大于 1.5。

3）同方向相邻跨度的差值不超过较长跨度的 1/3。

4）可变荷载与永久荷载设计值之比不大于 1/3。

对以上规定，采用经验系数法时应该严格予以遵守。当不满足以上条件时，建议采用电算予以补充验算，或者按最不利荷载进行组合及包络设计。

2. 弯矩的数值计算法

目前通常采用的数值计算方法为有限元法，一般分为薄板，如克希霍夫（Kirchihoff）薄板理论，也有中厚板，如明德林（Mindlin）中厚板理论，两者之间的区别仅在于是否考虑板单元中的剪切变形。一般而言，由于是否考虑剪切变形，使得厚板与薄板的位移解有一定的差异，内力解还是相当一致。

克希霍夫薄板理论有以下三个假定：

1）薄板变形前的中面法线在变形后仍为弹性曲面的法线。

2）板弯曲时中面不产生应变，即中面是中性面。

3）忽略板厚度的微小变化，忽略垂直应力梯度对变形的影响。

计算软件通常有：ANSYS、SAP 系列、ETABS 内嵌的 SAFE、国内的 YJK、佳构 STRAT、PKPM 内嵌 SLAB 等。下面简单结合 PKPM-SLAB 做简要说明。无梁楼盖电算方法的基本步骤：

1）PMCAD 建模时在柱网处布置 100mm×100mm 的虚梁。

2）SATWE 前处理把楼板定义为弹性楼板 6。

3）SATWE 计算框架柱配筋。

4）SLABCAD 计算楼面板配筋。无梁楼盖 SLABCAD 电算的结果与经验系数法基本接近、总体弯矩一致。

三、无梁楼盖的配筋构造

1. 框架柱的确定及柱顶、柱帽构造

（1）无梁楼盖中间标准跨的框架柱一般是构造配筋，因此截面不宜过大，截面越大配筋越大。框架柱的截面由轴压比控制，注意当采用 PKPM-SATWE 计算框架柱轴压比时应该按照现行《建筑结构荷载规范》的规定进行折减，多数情况下该处需要手动调整，程序不一定能完全计算准确。

（2）对于左右不等跨或是距边第二跨的柱子，以及左右两侧荷载不均匀而柱子承担部分不平衡弯矩的情况，柱子的配筋可能较大，此时可以根据计算进行配筋，也可以在柱顶按照铰接考虑，使得框架柱不承受支座处的不平衡弯矩，而由左右两侧的板带弯矩自平衡，因此计算时就需要把柱顶设置为铰接。柱顶铰接的构造图如图 15-14 所示。

（3）柱帽配筋构造。带托板柱帽的配筋构造包括两个方面：托板及台锥形部分，托板部分一般配置直径 8~10mm，间距 100~150mm 的双向钢筋；台锥形部分是否需要配筋不同参考资料多有分歧，如《全国民用建筑工程设计技术措施（2003）结构（混凝土结构）》对该部分不配筋，因台锥形部分属于刚性受压区范围，可以不配筋，而《混凝土结构施工图平面整体表示方法制图规则和构造详图（现浇混凝土框架、剪力墙、梁板)》（16G101-1）中对板柱节点则有配筋要求，对该部分进行配筋是基于抗震的考虑。对于工程设计，用于抗震设计的台锥形部分需要配筋，非抗震时该部分可以不配筋，纯地下车库可以不配筋。但建议该部分配筋，主要是该部分配筋较小，同时能增加受压混凝土的受力性能。柱帽配筋构造如图 15-15 所示。

图 15-14　柱顶铰接构造

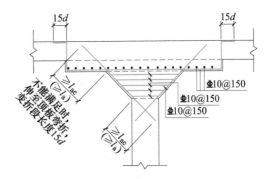

图 15-15　柱帽配筋构造

2. 顶板厚度

顶板的板厚主要是根据荷载的大小及经济配筋率的原则进行板厚选型，下面将给出常见地下车库大柱网、小柱网三种荷载标准值下（其中永久荷载为除板厚自重的附加永久荷载）的较经济的顶板板厚，设计时可以参考表 15-2 进行适当增减。

表 15-2　通常地下车库顶板无梁楼盖常用板厚　　　　　　　　　（单位：mm）

适用跨度/m	荷载标准值/(kN/m²)					
	永久荷载 11.8	活荷载 5	永久荷载 22.6	活荷载 5	永久荷载 33.4	活荷载 5
7.7~8.4	300		350		400	
4.9~6.2	250		250~280		300~320	

注：以上荷载分别对应 0.6m、1.2m、1.8m 覆土。

3. 抗弯配筋计算

对于柱上板带的跨中部分、跨中板带的支座部分及跨中部分的配筋，按照板带梁的概念进行配筋，梁宽为板带宽度，也即 1/2 相应计算方向柱网的尺寸，梁高为板厚，设计弯矩值可以按照经验系数法里面的板带相应部分总弯矩，如果采用 SLABCAD 的电算结果，严格意义上应该采用相应断面的弯矩积分值，一般实际应用就采用计算点的加权平均值，如图 15-16所示。

计算机自动划分的网格线有时间距不均匀，但只要差别不大，这种差别可以忽略，认为网格间距基本相等，这一般也可以满足工程的精度要求。以柱上板带的跨中部分为例，柱上板带为图中虚线框所示，这时候柱上板带跨中部分的总弯矩可以通过简单的加权平均得到，即

$$\left[\left(\frac{75.14}{2} + 81.74 + 85.73 + 81.79 + \frac{75.20}{2}\right) \div 4\right](kN \cdot m)/m = 81.12(kN \cdot m)/m$$

将上式结果乘以板带的宽度可以得出柱上板带跨中部分的总弯矩，再根据矩形截面的算法计算配筋。

柱上板带支座部分的总弯矩值取值比较困难，因此，柱上板带总弯矩最好能结合经验系

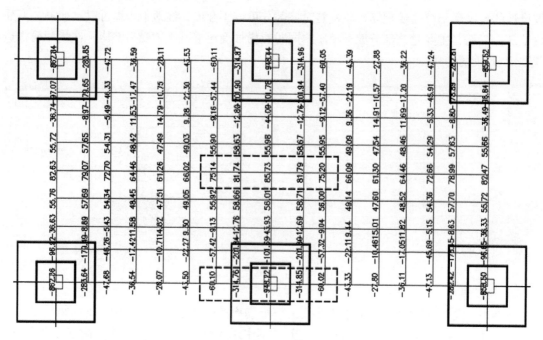

图 15-16 PKPM-SLAB 软件计算的弯矩（x 方向）

数法确定。柱上板带范围截面高度一般包括三个部分，即纯顶板板厚部分、顶板加上托板板厚部分、顶板加上托板加上台锥形部分，如图 15-17 所示。图中，柱上板带的配筋一致，如果 B 点的截面高度及配筋能抵抗该点的弯矩，则 BC 段的材料抵抗图也基本可以包住弯矩图，C 点至柱中心线的部分由于内力臂很大，所以配筋都能满足，则图 15-17 柱上板带弯矩可以简化为图 15-18。

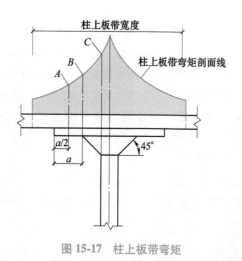

图 15-17 柱上板带弯矩

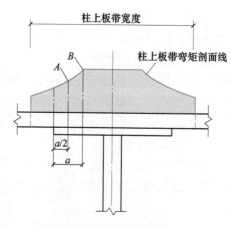

图 15-18 柱上板带弯矩简化

从图 15-18 可以看出，基本上 A 点的弯矩图就能代表柱上板带的弯矩平均值，A 点的弯矩值乘以柱上板带的宽度就可以得到柱上板带支座的总弯矩，该总弯矩和采用经验系数法得出的柱上板带支座的总弯矩基本一致。

A 点的弯矩乘以柱上板带宽度则为柱上板带总弯矩。柱上板带支座弯矩的受力截面如图 15-19 所示，该截面为倒 T 形梁，受拉钢筋配置在顶面，即倒 T 形梁的翼缘处，一般情况下，该截面的受压区高度小于腹板的净高 h_1，因此，可以直接采用截面宽度为 B、高度为 $(h+h_1)$ 的矩形截面进

图 15-19　柱上板带配筋计算的倒 T 形截面

行计算，计算得出的总配筋均匀布置在柱上板带宽度范围内即可。

4. 抗弯配筋构造

首先讨论板带配筋。由于柱上板带配筋一般较大，通常采用通长钢筋+附加钢筋的配筋方式，一般通长钢筋与附加钢筋配的量相等或接近，附加钢筋的截断点是关键，合理的钢筋截断点是根据弯矩包络图和抵抗弯矩图（材料图）来确定的。

柱上板带支座处附加钢筋的切断点，根据 GB 50010—2010《混凝土结构设计规范》（2015 年版）第 9.2.3 条，对于板带受力构件，剪力一般都较小，不会配附加横向钢筋来辅助抗剪，所以一般情况下剪力 V 均小于 $0.7f_tbh_0$，当钢筋必须切断时，应延伸至按正截面受弯承载力计算不需要该钢筋截面以外不小于 $20d$ 处截断，且从该钢筋强度充分利用截面伸出的长度不小于 $1.2l_a$。因此，首先应先确定附加钢筋的不需要点，为了确定钢筋的不需要点，先要确定柱上板带的反弯点。根据无梁楼盖弯矩系数法的内跨弯矩系数，柱上板带支座弯矩系数为 -0.50，跨中弯矩系数为 0.18。根据材料力学，简支梁的截面弯矩方程为

$$M(x) = -\frac{qx^2}{2} + \frac{qlx}{2} \qquad (15\text{-}3)$$

对于受均布荷载且两端支座弯矩相同的梁，截面的弯矩方程为

$$M(x) = -\frac{qx^2}{2} + \frac{qlx}{2} + C \qquad (15\text{-}4)$$

式中 C——两端支座弯矩。

无梁楼盖总弯矩示意如图 15-20 所示。

根据图 15-20，无梁楼盖柱上板带的弯矩方程为

$$M(x) = -\frac{qx^2}{2} + \frac{qlx}{2} - \frac{0.5ql^2}{8 \times 0.68} \qquad (15\text{-}5)$$

令 $M(x)=0$，即可以求得柱上板带的反弯点位置，为 $0.24l$。

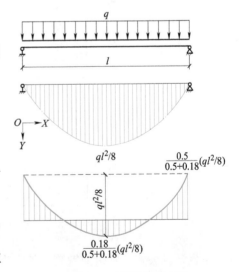

图 15-20　无梁楼盖总弯矩

通过反弯点，可以确定柱上板带附加钢筋的不需要点，如图 15-21 所示。

图 15-21 中支座处按照通长钢筋及附加钢筋各抵抗一半的弯矩，由图可以得到附加钢筋的长度为 $0.12l+20d$。同时，根据上面计算的附加钢筋长度宜大于托板宽度 B。由于支座处弯矩的二次变化简化为线性变化，使计算的结果偏于安全。

工程应用举例如图 15-22 所示。

柱上板带支座处采用通长钢筋与附加钢筋结合的形式，同时附加钢筋与通长钢筋面积一

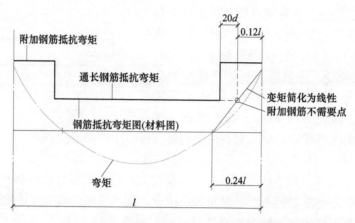

图 15-21 无梁楼盖弯矩图-抵抗弯矩（材料）

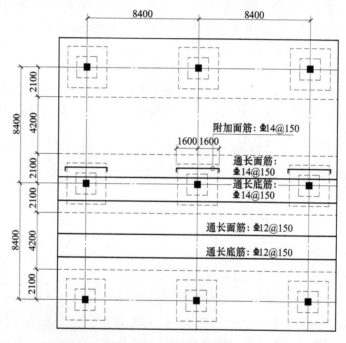

图 15-22 无梁楼盖配筋

致，根据计算公式，则附加钢筋的长度为

$$2 \times (0.12 \times 8400 + 20 \times 14) \text{mm} = 2576 \text{mm}$$

考虑到托板的宽度为3000mm，附加钢筋长度比托板稍长，取3200mm。

■ 第三节　地下车库楼盖体系价值工程分析

地下车库常用的楼盖体系，主要有十字梁楼盖体系、井字梁楼盖体系、大板+主梁楼盖体系、无梁楼盖体系。

一、地下车库概况

1. 车库顶板的计算数据

参数：柱网尺寸为8400mm×8400mm，附加永久荷载考虑0.6m、1.2m、1.8m三种覆土厚度，同时考虑板底抹灰及管线荷载为1kN/m²，附加永久荷载分别为11.8kN/m²、22.6kN/m²、33.4kN/m²，活荷载统一考虑为5kN/m²。控制标准：保护层，板顶50mm，板底15mm；裂缝控制标准为0.2mm。

2. 造价基础数据

混凝土综合单价：考虑2019年6~9月份C30级混凝土市场价格约为420元/m³，振捣费、支模人工费为50元/m³，综合费率取15%（含税收、利润、管理费、保险等规费），则混凝土的综合单价为（420+50）×1.15元/m³=540.5元/m³。

钢筋综合单价确定，考虑2019年6~9月份螺纹钢市场价格约为4300元/t，绑扎费按照600元/t计算，综合费率取15%（含税收、利润、管理费、保险等规费），则钢筋的综合单价为（4300+600）×1.15元/t=5635元/t。钢筋搭接锚固搭接损耗考虑为8%（2%法定损耗，搭接保守估计按照6%），建材价格虽然在不同时期有所变化，但相对关系基本保持一致。

二、三种荷载模式下四种楼盖体系的对比

第一种荷载作用下无梁楼盖对比（0.6m覆土）见表15-3~表15-5。

表15-3　构件截面尺寸

楼盖体系	主梁/mm×mm	次梁/mm×mm	板厚/mm	托板/mm×mm	柱帽/mm	混凝土用量/(m³/m²)
大梁大板1	350×750	—	300	—		0.3375
十字梁1	350×750	250×600	250	—		0.3125
井字梁1	350×750	250×550	250	—		0.3274
无梁楼盖1	—	—	300	3000×150	550	0.3270

注：表中托板尺寸为"平面边长×厚度"，柱帽尺寸为台锥形柱帽45°放坡的"边长"。

表15-4　用钢量　　　　　　　　　　　　　　（单位：kg）

楼盖体系	主梁		次梁		板	托板	用钢量/(kg/m²)
	纵筋	箍筋	纵筋	箍筋			
大梁大板1	1023.2	167.7	—	—	2015.5	—	45.4
十字梁1	1231.1	167.7	498.8	67.5	1160.9	—	44.3
井字梁1	1018.3	167.7	767.6	84.7	1160.9	—	45.3
无梁楼盖1	—	—	—	—	1797.7	93.8	26.8

表 15-5　经济指标对比

楼盖体系	混凝土用量/(m³/m²)	混凝土造价/(元/m²)	用钢量/(kg/m²)	用钢造价/(元/m²)	总造价/(元/m²)
大梁大板 1	0.3375	182.4	45.4×1.08	318.7	458.7
十字梁 1	0.3125	168.9	44.3×1.08	311.0	438.5
井字梁 1	0.3274	177.0	45.3×1.08	318.0	452.6
无梁楼盖 1	0.3270	176.7	26.8×1.08	188.1	339.8

第二种荷载作用下无梁楼盖对比（覆土 1.2m）见表 15-6~表 15-8。

表 15-6　构件截面尺寸

楼盖体系	主梁/mm×mm	次梁/mm×mm	板厚/mm	托板/mm×mm	柱帽/mm	混凝土用量/(m³/m²)
大梁大板 2	400×800	—	350	—		0.3929
十字梁 2	400×800	300×700	250	—		0.3345
井字梁 2	400×800	250×650	250	—		0.3500
无梁楼盖 2	—	—	350	3000×200	600	0.3858

注：表中托板尺寸为"平面边长×厚度"，柱帽尺寸为台锥形柱帽45°放坡的"边长"。

表 15-7　用钢量　　　　　　　　　　　　　　　　　　　（单位：kg）

楼盖体系	主梁		次梁		板	托板	用钢量/(kg/m²)
	纵筋	箍筋	纵筋	箍筋			
大梁大板 2	1411.3	290.7	—	—	2586.6	—	60.8
十字梁 2	1603.9	290.7	582.1	130	1306.1	—	55.5
井字梁 2	1277	290.7	896.3	129	1160.9	—	53.2
无梁楼盖 2	—	—	—	—	2049.9	98.7	30.5

表 15-8　经济指标对比

楼盖体系	混凝土用量/(m³/m²)	混凝土造价/(元/m²)	用钢量/(kg/m²)	用钢造价/(元/m²)	总造价/(元/m²)
大梁大板 2	0.3929	212.4	60.8×1.08	426.8	582.4
十字梁 2	0.3345	180.8	55.5×1.08	389.6	518.6
井字梁 2	0.3500	189.2	53.2×1.08	373.5	512.9
无梁楼盖 2	0.3858	208.5	30.5×1.08	214.1	394.1

第三种荷载作用下无梁楼盖对比（覆土 1.8m）见表 15-9~表 15-11。

表 15-9　构件截面尺寸

楼盖体系	主梁/mm×mm	次梁/mm×mm	板厚/mm	托板/mm×mm	柱帽/mm	混凝土用量/(m³/m²)
大梁大板 3	450×900	—	400	—		0.4536
十字梁 3	450×900	300×750	250	—		0.3554
井字梁 3	450×900	300×700	250	—		0.3839
无梁楼盖 3	—	—	400	3000×200	650	0.4385

注：表中托板尺寸为"平面边长×厚度"，柱帽尺寸为台锥形柱帽45°放坡的"直角边长度"

表 15-10　用钢量　　　　　　　　　　　　　　　　　　（单位：kg）

楼盖体系	主梁		次梁		板	托板	用钢量/(kg/m²)
	纵筋	箍筋	纵筋	箍筋			
大梁大板 3	1690.2	415.8	—	—	3133.5	—	74.3
十字梁 3	1882.3	325.2	763.5	182	1532.6	—	66.4
井字梁 3	1522.4	415.8	1019	222	1160.9	—	61.5
无梁楼盖 3	—	—	—	—	2368.8	101	35.0

表 15-11　经济指标对比

楼盖体系	混凝土用量/(m³/m²)	混凝土造价/(元/m²)	用钢量/(kg/m²)	用钢造价/(元/m²)	总造价/(元/m²)
大梁大板 3	0.4536	245.2	74.3×1.08	521.6	697.3
十字梁 3	0.3554	192.1	66.4×1.08	466.1	596.2
井字梁 3	0.3839	207.5	61.5×1.08	431.7	581.8
无梁楼盖 3	0.4385	237.0	35×1.08	245.7	450.0

根据以上三种荷载作用下无梁楼盖经济分析，得出表15-12。

表 15-12　三种荷载工况下四种楼盖形式经济指标对比

楼盖体系	0.6m 覆土		1.2m 覆土		1.8m 覆土	
	造价/(元/m²)	对比	造价/(元/m²)	对比	造价/(元/m²)	对比
大梁大板	458.7	100.0%	582.4	100.0%	697.3	100.0%
十字梁	438.5	95.6%	518.6	89.0%	596.2	85.5%
井字梁	452.6	98.7%	512.9	88.1%	581.8	83.4%
无梁楼盖	339.8	74.1%	394.1	67.7%	450	64.5%

上述结果可以在图15-23中进行比较。

三、分析结果

大梁大板体系由于板部分的配筋较大，经济指标较差。在上述控制标准下，车库顶板250mm加上构造钢筋本身能抵抗的竖向荷载很有限，在0.6m覆土的荷载下已经没有优势，只有荷载更小才可能有优势，或者板跨度更小时才会有优势，如 8.4m×6m 等。

井字梁楼盖体系和十字梁楼盖体系对比只有在板配筋能节省较多的前提下才有优势，也即荷载较大，荷载大到十字梁楼盖体系中板的配筋大于构造配筋开始井字梁楼盖体系才能显示出优势，当荷载大到井字梁楼盖体系板的配筋由计算配筋控制时优势更明显。1m 左右的覆土基本是两者造价的分水岭。

无梁楼盖体系在 0.6m 的覆土下配筋基本比构造配筋稍大，此时优势最明显，当荷载增大，造价会向井字梁楼盖体系靠拢，但在 1.8m 覆土的工况下优势还是比较明

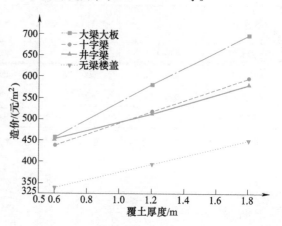

图 15-23　梁板体系、无梁楼盖体系综合成本比较

显，为井字梁楼盖体系的 76.9%，根据图 15-23 可以推测在覆土厚度高达 3m 及以上时无梁楼盖体系还将具有较大优势。

无梁楼盖体系节省结构造价的原因主要有三个：

1）充分利用了顶板构造板厚及相应配筋的承载能力。GB 50108—2008《地下工程防水技术规范》规定的结构自防水最小厚度需要 250mm，而该构造厚度及相应配筋的强度并未充分利用，但在无梁楼盖体系中予以了充分利用。

2）设计与构造充分符合等强度设计原理。无梁楼盖体系在受力最大的柱上部分采用了增加托板柱帽或锥形柱帽或二者的联合，符合无梁楼盖体系局部应力集中（业界称为"伞状""岛状"）并对应力集中处进行加强，既满足抗冲切要求也降低了柱上部分负弯矩配筋。

3）充分体现了板不同部位受力不同而区分板带配筋。传统计算理论将梁板体系中的板作为传力构件，因此二者有很大不同。传统上，梁板体系将楼板作为传力构件，仅仅将板面荷载导向支承梁，本身不主动参与（或说参与成分较小）整体抗弯，在板比较薄时这是近似成立的，但在构造板厚达到 250mm，板的刚度强度都不能忽略时会导致很大误差，即使这样，梁板体系里的双向板通常也没有按照板带配筋，未能体现等强度设计这一基本原理。

从以上对比看出，无梁楼盖体系顶板造价只有梁板体系的 65%～75%，但值得一提的是，无梁楼盖体系还有一些隐性可以节约工程造价尚应计入，若计入以后其结构成本的优势将进一步凸显：

1）节约层高导致相关成本降低。层高一般可以节省 400～500mm，首先是基坑支护的造价可以节省，外运土方也可以节省，柱子、剪力墙变短也有一部分节约量，这部分节省的造价根据不同地域在 50～100 元/m²。

2）地下室所需要的模板大量降低，即模板系数（每平方米建筑面积需要的模板面积）降低。一般梁板体系的地下室模板系数为 2.0～2.2，而无梁楼盖体系通常为 1.3～1.5，每平方米可以节约模板 0.7m² 左右，模板单价为 30～40 元/m²，折合节约单价为 21～28 元/m²。

3）梁板体系的模板只能用于地库，无梁楼盖体系因为模板很多为整板，可以成为周转材料，可重复使用 5～6 次，根据实际情况又可以节约 10～30 元/m²。

4）支模难度降低。无梁楼盖体系基本以底模为主，而梁板体系存在更多侧模，加工、支撑难度都比较大。无梁楼盖体系的模板单价下降 3~5 元/m²。

综合上述各因素，无梁楼盖体系的总结构成本与梁板体系相比，大约是后者的 2/3 左右。

■ 第四节　嵌固端无梁楼盖地下车库结构设计

一、嵌固端的概念及规范规定

为有效进行结构的抗震计算，现介绍相关规范中关于结构"嵌固端"的概念。它是结构计算中结构简化模型的一个约束边界条件，不带地下室的结构，嵌固端认为是基础顶面；带地下室的结构，满足一定条件时，嵌固端可以认为在地下室顶板。

结构的计算模型嵌固端分为"绝对嵌固"和"弹性嵌固"。绝对嵌固指竖向构件底部的约束为水平、竖向及转角约束，变形都为零。对于带地下室的结构，由于地下室土体的约束作用，通常认为地下室侧面土使地下室的侧向刚度提高了 3~5 倍，当满足规范规定的刚度比时，嵌固端可以考虑为地下室顶板，这种情况下结构的计算模型嵌固于顶板，称为"弹性嵌固"。弹性嵌固是水平嵌固，即水平位移为零、竖向位移及转角不为零（图 15-24），当在结构计算中将地下室整体建模时，客观上就形成弹性嵌固。

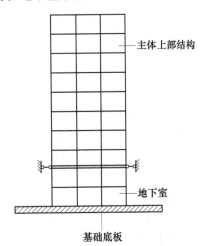

图 15-24　弹性嵌固（连杆表示水平约束）

规范规定成为嵌固端需要满足两个要求，一是考虑"相关范围"内嵌固端下层与上层的刚度比需满足一定要求；二是对嵌固端的楼盖选型有一定规定。

1. 刚度比的要求

（1）GB 50011—2010《建筑抗震设计规范》（2016 年版）（以下简称《抗规》）。

> 6.1.14 地下室顶板作为上部结构的嵌固部位时，应符合下列要求：
>
> （1）地下室顶板应避免开设大洞；地下室在地上结构<u>相关范围</u>应采用现浇梁板结构，<u>相关范围</u>以外的地下室顶板宜采用现浇梁板结构；……
>
> （2）结构地上一层的侧向刚度，不宜大于<u>相关范围</u>地下一层侧向刚度的 0.5 倍；地下室周边宜有与其顶板相连的抗震墙。
>
> 条文说明："相关范围"一般可从地上结构（主楼、有裙房时含裙房）周边外延不大于 20m。

（2）JGJ 3—2010《高层建筑混凝土结构技术规程》（以下简称《高规》）。

5.3.7 高层建筑结构整体计算中，当地下室顶板作为上部结构嵌固部位时，地下一层与首层侧向刚度比不宜小于2。

条文说明：本条给出作为结构分析模型嵌固部位的刚度要求。计算地下室结构楼层侧向刚度时，可考虑地上结构以外的地下室相关部位的结构，"相关部位"一般指地上结构外扩不超过三跨的地下室范围。楼层侧向刚度比可按本规程附录 E.0.1 条公式计算。

E.0.1　当转换层设置在1、2层时，可近似采用转换层与其相邻上层结构的等效剪切刚度比 γ_{e1} 表示转换层上、下层结构刚度的变化，γ_{e1} 宜接近1，非抗震设计时 γ_{e1} 不应小于0.4，抗震设计时 γ_{e1} 不应小于0.5。γ_{e1} 可按下列公式计算：

$$\gamma_{e1} = \frac{G_1 A_1}{G_2 A_2} \times \frac{h_2}{h_1} \qquad (E.0.1\text{-}1)$$

$$A_i = A_{w,i} + \sum_j C_{i,j} A_{ci,j} (i = 1,2) \qquad (E.0.1\text{-}2)$$

$$C_{i,j} = 2.5 \left(\frac{h_{ci,i}}{h_i} \right)^2 (i = 1,2) \qquad (E.0.1\text{-}3)$$

（3）GB 50007—2011《建筑地基基础设计规范》。

8.4.25 采用筏形基础带地下室的高层和低层建筑、地下室四周外墙与土层紧密接触且土层为非松散填土、松散粉细砂土、软塑流塑黏性土，上部结构为框架、框剪或框架—核心筒结构，当地下一层结构顶板作为上部结构嵌固部位时，应符合下列规定：

（1）地下一层的结构侧向刚度大于或等于与其相连的上部结构底层楼层侧向刚度的1.5倍。

（2）当地下室（内、外）墙与主体结构墙体之间的距离符合表8.4.25的要求时，该范围内的地下室（内、外）墙可计入地下一层的结构侧向刚度，但此范围内的侧向刚度不能重叠使用于相邻建筑。当不符合上述要求时，建筑物的嵌固部位可设在筏形基础的顶面，此时宜考虑基侧土和基底土对地下室的抗力。

表 8.4.25　地下室（内、外）墙与主体结构墙之间的最大间距 d

抗震设防烈度7度、8度	抗震设防烈度9度
$d \leqslant 30\text{m}$	$d \leqslant 20\text{m}$

（4）JGJ 6—2011《高层建筑筏形与箱形基础技术规范》。

6.1.3 当地下室的四周外墙与土层紧密接触时，上部结构的嵌固部位按下列规定确定：

1　上部结构为剪力墙结构，地下室为单层或多层箱形基础地下室，地下一层结构顶板可作为上部结构的嵌固部位。

2　上部结构为框架、框架—剪力墙或框架—核心筒结构时：

1）地下室为单层箱形基础，箱形基础的顶板可作为上部结构的嵌固部位［图6.1.3（a）］。

2）对采用筏形基础的单层或多层地下室以及采用箱形基础的多层地下室，当地下一层的结构侧向刚度 K_B 大于或等于与其相连的上部结构底层楼层侧向刚度 K_F 的 1.5 倍时，地下一层结构顶板可作为的结构上部结构的嵌固部位［图 6.1.3（b）、（c）］。

3）对大底盘整体筏形基础，当地下室内、外墙与主体结构墙体之间的距离符合表 6.1.3 要求时，地下一层的结构侧向刚度可计入该范围内的地下室内、外墙刚度，但此范围内的侧向刚度不能重复使用于相邻塔楼，当 K_B 小于 $1.5K_F$ 时，建筑物的嵌固部位可设在筏形基础或箱形基础的顶部，结构整体计算分析时宜考虑基底土和基侧土的阻抗，可在地下室与周围土层之间设置适当的弹簧和阻尼器来模拟。

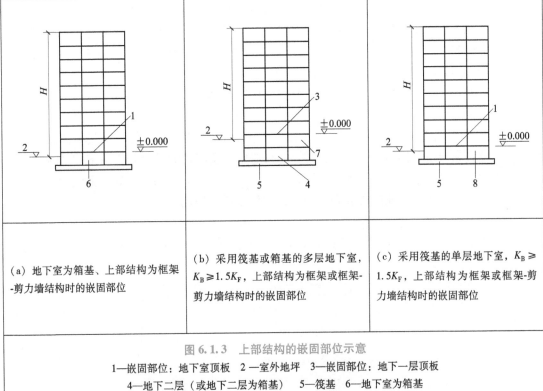

| （a）地下室为箱基、上部结构为框架-剪力墙结构时的嵌固部位 | （b）采用筏基或箱基的多层地下室，$K_B \geqslant 1.5K_F$，上部结构为框架或框剪-剪力墙结构时的嵌固部位 | （c）采用筏基的单层地下室，$K_B \geqslant 1.5K_F$，上部结构为框架或框架-剪力墙结构时的嵌固部位 |

图 6.1.3　上部结构的嵌固部位示意
1—嵌固部位：地下室顶板　2—室外地坪　3—嵌固部位：地下一层顶板
4—地下二层（或地下二层为箱基）　5—筏基　6—地下室为箱基
7—地下一层　8—单层地下室

（5）DGJ 08-9—2013《建筑抗震设计规程》（上海市工程建设规范）。

6.1.17 地下室顶板作为上部结构的嵌固部位时，应符合下列要求：

2 地下室为一层或两层时，地下一层结构的楼层侧向刚度不宜小于相邻上部楼层侧向刚度的 1.5 倍；当地下室超过两层时，地下一层结构的楼层侧向刚度不宜小于相邻上部楼层侧向刚度的 2 倍；地下室周边宜有与其顶板相连的抗震墙。

条文说明：考虑到上海地区设有地下室的建筑一般采用桩基，对于地下室层数不超过两层的建筑，刚度比限值采用 1.5，当地下室层数超过两层时，刚度比限值采用 2。

塔楼周围的范围可以在两个水平方向分别取地下室层高的 2 倍左右。

（6）规范的对比（表 15-13）。

表15-13　各规范中关于嵌固端上下层刚度比及相关范围的规定对比

规范编号	K_B/K_F	相关范围
GB 50011—2010	2	地上结构（主楼、有裙房时含裙房）周边外延不大于20m
JGJ 3—2010	2	地上结构外扩不超过三跨的地下室范围
GB 50007—2011	1.5	7、8度≤30m；9度≤20m
JGJ 6—2011	1.5	6、7度≤40m；8度≤30m；9度≤20m
DGJ 08-9—2013	1.5/2	地下室层高的2倍

从表15-13可知，对于相关范围，规范中给出的是一个最大的限值，即实际设计时不能超过规范的限值，可以取小，甚至可以取0，也即相关范围不考虑地上结构往外延伸。对于刚度比，规范的规定也不统一，《抗规》与《高规》是最常用的两本重要规范，两者都是考虑嵌固端下层与上层的刚度比不宜小于2，《抗规》中并没有明确侧向刚度的计算方法，《高规》中给出了刚度比的计算方式是采用剪切刚度比。

从规范的理解，"相关范围"的取值对刚度比的计算有影响，取值为不大于20m，也就是相关范围在塔楼投影线外扩0～20m。同时，刚度比计算采用的相关范围与顶板楼盖选型的相关范围是同一个概念，两者同进退。在不大于20m的范围内，相关范围取值越大刚度比的计算越容易通过。同时，"相关范围"的选取中，刚度比的计算与楼盖形式的选择应一致。也可理解为当"相关范围"取0，即在刚度比计算时地下一层计算的范围仅为上部建筑的投影线，不往外扩，则相应的楼盖要求也是仅限于塔楼以内。

2. 楼盖形式的要求

除了刚度比要求外，还有楼盖形式的要求，《抗规》中关于嵌固端水平楼盖要求规定如下：

6.1.14　地下室顶板作为上部结构的嵌固部位时，应符合下列要求：

1　地下室顶板应避免开设大洞；地下室在地上结构相关范围应采用现浇梁板结构，相关范围以外的地下室顶板宜采用现浇梁板结构；……

二、嵌固端无梁楼盖的设计

从力学概念和规范规定综述，规范规定了"相关范围"，如上述《抗规》的规定。有必要再对规范的涵义进行阐述。

规范认为"相关范围"内应采用现浇梁板体系正确理解如下：

（1）梁板体系具有较好的平面外刚度，虽然同样是弹性约束，作为嵌固端的梁对于柱脚的约束能力更强，在嵌固端更容易形成首层柱下端"弱柱"，更容易实现规范首层柱柱底先屈服的抗震设计概念；

（2）不管是梁板体系还是板柱无梁楼盖体系，在没有大开洞正常情况下，平面内的刚度都是足够的，能够有效传递水平地震力，因此在"相关范围"以外，没有首层柱柱底先屈服要求下，对楼盖要求可以放宽，宜采用梁板体系。

所以，按照规范要求，嵌固端无梁楼盖设计要点：

（1）在嵌固端相关范围以外，可以采用无梁楼盖体系，建议将相关范围控制在塔楼投

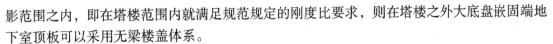

影响范围之内，即在塔楼范围内就满足规范规定的刚度比要求，则在塔楼之外大底盘嵌固端地下室顶板可以采用无梁楼盖体系。

（2）在相关范围之内，若也需要采用无梁楼盖体系时，建议采取以下设计构造措施：

1）无梁楼盖的厚度不小于有效跨度的 1/18，因为一般认为框架梁的高跨比为 1/18，达到这个板厚，无梁楼盖体系的平面外刚度已经不小于梁板体系，因此可以视作梁板结构，有效跨度可取柱轴线间距 l 扣除 2/3 柱帽计算宽度 c，即 $\left(l-\dfrac{2}{3}c\right)$。

2）当地下一层与底层刚度比达到 3 以上时，地下室顶板结构可以采用无梁楼盖体系。本条参考了《北京市建筑设计技术细则（结构分册）》，认为刚度比达到 3 以上，对底层柱柱底的约束将主要由地下室柱、剪力墙刚度来进行约束，再加上地下室柱子钢筋超配系数 1.1，已经可以满足底层柱弱柱条件。

3）若以上两条均不满足，则建议进行底层柱弱柱验算，把柱上板带等效为梁，若经验算后满足底层弱柱要求，顶板可按无梁楼盖设计。验算参见《抗规》第 6.1.14 条，即需要满足"地下一层柱截面每侧纵向钢筋不应小于地上一层柱对应纵向钢筋的 1.1 倍，且地下一层柱上端和节点左右梁端实配的抗震受弯承载力之和应大于地上一层柱下端实配的抗震受弯承载力的 1.3 倍"。

《抗规》第 6.1.14 条相关条文说明如下：

当框架柱嵌固在地下室顶板时，位于地下室顶板的梁柱节点应按首层柱的下端为"弱柱"设计，即地震时首层柱底屈服，出现塑性铰。为实现首层柱底先屈服的设计概念，本规范提供了两种方法：

其一，按下式复核：

$$\sum M_{\mathrm{bua}} + M_{\mathrm{cua}}^{\mathrm{t}} \geqslant 1.3\, M_{\mathrm{cua}}^{\mathrm{b}}$$

式中 $\sum M_{\mathrm{bua}}$ ——节点左右梁端截面逆时针或顺时针方向实配的正截面抗震受弯承载力所对应的弯矩值之和，根据实配钢筋面积（计入梁受压筋和相关楼板钢筋）和材料强度标准值确定；

     $\sum M_{\mathrm{cua}}^{\mathrm{t}}$ ——地下室柱上端与梁端受弯承载力同一方向实配的正截面抗震受弯承载力所对应的弯矩值，应根据轴力设计值、实配钢筋面积和材料强度标准值等确定；

     $M_{\mathrm{cua}}^{\mathrm{b}}$ ——地上一层柱下端与梁端受弯承载力不同方向实配的正截面抗震受弯承载力所对应弯矩值，应根据轴力设计值、实配钢筋面积和材料强度标准值等确定。

其二：作为简化，将梁按计算分配的弯矩接近柱的弯矩时，地下室顶板的柱上端、梁顶面和梁底面的纵筋均增加 10% 以上，可满足上式的要求。

近年来上海中森建筑与工程设计顾问有限公司（建设部建筑设计院上海分院）、上海同建强华建筑设计有限公司、上海联境建筑等相关设计单位在上海、广东、安徽、贵州、四川、辽宁等多地，通过与当地行政技术主管部门充分沟通后，已经建成及在建的嵌固端无梁楼盖体系已经数十例，如上海浦东的康桥御中环、广东江门玉兰花园、贵州遵义诗乡映象、

四川宜宾长江大院、辽宁丹东华盛玫瑰港湾（图15-25）均取得了良好的经济效益和社会效益，对嵌固端无梁楼盖体系的推广起到了积极作用。

a)   b)

图15-25 嵌固端无梁楼盖

a）上海康桥御中环地下车库 b）四川宜宾长江大院地下车库

■ 第五节 无梁楼盖体系安全性分析及设计要点

近年来，由于无梁楼盖体系发生坍塌的事件较多，这种受力明确、施工简便、技术先进的成熟结构体系，不免受到各方面质疑，事故的原因跟结构体系本身没有关系，无梁楼盖体系本身是没有"原罪"的，而在于大家的熟悉程度，以及在设计和使用过程中是否合法依规。针对这些质疑，我们有必要对梁板体系与无梁楼盖体系的安全性进行分析，并对重要设计要点进行归纳。

一、梁板体系与无梁楼盖体系安全性对比浅析

梁板共同工作是结构工作性态的一种表述方式，在现行通用结构计算中，通常假定了荷载的传递路线，即板以三角形、梯形荷载的模式传给梁，梁再通过弯剪受力传给柱子，一般情况下，楼板比较薄、梁尺度比较大时，二者刚度差异较大，这种计算模式是近似成立的。但是在板比较厚，如地下车库的顶板，板的刚度不能忽略时，计算方式会带来很大的误差，此时就需要不仅仅是将板作为传力构件来考虑，板本身将与梁一起承担荷载引起的内力（弯矩、剪力），将较大程度降低梁的内力。

实际上，梁板始终是共同工作的，计算模式应该是板元（或壳元）同时进入总刚度矩阵进行计算，才是正确的计算方式，且梁与板同时按照有限元的计算结果进行内力配筋分析，就能贴近真实的计算结果，不会造成共同作用计算不安全的问题。显然，梁按照共同工作计算结果设计，那么板也应该参照该内力进行设计及板带配筋（参照无梁楼盖），若板按照区格内力（四边支承）来配筋是有缺陷的，则造成梁承载力及安全度缺失。

下面以跨度为 l 的正方形区格多跨框架大梁大板为例，选择中间跨按照常规方法来分析，看看常规分析方法形成的抗弯富余度及总弯矩在梁板中的分配。仅考虑楼板上均布荷载 q，不考虑梁板自重。正方形区格楼板传力给了梁形成图15-26a所示的三角形荷载，荷载大小是 ql。

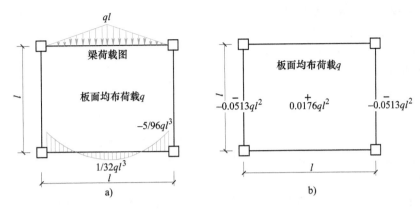

图 15-26　梁板体系（大梁大板）内力分析

a）梁弯矩　b）固端板中点弯矩系数

1. 单方向总弯矩与抵抗弯矩分析

（1）单方向的总弯矩。按照结构力学静力平衡，容易知道单方向的总弯矩为

$$M = \frac{1}{8} q l^3 \tag{15-6}$$

（2）按照常规分析方法的总弯矩（抵抗矩）。该总弯矩也可以说是抵抗矩或配筋抵抗弯矩，板没有按照板带进行配筋，而是按照板跨中正弯矩、边支座中点板负弯矩通长配筋得到的总弯矩抵抗矩。

一部分为梁的负弯矩和正弯矩绝对值，两者相加就是梁承担的总弯矩部分。查三角形荷载的单跨梁公式，则梁承担的总弯矩为

$$M = \frac{5}{96} q l^3 + \frac{1}{32} q l^3 = \frac{1}{12} q l^3 \tag{15-7}$$

另一部分为板承担的总弯矩抵抗矩部分。按照均布荷载四边固端板（$a/b=1$）查跨中正弯矩、边支座中点板负弯矩绝对值并叠加，得到板承担的总弯矩抵抗矩，即

$$M = (0.0176 \, q l^2 + 0.0513 \, q l^2) l = 0.0689 \, q l^3 \tag{15-8}$$

以上叠加为梁板的总弯矩（抵抗矩），即

$$M = \frac{1}{12} q l^3 + 0.0683 \, q l^3 = 0.152 \, q l^3 \tag{15-9}$$

（3）结论

1）板也承担了部分总弯矩，约33.3%。实际板承担的总弯矩应该是静力平衡总弯矩减去梁承担的总弯矩，剩下由板承担

$$M = \frac{1}{8} q l^3 - \frac{1}{12} q l^3 = \frac{1}{24} q l^3 \tag{15-10}$$

由此可见，虽然板看起来只是传力构件，但也承担了总弯矩，按照静力平衡条件比例约为33.3%。

2）梁板结构按照常规计算有附加21.6%的抗弯安全度。静力平衡总弯矩为

$$M = \frac{1}{8} q l^3 = 0.125 \, q l^3 \tag{15-11}$$

而现行梁板分开计算理论得到的单向总弯矩抵抗矩 $M = 0.152ql^3$，所以梁板结构计算理论由于计算模式赋予抗弯安全度为 $0.152ql^3 / 0.125ql^3 = 1.216$，额外增加了21.6%的安全度。而这是由现行梁板分开计算理论带来的，无梁楼盖因为计算理论与实际受力吻合，而没有这21.6%的附加抗弯安全度。

2. 现行梁板结构计算模式赋予梁板体系额外斜截面抗剪安全度分析

在现行规范的结构抗弯计算中，荷载由板传给梁，再由梁承担100%的抗剪设计，没有考虑楼板的作用。在楼板较薄、梁截面较大时，板提供的抗剪承载力有限，这种计算模式是近似成立的。但在板比较厚（如地下车库顶板）的情况下，板可以与梁一起承担楼面荷载引起的剪力。

下面以地下车库顶板常见的大梁大板体系为算例，按照典型截面根据现行规范公式进行计算，分析现行梁板结构计算模式赋予梁板体系额外斜截面抗剪安全度。

我们采用的通用算例中，混凝土强度等级均为 C30，钢筋及箍筋等级均为 HRB400 级，框架柱尺寸为 500mm×500mm，框架梁尺寸为 400mm×800mm，楼板厚度为 300mm。梁箍筋为 HRB400 级钢筋 10@ 100（4），不考虑弯起钢筋。矩形、T 形或者 I 形混凝土构件在重力荷载作用下的抗剪承载力计算均参照 GB 50010—2010《混凝土结构设计规范》（2015 版）中第 6.3.1~6.3.7 条相应内容计算。根据该规范第 6.3.4 条，梁的抗剪承载能力如下

$$V_{cs} = \alpha_{cv} f_t b\, h_0 + f_{yv} \frac{A_{sv}}{s} h_0$$

$$= 0.7 \times 1.43 \times 400 \times 750\text{N} + 360 \times \frac{4 \times 78.5}{100} \times 750\text{N} = 1148\text{kN} \tag{15-12}$$

根据该规范第 6.3.1 条有

$$\frac{h_w}{b} = \frac{500}{400} < 4 \tag{15-13}$$

$$V \leqslant 0.25 \beta_c f_c b\, h_0 = 1051\text{kN} \tag{15-14}$$

由上可知，单根梁的抗剪承载力为 1072kN，四根梁总的抗剪能力为 4288kN。

考虑板对于梁的抗剪附加安全度时，按照梁 45°剪切破坏面，板按照受力路径最小原理，梁破坏面之间最小的连线作为板的剪切破坏面，如图 15-27 所示。

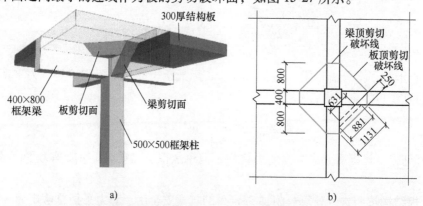

a) b)

图 15-27　梁板体系（大梁大板）冲剪破坏

a）透视图　b）破坏线平面图

板提供的附加的抗剪承载力由四根梁的剪切破坏面之间的四个板抗剪面组成，板的有效高度 $h_0 = 250$mm，板的剪切破坏面板顶长度为 1131mm，板底长度为 631mm，截面中间高度的长度为 881mm。根据该规范第 6.5.1 条，四个面的抗剪承载力为

$$F_l = 4 \times 0.7 \times 1.43 \times 881 \times 250\text{N} = 881\text{kN} \tag{15-15}$$

则梁板总的抗剪承载能力为（1072×4+881）kN=5169kN，5169÷4288=1.205，故梁板共同作用时，通用算例中梁柱节点处有 20.5% 的额外抗剪安全度。

在 JTG 3362—2018《公路钢筋混凝土及预应力混凝土桥涵设计规范》第 5.2.9 条中，矩形、T 形、I 形截面受弯构件斜截面抗剪承载力计算的公式存在受压翼缘的影响系数，对矩形截面取 1.0，对 T 形和 I 形截面取 1.1，也是通过影响系数的方式近似考虑了梁翼缘部分对梁抗剪承载力的提高。

上面讨论了相对于无梁楼盖体系，现行梁板计算模式赋予结构额外的安全度问题，并不是要违背现行的计算模式，把额外的安全度都用完，只是把额外的安全度提出来，让大家心中有数，同时，在无梁楼盖体系的设计与施工中，更应该做到心中有数。安全可靠，是结构工程师的第一标准。

二、近年无梁楼盖体系事故列举及浅析

为总结无梁楼盖体系设计要点，根据公开的资料，对近来地下车库无梁楼盖体系坍塌事件进行了梳理和分析，具体如下。

1. 石景山区某地下车库

2017 年 8 月 19 日下午 3 点 17 分，北京市石景山区某地下车库项目现场施工人员在使用铲车进行地下车库顶板覆土施工时，该地下车库地下一层东北侧顶板发生局部垮塌。从现场看是发生了秃柱头冲剪破坏（图 15-28）。

根据《国家建筑工程质量监督检验中心鉴定报告》中鉴定结论："设计工况下地下一层顶板部分板柱节点冲切作用效应设计值大于相应位置受冲切承载力设计值，不满足《混凝土结构设计规范》（GB 50010—2010）的相关要求；实际工况下地下一层顶板部分板柱节点冲切作用效应设计值大于相应位置受冲切承载力设计值，不满足《混凝土结构设计规范》（GB 50010—2010）的相关要求"。

图 15-28　北京石景山区某地下车库垮塌实景

该地下车库局部坍塌可能是由多种原因造成的，目前可确认的是地下一层顶板部分板柱节点处受冲切承载力不满足设计规范的要求，是该起质量问题发生的直接原因。

2. 广东中山市某住宅楼地下室项目

2018 年 11 月 12 日，广东中山市某地下室顶板（在建）发生局部坍塌事故。事故主要原因：覆土+堆载严重超重；设计不合理，冲切承载力不足，托板构造尺寸过小；冲切破坏周长 1 抗冲切承载力 1952kN<2562kN。

由上可知，此工程托板抗冲切承载力仅为冲切力设计值的 76.2%，远不满足规范要求。

此工程设计人员存在重大设计失误。设置托板的无梁楼盖体系抗冲切需按图 15-29b 验算两种抗冲切承载力。第一种为以托板边缘变阶处 45°冲切面验算，对应破坏周长 1，抗冲切高度为 300mm。第二种为以柱边缘 45°冲切面验算，对应破坏周长 2，抗冲切高度为 750mm。通常来说，托板无梁楼盖体系冲切计算的应由两个冲切面双控，能做到等强度设计更好，显然此工程设计人员仅进行了第二种情况的抗冲切承载力的验算，导致冲切破坏发生在第一冲切破坏面。即使不存在施工超载，此工程在正常使用时也有可能因抗冲切不满足规范要求而发生事故。

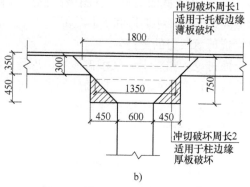

a)   b)

图 15-29　地下室垮塌实景及计算简图

a) 实景　b) 抗冲切计算简图

3. 其他

2014 年 11 月 17 日，山东济南某在建楼盘地下车库顶板局部坍塌（图 15-30）。事故主要原因：现场实际最大堆土 7m，严重超出设计覆土 1.2m；监理单位监管疏忽。该垮塌出现明显的斜向冲切破坏。

2016 年 12 月 05 日，河源某小区二期地下车库底板发生局部坍塌事故。事故主要原因：土堆积太多，加上载重车辆的碾压，严重超载；工地抢工期，提前拆掉模板，混凝土强度未达到设计要求。

图 15-30　某地下车库顶板局部坍塌实景

2017 年 11 月 05 日，河北沧州某地产项目二期地下车库（已正常使用三年半时间），顶板局部坍塌。事故主要原因：车库顶板施工堆土 5m，远超原设计覆土厚度 0.9m。

三、无梁楼盖体系设计要点

根据梁板体系与无梁楼盖体系安全度对比分析，可以得出问题不是出在无梁楼盖体系本身，问题出在使用者，包括设计人和总包，同时不得不强调现行计算理论赋予了梁板体系额外计算安全度在 20%左右，即梁板体系在计算隐藏了额外冗余安全度。

从前述无梁楼盖体系事故原因分析可以看出，无梁楼盖体系多为冲切破坏，或由于抗弯不足引起次生抗冲切破坏。主要原因是：①设计责任，冲切计算不满足强制性规范要求，漏

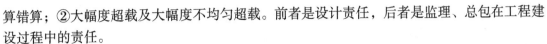

算错算；②大幅度超载及大幅度不均匀超载。前者是设计责任，后者是监理、总包在工程建设过程中的责任。

鉴于此，对无梁楼盖体系，除了进行常规设计以外，建议进行防倒塌设计，加强抗冲切设计，做到强冲切弱弯，宜按以下要点执行。

1. 按照规范规定的防脱落设计进行验算

为防止在罕遇地震作用下，板柱节点冲剪破坏导致楼板脱落引起下部结构楼板的连续倒塌，板柱-抗震墙结构规范要求对结构进行防脱落验算。地下车库，由于地震作用影响较小，规范没有要求进行防脱落验算。地下室无梁楼盖连续倒塌多由于超载等引起，无法采用合理办法避免防脱落，《抗规》规定，无柱帽平板应在柱上板带中设构造暗梁，因此如果在没有设置柱帽的情况下，建议设置暗梁并参照板柱剪力墙防脱落进行设计。该规范第6.6.4条第3款规定如下：

> 沿两个主轴方向通过柱截面的板底连续钢筋的总截面面积，应符合下式要求：
>
> $$A_s \geq N_G / f_y$$
>
> 式中　A_s——板底连续钢筋总截面面积；
>
> 　　　N_G——在本层楼板重力荷载代表值作用下的柱轴压力设计值；
>
> 　　　f_y——楼板钢筋的抗拉强度设计值。

为防止楼板脱落，穿过柱截面的板底两个方向（由静力平衡条件应为两个方向四个截面）的钢筋受拉承载力应满足该层楼板重力荷载代表值作用下的轴压力设计值。通常情况下，消防车荷载的重力荷载代表值组合系数为零，建议按照一辆消防车实际重量作用于一个柱端进行上式验算，但是同时顶面活荷载可以不计。应强调的有两点，一是穿过柱截面的钢筋，因为只有通过柱截面有支承点才能起到对楼盖的防脱落作用；二是楼板的底部连续钢筋，而不是上部钢筋，因为楼板超载时，上部钢筋在负弯矩作用下可能早已屈服或者已经处于高应力状态，不能起到防脱落作用，下部钢筋处于受压区没有初始应力作用因而可以起到防脱落作用。同时，当地下车库采用重型柱帽时，锥形柱帽内为受压区，由于局部加厚也难于由受弯引起削弱而在该处引起直剪破坏，此时可按照通过锥形柱帽上连续钢筋总面积进行抗脱落验算。

2. 抗冲切计算时，必须计入不平衡弯矩引起的等效冲切力

地震作用产生的不平衡弯矩对地下结构影响比较小。但地下室顶板的消防车荷载、施工荷载或者局部厚覆土等引起的不平衡弯矩会对地下室无梁楼盖体系的板柱节点产生比较大的影响。不平衡弯矩的存在使得板柱节点附近区域剪应力分布不均匀，板柱节点冲剪承载力降低，更加容易发生偏心冲剪失效。

以8.4m×8.4m跨度无梁楼盖体系为例，柱截面尺寸为500mm×500mm，覆土厚度为1.5m，板厚度为350mm，柱帽区域厚度为1000mm（350mm板厚+200mm托板+450mm锥形柱帽）、柱帽尺寸为3000mm×3000mm。消防车荷载为20kN/m²。采用等代框架计算，中柱产生不平衡弯矩约为536kN·m，不平衡弯矩产生的等效冲切荷载在托板变阶处、锥形柱帽处，分别为193kN及334kN，不平衡弯矩产生的等效冲切荷载约占整个柱子轴压力（3800kN）的5.1%及8.8%。

同样以上述案例，考虑不均匀跨度8.4m和10m的无梁楼盖体系为例，仅考虑覆土厚度1.5m及楼板自重，不均匀跨度产生的不平衡弯矩为443kN·m，不平衡弯矩产生的等效冲切荷载分别在托板变阶处、锥形柱帽处，分别约为160kN及276kN；如果再叠加考虑消防车等不均匀活荷载作用，则不平衡弯矩引起的等效冲切力更大。设计中不平衡弯矩产生的等效集中反力不能忽略，否则设计偏于不安全。

不平衡弯矩计算建议按照施工阶段工况导致的荷载不均匀，如：堆土分铺不均匀、施工车辆导致不均匀，使用阶段消防车车道、登高场地、景观荷载等造成荷载不均匀；结构本身边跨效应及不等跨导致的不平衡弯矩。以上三种情况均应分阶段、分工况分别予以验算，以保证结构安全。

四、无梁楼盖体系设计建议

（1）适当增加无梁楼盖体系抗冲剪破坏安全富裕度（建议增加10%~15%）。与增大板厚、托板柱帽相比锥形柱帽的设置是最高效的抗冲切增大方式，其增大抗冲切面积的效率最高，费用最小，而且归并后定型模板有标准化可能。

如柱帽尺寸有限制时，可采用剪力键（暗梁）方式加强抗冲切。混凝土的极限抗拉应变约为0.0003，钢筋在该应变水平仅仅发挥60MPa左右的应力水平，因此钢筋、混凝土不能同时发挥承载力作用，配有剪力键的规范抗冲切公式是通过对混凝土抗冲切折减的方式（约为70%混凝土抗冲切值）来体现，因此是不经济的。在抗冲切能满足要求的情况下，规范规定在设有柱帽的情况下，可不设置暗梁。

（2）柱帽形式。在地下车库顶板设计中建议采用复合型重型柱帽，也就是托板+锥形组合柱帽，以避免弯曲裂缝造成的直冲（直剪）破坏。

从前述工程事故可以看出，秃柱头"直冲"破坏已经成为无梁楼盖破坏的主要形式。冲切破坏没有看到斜截面冲切破坏，表现形式为直冲，而通常情况下同截面直冲的承载力是远远大于斜冲切的。此时应注意，因为无梁楼盖体系中柱上局部抗弯不够，形成弯曲裂缝，裂缝的发展大大削弱了直冲截面，使得直冲截面强度小于斜冲切强度造成直冲破坏（图15-31）。这种由于弯曲裂缝造成有效直冲截面减小而形成的直冲破坏，也有专家称为弯冲破坏。

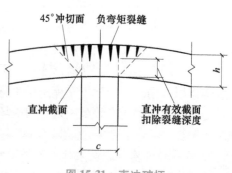

图15-31 直冲破坏

形成无梁楼盖体系中柱上局部抗弯不够是因为该体系的"应力岛"效应。柱上部分的局部弯矩远远大于计算的柱上板带柱上负弯矩，而采用重型柱帽恰好大大增强顶部抗弯能力，若柱帽加强措施不到位，仅靠顶板（或者顶板托板）极易产生负弯矩裂缝，削弱直冲断面而形成直冲破坏。若采用了托板加锥形柱帽，由于计算h_0很大，抗弯能力陡然加强，就不会产生负弯矩开裂，即使开裂，剩余直冲截面也足够大、足够承载。济南名流华第地下车库垮塌（图15-30）是目前破坏模式内看到的真正的斜冲冲切破坏，因而其超载能力也是最强的，破坏模式符合计算模式，所以设计覆土厚度为1.2m，直到堆到7.0m才发生破坏。由此可见，无梁楼盖体系只要在柱帽处做到足够加强，这里的足够加强，除了抗冲切验算通

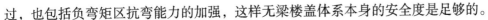

过，也包括负弯矩区抗弯能力的加强，这样无梁楼盖体系本身的安全度是足够的。

（3）结构设计应与总图设计、景观设计进行会签，设计荷载在设计图上应予明确，充分考虑消防车道、登高场地、大树及假山等景观荷载，并在设计图及说明中对相关荷载明确表达。

（4）在施工过程中应严格杜绝施工工况中的超载。在覆土施工过程中，除了杜绝超载外，要控制分层覆土的厚度，建议不超过 500mm 厚一层进行分铺，以达到控制不平衡弯矩的目的。

一点说明：由于无梁楼盖体系的薄膜应力或者起拱效应，实际上无梁楼盖体系的实际抗弯能力比按照抗弯计算强，有一定的超载能力，如果考虑起拱效应，无梁楼盖体系的弯矩可以乘以折减系数，一般为 0.8（边跨角跨不折减），但是这都是基于"拱脚"稳定下的结论，如果柱帽不能做到加强，就会发生直冲或者冲切破坏，则弯曲超载承载能力会由于拱脚失效而瞬间丧失，结构形成连续倒塌。所以，无梁楼盖体系设计的关键在于抗冲切节点柱帽的加强，避免冲切破坏和直冲（也称"弯冲"）破坏，也就是说冲切能力加强是在补短板，由于起拱效应和拉膜效应，抗冲切能力加强，变相地大幅度提升了无梁楼盖体系的实际抗弯承载能力。

■ 第六节　无梁楼盖体系设计案例

辽宁华盛实业集团有限公司开发的丹东玫瑰港湾小区Ⅱ期为高档欧式住宅小区，位于辽宁省丹东市鸭绿江西侧，由上海联境建筑工程设计有限公司设计。Ⅱ期工程由 4 幢高层住宅和一个 1 层地下车库组成，总建筑面积为 34322m²，其中地下车库面积为 10900m²；抗震设防烈度为 7 度（0.15g），设计地震分组为第一组，场地类别为Ⅱ类；高层住宅采用剪力墙结构体系。通过经济性对比分析，且塔楼范围内满足嵌固端刚度比要求，决定地下车库在塔楼范围之外均采用嵌固端小柱网板柱—剪力墙结构体系。该工程于 2019 年 12 月竣工，目前使用良好。作为本节案例，主要介绍该地下车库板柱体系的顶板结构设计思路，并取中间某一标准跨为例。地下车库总平面图如图 15-32 所示。

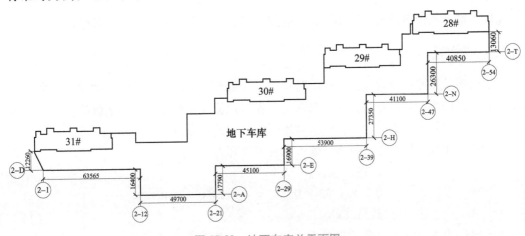

图 15-32　地下车库总平面图

因东北区域存在冻土及设备管道埋深要求，按建设单位要求，顶板上部回填覆土厚度为1.70m。地下车库层高3.20m，柱网采用更为经济的小柱网布置，典型柱跨为5.30m×4.90m，5.30m×6.20m，典型剖面及平面如图15-33所示。

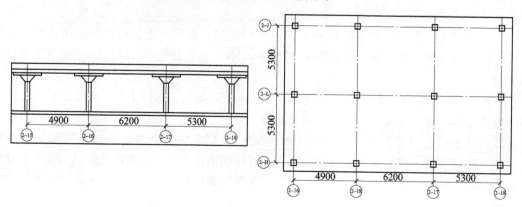

图15-33 地下车库典型剖面图及小柱网标准平面图

一、截面尺寸布置

覆土与消防车荷载同时考虑，荷载较大，根据前述原理决定采用重型柱帽（托板+锥形柱帽），顶板板厚为300mm；中间标准跨区域柱配筋一般为构造配筋，柱截面采用为400mm×400mm；托板厚度取1/2板厚，为150mm，宽度取0.35l（l为跨度），为2200mm，锥形柱帽高度取500mm。图15-34给出了其板柱节点详图。

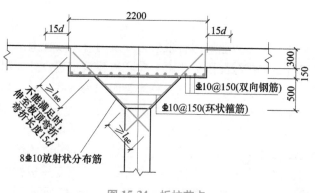

图15-34 板柱节点

托板与锥形柱帽内部构造配筋可详见前述讲解，也可参考相关图集一并学习。

二、冲切验算

重型柱帽验算冲切需同时验算柱帽对顶板、托板对顶板两变阶截面处冲切，根据前述构造设置的截面尺寸，冲切控制截面一般均为托板对顶板冲切截面。因限于篇幅，以下只给出托板对顶板冲切截面位置的计算，柱帽对顶板的冲切请读者自行核算。

经计算，托板对顶板冲切截面位置可抵抗的冲切力为

$$F_{抗} = 0.7\beta_h f_t \eta \mu_m h_0$$
$$= 0.7 \times 1.43 \times 0.755 \times 4 \times 2450 \times 250 \text{N}$$
$$= 1851.8 \text{kN}$$

(15-16)

覆土厚度为1.70m，取永久荷载为31.6kN/m²，活荷载为5.0kN/m²。经计算，覆土荷载引起的冲切力 $F_l = 1503.3$kN。考虑到在回填土过程中，以及后期顶板上部可能会存在部

分景观荷载，两侧荷载不均会导致不平衡弯矩的存在，作为算例，选择一个中柱柱帽进行不平衡弯矩计算。由于施工过程，考虑柱帽两侧覆土的时间差异，要求分层厚度不大于0.5m，因此由于0.5m厚覆土产生的荷载差约为9.0kN/m²，验算存在不平衡弯矩情况下的冲切情况。根据 GB 50010—2010《混凝土结构设计规范》第6.5.6条及附录F，F_l反力设计值应以等效集中反力设计值$F_{l,eq}$代替，根据式（F.0.1-1）与式（F.0.1-2）计算，即

$$F_{l,eq} = F_l + \frac{\alpha_0 M_{unb} a_{AB}}{I_c} \mu_m h_0 \tag{15-17}$$

$$M_{unb} = M_{unb,c} - F_l e_g \tag{15-18}$$

因本案例验算中柱 $e_g = 0$，故 $M_{unb} = M_{unb,c} = 111.7 kN \cdot m$，实际不平衡弯矩即为柱顶弯矩。

$$F_{l,eq} = 1503.3kN + \frac{\dfrac{2}{5} \times 111.7 kN \cdot m \times 1225mm}{2.45 \times 10^{12} mm^4} \times 4 \times 2450mm \times 250mm = 1557.7kN \tag{15-19}$$

可见不平衡弯矩增加了冲切力54.4kN。

$F_{l,eq} < F_{抗}$，故截面满足冲切计算要求。

三、经验系数法计算

因经验系数法的应用条件限制，弯矩计算取非消防车区域，相邻板块荷载均匀。根据前述内容，x、y 两个方向的总弯矩分别为

$$M_x = \frac{1}{8} \times (g + q) \times l_y \times \left(l_x - \frac{2}{3} \times c_x \right)^2 \tag{15-20}$$

$$M_y = \frac{1}{8} \times (g + q) \times l_x \times \left(l_y - \frac{2}{3} \times c_y \right)^2 \tag{15-21}$$

其中，取 $l_x = 6.20m$，$l_y = 5.30m$。

板面永久荷载设计值 $g = 1.3 \times (31.6 + 0.3 \times 25) kN = 50.83kN$

板面活荷载设计值 $q = 1.5 \times 5.0kN = 7.5kN$

柱帽的有效宽度 $c_x = c_y = 1.70m$

计算出总弯矩 $M_x = 992.0 kN \cdot m$，$M_y = 785.0 kN \cdot m$

根据无梁楼盖体系双向板的弯矩计算分配系数进行弯矩分配，可得出 x 方向与 y 方向柱上板带与跨中板带的弯矩值，见表15-14、表15-15。

表15-14　x 方向弯矩分配结果　　　　　　　　（单位：kN·m）

截面	边跨			内跨	
	边支座	跨中	内支座	跨中	支座
柱上板带	-476	218	-496	179	-496
跨中板带	-50	179	-169	149	-169

注：柱上板带与跨中板带宽度均取为2.65m。

表15-15 y 方向弯矩分配结果 （单位：kN·m）

截面	边跨			内跨	
	边支座	跨中	内支座	跨中	支座
柱上板带	−377	173	−392	141	−392
跨中板带	−39	141	−133	118	−133

注：柱上板带与跨中板带宽度均取为3.10m。

四、YJK电算

采用北京盈建科软件股份有限公司YJK计算软件进行电算配筋，主要分为三个步骤：无梁楼盖体系建模→整体计算无梁楼盖体系→板模块中计算无梁楼盖体系。

电算过程中有几点需加以说明：

1）前处理楼板导荷方式需选择为"有限元导荷"，此导荷方式计算时，面荷载直接作用在弹性楼板上，板上的荷载是通过板的有限元计算按实传导到柱子上。有限元方式既使弹性板参与了竖向荷载计算，又参与了风、地震等水平荷载的计算，计算结果可以直接得出弹性板本身的配筋。

2）普通梁板体系的"平面导荷"，板上荷载传递给周边梁（墙）的荷载仅有竖向荷载，没有弯矩，而有限元计算方式传递给梁（墙）的不仅有竖向荷载，还有墙的面外弯矩和梁的扭矩，对于边梁（墙），这种弯矩和扭矩影响较大，不应忽略。

3）将楼板定义为"弹性板6"，真实计算楼板平面内和平面外的刚度。

4）板带内力计算时采用有限元算法，且需考虑扣除应力集中范围内的单元值。本项目板柱节点可取忽略距离柱中心 $c_x/2$ 或 $c_y/2$ 范围内单元。

板带宽度 $= \max \left\{ 柱帽宽度, \frac{1}{2}跨度 \right\}$，同经验系数法，经软件计算。图15-35、图15-36分别给出标准内跨YJK软件计算的 x 向与 y 向单元弯矩图。

软件计算得到的单元弯矩值，可近似采用计算单元的加权平均值，以 x 向柱上板带为例，柱上板带跨中的弯矩值加权平均值为

$$(55.4÷2+57.1+57.7+57.3+55.9÷2) \text{ kN·m/m}÷4=56.93 \text{ kN·m/m}$$

乘以柱上板带宽度即得到 x 向柱上板带跨中弯矩 $M_{x1}=150.8\text{kN·m}$。

根据式（15-3）及图15-18，x 向柱上板带支座处弯矩平均值取值为220.5（kN·m/m），乘以柱上板带宽度即得到 x 向柱上板带支座弯矩 $M_{x2}=584.3\text{kN·m}$。

五、实际工程配筋及含钢量

根据电算得到的计算配筋面积（经验系数法按矩形截面配筋复核）进行实际配筋，配筋采用通长钢筋+附加钢筋的方式，附加钢筋截断点参见前述内容，实际配筋如图15-37与图15-38所示。

经测算，本项目采用无梁楼盖体系，覆土厚度为1.70m，包括柱帽的标准跨顶板含钢量约为28.8 kg/m²（不含损耗搭接的清单净量），相对传统的梁板结构，具有较明显的经济优势。

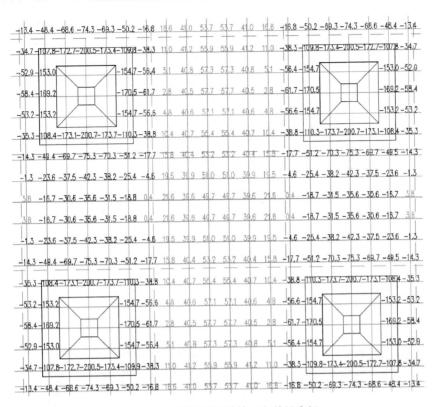

图 15-35　YJK 软件计算 x 向单元弯矩

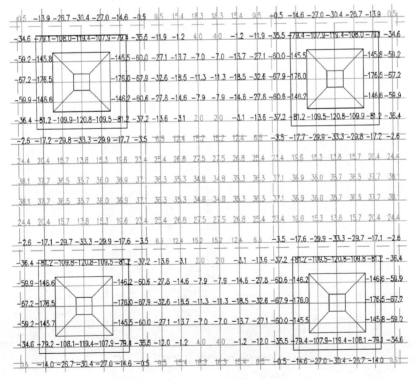

图 15-36　YJK 软件计算 y 向单元弯矩

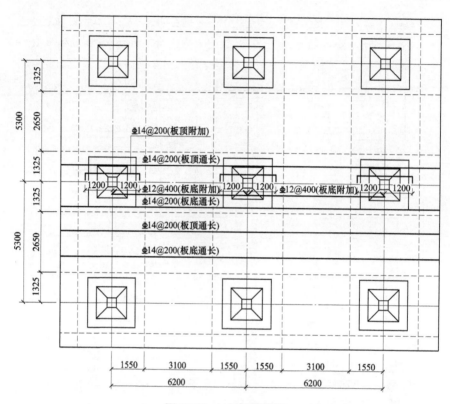

图 15-37 x 向板带配筋

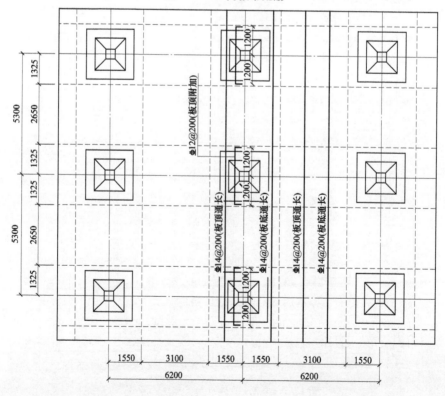

图 15-38 y 向板带配筋

值得补充的是：

1）地下车库建造成本在大柱网[(7.7~8.4)m×(7.7~8.4)m]、大小柱网[(7.7~8.4)m×(4.9~6.2)m]、小柱网[(4.9~6.2)m×(4.9~6.2)m]的对比中，造价从高到低分别是大柱网、大小柱网、小柱网，无梁楼盖三者造价的比例约为1.0∶(0.88~0.93)∶(0.60~0.70)，大小柱网性价比最低，因为大小柱网大跨结构高度较高，决定了层高较高，因有大跨耗钢量也较大，并不经济。

2）小柱网车库销售价格较高，由于小柱网是在5.3m开间停两部车，都是边车位，边车位的售价要高于大柱网三车位中的中车位。从设计经验来看，小柱网的停车效率几乎跟大柱网持平，从已经造好的车库使用情况看，观感相当不错（图15-39）。

图15-39　玫瑰港湾小柱网无梁楼盖地下车库建成实景

在建设方的高度重视下，该项目地下车库超长混凝土施工，车库总长度接近300m，材料、外加剂、养护都严格按照第14章第三节"高层建筑联体基础与超长混凝土结构设计及施工要点"的相关要求进行，项目现已建成投入使用，无一条裂缝产生，成为当地优质结构工程和样板工程，被评为辽宁省"世纪杯"优质主体结构工程。

思 考 题

1. 简述常见的楼盖体系分类及其适用范围。
2. 简述柱支承无梁楼盖体系的受力特点。
3. 简述地下车库无梁楼盖体系的设计要点。
4. 高层建筑中地下车库应用无梁楼盖体系的主要优势有哪些？
5. 影响无梁楼盖体系安全的主要因素有哪些？

附　　录

附录1　MATHCAD1 程序：模拟施工加载积分计算

$\rho_c = 2234.14 \text{kN/m}$　$\rho_s = 2920.54 \text{kN/m}$　$k_c = 11.52E$　$k_s = 39E$　$h = 112\text{m}$

$k_b = 1.3562 \times 10^{-3} E$

$$r_{11} = \frac{k_b}{k_c} \qquad r_{12} = \frac{k_b}{k_s} \qquad r = (r_{11} + r_{12})^{0.5} \qquad q_1 = 2 \frac{k_s p_c - k_c p_s}{k_s + k_c}$$

$$t = rh \qquad a = \frac{1}{1 + e^t} \qquad b = \frac{e^t}{1 + e^t}$$

$$k = \int_0^h (1 - ae^{rx} - be^{-rx}) \, dx$$

$$k = 14.993 \qquad Q = kq_1$$

$$Q = 3.175 \times 10^4 \text{kN}$$

附录2　MATHCAD2 程序：一次加载积分计算

$\rho_c = 2234.14 \text{kN/m}$　$\rho_s = 2920.54 \text{kN/m}$　$k_c = 11.52E$　$k_s = 39E$　$h = 112\text{m}$

$k_b = 1.3562 \times 10^{-3} E$

$$r_{11} = \frac{k_b}{k_c} \qquad r_{12} = \frac{k_b}{k_s} \qquad r_1 = (r_{11} + r_{12})^{0.5} \qquad q_1 = \frac{k_s p_c - k_c p_s}{k_s + k_c} \qquad r_2 = -r_1$$

$$k = \int_0^h \frac{e^{r_2 h} e^{r_1 x} r_2}{e^{r_2 h} r_2 - e^{r_1 h} r_1} dx \qquad\qquad m = \int_0^h \frac{e^{r_1 h} e^{r_2 x} r_1}{e^{r_2 h} r_2 - e^{r_1 h} r_1} dx$$

$$Q = -kq_1 + mq_1 + hq_1$$

$$Q = 4.299 \times 10^4 \text{kN}$$

参 考 文 献

[1] BAKER W F, KORISTA D S, NOVAK L C. Burj Dubai: engineering the world's tallest building [J]. Structural Design of Tall and Special Buildings(special issue for council on tall buildings and urban habitat), 2007, 16(4): 361-375.

[2] BARCHAM M C, GILLESPIE B J. New bank of Hong Kong foundation & substructure design [C]//Proc of 4th Int Conf on Tall Building, China: 1988(1): 128-135.

[3] CHOW Y K, THEVENDRAN V. Optimisation of pile group [J]. Computers and Geotechnics, 1987, 4(1): 43-58.

[4] COOKE R W. Piled raft foundation on stiff clay-a contribution to design philosophy [J]. Geotechnique, 1986, 36(2): 169-203.

[5] DAI B B, AI Z Y, ZHAO X H, FAN Q G., et al. Field experimental studies on super-tall building, super-long pile & super-thick raft foundation in Shanghai [J]. Chinese Journal of Geotechnical Engineering, 2008, 30(3): 406-413.

[6] DENIS M, ROBERT T, EROL K, et al. Seismic force modification factors for the proposed 2005 edition of the National Building Code of Canada [J]. Canadian Journal of Civil Engineering, 2003, 30(1): 308-327.

[7] DAVID V, ROSOWSKY. Probabilistic construction load model for multistory reinforced-concrete buildings [J]. Journal of Performance of Constructed Facilities, 2001, 15(4): 145-152.

[8] DUNCAN J M, CHANG C Y. Nonliner analysis of stress and strain in soil [J]. Journal of the Soil Mechanics and Foundations Division, ASCE, 1970, 96(5): 1629-1653.

[9] FOCHT J A, KHAN F R, GEMEINHARDT J P. Performance of One Shell Plaza deep mat foundation [J]. Journal of the Geotechnical Engineering, ASCE, 1978, 104(5): 593-608.

[10] GEDDES J D. Stress in foundation soils due to vertical subsurface loading [J]. Geotechnique, 1966, 16(3): 231-255.

[11] GONG J, ZHAO X H, ZHANG B L. A study on largest scale super-high riverscape deluxe residential building-foundation interaction in China [C] //Proc 4th Int Conf on Tall Building. Hong Kong: [S. l.] 2005.

[12] HAIN S J, LEE I K. The analysis of flexible raft-pile system [J]. Geotechnique, 1978, 28(1): 65-83.

[13] HOOPER J A. Observation on the behavior of a piled raft foundation in London Clay [J]. Proc ICE, 55(2): 855-877.

[14] KATZENBACH R, ARSLAN U, GUTWALD J, et al. Soil-structure-interaction of the 300m high Commerzbank tower in Frankfurt am Main measurements and numerical studies [C] //Proc 4th Int Conf on SMFE. Hambourg: [S. l.] 1997, 9(6-12): 1081-1084.

[15] LADE P V, DUNCAN J M. Cubical triaxial tests on cohesionless soil [J]. The Soil Mechanics Foundation division, ASCE, 1973, 99(10): 793-812.

[16] LADE P V, DUNCAN J M. Elastoplastic stress-strain theory for cohesionless soil [J]. Journal of the Geotechnical Engineering, ASCE, 1975, 101(10): 1037-1053.

[17] MENDIS P, NGO T, HARITOS N, et al. Wind loading on tall buildings [J]. EJSE Special Issue: Loading on Structures, 2007 (3): 41-54.

[18] NOGAMI T, CHEN H L. Simplified approach for axial pile group response analysis [J]. Journal of the

Geotechnical Engineering, ASCE, 1984, 110(9)：1239-1255.

[19] POULOS H G. Analysis of the settlement of pile groups [J]. Geotechnique, 1968, 18(4)：449-471.

[20] POULOS H G, DAVIS E H. Pile foundation analysis and design [M]. New York：John Wiley, 1980.

[21] ROSCOE K H, SHOFIELD A N, THURAIRAJAH A. Yielding of clays in states wetter than critical [J]. Geotechnique, 1963, 13(3)：211-240.

[22] SANDLER I S, DIMAGGIO F L, BALADI G Y. Generalized cap model for geological materials [J]. Journal of the Geotechnical Engineering, ASCE, 1976, 102(7)：683-700.

[23] ZHANG G X, ZHANG N R, ZHANG F L. Comparison of some predicted and observed settlement of box-type foundations in Beijing [C] //Proc of the 3th Int Conf on Tall Buildings. Hong Kong and Guangzhou：[S. l.] 1984.

[24] ZHAO X H, CAO M B, LEE I K, et al. Soil-structure interaction analysis and its application to foundation design in Shanghai [C] //Proc of 5th Inter Conf on Numerial Methods in Geomechanics. Nagoya：[S. l.] 1985：805-811.

[25] 包世华. 新编高层建筑结构 [M]. 北京：中国水利水电出版社，2001.

[26] 本书编委会. 建筑地基基础设计规范理解与应用 [M]. 北京：中国建筑工业出版社，2004.

[27] 陈斗生. 超高大楼基础设计与施工(一)——高雄 85 层 T & C Tower [J]. 地工技术，1999(76)：5-16.

[28] 陈斗生. 超高大楼基础设计与施工(四)——台北国际金融中心工址断层及大地工程调查 [J]. 地工技术，2001(84)：29-48.

[29] 王卫东，李永辉，吴江斌. 上海中心大厦大直径超长灌注桩现场试验研究 [J]. 岩土工程学报，2011，33 (12)：1817-1826.

[30] 陈国兴. 高层建筑基础设计 [M]. 北京：中国建筑工业出版社，2000.

[31] 董建国，魏正康，王陈. 变形控制设计理论在四联大厦桩基础中的应用 [C] //陆培炎，史永胜. 岩土力学数值分析与解析方法. 广州：广东科技出版社，1998：369-374.

[32] 董建国，王约翰，许希胜. 沉降控制理论在高层房屋加层中的应用 [J]. 土木工程学报，2000，33(4)：56-60.

[33] 董建国，袁聚云，赵锡宏. 高层建筑桩箱(筏)基础变形控制设计理论 [C] //中国土木工程学会第八届土力学及岩土工程学术会议论文集. 北京：万国学术出版社，1999：315-318.

[34] 董建国，赵锡宏. 箱(筏)基础沉降计算方法的探讨 [C] //中国建筑学会地基基础学术委员会. 全国地基基础新技术学术会议论文集(上)，1989：304-309.

[35] 董建国，赵锡宏. 桩箱(筏)基础沉降计算新方法 [J]. 岩土工程学报，1996(1)：80-84.

[36] 董建国，赵锡宏. 高层建筑地基基础——共同作用理论与实践 [M]. 上海：同济大学出版社，1999.

[37] 董建国，赵忠. 高层建筑桩箱(筏)基础沉降机理分析 [J]. 同济大学学报，1997(6)：663-668.

[38] 中国建筑科学研究院 PKPM CAD 工程部. 多层及高层建筑结构空间有限元分析及设计软件(墙元模型)SATWE 用户手册及技术条件 [G]. 2005.

[39] 费勤发，张问清，赵锡宏. 桩土共同作用的位移影响系数的计算 [J]. 上海力学，1983(4)：11-26.

[40] 高立人，方鄂华，钱稼茹. 高层建筑结构概念设计 [M]. 北京：中国计划出版社，2005.

[41] 葛忻声. 高层建筑基础的实用设计方法 [M]. 北京：中国水利水电出版社，2006.

[42] 龚一斌. 带裙房高层建筑与地基基础的共同作用分析 [D]. 上海：同济大学，1995.

[43] 龚剑. 上海超高层及超大型建筑基础和基坑工程的研究与实践 [D]. 上海：同济大学，2003.

[44] 顾祥林. 混凝土结构基本原理 [M]. 上海：同济大学出版社，2004.

[45] 何广乾，陈祥福，徐至钧. 高层建筑设计与计算 [M]. 北京：科学出版社，1992.

[46] 何颐华，金宝森，王秀珍，等. 高层建筑箱形基础加摩擦桩的研究 [R]. 中国建筑科学研究院地基

所，1987.

[47] 黄绍铭，高大钊．软土地基与地下工程［M］.2 版．北京：中国建筑工业出版社，2005.

[48] 黄绍铭，裴捷，贾宗元，魏汝南．软土中桩基沉降估算［C］//中国土木工程学会第四届土力学及基础工程学术会议论文选集．北京：中国建筑工业出版社，1986.

[49] 黄文熙．土的弹塑性应力-应变模型理论［J］.清华大学学报，1979(1)：1-26.

[50] 金宝森，萧辉祥，周旭岐，等．高层建筑箱桩基础现场检测与试验研究［J］.建筑科学，1992(3)：10-17.

[51] 中国建筑科学研究院 PKPM CAD 工程部．结构平面 CAD 软件 PMCAD 用户手册及技术条件［G］.2005.

[52] 李广信．高等土力学［M］.北京：清华大学出版社，2004.

[53] 李镜培，梁发云，赵春风．土力学［M］.2 版．北京：高等教育出版社，2008.

[54] 李来宝．上海地区高层建筑桩基沉降计算方法研究(一)［J］.结构工程师，1992(1~2)：53-59.

[55] 梁发云．混合桩型复合地基工程性状的理论与试验研究［D］.上海：上海交通大学，2004.

[56] 刘大海，杨翠如．高层建筑结构方案优选［M］.北京：中国建筑工业出版社.1996.

[57] 罗立平，赵锡宏．空间框架结构-厚筏-地基共同作用分析［C］//赵锡宏，等．上海高层建筑桩筏与桩箱基础设计理论．上海：同济大学出版社，1989：122-145.

[58] 裴捷，张问清，赵锡宏．考虑砖填充墙的框架结构与地基基础共同作用的分析方法［J］.建筑结构学报，1984(4)：58-69.

[59] 齐良锋．高层建筑桩筏基础共同作用原位测试及理论分析［D］.西安：西安建筑科技大学，2002.

[60] 钱力航．高层建筑箱形与筏形基础的设计计算［M］.北京：中国建筑工业出版社，2003.

[61] 上海市城乡建设和交通委员会．地基基础设计规范：DGJ08—11—2010［S］.上海：上海市工程建设标准化办公室，2010.

[62] 沈恭．上海八十年代高层建筑［M］.上海：上海科学技术文献出版社，1991.

[63] 沈恭．上海八十年代高层建筑结构设计［M］.上海：上海科学普及出版社，1994.

[64] 沈恭．上海八十年代高层建筑结构施工［M］.上海：上海科学普及出版社，1994.

[65] 施鸣昇．沉入粘性土中桩的挤土效应探讨［J］.建筑结构学报，1983(1)：60-71.

[66] 史佩栋，高大钊，桂业琨．高层建筑基础工程手册［M］.北京：中国建筑工业出版社，2000.

[67] 史佩栋，高大钊，钱力航．21 世纪高层建筑基础工程［M］.北京：中国建筑工业出版社，2000.

[68] 侍倩．高层建筑基础工程［M］.北京：化学工业出版社，2005.

[69] 同济大学应用数学系．微积分［M］.2 版．北京：高等教育出版社，2003.

[70] 王新平．高层建筑结构［M］.北京：中国建筑工业出版社，2003.

[71] 王铁梦．工程结构裂缝控制［M］.北京：中国建筑工业出版社，1997.

[72] 肖博元，陈书宏，苏鼎钧，等．简介超高层大楼基础型式选择［J］.地工技术，2001(84)：71-76.

[73] 谢绍松，张敬昌．台北 101 大楼结构设计介绍［C］//2006 年中国超高层建筑建造技术国际研讨会论文集．上海：[S. l.]，2006：13-21.

[74] 许谦冲．贸海宾馆的结构设计特点［J］.结构工程师，1990(3)：41-44.

[75] 徐至钧，赵锡宏．超高层建筑结构设计与施工［M］.北京：机械工业出版社，2007.

[76] 杨敏，赵锡宏．筒体结构-筏-桩-地基共同作用分析［C］//赵锡宏，等．上海高层建筑桩筏与桩箱基础设计理论．上海：同济大学出版社，1989：162-178.

[77] 杨敏，赵锡宏，董建国．桩筏基础整体弯曲的新计算方法［J］.建筑结构，1991(5)：2~5.

[78] 阳吉宝．桩筏基础桩筏荷载分担的简便计算方法［J］.建筑结构，1997(4)：7~9.

[79] 阳吉宝，赵锡宏．高层建筑桩箱(筏)基础刚度计算及其应用［J］.同济大学学报（增刊），1996：98-102.

[80] 阳吉宝，赵锡宏．高层建筑桩箱（筏）基础的优化设计［J］．计算力学学报，1997，14（2）：241-244.

[81] 杨仁杰，杨敏，周国然，等．上海地区超长609径钢管桩的试验研究［J］．结构工程师，1987（4）：35-44.

[82] 袁聚云．软土各向异性性状的试验研究及其在工程中的应用［D］．上海：同济大学，1995.

[83] 袁聚云，楼晓明，姚笑青，等．基础工程设计原理［M］．上海：同济大学出版社，2011.

[84] 袁聚云，沈伟跃，赵锡宏．空间剪力墙结构-厚筏-桩-地基共同作用的分析方法［C］//赵锡宏，等．上海高层建筑桩筏与桩箱基础设计理论．上海：同济大学出版社，1989：146~161.

[85] 袁聚云，赵锡宏，董建国．高层空间剪力墙结构与地基（弹塑性模型）共同作用的研究［J］．建筑结构学报，1994（2）：60-69.

[86] 宰金珉．复合桩基理论与应用［M］．北京：知识产权出版社，2004.

[87] 宰金珉，宰金璋．高层建筑基础分析与设计——土与结构物共同作用的理论与应用［M］．北京：中国建筑工业出版社，1993.

[88] 宰金珉，张问清，赵锡宏．高层空间剪力墙结构与地基共同作用三维问题的双重扩大子结构有限元-有限层分析［J］．建筑结构学报，1983，4（5）：57-70.

[89] 曾朝杰，徐至钧，赵锡宏．建筑桩基设计与计算——桩基变刚度调平设计［M］．北京：机械工业出版社，2010.

[90] 曾朝杰，赵锡宏．上海高层建筑基础设计中的几个概念问题［J］．结构工程师，2002（增刊）．

[91] 曾朝杰，王军．高层结构严格模拟施工过程的程序算法及计算对比［C］//上海市建筑学会建筑结构委员会1997年年会论文集．

[92] 曾朝杰，包勇，陈晖，等．南通金童苑计算报告［R］．上海：上海联境建筑工程设计有限公司，2005.

[93] 曾朝杰，陈晖，杜旭，等．广中西路191号改建工程（681商务会所）计算报告［R］．上海联境建筑工程设计有限公司，2005.

[94] 曾朝杰，董永胜，姜余洋．中环生活广场基础优化计算报告［R］．上海联境建筑工程设计有限公司，2005.

[95] 张关林，石礼文．金茂大厦——决策、设计、施工［M］．北京：中国建筑工业出版社，2000.

[96] 张国霞．长富宫中心高底层联合基础的设计［J］．建筑结构，1989（5）．

[97] 张问清，赵锡宏，董建国．上海粉砂土地基弹塑性模型与高层建筑箱型基础的共同作用［J］．建筑结构学报，1982（4）：50-63.

[98] 张问清，赵锡宏，董建国．上海粉砂土弹塑性应力-应变模型的探讨［J］．岩土工程学报，1982（4）：159-173.

[99] 张问清，赵锡宏，殷永安，等．上海四幢高层建筑箱形基础测试的综合研究［J］．岩土工程学报，1980（1）：12-26.

[100] 赵锡宏．高层建筑与地基基础的共同作用［R］．上海：同济大学地下建筑与工程系，1987.

[101] 赵锡宏．上海高层建筑桩筏与桩箱基础设计理论［M］．上海：同济大学出版社，1989.

[102] 赵锡宏．带裙房的高层建筑与地基基础共同作用的设计理论与实践［M］．上海：同济大学出版社，1999.

[103] 赵锡宏，曹名葆，LEE I K，等．子结构分析法在空间结构-基础板-地基的共同作用分析中的应用［C］//中国第二届岩土力学解析与数值分析方法会议论文集．上海：同济大学地下建筑与工程系，1985.

[104] 赵锡宏，董建国．高层建筑地基基础共同作用研究及其应用［M］//高大钊．软土地基理论与实践．北京：中国建筑工业出版社，1992.

［105］赵锡宏，董建国，袁聚云. 桩基减少桩数与沉降问题的研究［J］. 土木工程学报，2000，33（3）：71-74.

［106］赵锡宏，龚剑，张保良. 上海超高层超长桩超厚筏（箱）基础共同作用理论与应用［C］//2006 年中国超高层建筑建造技术国际研讨会（上海）.

［107］赵锡宏，李蓓，杨国祥，等. 大型超深基坑工程实践与理论［M］. 北京：人民交通出版社，2003.

［108］赵锡宏，杨敏. 超长桩-筏（或箱）基础的沉降及超长桩的承载力［M］//赵锡宏，等. 上海高层建筑桩筏与桩箱基础设计理论. 上海：同济大学出版社，1989：212-222.

［109］赵锡宏，陆瑞明，马忠政，等. 超明星基坑围护空间设计计算软件［DB/OL］. 上海：同济大学，1999.

［110］赵锡宏，曾朝杰，孟强. 超明星地基强度及沉降计算软件［DB/OL］. 上海：同济大学，2001.

［111］赵锡宏，朱百里，曹名葆. 箱形基础［M］//郑大同，孙更生. 软土地基与地下工程. 北京：中国建筑工业出版社，1984.

［112］赵志缙，赵帆. 高层建筑施工［M］. 北京：中国建筑工业出版社，2005.

［113］赵西安. 现代高层建筑结构设计［M］. 北京：科学出版社，2000.

［114］朱百里，曹名葆，魏道垛. 框架结构与地基基础共同作用的数值分析［J］. 同济大学学报，1981（4）：15-31.

［115］朱慈勉，张伟平. 结构力学［M］. 3 版. 北京：高等教育出版社，2016.

［116］朱炳寅. 建筑结构设计问答及分析［M］. 3 版. 北京：中国建筑工业出版社，2017.

［117］中华人民共和国住房和城乡建设部：建筑地基基础设计规范 GB 50007—2011［S］. 北京：中国建筑工业出版社，2011.

［118］中华人民共和国住房和城乡建设部：建筑抗震设计规范：2016 版 GB 50011—2010［S］. 北京：中国建筑工业出版社，2016.

［119］中华人民共和国住房和城乡建设部：高层建筑箱形与筏形基础技术规范 JGJ 6—2011［S］. 北京：中国建筑工业出版社，2011.

［120］中华人民共和国住房和城乡建设部：建筑结构荷载规范 GB 50009—2012［S］. 北京：中国建筑工业出版社，2012.

［121］中华人民共和国住房和城乡建设部：建筑桩基技术规范 JGJ 94—2008［S］. 北京：中国建筑工业出版社，2008.

［122］LIANG F，LIANG X，WANG C，et al. Influence of rigidity and load condition on the contact stress and settlement deformation of a spread foundation［J］. Journal of Testing and Evaluation，2019，47（2）：1105-1128.

［123］LIANG F，SONG Z. BEM analysis of the interaction factor for vertically loaded dissimilar piles in saturated poroelastic soil［J］. Computers & Geotechnics，2014，62：223-231.

［124］MALI S，SINGH B. Behavior of large piled-raft foundation on clay soil［J］. Ocean Engineering，2018，149：205-216.

［125］POULOS H G，Lessons learned from designing high-rise building foundations［J］. Geotechnical Engineering，2016，47（4）：35-49.

［126］WANG W D，CHARLES W W，HONG Y，et al. Forensic study on the collapse of a high-rise building in Shanghai：3D centrifuge and numerical modelling［J］. Geotechnique，2019，69（10）：847-862.

［127］RABIEI M H，CHOOBBASTI A J. Piled raft design strategies for high rise buildings［J］. Geotechnical & Geological Engineering，2016，34（1）：75-85.

［128］RAFIEIi M H，ADELI H. Sustainability in highrise building design and construction［J］. The Structural Design of Tall and Special Buildings，2016，25：643-658.

[129] 陈龙珠，梁发云，黄大治，等．高层建筑应用长-短桩复合地基的现场试验研究 [J]．岩土工程学报，2004，26（2）：167-171．

[130] 蒋欢军，和留生，吕西林，等．上海中心大厦抗震性能分析和振动台试验研究 [J]．建筑结构学报，2011，32（11）：55-63．

[131] 李威威，刘伟庆，王曙光，等．高层建筑基础隔震的性能化设计及应用 [J]．地震工程与工程振动，2014，34（S1）：750-757．

[132] 梁发云．基于多孔介质理论的地基土变形模量估算方法 [J]．岩土力学，2004，25（7）：1147-1150．

[133] 吕西林，武大洋，周颖．可恢复功能防震结构研究进展 [J]．建筑结构学报，2019，40（2）：1-15．

[134] 吕西林，全柳萌，蒋欢军．从16届世界地震工程大会看可恢复功能抗震结构研究趋势 [J]．地震工程与工程振动，2017，37（3）：1-9．

[135] 田源，李梦珂，解琳琳，等．采用新一代性能化设计方法对比典型中美高层建筑地震损失 [J]．建筑结构，2018，48（4）：26-33．

[136] 汪大绥，包联进．我国超高层建筑结构发展与展望 [J]．建筑结构，2019，49（19）：11-24．